高职高专商检技术专业“十三五”规划教材建设委员会

（按姓名汉语拼音排列）

高职高专商检技术专业“十三五”规划教材编审委员会

（按姓名汉语拼音排列）

高职高专商检技术专业“十三五”规划教材建设单位

（按汉语拼音排列）

北京联合大学师范学院
常州工程职业技术学院
成都市工业学校
重庆化工职工大学
福建交通职业技术学院
广东科贸职业学院
广西工业职业技术学院
河南质量工程职业学院
湖北大学知行学院
黄河水利职业技术学院
江苏经贸职业技术学院
辽宁农业职业技术学院
湄洲湾职业技术学院
南京化工职业技术学院
萍乡高等专科学校
青岛职业技术学院
唐山师范学院
天津渤海职业技术学院
潍坊教育学院
厦门海洋职业技术学院
扬州工业职业技术学院
漳州职业技术学院
承德石油高等专科学校

高职高专“十三五”规划教材

微生物检测技术

第二版

叶磊 谢辉 主编

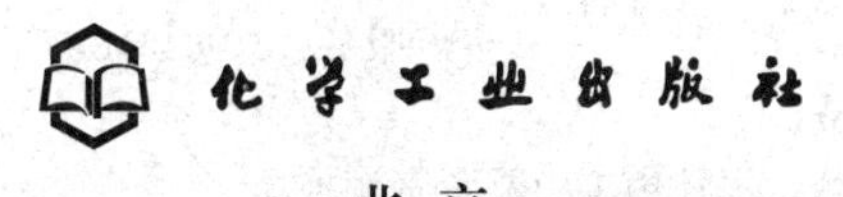

·北京·

本书是高职高专商检技术专业系列教材之一。从内容到形式上体现职业技术教育的最新发展特色。本着“实践技能培训为主导、理论知识够用”的原则，突出应用能力和综合素质的培养。

全书共分三个模块十五个项目。第一模块微生物检验基础包括三个项目，概述了微生物检验在商品检验中的意义和作用、微生物的形态结构及生理特性。第二模块微生物检验常规技术包括七个项目，涉及培养基配制、消毒灭菌、微生物的分离纯化培养、接种、无菌操作、显微观察、染色、计数、菌种保藏及血清学检验等多项微生物基本技术。第三模块产品中的微生物检验综合实训包括五个项目，结合微生物检验的实际，重点介绍了食品、药品、化妆品、环境等方面的微生物检测。每个项目中又包括了具体的工作任务，使教材具有较强的实用性。

本书可作为高职高专商检、食品、环评、生物、卫生防疫等专业的教学用书，也可作为微生物检验人员及相关人员的参考用书。

图书在版编目（CIP）数据

微生物检测技术/叶磊，谢辉主编．—2版．—北京：化学工业出版社，2016.9（2024.2重印）

ISBN 978-7-122-27366-6

Ⅰ.①微…　Ⅱ.①叶…②谢…　Ⅲ.①微生物-检测-高等职业教育-教材　Ⅳ.①Q93-332

中国版本图书馆CIP数据核字（2016）第133787号

责任编辑：蔡洪伟　　文字编辑：李　瑾
责任校对：边　涛　　装帧设计：关　飞

出版发行：化学工业出版社（北京市东城区青年湖南街13号　邮政编码100011）
印　　刷：三河市航远印刷有限公司
装　　订：三河市宇新装订厂
787mm×1092mm　1/16　印张15¼　字数390千字　2024年2月北京第2版第10次印刷

购书咨询：010-64518888　　售后服务：010-64518899
网　　址：http://www.cip.com.cn
凡购买本书，如有缺损质量问题，本社销售中心负责调换。

定　　价：42.00元

前言

《微生物检测技术》一书是适用于高职高专商品质量检验及相关专业的专用教材，从内容到形式均力求体现职业技术教育的最新发展特色，并以“实践技能培训为主导、理论知识够用”为原则，突出应用能力和综合素质的培养。首先，在学习内容的设置上，考虑了学生校内学习与实际工作的一致性，以微生物检验人员需要掌握的一些应知应会的基本知识和操作技能为主，根据具体工作过程和职业岗位分析开发课程内容，注重提升学生职业能力。其次，在教材的编排体系上，探索项目导向、任务驱动这种有利于增强学生能力的教学模式，重新序化课程内容，按照“理论与实践一体化”的课改思路，将理论性知识穿插于实践项目中，顺应了教学改革的需要，更符合现代教学的需求。为使学生明确学习要求，各项目中均有知识目标和能力目标，同时安排了工作任务，以激发学生的学习兴趣，培养其主动学习和思考的能力。

《微生物检测技术》一书的编写突出了工学结合、校校联合的方针，由来自全国开设商检技术及相关专业的院校教师结合各自的教学特点，整合资源优势，共同完成。本书第一版自出版后得到了广大读者的认可与好评，几年来共印刷多次，发行量达到上万册。但是，随着近年来生物技术的飞速发展，第一版教材中的许多内容需要补充与完善，因此，为了更好地服务于广大读者，化学工业出版社组织了相关的老师对本书进行了修订再版，本次修订结合最新的国家标准和中华人民共和国药典（2015 版）进行，补充了微生物检测领域的新知识、新技术和新方法。本次修订由北京联合大学师范学院叶磊、承德石油高等专科学校的谢辉担任主编，参加编写修订的人员有承德石油高等专科学校的钟正伟、南京科技职业学院的权静。叶磊修订了项目一～项目四；谢辉修订了项目十一～项目十三，附录二～附录四和附录六；钟正伟修订了项目五和项目七～项目十，实验室守则，实验室的急救，阅读小知识，附录一；权静修订了项目六、项目十四、项目十五，附录五。谢辉负责全书的统稿。

本教材分为三个模块，第一模块是微生物检验基础；第二模块是微生物检验常规技术；在此基础上，第三模块结合国家标准、商检标准，突出了食品、药品、化妆品及环境中关于细菌总数、大肠菌群、常见致病菌等卫生学方面的检验技术。随着科学技术的进步，微生物检验技术将朝着快速、简便的方向发展，为此，本教材还介绍了微生物的快速检验方法。教材中的十五个项目涉及任务 35 项，各院校可根据实际情况选用。

由于编者水平有限，加之时间仓促，书中疏漏之处在所难免，敬请广大读者和同行专家提出宝贵意见，对此谨致以最诚挚的谢意。

编者

2016 年 5 月

第一版前言

随着经济的高速发展和加入WTO，我国已全面走向世界经济大舞台，国际、国内贸易迅猛发展，商品贸易快速增加。在产品的生产企业、流通领域及质量技术监督管理部门，迫切需要从事产品质量控制、商品质量检验、质量技术监督与管理等方面的专业人才，高职高专商品质量检验专业正是为适应这一新形势而产生的新兴专业，该专业也必将随着社会对商品质量控制要求的提高而进一步发展。由于是新兴专业，目前还没有特别适合商品质量检验专业的专门教材，十分感谢化学工业出版社组织编写了这套教材，经过半年来我和诸位同仁的辛苦努力，《微生物检测技术》终于得以出版。

教材在编写过程中，注意反映高职高专特色，本着“实践技能培训为主导、理论知识够用”的原则，突出应用能力和综合素质的培养。《微生物检测技术》从内容到形式上均力求体现职业技术教育的最新发展特色。首先在学习内容的设置上主要考虑学生校内学习与实际工作的一致性，以微生物检验人员必须掌握的一些应知应会的基本知识和操作技能为主，根据具体工作过程和职业岗位分析开发课程内容，突出对学生职业能力的培养。其次在教材的编排体系上，探索项目导向、任务驱动这种有利于增强学生能力的教学模式，重新序化课程内容，按照“理论与实践一体化”的课改思路，将理论性知识穿插于实践项目中，顺应了教学改革的需要，更符合现代教材的需求。为使学生明确学习要求，各项目中明确了知识目标和能力目标，同时安排了工作任务，激发学生学习兴趣，培养其主动学习和思考的能力。

《微生物检测技术》主要涉及三个模块，一是微生物学检验基础；二是微生物学检验常规技术；在此基础上，结合产品标准、检测标准，突出了食品、药品、化妆品及环境中关于细菌总数、大肠菌群、常见致病菌等卫生学方面的检验技术。随着科学技术的进步，微生物检验技术将朝着快速、简便的方向发展，本书进一步介绍了微生物快速检验方法。教材编写的十五个项目中涉及任务29项，各院校可根据实际情况选用。

本书由北京联合大学师范学院叶磊、漳州职业技术学院的杨学敏担任主编，由河南质量工程职业学院张艳任副主编，参加编写的人员还有潍坊教育学院的张玉清、南京化工职业技术学院的权静。叶磊编写了项目一（其中的一、二、三、四）、项目二、三、四；杨学敏编写了项目十一、十二、十三，及附录2、3、4、6；张玉清编写了项目一（其中的五、六、七、八）、项目五、七、八；张艳编写了项目九、十、微生物实验室守则、实验室的急救、阅读小知识、附录1；权静编写了项目六、十四、十五，附录5。叶磊负责全书初稿的调整、修改、增补和统稿。

本书由中国农业大学牛天贵教授审定。

本书在编写过程中参阅了大量的书籍，并得到了各编者学校及有关专家、同仁的大力支持，在此表示感谢。

由于编者水平有限，加之时间仓促，书中疏漏之处在所难免，敬请广大读者和同行专家提出宝贵意见，对此谨致以最诚挚的谢意。

编者

2009年2月

目录

附录 …………………………………………… 215

参考文献 …………………………………… 232

第一模块　微生物检验基础

项目一　微生物及微生物检测概述

【知识目标】

1. 了解微生物的主要类群，掌握微生物的主要特点；
2. 了解微生物在自然界中的分布；
3. 掌握微生物检验的任务及意义；
4. 了解微生物检验的对象；
5. 了解微生物检验的发展趋势。

【能力目标】

1. 能够根据微生物的特点理解自然界中微生物分布的广泛性，并具有认识、分析产品中微生物可能来源的能力；
2. 建立在产品的原料、生产、包装、运输、储藏、销售等各环节都需要进行微生物控制的产品质量意识；
3. 能够正确认识微生物检验工作的重要性，了解微生物检验的工作职责，不断强化微生物检验的质量管理意识。

【背景知识】

一、 什么是微生物

在自然界中，除了我们肉眼可见的动、植物这些较大的生物外，还存在着一个微观生物世界，它们是由个体微小、数量庞大、种类繁多、肉眼难以看到的微生物组成。微生物（microorganism）一词并非生物分类学上的名称，是指必须借助显微镜才能看得见的微小生物的统称。微生物包括的类群十分庞杂，根据它们的细胞结构组成和进化水平的差异，可把它们分为三类。

（1）“非细胞”型微生物　这类微生物没有典型的细胞结构，只由核酸和蛋白质构成，或只含一种成分；它们不能独立生活，只能寄生在活细胞内。病毒、亚病毒（类病毒、拟病毒、朊病毒）都是“非细胞”型微生物。

（2）原核细胞型微生物　原核细胞是比较低级和原始的一类细胞，其主要特点是细胞分化程度低，没有成形的细胞核，遗传物质散在于细胞质中形成核区。除核糖体外，细胞质中没有其他成形的细胞器。最主要的原核细胞型微生物是细菌，还包括支原体、衣原体、立克次体、螺旋体、放线菌等。

（3）真核细胞型微生物　真核细胞的细胞核分化程度较高，有核膜、核仁和染色体，细胞内有多种不同功能的细胞器。真菌（酵母菌、霉菌）、原生动物、显微藻类等都是真核细胞型微生物。

微生物包括的种类虽然如此多样，但它们都是个体微小、结构简单、进化地位低的生命形式，生物学特性比较接近，具有许多明显区别于动、植物的特征。

二、微生物的特点

1. 个体微小、分布广泛

微生物个体的组成很简单，多为单细胞构成，有些由简单的多细胞组成，有些甚至没有细胞结构。简单的构成使得微生物的个体一般都小于 0.1mm，肉眼难以看到，需用显微镜观察，故用微米（μm）甚至纳米（nm）来表示微生物的大小。例如细菌的典型代表大肠杆菌（*Escherichia coli*）平均只有 2μm 长、0.5μm 宽；这么小的个体重量也很轻，每个细菌的重量只有 $1\times10^{-9}\sim1\times10^{-10}$mg，约 10 亿个细菌才有 1mg 重。

由于微生物个体小而轻，故可借助于空气、风和水的散播而广泛分布。微生物是自然界中分布最为广泛的生物，有高等生物的地方均有微生物生活，甚至动、植物不能生活的极端环境也有微生物存在，微生物是生物圈的拓疆者，也是生命生存极限记录的创造者和保持者。几万米的高空、数千米的深海、温度超过 100℃的火山口附近、寒冷的冰层、沙漠、盐湖中都发现有微生物的存在，微生物分布的广泛程度可以说是无所不在、无孔不入、无远不达。

广泛分布的微生物为人类提供了丰富的具有开发潜力的生物资源。但是如果不加注意，也会带来很多麻烦，如疾病的流行、伤口的化脓、食品的腐败、工业材料的霉腐等无不与自然界中广泛分布的微生物密切相关。

2. 繁殖快速、易于培养

微生物在最适宜的条件下具有高速繁殖的特性，尤其是细菌，其细胞以简单的裂殖方式进行繁殖，在实验室培养条件下几十分钟至几小时可以繁殖一代。如大肠杆菌在最适生长条件下，每 20min 就繁殖一代，按此计算，24h 即可繁殖 72 代，由一个细菌细胞可繁殖到 2^{72}（约 4.7×10^{22}）个，总重量可达 4722t，就会形成地球样大小的物体。但实际上由于营养、空间、代谢产物等种种条件的限制，这种理想状况很少存在。

由于微生物食谱杂，对营养要求不高，大多数微生物都能够在常温常压下人工培养成功。

微生物快速繁殖的特点为在短时间内获得大量菌体提供了极为有利的条件。同样道理，如果是微生物引起污染、腐败等，其破坏速度也是惊人的。

3. 种类繁多、代谢旺盛

据统计，目前已发现的微生物有十几万种，而且不同种类的微生物具有不同的代谢途径，它们能利用各种各样的有机物和无机物作为营养物质，使之分解和转化，同时又能合成不同类型的代谢产物。如大多数微生物能分解利用蛋白质、糖类、脂肪等有机物，有些微生物还能分解石油、纤维素、塑料等，甚至针对氰、酚、聚联苯胺、DDT 等有毒和剧毒的物质，都能找到分解利用它们的微生物。

同时由于微生物个体微小，单位体积的表面积相对很大，有利于细胞内外物质的交换，使得微生物细胞的新陈代谢能力很强，转化物质的速度很快。同样重量的微生物与高等动物相比，其代谢强度要高几千倍到数十万倍。如100kg的酵母菌利用工业下脚料糖蜜、氨水作养料，24h内可合成10000kg的优质蛋白，而同样重量的食用牛在同样时间内只能从饲料中转化0.1kg的蛋白质。

微生物多样的代谢途径、旺盛的代谢能力和非凡的繁殖速度，使其在自然界的物质循环中扮演着重要的分解者的角色。这些特点也有利于人们对微生物的综合利用，如使用工农业下脚料来培养微生物，进行发酵生产，可达到变废为宝、治理污染、提高经济效益等多重效应；而对不同种类微生物特有的代谢产物进行检测，则是微生物生化检测、鉴定的基础。

4. 容易变异、适应力强

微生物个体多以单细胞存在于自然界中，与外界环境直接接触，因而对外界环境很敏感，相对于高等生物而言，较容易发生变异。加之微生物繁殖速度快、数量多，即使其变异频率不高（10^{-9}～10^{-6}），也会在短时间内产生大量变异的后代。正是由于微生物易于变异，从而表现出及其灵活的适应能力，面对复杂的甚至恶劣的外界环境条件，微生物总能有不同的变异类型与之适应，从而能够延续后代、保存物种。

微生物遗传的不稳定性有不利的一面：会给菌种保藏工作带来一定不便；若致病菌发生耐药性变异，更会造成原来的有效药物“失去”药效，原本已经控制的感染变得不易医治，迫使人们不得不去寻找新的药物。另一方面，正因为容易变异，使得微生物育种工作相对高等动、植物育种容易得多，有益的突变可大幅度地提高菌种的生产性能。

具备上述特点的微生物在生物界中占据了特殊位置，具有独特的开发利用价值。它们不仅被广泛应用于生产实践，还成为生命科学研究的理想材料，推动和加快了生命科学研究的发展。具备这些特点的微生物同时也给人类的生产和生活带来许多困扰，造成巨大损失，其中之一就是引起产品污染，造成产品的腐败变质。微生物检测的主要目标就是针对污染菌的。

三、 微生物对产品的污染

微生物在自然界中广泛分布，无处不在，随着自然环境的不同，其分布密度有着很大的差异。这些微生物可通过多种途径侵入到产品中造成污染，污染菌大量繁殖后，最终会造成产品的腐败变质。因此，了解自然界中微生物的分布，并有针对性地采取有效措施，对控制产品的微生物污染有着重要意义。

对产品造成污染的微生物可能来自环境、人员、生产原料、生产器械及包装材料等。

1. 土壤

土壤是自然界中微生物生活最适宜的环境，它具有微生物所需要的一切营养物质和进行生长繁殖等生命活动的各种条件。土壤中的有机物为微生物提供了良好的碳源、氮源和能源；矿质元素的含量浓度也很适于微生物的生长；土壤的酸碱度接近中性，缓冲性较强；渗透压大都不超过微生物的渗透压；土壤空隙中充满着空气和水分，基本上可以满足微生物的需要，为好氧和厌氧微生物的生长提供了良好的环境。此外，土壤的保温性能好，与空气相比，昼夜温差和季节温差的变化不大。在表层土几毫米以下，微生物便可免于被阳光直射致死。这些都为微生物生长繁殖提供了有利的条件，所以土壤有“微生物天然培养基”之称。这里的微生物数量最大，类型最多，也是人类利用微生物的主要来源。

土壤中的微生物包括细菌、放线菌、真菌、藻类和原生动物等多种类群。其中细菌最多，约占土壤微生物总量的70%～90%，数量可达10^7～10^9个/g土壤，放线菌、真菌次之，藻类和原生动物等较少。许多病原微生物可随着动、植物残体以及人和动物的排泄物进入土壤，因此，土壤中的微生物既有非病原的，也有病原的。通常无芽孢菌在土壤中生存的时间较短，而有芽孢菌在土壤中生存时间较长。例如沙门菌只能生存数天至数周，而炭疽杆菌、破伤风杆菌、梭状芽孢杆菌等，却能生存数年或更长时间。霉菌及放线菌的孢子在土壤中也能生存较长时间。

由于土壤中有大量微生物存在，是自然环境中一切微生物的总发源地，因此也是产品中微生物污染的重要来源。

2. 空气

空气中没有微生物生长繁殖所需要的营养物质和充足的水分，还有日光中紫外线的照射，因此空气不是微生物良好的生存场所。但空气中却飘浮着许多微生物，这是由于土壤、水体、各种腐烂的有机物以及人和动物呼吸道、皮肤干燥脱落物及排泄物中的微生物，都可随着气流的运动被携带到空气中去。微生物小而轻，能随空气流动到处传播，因而微生物的分布是世界性的。

空气中的微生物主要是过路菌，以对干燥和射线有抵抗力的真菌、放线菌的孢子为主，还有各种球菌、芽孢杆菌、酵母菌等，也可能有病原体，尤其在医院、疫区或患者周围。如一个感冒病人，一声咳嗽可散播约10万个病菌，打一个喷嚏含有约1500万个病菌。国外有研究发现，一个喷嚏可使飞沫以167km/h的时速运行，在1s内喷射到6m以外的地方。由此可见，空气是传播疾病的重要途径。

微生物在空气中的分布很不均匀，尘埃量多、污浊的空气中，微生物数量也多。如在商场、医院、宿舍、城市街道等公共场所的空气中，微生物数量最多；由于尘埃的自然沉降，所以越近地面的空气，其含菌量越高；而在海洋、高山、森林地带、终年积雪的山脉或高纬度地带的空气中，微生物数量则甚少。

空气中的微生物是引起各类污染的主要途径。许多工业产品是部分或全部由有机物组成，因此易受空气中微生物的侵蚀，引起生霉、腐烂、腐蚀等；即使是无机物如金属、玻璃等，也可因微生物活动而产生腐蚀与变质，使产品的品质、性能、精确度、可靠性下降，带来巨大的损失。因此工业产品的防腐问题日益受到人们的重视。而食品、药品、化妆品、生物制品等产品如果暴露在空气中，则更易受到空气中微生物的污染，接触时间越长，则污染越严重。

3. 水

水体环境如海洋及陆地上的江河、湖泊、池塘、水库、小溪等，溶解或悬浮着多种无机和有机物，可作为微生物营养物质，所以是微生物栖息的第二天然场所。水中的微生物多来自于土壤、空气、污水或动植物尸体等，尤其是土壤中的微生物，常随同土壤被雨水冲刷进入江河、湖泊中。

微生物在水中的分布常受许多环境因子的影响，最重要的一个因子是营养物质。在远离人们居住地区的湖泊、池塘和水库中，有机物含量少，微生物也少，并以自养型种类为主。处于城镇等人口密集区的湖泊、河流以及下水道中，由于流入了大量的人畜排泄物、生活污水和工业废水等，有机物的含量大增，微生物的数量可高达10^7～10^8个/mL，这些微生物大多数是腐生型细菌和原生动物，有时甚至还含有伤寒、痢疾、霍乱等病原体。这种污水如不经净化处理，是不能饮用的，也不宜作养殖用水。

水在产品加工生产方面起着重要作用，用水来清洗生产车间、生产设备、产品原料、机械器具等，还要用水来保持工作人员的清洁卫生，因此水质的好坏对产品的卫生质量影响很大。如果产品用水不清洁，不符合国家水质卫生标准，那它很可能成为产品中微生物污染的污染源和重要污染途径，其结果势必要影响产品的质量。

4. **人体**

在正常生理状态下，人的体表及与外界相通的管腔中，如口腔、鼻咽腔、消化道和泌尿生殖道中均有大量的微生物存在，它们数量大、种类较稳定，且一般是有益无害的微生物，称为正常菌群。如皮肤上常见的细菌是表皮葡萄球菌，有时也有金黄色葡萄球菌存在；鼻腔中常见的有葡萄球菌、类白喉分枝杆菌；口腔中经常存在着大量的链球菌、乳酸杆菌和拟杆菌；胃中含有盐酸，不适于微生物生活，除少数耐酸菌外，进入胃中的微生物很快被杀死；人体肠道呈中性（或弱碱性），且含有被消化的食物，适于微生物的生长繁殖，所以肠道特别是大肠中含有很多微生物，可达数百万亿个，它们可随粪便排出，粪便干重的1/3左右为细菌。除了这些正常菌群外，人感染了病原菌后，病原菌也可通过口腔、鼻腔等各种途径排出体外。

人接触产品时，人手造成的产品微生物污染是最为常见的。如果操作人员不注意个人的卫生及隔离、指甲不常修剪、本人患有疾病等，那么污染率就会提高。因此，产品的生产、包装、运输、储藏、销售过程中都可能造成人源因素所引起的微生物污染。

5. **产品原料及辅料**

（1）植物原料及辅料　健康的植物在生长期与自然界广泛接触，其体表存在有大量的微生物。感染病后的植物组织内部会存在大量的病原微生物，这些病原微生物是在植物的生长过程中通过根、茎、叶、花、果实等不同途径侵入组织内部的。即使有些外观看上去是正常的水果或蔬菜，其内部组织中也可能有某些微生物的存在。有人从苹果、樱桃等组织内部分离出酵母菌，从番茄组织中分离出酵母菌和假单胞菌属的细菌，这些微生物是果蔬开花期侵入并生存于果实内部的。如果以这些果蔬为原料加工制成食品，由于原料本身带有微生物，而且在加工过程中还会再次感染，所制成的产品中有可能带有大量微生物。

粮食作为储藏期较长的农产品，其微生物污染问题尤为突出。据统计，全世界每年因霉变而损失的粮食就占总产量的2%左右。在各种粮食和饲料上的微生物以曲霉属、青霉属和镰孢（霉）属的一些种为主，其中曲霉危害最大。花生、玉米等农作物最易被黄曲霉污染，部分黄曲霉菌株产生的黄曲霉毒素是一种强烈的致癌毒物，现已发现的黄曲霉毒素有十几种，其中以B1的毒性和致癌性最强。该毒素对热稳定，300℃时才能被破坏，对人、家畜、家禽的健康危害极大。另一类剧毒致癌毒素为T2，由镰孢霉属的真菌产生，该毒素被人吸收后会引起白细胞下降和骨髓造血机能破坏，有少数国家曾用来制成生物武器。因此，以植物尤其是粮食为原料的产品，大多要进行霉菌及真菌毒素的检测。

（2）动物原料及辅料　禽畜的皮毛、消化道、呼吸道等与外界相通的管腔有大量微生物存在。与外界隔绝的组织（肌肉、脂肪、心、肝、肾等脏器）和血流在健康的情况下是不含菌的，但如果受到病原体感染，患病的畜禽其器官及组织内部可能有微生物存在，形成组织病变。病变组织作为产品原料及辅料是不适宜的，若加工成食品，则是危险的。因此，针对动物原料及辅料，需要特别进行宰前检疫，即对待宰动物进行活体检查。

屠宰过程卫生管理不当将为微生物的广泛污染提供机会。如使用非灭菌的刀具放血时，将微生物引入血液中，随着微弱、短暂的血液循环而扩散至胴体的各部位。屠宰后的畜禽即丧失了先天的防御机能，微生物侵入组织后迅速繁殖。因此在屠宰、分割、加工、储存和肉的配销过程中的每一个环节，微生物的污染都可能发生。

健康动物乳汁本身是无菌的，但患有传染病和乳房炎的病畜其乳汁中可能带有金黄色葡萄球菌、化脓性棒状杆菌、绿脓杆菌、克雷伯菌、布氏杆菌等，另外其加工过程中也易被动物皮毛、容器工具、挤奶员卫生习惯及挤奶前的尘埃等污染。

健康禽类所产生的鲜蛋内部本应是无菌的，但是鲜蛋中也经常可发现微生物存在。可能的原因是：病原菌通过血液循环进入卵巢，在蛋黄形成时进入蛋中；禽类的排泄腔内含有一定数量的微生物，当蛋从排泄腔排出体外时，由于蛋内遇冷收缩，附在蛋壳上的微生物可穿过蛋壳进入蛋内；鲜蛋储存期长或经过洗涤，环境中的微生物通过蛋壳上有许多大小为4～6μm的气孔而侵入到蛋内等。

有些动物虽然不是产品加工的原料，也会使产品尤其是食品受到微生物污染，如老鼠、苍蝇、蟑螂等动物，都是携带和传播微生物或病原菌的重要媒介。

6. 加工机械和设备、包装材料

产品在从生产到消费的过程中，要接触许多设备、用具，它们清洁与否直接影响着产品的卫生质量，其中以食品的生产尤为突出。如在食品加工过程中，食品的汁液、颗粒黏附于加工器械设备和用具表面，若生产结束后设备没有得到彻底的清洗和灭菌，就会使原本少量的微生物大量繁殖，成为后来使用中的污染源，而造成食品污染。有些盛放食品的用具，若不加清洗或消毒后连续使用，也会使原本清洁的食品被污染。另外，如果产品符合卫生标准，而各种包装材料处理不当，也会带来微生物污染。一次性包装材料通常比循环使用的材料所带的微生物数量要少。

由于在产品的加工前、加工过程中和加工后都容易受到微生物的污染，如果不采取措施加以控制，在适宜的温、湿度条件下，它们会迅速繁殖造成产品的腐败变质。其中有的是病原微生物，有的能产生细菌毒素或真菌毒素，从而引起使用者中毒或其他严重疾病的发生。所以加强预防和控制措施，以保证产品的卫生质量就显得格外重要。

四、污染的预防与控制

（一）加强环境卫生管理

环境卫生的好坏对产品的卫生质量影响很大。环境卫生搞得好，其含菌量会大大下降，这样就会减少产品污染的概率；反之，环境卫生状况差，含菌量高，则污染概率增大。加强环境卫生管理，可着重从以下几个方面入手。

1. 做好粪便卫生管理工作

粪便含菌量大，经常含有肠道致病菌、虫卵和病毒等，这些都可能成为产品的污染源。搞好粪便的卫生管理工作，要重点做好粪便的收集、粪便的运输、粪便的无害化处理。目前粪便的无害化处理主要采取堆肥法、沼气发酵法、药物处理法、发酵沉卵法等方法，达到杀死虫卵和病原菌、提高肥料利用率、减少环境污染的目的。

2. 做好污水的卫生管理工作

污水分为生活污水和工业污水两类。生活污水中含有大量的有机物质和肠道病原菌，工业污水中含有不同的有毒物质，为了保护环境，保护产品用水的水源，必须做好污水的无害化处理工作。目前活性污泥法、悬浮细胞法、生物膜法、氧化塘法都是处理污水的常用手段。

3. 做好垃圾的卫生管理工作

《中华人民共和国固体废物污染环境防治法》所确立的废弃物治理原则是减量化、资源化、无害化。所谓减量化就是尽量避免垃圾的产生；所谓资源化就是积极推进废弃物资源的综合利用；所谓无害化就是废弃物的收运、处置都应以环境相允许，对人体健康和环境不产生危害为原则。

对于垃圾固体废物，常采用的处理方法是填埋、堆肥、焚烧等，垃圾生物处理新型工艺因其完全符合废弃物治理原则，近年来得到了长足的发展。该工艺主要分为四个阶段：①过筛，回收可再生资源；②引入特定功能的微生物（主要是一些能高效降解有机物质，如降解纤维素、脂肪、蛋白质的微生物）进行好氧发酵或厌氧发酵，加速垃圾的降解过程；③同时收集发酵所产生的沼气；④经过充分发酵后的垃圾也是一种很好的农业肥料。

（二）加强企业卫生管理

为保证产品的卫生质量，不仅要加强环境卫生的管理，更要搞好企业内部的卫生管理，这点对药品生产、食品生产等企业显得尤为重要。在这些企业中，所有工作都应围绕着控制污染源和切断污染途径而开展，对产品的生产、储藏、运输、销售各环节都要制定严格的卫生管理办法，并且执行落实到位。而对从业人员则必须加强卫生教育，使他们养成良好的卫生习惯。食品企业的工作人员还要定期到卫生防疫部门进行健康检查和带菌检查。我国规定对患有痢疾、伤寒、传染性肝炎等消化道传染病（包括带菌者）、活动性肺结核、化脓性或渗出性皮肤病人员，不得参加接触食品的工作。对患有上述疾病的职工，必须停止直接接触食品的工作，待治愈或带菌消失后，方可恢复工作。

（三）加强产品卫生检测

对产品卫生要求比较高的企业，应设有微生物检验室，以便随时了解生产原料、生产环境及产品的卫生质量。经检测发现不符合卫生要求的产品，一方面要采取相应的措施及时处理；更重要的是要查出原因，找出污染源，以便采取有力的对策，保证今后能生产出符合卫生要求的产品。

除了生产企业要加强产品卫生检测外，各地各级的产品质量监督管理部门、卫生防疫部门也要定期或经常对产品进行采样化验，起到监督管理的作用。这也对产品微生物检验技术提出了更高的要求，需要不断地改进技术，提高产品卫生检验的灵敏度和准确度。

五、 微生物检验的任务和意义

微生物检验是基于微生物学的基本理论，利用微生物试验技术，根据各类产品卫生标准的要求，研究产品中微生物的种类、性质、活动规律等，用以判断产品卫生质量的一门应用技术。它是以技能操作为主的学科。

各类产品从原料、加工、储藏、运输、销售等各个环节，都会受到环境中微生物的污染，不同来源的微生物可通过各种途径污染暴露于环境中的各类产品，并在其中生长繁殖引起变质，影响产品的特性，甚至产生毒素、造成食物中毒、疾病传播等后果。因此，许多产品在生产、销售或使用之前必须对其进行微生物学检验。微生物学检验是产品卫生标准中的一个重要内容，也是确保产品质量和安全、防止致病菌污染和疾病传播的重要手段。

微生物检验的基本任务包括以下几个方面。

（1）研究各类产品的样品采集、运送、保存以及预处理方法，提高检出率。

（2）根据各类产品的卫生标准要求，选择适合不同产品、针对不同检测目标的最佳检测方法，探讨影响产品卫生质量的有关微生物的检测、鉴定程序以及相关质量控制措施；利用微生物检验技术，正确进行各类样品的检验。

（3）正确进行影响产品卫生质量的有关微生物的快速检测方法、自动化仪器的使用，并认真进行检验结果的分析和试验方法的评价。

（4）及时对检验结果进行统计、分析、处理，并及时准确地进行结果报告。

（5）对影响产品卫生质量及人类健康的相关环境的微生物进行调查、分析与质量控制。

六、 微生物检验的对象

微生物检验指标更多地用于评价产品的安全性。产品中微生物种类很多，并非所有的微生物都需要检测。不同的产品要求不一样，检测范围也不同。对各类产品的微生物学检验，其范围主要包括：生产环境的检验；各种产品原、辅料的检验；各类产品加工、储藏、销售诸环节的检验；产品的检验等。

（1）食品的微生物学检验　食品提供了维持人类生存必需的物质和能量，其品质的好坏直接关系人们的生存和健康。随着人们生活水平的不断提高，食品安全问题越来越受到人们的重视。在众多食品安全相关项目中，微生物及其产生的各类毒素引发的污染备受重视，微生物污染造成的食源性疾病仍是世界食品安全中最突出的问题。

为维护本国人民的健康和安全，各国政府对不符合卫生要求的食品禁止通关进口。为此，我国商检机构会同有关部门依据有关法规对出口食品依法检验，经检验出具品质、卫生证书后，才能出口。

对食物中的微生物进行检测，既是商检机构、产品质量监督检验部门、卫生防疫部门工作的需要，也是食品生产企业进行产品质量控制、保证食品安全质量的手段。

我国卫生部颁布的食品微生物指标有菌落总数、大肠菌群和致病菌三项。参见项目十二食品的微生物学检验。

（2）化妆品的微生物学检验　微生物混入化妆品的途径有：原料本身即带有微生物；制造过程中混入；盛装容器本身的污染及使用化妆品者的不良习惯造成。微生物指标是化妆品等生活用品卫生质量合格与否的重要影响因素。

目前我国对进出口化妆品规定一律按《化妆品卫生规范》进行检验，它较以前的 GB 7918—87《化妆品微生物标准检验方法》有明显的改进。对于化妆品中微生物的检测，其一是检验原料和产品中微生物数量是否达到执行标准的要求，例如细菌总数测定、粪大肠菌群测定、绿脓杆菌测定、金黄色葡萄球菌测定等；其二是检验用于化妆品和药品中的防腐剂的防腐效能。参见项目十三化妆品的微生物学检验。

（3）药品的微生物学检验　药品微生物检测方法包括药品无菌检查、微生物限度检查。在进行药品无菌检查或微生物检查时，应采用药典规定的某种方法进行检测，并确认供试品所采用检查方法和检验条件下对微生物无抑菌作用或抑菌作用忽略不计，以保证药品所污染的微生物能充分检出。参见项目十四药品的微生物学检验。

（4）一次性用品及其他生活用品的微生物学检验　一次性卫生用品可按一次性使用卫生用品标准进行微生物学检验。检测项目包括菌落总数、真菌总数、大肠菌群和致病菌的检测。其他生活用品按照有关标准进行检测。

（5）应施检疫的出口动物产品的微生物学检验　依据我国各有关部门的职责划分，由商检机构对所分管应施检疫的出口动物产品进行检疫，并签发各种检验及检疫证书，以确保出口动物产品符合进口国的检疫要求，顺利通关进口。

例如：羽绒羽毛作为动物产品，其中是否存在有害微生物，特别是能引起人畜共患传染病的微生物，是人们关注的问题之一。自 2001 年，欧盟、美国和加拿大陆续要求对我国出口的羽绒制品进行微生物检测。当时因微生物含量严重超标，一段时间内我国羽绒及其制品多次遭遇退货，严重影响了国际出口。2004～2005 年，禽流感疫情在全球范围内的愈演愈烈，在使全球家禽业遭受重创的同时，也波及到了禽类的直接衍生品——羽绒及其制品。在此情势之下，我国很快对羽绒国家标准《羽绒羽毛》（GB/T 17685—2003）和《羽绒羽毛检验方法》（GB/T 10288—2003）重新进行了修订，并将微生物检测指标引入其中，要求对嗜温性需氧菌、粪链球菌、还原亚硫酸梭状芽孢杆菌及沙门菌四大微生物进行检测。该标准已于 2004 年 5 月 1 日正式颁布实施。

（6）环境的微生物学检测　微生物对各类产品的污染以及对人畜的感染途径是多方面的，其中通过空气、水、人和动物、用具及杂物等环境因素的污染不容忽视。

① 空气洁净度的微生物检测　对公共场所的卫生检测可按《公共场所卫生检验方法　第 3 部分：空气微生物》（GB/T 18204.3—2013）进行现场采样、测定。公共场所的微生物学检测主要检测空气中细菌总数、真菌总数等。

对食品、制药、医院的洁净室、车间、室内环境等空气微生物的检测可按相关标准进行细菌总数和某些致病菌的检测。

② 水质的微生物检测　目前世界各国对于饮用水的卫生质量，除采用大肠菌群等指标外，一般还采用细菌总数这个指标。大肠菌群是指示水质受粪便污染的指示菌，细菌总数指示水体受污染物污染的情况。我国 GB 5749—2006《生活饮用水卫生标准》中规定生活饮用水细菌总数每毫升不得超过 100 个，大肠菌群每升不得超过 3 个。

（7）有关国际条约或其他法律、法规规定的强制性卫生检验的进出口商品，应按要求进行相关微生物学检验。

七、 微生物检验的质量管理

微生物检验是疾病控制机构、产品质量监督管理部门、检测机构、产品生产企业等质量控制中心的重要检测项目，是疾病防治、卫生监测、产品卫生质量保证等不可缺少的依据和手段。随着社会的发展以及人们对各类产品质量安全的重视，对检验工作的质量和效率的要求越来越高，因此，对微生物检验实行全面质量管理和控制是必需的。

1. 建立质量体系，抓好质量管理

（1）为保证微生物检验工作的质量，首先应建立质量体系。以中心质量手册和程序文件为依据，制定相应的检验工作程序，从收样到发出报告都应严格按照检测流程和质量保证体系有关要求进行操作，确保出具数据的准确性和公正性。

（2）实验室制定和落实相应制度，主要包括微生物检验工作管理制度，检验工作质量保证制度，菌毒种管理制度，废弃物处理制度，仪器设备管理制度，样品管理制度，消毒、隔离、生物安全管理制度，常用试剂管理制度，危险品管理制度等。这些制度要不断宣传贯彻，使各级人员提高认识，严格遵守。

2. 加强业务技术培训，提高检验人员素质

（1）强化检验人员爱岗敬业意识。要保证检测结果的准确性、公正性，必须抓好检验人员思想建设，搞好职业道德教育，使检验人员不仅具有相关的专业知识和熟练的操作技术，而且必须具备对工作的高度责任感和实事求是的工作作风，树立全心全意为人民服务的思想，自觉主动地完成各项工作任务。

（2）检验人员业务培训和知识更新是保证检验质量的关键。可采取多种方式学习和掌握新理论、新技术、新方法。积极参加上级部门组织的业务培训，派检验人员专项进修学习，积极参加业务学习，积极参加国内外学术交流，定期组织业务骨干授课，交流经验，改善部分检验人员专业基础薄弱和理论水平较低的现状，不断提高整体的业务水平。

（3）每年应对检验人员进行质量控制样品考核，综合分析考核情况，找出不足，总结经验，提高检验人员的综合素质。

3. **加强微生物检验的质量控制**

（1）应严格按照国家规定对试验仪器、设备、器具进行定期的检定、维护和保养。

（2）严格控制培养基、试剂、染色及诊断血清的质量。

（3）确保菌株的良好保存　标准菌株和从样品中分离出的菌株，其保存方法有多种，最理想的为真空冷冻干燥法，但这种方法的操作技术难度大，花费高，需特殊设备，一般单位不易做到。而常规琼脂斜面保存法常因传代次数多，易污染，易变异。近几年来，采用卵黄液普通安瓿熔封法超低温保存菌种，效果很好。

（4）检验方法的选择　检验方法是微生物实验室质量保证的重要步骤，它必须统一、准确可靠。检验方法优先采用国家规定的标准检验方法或国际标准、行业标准、地方标准规定的检验方法，无上述标准时，经协商也可采用企业标准。

（5）确证试验和实验室标准　用阴性、阳性标准菌株做确证试验，特别在做微生物生化试验和免疫试验时一定要设立阴性、阳性对照组。建立实验室工作失败报告、内审制度，记录整个试验过程中的错误信息，通过管理评审，制定整改措施，及时整改；定期参加室间质控评比，不断提高试验技术水平；及时更新程序性文件，完善实验室质量保证体系。

（6）检验报告和原始记录的质量控制　检验报告书是检测的最终产品，经单位技术负责人签发即产生法律效力。检验报告、检验原始记录都应规范填写，认真审核。收样、检测、复核、审查、签发人员应人人把关，各负其责，保证质量体系的有效运行。

八、 微生物检验的发展趋势

微生物检验常规技术包括显微技术，染色技术，灭菌和消毒技术，培养基制备技术，接种，分离纯化和培养技术，无菌取样技术，微生物的计数技术，菌种保藏技术，微生物常规鉴定技术等。

传统常规的微生物检测方法检测时限长，过程烦琐。随着食品、药品及其他工业的发展以及人们对各类产品质量安全的重视，传统检测方法已经远不能满足微生物检测的需要，迫切需求灵敏度更高、特异性更强、简便快捷的微生物检测技术和方法，建立和完善适应国际贸易的各类产品微生物检测技术和体系迫在眉睫。

近几年世界各国的许多机构和学者都致力于快速、简便、特异、敏感、低耗且实用的检测技术和方法的研究。对微生物的检测，其研究的技术手段产生了很大的变革：微生物检测技术已由培养水平逐步向分子水平迈进；近年来兴起的基因芯片技术及自动微生物检测系统，将从根本上改变微生物的检测方法；气相色谱法、气质联用等现代仪器分析法也应用于微生物检测中。

1. **改进的微生物培养法**

微生物培养技术是众多检测手段的基石。固体培养基的发明使微生物培养技术有了质的飞跃，在此基础上传统的微生物培养法在不断的改进中发展。主要表现在是通过在培养基中加入抑菌剂、指示剂、荧光物质等，或经预处理来缩短增菌时间，合并检验步骤，使培养和鉴定一步完成，从而达到快速检测的目的。如疏水网膜法（HGMF）采用疏水网膜过滤样品，将捕获了被检微生物的疏水网膜上倾入适当的琼脂，经一定时间培养后即可计数。该法可用于酵母菌、霉菌的计数，也可进行沙门菌、大肠杆菌（大肠菌群）的检测，采用人工或机械计数都很方便。直接荧光过滤膜技术（DEFT）则是将样品经特殊滤膜过滤后，经吖啶橙染色，利用紫外线显微镜来快速测定活菌数。葡萄糖苷酶荧光法则是通过在培养基中加入指示剂、色素、荧光物质，成为快速检验大肠菌群的常用方法。

2. **免疫学方法**

免疫学方法是以抗原和抗体的特异性结合反应为基础的方法。免疫方法的优点是样品在进行选择性增菌后，不需分离即可采用免疫技术进行筛选。由于抗原和抗体的结合反应特异性强，可在很短时间内完成，再辅以免疫放大技术来鉴别细菌，使得免疫法具备了快速、灵敏的特点。样品经增菌后可在较短的时间内达到检出度。通常根据检测技术的不同可分为免疫扩散反应、凝集反应、免疫荧光反应、酶免疫测定等方法。

免疫法不但经济实用，重现性、灵敏度和特异性也较强。特别是近几年发展的免疫试剂盒，不仅适用于防疫及卫生技术检测监督部门，还可在企业团体及日常家庭的卫生检测中使用，是一种非常有希望普及的快速检测方法。

3. **分子生物学方法**

随着分子生物学和分子化学的飞速发展，对病原微生物的鉴定已不再局限于对它的外部形态结构及生理特性等一般检验上，而是从分子生物学水平上研究生物大分子，特别是核酸结构及其组成部分。在此基础上建立的众多检测技术中，核酸探针（nuclear acid probe）和聚合酶链反应（polymerase chain reaction，PCR）以其敏感、特异、简便、快速的特点成为世人瞩目的生物技术革命的新产物，业已逐步应用于食源性病原菌的检测。

分子生物学法快速、灵敏、特异性强，适用于不常见的或新的病原微生物的检测。但其成本较高，且要求较高的技术水平，大面积采用还有较大的难度。目前仅限于海关、商检等国家级高等机构及部门采用。

4. **气相色谱法**

微生物细胞的气相色谱分析是研究微生物分类的有效方法之一。其原理是将微生物细胞经过水解、甲醇分解、提取，以及硅烷化、甲基化等衍生化处理后，使之分离尽可能多的化学组分，供气相色谱进样分析。不同微生物所得到的色谱图中，通常大多数峰是有共性的，只有少数峰具有特征性，可被用来进行微生物鉴定。大量分析检测各种常见细菌、酵母菌、霉菌和其他微生物的组成成分，并建立微生物组分标准色谱图文库，储存在计算机中，然后将待鉴定微生物的组分色谱图与标准图谱相比较，可迅速鉴定其种类。气相色谱法具有高选择性、高分离效能、高灵敏度、高速度、应用范围广的特点，在快速诊断传染病方面是很有发展前途的方法，目前对某些疾病的诊断已经应用于临床，并逐渐向自动化方向发展。

5. **基因芯片技术**

基因芯片技术是20世纪90年代中期发展起来的一项新生物技术，它是融合了生命科学、化学、微电子技术、计算机科学、统计学和生命信息学等多种学科的最新技术。基因芯片就是采用微加工和微电子技术将大量的人工设计好的基因片段有序地、高密度地排列在玻璃片或纤维膜等载体而得到的一种信息检测芯片，其本质名称是脱氧核糖核酸微阵列。

基因芯片的工作原理是利用碱基配对的原理来检测样品的基因。将各种基因寡核苷酸点样于芯片表面，将待测微生物样品的DNA或RNA通过PCR或RT-PCR扩增、体外转录等技术掺入标记分子后，与位于芯片上的已知碱基顺序的DNA探针杂交，再通过扫描系统检测探针分子杂交信号强度，然后以计算机技术对信号进行综合分析后，即可获得样品中大量基因序列及表达信息，以对之做出定性及定量的研究，来确定检测样品是否存在某些特定微生物。

目前，在世界各国的积极推动下，基因芯片的应用从最初的医学领域向其他方面扩展。近几年来，基因芯片的应用也开始在食品工业中崭露头角，许多学者利用基因芯片对食品中的常见致病菌进行了分析、检测，不仅敏感度高于传统方法，且操作简单，重复性好；基因芯片技术也是近几年运用的病毒检测新技术之一，现在世界各国都在积极地进行能够对人类构成危害的各种病毒快速检测芯片的研究；应用基因芯片可对病人、出入境食品、动植物及其产品进行检测。

随着社会的发展和科技进步，特别是近年来兴起的基因芯片技术及自动微生物检测系统，将从根本上改变微生物的检测方法。我们有理由相信，将来的微生物检测将更加快速、灵敏、简便。

【思考题】

1. 什么是微生物？它包括哪些类群？
2. 简述微生物的特点。
3. 分析造成产品微生物污染的原因有哪些？如何采取有效的措施加以预防和控制？
4. 你认为如何才能够保证微生物检验工作的质量和效率？
5. 对不同对象的微生物检验指标有什么不同？为什么？
6. 简述微生物检验的发展趋势。

阅读小知识：

微生物的命名及分类

微生物的名字有俗名和学名两种。俗名是通俗的名字，如铜绿假单胞菌俗称绿脓杆菌；大肠埃希菌的俗名为大肠杆菌等。俗称简洁易懂，记忆方便，但是它的含义往往不够确切，而且还有使用范围和地区性等方面的限制，为此，每一微生物都需要有一个名副其实的、国际公认并通用的名字，这便是学名。学名是微生物的科学名称，它是按照微生物分类国际委员会拟定的有关法则命名的。学名的命名采用双名法，由拉丁词、希腊词或拉丁化的外来词组成。

采用双名法命名时，用两个拉丁字命名一个微生物的种。这个种的名称由一个属名和一个种名构成，都用斜体字表示。属名在前，用拉丁文名词表示，第一个字母要大写；种名在后，用拉丁文形容词表示，全部小写。学名后还要附上首个命名者的名字和命名的年份，用正体字表示。不过在一般情况下使用时，后面的正体字部分可以省略。如金黄色葡萄球菌（*Staphyloccocus aureus* Rosenbach 1884）常表示为*Staphyloccocus aureus*。随着分类学的不断深入，常会发生种转属的情况。例如 Weldin 在 1927 年把原来的猪霍乱杆菌这个种由杆菌属转入沙门菌属，定名为猪霍乱沙门菌（*Salmonella choleraesuis*），这时就要将原命名人的名字置于括号内，放在学名之后，并在括号后再附以现命名者的名字和年份，这样就成了 *Salmonella choleraesuis*（Smith）Weldin 1927。如果是新种，则要在新种学名之后加“sp. nov.”（其中 sp. 为物种 species 的缩写；nov. 为 novel 的缩写，新的意思）。例如 *Methanobrevibacterium espanolae* sp. nov.（埃斯帕诺拉甲烷杆菌，新种）。

微生物的分类目前主要采用的有四类分类法。包括有常规分类法、遗传特征分类法、化学特征分类法及数值分类法。常采用的依据主要有：形态特征、生理生化特征、生态特征、抗原特征、遗传特征和化学组成特征等。

1. 常规分类法

常规分类是根据微生物形态、生理生化、生态和抗原等表型特征为分类依据进行分类的方法，这是微生物分类鉴定中通常采用的方法。

2. 遗传特征分类法

基本表型特征的微生物分类是不够精确的，而遗传特征客观地反映了微生物的亲缘关系遗传特征分类法以决定生物表型特征的遗传物质——核酸作为比较的准绳，所以它是一种最客观和可信度最高的分类方法。尤其在正式定为新属或新种时，一定要有其遗传特征的描述。遗传分类法常用的分类依据有：DNA（G+C）摩尔分数、DNA-DNA 杂交，除以上两种之外，还有 DNA-rRNA 杂交、16S rRNA（16SrDNA）寡核苷酸的序列分析等方法。

3. 化学特征分类法

该分类法是应用电泳、色谱和质谱等分析技术，根据微生物细胞组分、代谢产物的组成与图谱等化学分类特征进行分类。现已证明，蛋白质或糖类代谢产物的气相、液相色谱分析在梭菌、拟杆菌以及其他一些细菌的分类鉴定中非常有用。采用化学和物理技术研究细菌细胞的化学组成，已获得很有价值的分类和鉴定资料。随着分子生物学的发展，细胞化学组分分析用于微生物分类日趋显示出重要性。

4. 数值分类法

数值分类法是20世纪50年代末随着计算机的发展而发展起来的一种新的分类方法。数值分类是根据数值分析，借助计算机将拟分类的微生物按其性状的相似程度进行归类。它的特点是根据较多的特征进行分类，一般为50～60个，多者可达100个以上，在分类上，每一个特性的地位都是均等重要。通常是以形态、生理生化特征，对环境的反应和忍受性以及生态特性为依据。最后，将所测菌株两两进行比较，并借用计算机计算出菌株间的总相似值，列出相似值矩阵。为便于观察，将矩阵重新安排，使相似度高的菌株列在一起，然后将矩阵图转换成树状谱，再结合主观上的判断（划分类似程度大于85%者为同种，大于65%者为同属等），排列出一个个分类群。

微生物的主要分类单位与高等动、植物一样，依次分为界、门、纲、目、科、属、种。在两个主要的分类单位之间还可以有次要的分类单位。例如："亚门"、"亚目"、"亚科"、"亚属"等。把相似的或相关的种归为一个属，又把相似的属归为一个科，依此类推，从而构成一个完整的分类系统。

种是微生物分类的基本单位。种是指起源于共同的祖先，具有相似形态和一些生理特性的个体。种是相对稳定的，但是在生物进化过程中，生物的一切种都进行着连续的变异，引起生物体质的差别，差别的继续扩大，最后便形成了显然不同的新种。种的划分在不同程度上有着人为的、暂时的性质。

种以下还可以进行不同的划分，但它们不作为分类上的单位。

变种：有时从自然材料分离得到的微生物纯种，基本特征与典型种相同，而某一特性与典型种不同，并且这种特性是稳定的，则该微生物就称为典型种的变种。

亚种或小种：微生物学中把实验室中所获得的稳定变异菌株称为亚种或小种。例如大肠杆菌野生型的一个品系叫"K12"，它是不需要某种氨基酸的，通过试验性变异可以从K12中获得需要某种氨基酸的生化缺陷型，这种生化缺陷型菌株称为K12的小种或亚种。

型：这是指同一种微生物的各种存在类型，它们之间的差别不像变种那样显著。例如布鲁杆菌依据寄主不同而分为牛型、人型和禽型。

菌株或品系：它是指同种微生物不同来源的纯培养。常常在种名后面加上数字、地名或符号来表示。例如枯草杆菌1.398、枯草杆菌1.628等，它们在酶的产生量上有差异。

群：在自然界中常发现有些微生物种类的特征介于两种微生物之间，彼此不易严格区分，我们就把这两种微生物和介于它们之间的种类统称为一个群。例如大肠杆菌和产气杆菌这两个种的区别是明显的，但自然界中还存在着许多介于它们之间的中间类型，我们就把它们合起来统称为大肠菌群。

项目二　微生物的形态结构

【知识目标】

1. 了解细菌、放线菌、酵母菌、霉菌、病毒的大小和形态；
2. 掌握细菌、放线菌、酵母菌、霉菌、病毒的结构及其功能；
3. 掌握几类主要微生物的繁殖方式和群体形态。

【能力目标】

1. 根据微生物的结构特点理解其功能特点，理解结构与功能的对应性；
2. 能够以微生物形态、结构、培养特征的理论知识为基础，进一步学习相关的微生物检验技术，具有识别、区分产品中几类主要微生物的能力。

【背景知识】

微生物包括众多不同的类群，与产品关系比较密切的是原核细胞微生物细菌、放线菌，真核细胞微生物霉菌、酵母菌，及非细胞型微生物病毒等。

一、 细菌

细菌（bacteria）是自然界中分布最广、数量最大、与人类关系极为密切的一类微生物。在我们周围，到处都有细菌存在，尤其在温暖、潮湿和富含有机物质的地方，它们大量繁殖集居，常会散发出特殊的臭味或酸败味。如用手去抚摸长有细菌的固体表面时，常有黏、滑的感觉，甚至会形成明显可见的、形态颜色多样的菌落或菌苔，黏稠的菌落常会拉出丝状物。长有大量细菌的液体会呈现混浊、沉淀或液体表面漂浮有“膜状物”、“白蹼”等，有时会伴有大量气泡冒出。

（一）细菌的形态

细菌种类繁多，但外形不外乎 3 种，即球状、杆状和螺旋状（图 2-1）。

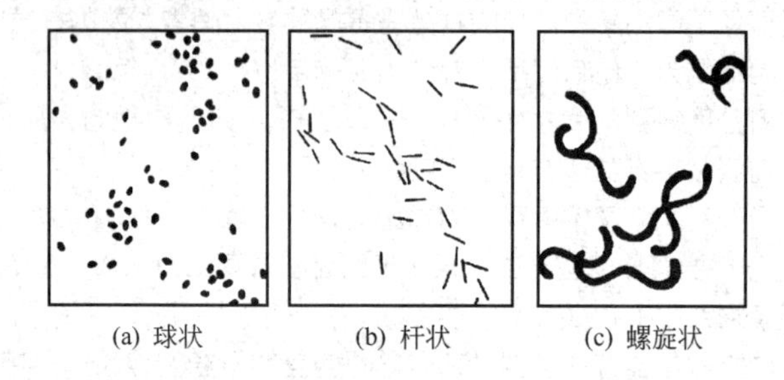

图 2-1　细菌的基本形态

1. 球菌（coccus）

细胞呈球形或近似球形，依细胞分裂方向和分裂后新细胞的排列方式不同，又可区分为 6 种主要类型（图 2-2），这在分类鉴定上有重要意义。

（1）单球菌　细胞分裂后产生的两个子细胞立即分开，如尿素小球菌（*Micrococcus ureae*）。

（2）双球菌　细胞分裂一次后产生的两个新细胞不分开而成对排列，如肺炎双球（*Diplococcus pneumoniae*）。

（3）链球菌　细胞按一个平行面多次分裂后产生的新细胞不分开而排列成链，如乳酸链

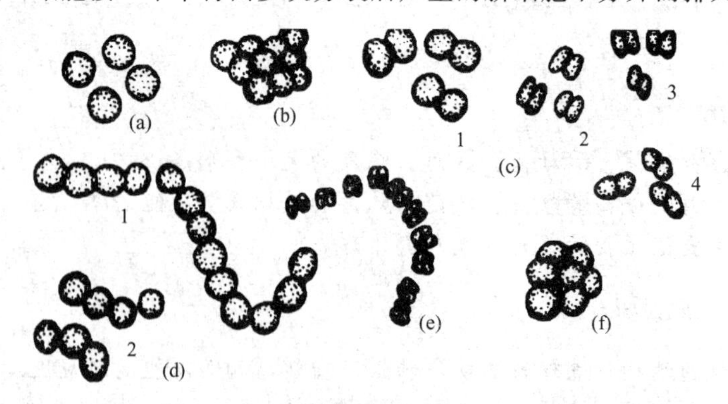

图 2-2　球菌的种类

（a）单球菌；（b）葡萄球菌；（c）双球菌（1～4）；（d）链球菌（1、2）；（e）四联球菌；（f）八叠球菌

球菌（*Streptococcus lactis*）。

（4）四联球菌　细胞按两个互相垂直的分裂面各分裂一次后产生的4个细胞不分开并连接成四方形，如四联球菌（*Micrococcus tetragenus*）。

（5）八叠球菌　细胞沿3个互相垂直的分裂面连续分裂3次后形成的含有8个细胞的立方体，如尿素八叠球菌（*Sarcina ureae*）。

（6）葡萄球菌　细胞经多次不定向分裂后形成的新细胞聚集成葡萄状，如金黄色葡萄球菌（*Staphylococcus aureus*）。

2. 杆菌

细胞呈杆状或圆柱状。各种杆菌的大小和具体形状有显著差别，有的为球杆菌，有的短粗，为短杆菌，有的呈长圆柱形，为长杆菌，有的一端稍膨大，为棒状杆菌，有的一端具分叉，为分枝杆菌。由于杆菌只沿长轴分裂，故只有单体和链状两种排列方式。杆菌种类多，最为常见，作用也最大。

3. 螺旋菌

细胞呈弧状或螺旋状，一般单生，能运动。按弯曲程度大小可分为两类。

（1）弧菌　菌体呈弧形或逗号状，如霍乱弧菌（*Vibrio cholerae*）。

（2）螺菌　菌体弯曲度大于一周，如梅毒密螺旋体（*Treponema pallidium*）。

（二）细菌的大小

细菌细胞的大小需用显微测微尺测量，并以多个菌体的平均值或变化范围表示，长度单位为微米（μm），若用电子显微镜观察更小的细胞构造或更小的微生物，要用纳米（nm）来表示，$1mm=10^3\mu m=10^6nm$。

球菌大小以直径表示，一般球菌的大小为0.5～1μm；杆菌大小以宽×长表示，杆菌的宽度一般比较稳定而长度变化较大，一般杆菌为（0.5～1）μm×（1～5）μm，螺旋菌大小以宽×弯曲长度表示，一般为（0.3～1.0）μm×（5.0～10）μm。几种代表性细菌的大小见表2-1。

表2-1　几种代表性细菌的大小

菌　　名	直径或宽×长/μm
乳链球菌(*Streptococcus lactis*)	0.5～1
金黄色葡萄球菌(*Staphylococcus aureus*)	0.8～1
最大八叠球菌(*Sarcina maxima*)	4～4.5
大肠杆菌(*Escherichia coli*)	0.5×(1～3)
伤寒沙门菌(*Salmonella typhi*)	(0.6～0.7)×(2～3)
枯草芽孢杆菌(*Bacillus subtilis*)	(0.8～1.2)×(1.2～3)
炭疽芽孢杆菌(*Bacillus anthracis*)	(1～1.5)×(4～8)
德氏乳细菌(*Lactobacterium delbruckii*)	(0.4～0.7)×(2.8～7)
霍乱弧菌(*Vibrio cholerae*)	(0.3～0.6)×(1～3)
迂回螺菌(*Spirillum volutans*)	(1.5～2)×(10～20)

细菌的形态、大小受多种因素的影响，一般处于幼龄阶段和生长条件适宜时，细菌形态正常、整齐，表现出特定的形态大小；在较老的培养物中或不正常的条件下，细胞常出现异

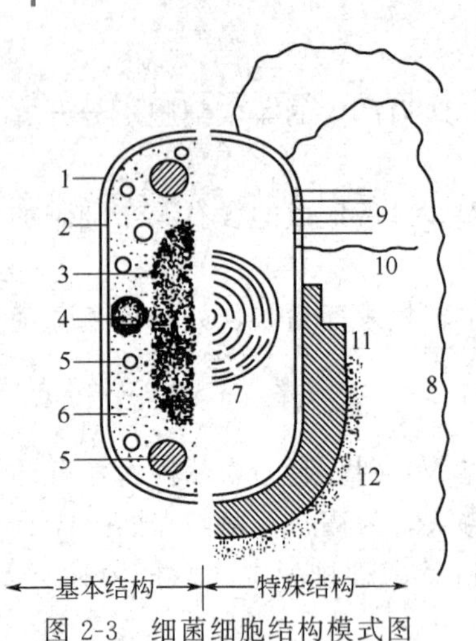

图 2-3 细菌细胞结构模式图

1—细胞壁；2—细胞膜；3—核质体；4—间体；5—储藏物；6—细胞质；7—芽孢；8—鞭毛；9—菌毛；10—性菌毛；11—荚膜；12—黏液层

常形态大小。

（三）细菌的细胞结构

细菌的细胞结构分为基本结构和特殊结构。其中基本结构指一般细菌都有的结构，例如细胞壁、细胞膜、细胞质、核质体和内含物等；特殊结构指某些细菌在生长的特定阶段所形成的结构，例如，芽孢、鞭毛和荚膜等（图 2-3）。

1. 细菌细胞的基本结构

（1）细胞壁（cell wall） 位于细胞最外层，质地厚实、坚韧，占细胞干重的 10%～25%。细胞壁具有固定细胞外形、保护细胞免受外力损伤的功能，同时还起到协助鞭毛运动，协助细胞分裂，阻拦大分子物质进入细胞，参与细菌的抗原性、致病性和对噬菌体的敏感性反应等多种作用。

细菌细胞壁的构造和成分比较复杂，主要由肽聚糖构成。而革兰阳性细菌（G^+）和革兰阴性细菌（G^-）的细胞壁各有自己的特点，它们细胞壁结构的主要差别见图 2-4 及表 2-2。

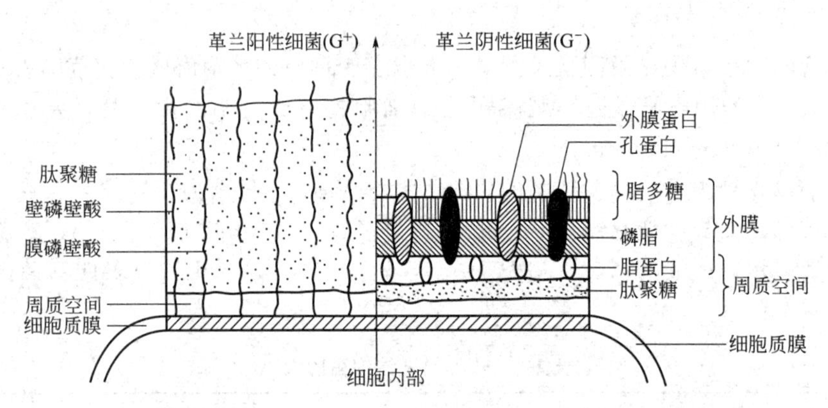

图 2-4 革兰阳性细菌和革兰阴性细菌细胞壁构造

表 2-2 G^+ 细菌与 G^- 细菌细胞壁结构比较

比较特征	G^+ 细菌	G^- 细菌
强度	较坚韧	较疏松
细胞壁厚度	厚，20～80nm	薄，内壁层 2～3nm，外膜 8nm
肽聚糖含量	多，可占胞壁干重的 50%～80%	少，占胞壁干重的 10%～20%
肽聚糖结构	可达 50 层，75%亚单位交联，网格紧密坚固	1～3 层，30%亚单位交联，网格较疏松
磷壁酸	+	−
外膜	−	+
结构	三维空间（立体结构）	二维空间（平面结构）

① G^+ 细菌细胞壁 G^+ 细菌细胞壁的特点是厚度大，但化学组分简单，一般含 90%肽聚糖和 10%磷壁酸。

革兰阳性细菌肽聚糖的结构可以最典型的金黄色葡萄球菌为代表说明。它的肽聚糖层厚约 20～80nm，由 40 层左右网状分子所组成。网状的肽聚糖大分子实际上是由大量小分子单体聚合而成的。每一肽聚糖单体含有 3 个组成部分：聚糖骨架，肽聚糖是由 *N*-乙酰葡糖胺、*N*-乙酰胞壁酸交替排列，通过 β-1,4-糖苷键连接成聚糖骨架；四肽侧链（四肽“尾”），即由 4 个氨基酸连起来的短肽链连接在 *N*-乙酰胞壁酸分子上；五肽交联“桥”，在金黄色葡萄球菌中为甘氨酸五肽。这五肽“桥”的氨基端与前一个四肽侧链中的第 4 个氨基酸连接，而它的羧基端则与后一个四肽侧链中的第 3 个氨基酸相连接，从而使前后两个肽聚糖单体交联起来，构成机械强度高的三维空间网格结构（见图 2-5）。溶菌酶能水解肽聚糖链骨架中的 β-1,4-糖苷键，所以能裂解肽聚糖。

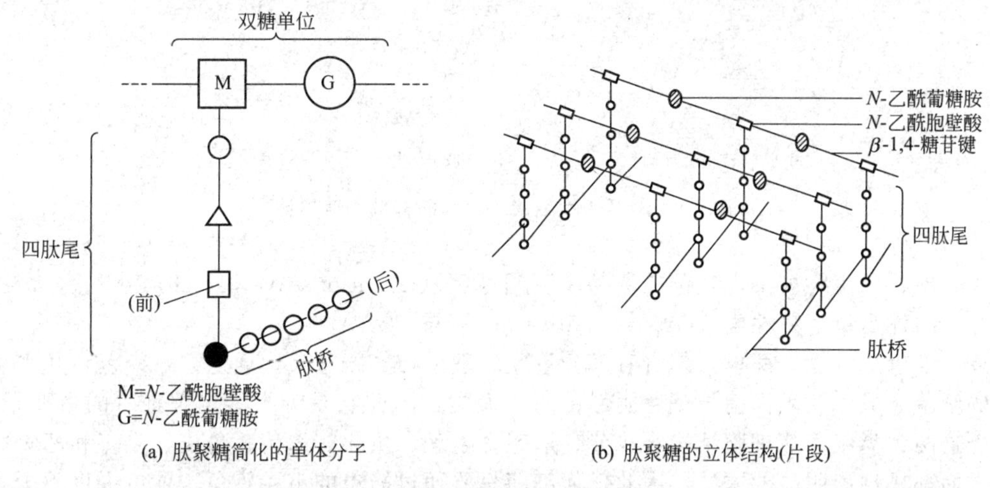

(a) 肽聚糖简化的单体分子　　(b) 肽聚糖的立体结构(片段)

图 2-5　革兰阳性细菌肽聚糖结构

磷壁酸是革兰阳性细菌所特有的成分。磷壁酸是一种由核糖醇或甘油残基经磷酸二酯键相互连接而成的多聚物，并带有一些氨基酸或糖。磷壁酸分子长链插于肽聚糖层中，参与完成细胞壁的多种功能。

② G^- 细菌细胞壁　G^- 细菌细胞壁较薄，厚为 10～15nm，其成分和结构较复杂，由周质间隙和外膜组成（图 2-4）。

外膜层又称外壁层，覆盖在周质间隙外面，表面不规则，切面呈波浪形。外膜可再分为三层，最外层为脂多糖，中间层为磷脂层，内层为脂蛋白层。脂多糖是革兰阴性菌细胞壁所特有的成分，它由类脂 A、核心多糖和侧链多糖 3 部分组成。类脂 A 是细菌内毒素的主要成分，有多种生物学效应，可使动物体发热，白细胞增多，直至休克死亡。磷脂层和脂蛋白层具有控制物质进出细胞的部分选择性屏障功能，脂蛋白还可使外膜层与肽聚糖牢固地连接。

G^- 细菌的肽聚糖埋藏在外膜层之内，是仅由 1～2 层肽聚糖网状分子组成的薄层，厚度只有 2～3nm，含量约占细胞壁总重的 10%，故对机械强度的抵抗力较 G^+ 细菌弱。G^- 细菌的肽聚糖单体结构与 G^+ 细菌基本相同，差别在于：①四肽侧链的第 3 个氨基酸不是赖氨酸（L），而是被一种只有在原核微生物细胞壁上才有的内消旋二氨基庚二酸（m-DAP）所代替；②没有五肽交联“桥”，其前后两个单体间的连接是通过前一个四肽侧链的第 4 个氨基酸与后一个四肽侧链的第 3 个氨基酸直接相连，因而形成较为稀疏、机械强度较差的肽聚糖网套（图 2-6）。由于 G^+ 细菌与 G^- 细菌肽聚糖单体结构的差异以及其间相互联系的不同，因此交联而成的肽聚糖网的结构和致密度就有明显的差别。

革兰染色法是由丹麦医生 C. Gram 于 1884 年发明的，故以此而命名。由于这两类细菌细胞壁结构的不同，导致它们对相同染液的反应不同，各种细菌经过初染、媒染、脱色和复

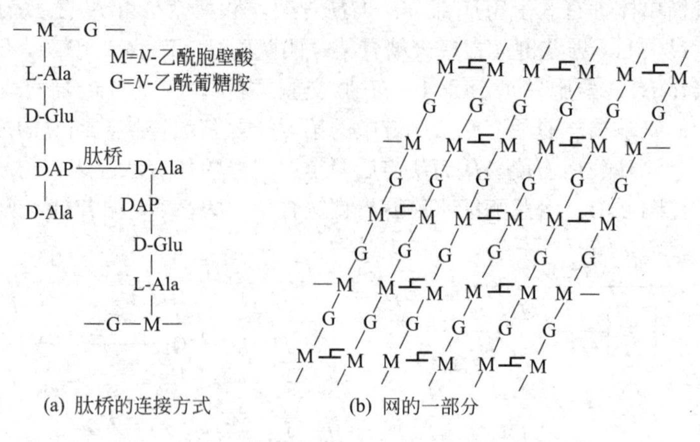

(a) 肽桥的连接方式 (b) 网的一部分

图 2-6 革兰阴性细菌——大肠杆菌的肽聚糖

染四步处理后，最终被染成紫色的称为革兰阳性菌（Gram positive bacteria，G^+），最终被染成红色的称为革兰阴性菌（Gram negative bacteria，G^-）。

革兰染色法其操作简单，却有着十分重要的理论与实践意义。通过这一染色，几乎可把所有的细菌分成革兰阳性菌与革兰阴性菌两个大类，因此它是分类鉴定菌种时的重要指标。又由于这两大类细菌在细胞结构、成分、形态、生理、生化、遗传、免疫、生态和药物敏感性等方面都呈现出明显的差异，因此任何细菌只要通过简单的革兰染色，就可提供不少其他重要的生物学特性方面的信息。

（2）细胞膜（cell membrane） 细胞膜是紧贴在细胞壁内侧的一层由磷脂和蛋白质组成的柔软和富有弹性的半透性薄膜。

细胞膜是典型的单位膜结构，厚约 8～10nm，由两层磷脂分子整齐地排列而成。每一磷脂分子由 1 个带正电荷且能溶于水的极性头（磷酸端）和 1 个不带电荷和不溶于水的非极性尾（烃端）所构成。极性头朝向膜的内外两个表面，呈亲水性；而非极性的疏水尾则埋藏在膜的内层，从而形成一个磷脂双分子层。据研究所知，磷脂双分子层通常呈液态，不同的内嵌蛋白和外周蛋白可在磷脂双分子层液体中作侧向运动，犹如漂浮在海洋中的冰山。这就是 Singer 和 Nicolson（1972）提出的细胞膜液态镶嵌模式（图 2-7）。

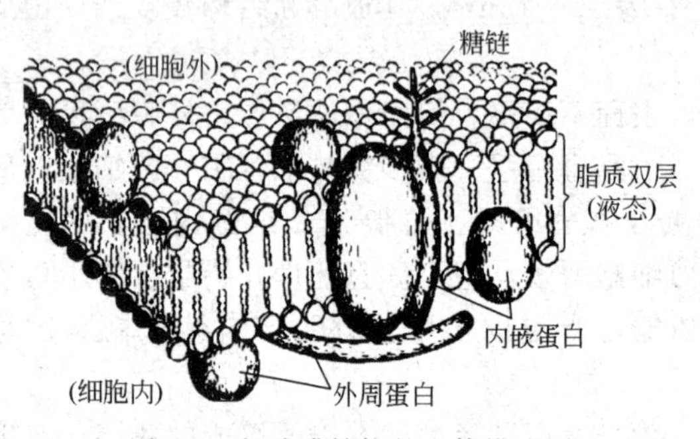

图 2-7 细胞膜结构的立体模式图

细胞膜主要具有以下功能：①控制细胞内、外物质（营养物质和代谢废物）的运送与交换；②维持细胞内正常渗透压的屏障；③合成细胞壁各种组分（LPS、肽聚糖、磷壁酸）和荚膜等大分子的场所；④进行氧化磷酸化或光合磷酸化的产能基地；⑤鞭毛基体的着生部位和鞭毛运动能量供应基地。

除核糖体外，细菌没有其他类似真核细胞的细胞器，呼吸和光合作用的电子传递链位于细胞膜上。某些革兰阳性细菌膜内褶形成小管状、层状或囊状结构，称为间体（mesosome），间体扩大了细胞膜的表面积，提高了代谢效率，有拟线粒体之称，此外还可能与 DNA 的复制有关。

（3）细胞质（cytoplasm） 细胞质是细胞膜内所含的无色透明黏稠的胶状物质。含水量

80%，还含有蛋白质、核酸、脂类、糖、无机盐以及核糖体和一些颗粒状内含物。细菌细胞质和真核细胞的细胞质相比较，更易于被碱性染料染色。细胞质中含有多种酶系统，是细菌合成蛋白质与核酸的场所，也是细菌细胞进行物质代谢的场所。

① 核糖体（ribosome）　是细菌细胞合成蛋白质的场所。其数量与蛋白质合成直接相关，随菌体生长速度而异，在细菌生长旺盛时最多，在细菌生长缓慢时最少，细胞内的核糖体常成串联在一起，称多聚核糖体。有些药物，如红霉素和链霉素能与细菌的核糖体相结合，干扰蛋白质的合成，从而将细菌杀死，但对人和动物细胞的核糖体不起作用。

② 细胞质中的内含物（granule）　是颗粒性储藏物质，其种类和数量随菌种及环境条件而异。颗粒性储藏物质的形成能防止细胞内渗透压或酸度过高，当环境养料缺乏时，又可被分解利用。主要的颗粒状内含物有：碳素和能源储存物质糖原、淀粉粒、多聚 β-羟基丁酸、异染颗粒，少数芽孢杆菌的伴孢晶体等。随着人们对微生物研究的深入，这些颗粒物质不断被发现和利用。如鼠疫杆菌的异染粒排列于细胞两端，又称极体，是该菌的重要鉴别特征之一；苏云金杆菌的伴孢晶体对 200 多种昆虫尤其是鳞翅目的幼虫有毒杀作用，因而可将苏云金杆菌制成细菌杀虫剂。

（4）核质体（nuclear body）与质粒（plasmid）　细菌是原核细胞微生物，它们的核物质没有特定的形态和结构，仅较集中地分布在细胞质的特定区域内，没有核膜包裹，称为拟核、核质、核质体等。电镜超薄切片显示，核质体多呈球形、棒状或哑铃状，在正常情况下 1 个细胞只含有 1 个核区，而细菌处于活跃生长时，由于 DNA 的复制先于细胞分裂，一个菌体内往往有 2～4 个核区。核质体的染色体实质上是一条双股环状 DNA 丝，总长度为 0.25～3mm，紧密而有规律地反复卷曲盘绕，不含组蛋白，形成松散的网状结构。所含的遗传信息量可编码 2000～3000 种蛋白质，空间构建十分精简，没有内含子。例如大肠杆菌的细胞长度仅有 2μm，但初步估算它的 DNA 丝长度可达 1100μm，分子质量为 3×10^9，约有 5×10^3 个基因。

核质体携带了细菌绝大多数的遗传信息，是细菌生长发育、新陈代谢和遗传变异的控制中心。由于没有核膜，因此 DNA 的复制、RNA 的转录与蛋白质的合成可同时进行，而不像真核细胞那样，在时间和空间上这些生化反应是严格分隔开的。

细菌除染色体 DNA 外，在细胞质中还存在着能进行自我复制的、游离的小型双股环状 DNA 分子，称为质粒（plasmid）。质粒分子量较细菌染色体小，所含遗传信息量为 2～200 个基因，能控制细菌产生菌毛、毒素、耐药性和细菌素等遗传性状。每个菌体内可有一至数个质粒。不同质粒的基因之间可发生重组，质粒基因与染色体基因也可重组。质粒是细菌生命非必需的，它可在菌体内自行消失，也可经一定处理后从细菌中除去，但不影响细菌的生存。

质粒不但能独立进行自我复制，还可以通过接合、转化或转导等方式从一个菌体转入另一菌体，能与核质 DNA 整合或脱离。因此在遗传工程中可以将细菌质粒作为基因重组和基因转移的运载工具，构建新菌株。

2. 细菌细胞的特殊结构

荚膜、鞭毛、菌毛、芽孢等是某些细菌特有的结构，在细菌分类鉴定上有重要作用。

（1）荚膜（capsule）　在某些细菌细胞壁外存在着一层松散透明、厚度不定的胶状物质，称为荚膜。根据其厚度的不同，常有不同的名称，例如微荚膜、荚膜或黏液层。当多个细菌的荚膜融合形成一个大的胶状物，内含多个细菌细胞时，则称菌胶团。荚膜的主要成分为多糖、多肽或蛋白质，尤以多糖居多。

细菌的荚膜在人和动物的体内或营养丰富的培养基中易形成；在普通培养基上或连续传

代，则易消失。细菌产生荚膜或黏液层可使液体培养基具有黏性；在固体培养基上则形成表面湿润、有光泽的光滑（S）型的菌落。即使对具有荚膜的细菌来说，荚膜也不是它的必要细胞组分，用稀酸、稀碱或专一性的酶来处理，都可除去细菌的荚膜，却对细菌无致死作用。很多有荚膜的菌株可产生无荚膜的变异，失去荚膜后的菌体则形成干燥、无光泽的粗糙（R）型菌落。

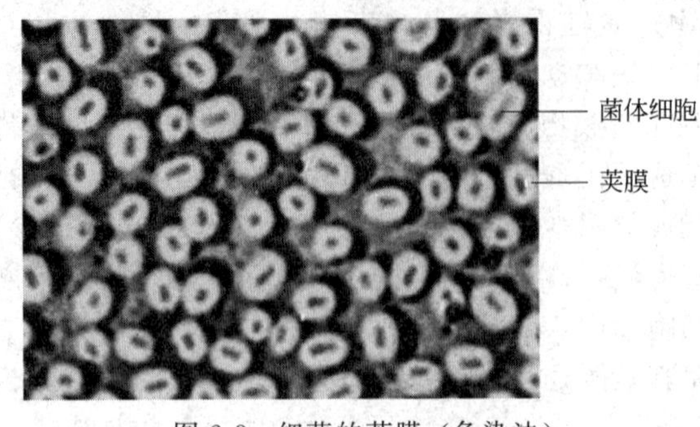

图 2-8　细菌的荚膜（负染法）

用碳素墨水进行负染色或用荚膜染色法染色，可在光学显微镜下清楚地观察到细菌的荚膜（图 2-8）。

荚膜对细菌的生存具有重要意义。首先，细菌可利用荚膜抵御不良环境，保护自身免受干燥和其他不良环境因素的影响；当营养缺乏时，可作为碳源及能源而被利用；有荚膜的细菌可抵抗宿主免疫系统吞噬细胞的吞噬和抗体的作用，保持对宿主的侵袭力；另外，荚膜还能辅助细菌有选择地黏附到特定细胞的表面上，表现出对靶细胞的专一攻击能力。例如，引起龋齿的唾液链球菌和变异链球菌等依靠荚膜可使细菌黏附于牙齿表面，由细菌发酵糖类产生的乳酸累积后，腐蚀牙齿表层，引起龋齿。荚膜成分具有抗原性，并有种和型特异性，可用于细菌的鉴定。此外，荚膜也是废物的排出之处。

（2）鞭毛（flagellum）　某些细菌表面附着的细长呈波状弯曲的丝状物，少则 1～2 根，多则可达数百根，它们称为鞭毛，是细菌的运动器官。螺旋菌和假单胞菌类普遍都长有鞭毛；杆菌中，有的有鞭毛，有的没有鞭毛；而球菌中，仅动性球菌属才有鞭毛。根据鞭毛的数量、位置，可将鞭毛菌分成单毛菌、双毛菌、丛毛菌和周毛菌四类（图 2-9）。

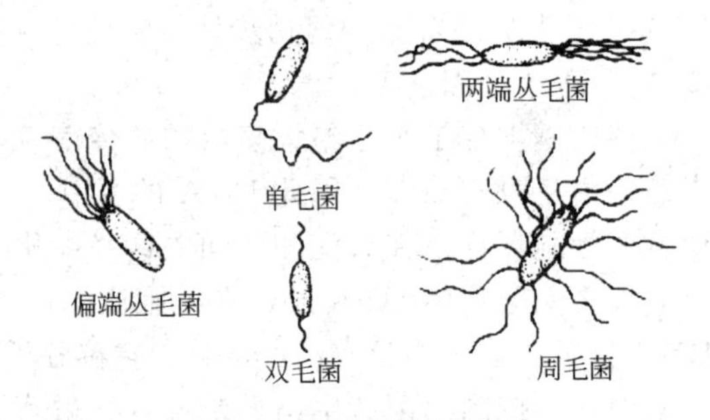

图 2-9　细菌的鞭毛类型

鞭毛是由一种称为鞭毛蛋白的弹性蛋白构成，细菌可以通过调整鞭毛旋转的方向（顺时针和逆时针）来使菌体运动。鞭毛蛋白还具有较强的抗原性（H 抗原），对细菌的鉴别、分型有一定的意义。

鞭毛菌有三种运动方式：在液体环境中能自由地泳动，在固体表面上滑行，在半固体基质中钻动。鞭毛菌的运动速度极高，一般每秒可移动 20～80μm，例如铜绿假单胞菌每秒可移动 55.8μm，是其体长的 20～30 倍。细菌通过运动最有效地实现其趋性，即对环境中不同的物理、化学、生物因子作方向性的应答，可表现为趋氧性、趋光性、趋化性、趋磁性等。这有助于细菌向营养物质处前进，而逃离有害物质。

鞭毛的有无及着生方式在菌种分类鉴定中是一项重要的形态学指标。要证明某一细菌是否存在着直径只有 10～20nm 的鞭毛，可用电子显微镜去观察。在光学显微镜下，经过染料加粗的鞭毛也可清楚地观察到。在暗视野中，对水浸片或悬滴标本中运动着的细菌，也可根据其运动情况判断它们是否存在着鞭毛。在下述两种情况下，凭肉眼观察也可初步判断某细菌是否有鞭毛存在：①在半固体培养基中（含 0.3%～0.4%琼脂）用穿刺接种法接种某一细菌，经培养后，如果在其穿刺线周围有呈混浊的扩散区，说明该菌具有运动能力，即可推测其存在着鞭毛，反之则无鞭毛；②根据某菌在平板培养基上的菌落形状也可判断该菌是否有鞭毛。一般来说，如果某菌产生的菌落形状大而薄且边缘极不规则，说明该菌具有运动能力；反之，如果菌落十分圆整，边缘光滑，相对较厚，则说明它没有鞭毛。

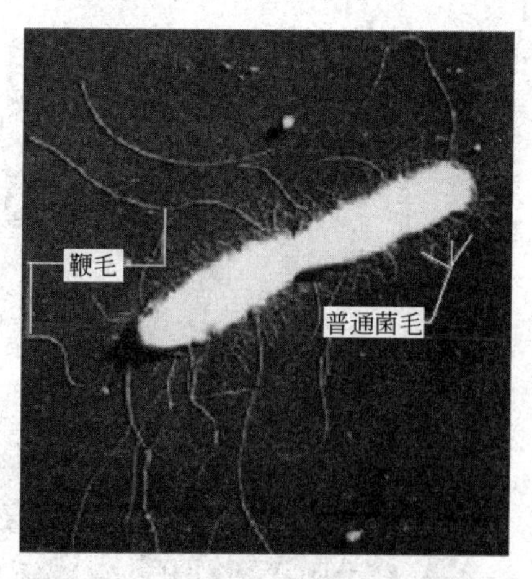

图 2-10　大肠杆菌的普通菌毛及鞭毛

（3）菌毛（pilus 或 fimbria）　菌毛（曾有纤毛、伞毛等译名）是长在细菌体表的蛋白纤丝，必须用电镜观察。特点是细（直径 7～9nm）、短、直、硬、多（250～300 根）（图 2-10）。

菌毛根据形态、结构和功能，可分为普通菌毛和性菌毛两类。普通菌毛与细菌吸附和侵染宿主有关，可使细菌较牢固地粘连在宿主的呼吸道、消化道、泌尿生殖道的黏膜表面，如淋病奈氏球菌，借助于菌毛黏附于人体泌尿生殖道的上皮细胞上，引起严重的性病。性菌毛比普通菌毛稍长，为中空管子，每个细胞有 1～4 根。其功能是在不同性别的菌株间传递 DNA 片段。有的性菌毛还是噬菌体的吸附受体。

（4）芽孢（endospore，spore）　某些细菌在其生长发育后期或在不良环境条件下，可在细胞内形成一个壁厚、质浓、折光性强、抗逆能力极强的圆形或卵圆形小体，称为芽孢。

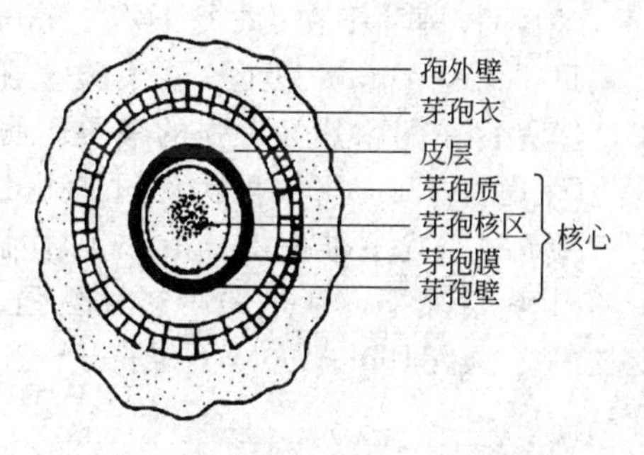

图 2-11　细菌芽孢构造的模式图

芽孢是细菌的休眠形式，当营养缺乏时，每个菌体细胞内仅形成 1 个芽孢；当环境适宜时，芽孢萌发又形成细菌的营养体，细胞数目没有增加，故它无繁殖功能。

芽孢具有多层致密的厚膜结构（图 2-11）。芽孢的核心和皮质中含特有的 DPA-Ca（吡啶二羧酸钙盐），能提高芽孢中各种酶的热稳定性；芽孢的平均含水量少（40%左右），蛋白质受热后不易变性。这些因素使得芽孢呈现出高度的耐热性和抵抗其他不良环境的能力。

芽孢有极强的抗热、抗辐射、抗化学药物和抗静水压等能力。例如肉毒梭菌细菌的营养体，加热 60℃、10min 即可杀死。而肉毒梭菌的芽孢，在 100℃沸水中，要经过 5.0～9.5h 才被杀死；如提高到 115℃下进行加压蒸汽灭菌，则需 10～40min 才能杀灭；至 121℃时，平均也要经 10min 才能杀死。芽孢的抗紫外线能力也要比其营养细胞强约 1 倍。

芽孢的休眠能力也十分惊人，一般的芽孢在普通条件下起码可保存几年至几十年的活力。如被炭疽杆菌芽孢污染的草原，其传染性可保持 20～30 年以上。从德国的一个植物标本上分离到了保存 200～300 年仍有活性的枯草芽孢杆菌和地衣芽孢杆菌。有些湖底沉积土中的芽孢杆菌经 500～1000 年后仍有活力。而这些记录还在不断被创新。

能产生芽孢的细菌种类不多，主要是芽孢杆菌科的两个属，即需氧芽孢杆菌属和厌氧芽孢杆菌属，它们都是 G^+ 菌。不同细菌芽孢的形态、大小、位置有所差异，是鉴别细菌的指标之一（见图 2-12、图 2-13）。

对芽孢的深入研究有着重要的理论与实践意义。由于芽孢有很强的耐热性和抗逆性，因此，是否能杀灭某些代表菌的芽孢就成了衡量各种消毒灭菌措施的主要指标。例如，在外科器材灭菌中，常以破伤风杆菌和产气荚膜梭菌这两类致病菌芽孢的耐热性作为灭菌彻底程度

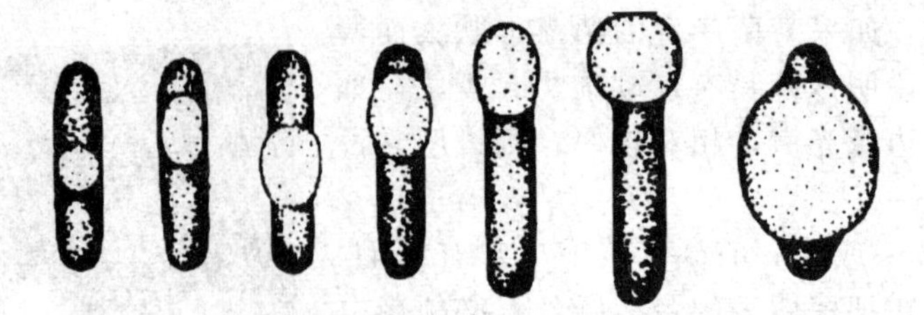

图 2-12 细菌芽孢的各种形状和位置

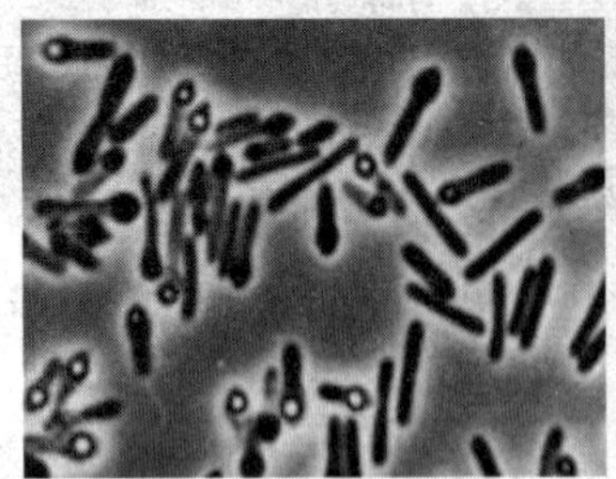
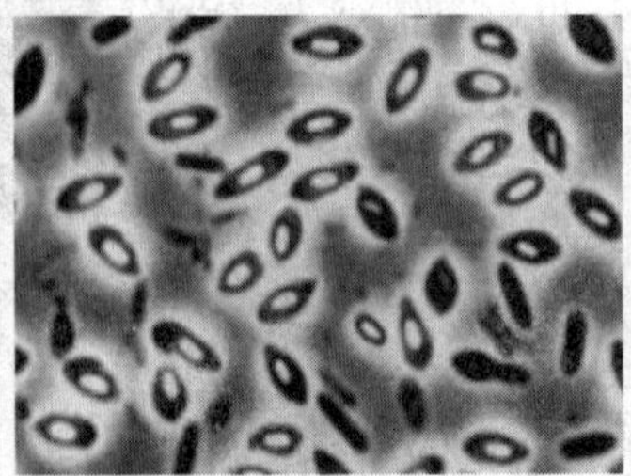
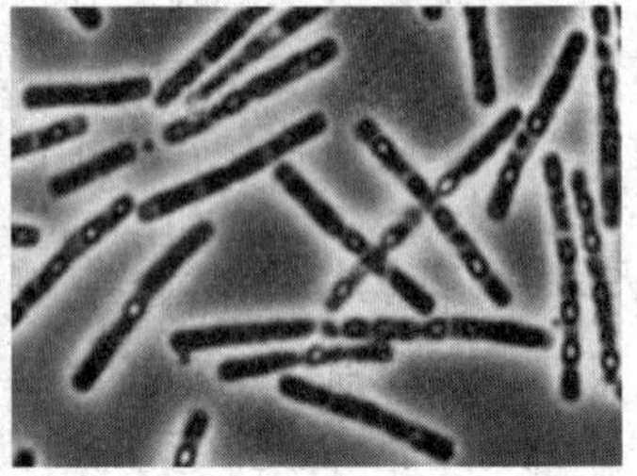

图 2-13 几种杆菌的芽孢

的指标，即在121℃下加压灭菌10min或在115℃下灭菌30min。肉类原料上的肉毒梭菌灭菌不彻底，在成品罐头中就会繁殖并产生极毒的肉毒素，肉毒梭菌芽孢在121℃下需10min即可杀灭，这就要求肉类罐头进行灭菌时必须在121℃温度下维持20min以上。在实验室或在发酵工业中，则以能否杀死在自然界存在的耐热性最强的嗜热脂肪芽孢杆菌芽孢为标准，这种细菌的芽孢在120℃下一般需经过12min才能杀灭。由此规定湿热灭菌至少要在121℃下维护15min以上才能保证培养基或物件的彻底灭菌。在干热情况下，芽孢的耐热性更强，因此，在干热灭菌时，一般规定物件必须在150～160℃下维持1～2h才行。

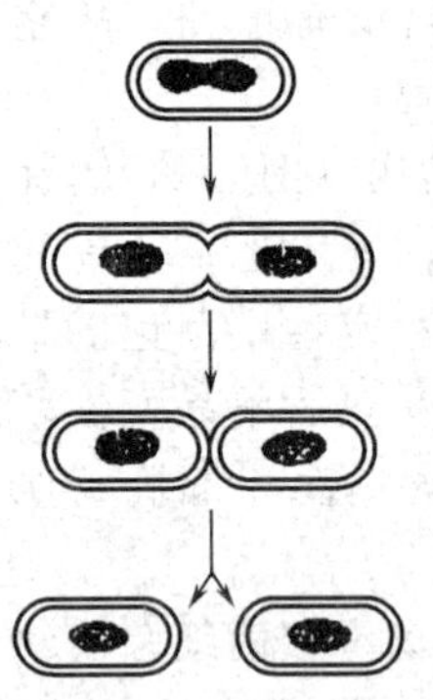

图 2-14 细菌的裂殖过程

（四）细菌的繁殖

细菌一般进行无性繁殖，主要为裂殖，也有芽殖和孢子生殖。很少细菌也有“性”接合。

裂殖表现为细胞的横分裂，即一个母细胞分裂成两个子细胞。分裂时，核DNA先复制为两个新双螺旋链，拉开后形成两个核区。在两个核区间产生新的双层质膜与壁，将细胞分隔为两个，各含一个与亲代相同的核DNA（图2-14）。

（五）细菌的群体形态

细菌繁殖后形成的群体在固体培养基表面称为菌落；在斜面培养基上称菌苔；在培养液中可形成凝絮或液面上的菌膜。它们的形态、大小及颜色等均随菌种不同而异。因此，群体形态（或培养特征）既是鉴定细菌的重要内容，也是微生物培养工作中需要观察的常规项目。

1. 细菌的菌落特征

细菌在固体培养基上生长发育，几天内即可由一个或几个细菌分裂繁殖成千上万个细胞，聚集在一起形成肉眼可见的群体，称为菌落（colony）。如果一个菌落是由一个细菌菌体生长、繁殖而成，则称为纯培养。因此，可以通过单菌落计数的方法来计数细菌的数量。

各种细菌在一定培养条件下形成的菌落具有比较稳定的特征，其原因是细菌属于单细胞生物，细胞间没有形态的分化，因此，个体细胞形态上的种种差别，必然会极其密切地反映在菌落的形态上。例如，对无鞭毛、不能运动的细菌尤其是各种球菌来说，随着菌落中个体数目的剧增，只能依靠“硬挤”的方式来扩大菌落的体积和面积，因而就形成了较小、较厚及边缘极其圆整的菌落。而对长有鞭毛的细菌来说，其菌落就有大而扁平、形态不规则和边缘多缺刻的特征。运动能力强的细菌如普通变形杆菌，还会出现树根状甚至能移动的菌落。再如，有荚膜的细菌，其菌落往往十分光滑，并呈透明的蛋清状，形状较大。凡产芽孢的细菌，因其芽孢引起的折射率变化而使菌落的外形变得很不透明或有“干燥”之感，并因其细胞分裂后常连成长链状、细胞一般都有周生鞭毛等特点，因此产生了既粗糙、多褶、不透明，又有外形及边缘不规则特征的独特菌落。这类个体（细胞）形态与群体（菌落）形态间的相关性规律，对进行许多微生物学试验和研究工作有一定参考价值。菌落在微生物学工作中主要用于微生物的分离、纯化、鉴定、计数及选种与育种等工作。

细菌的菌落特征主要包括菌落的大小、形状、隆起、边缘、表面状况、质地、光泽、颜色、硬度、透明度等（图 2-15）。菌落的特征对菌种识别、鉴定有一定意义。

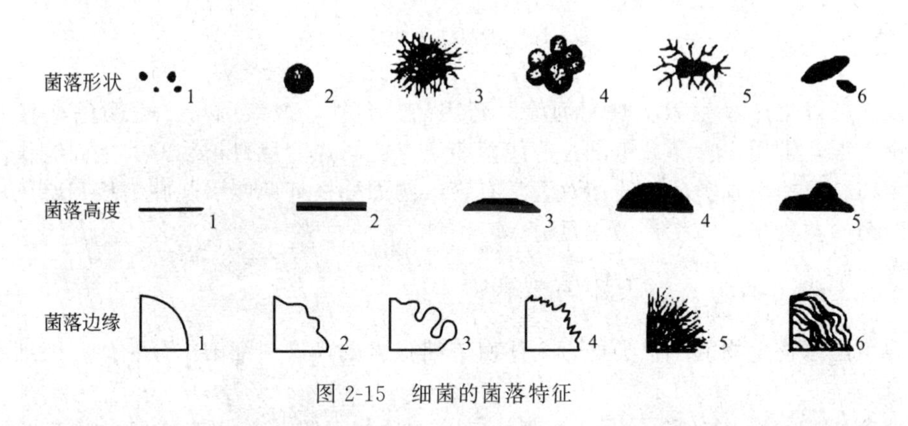

图 2-15　细菌的菌落特征

2. 其他培养特征

培养特征除了菌落外，还包括菌苔、液体培养、明胶穿刺培养、半固体琼脂穿刺培养等（图 2-16）。

半固体琼脂穿刺：加少量琼脂制成半固体培养基，穿刺接种，培养后观察细菌沿穿刺接种部位的生长状况。如为没有鞭毛、不运动的细菌，只沿穿刺部位生长，穿刺线清晰、光滑，称为动力阴性；能运动的细菌则向穿刺线四周扩散生长，穿刺线模糊、边缘呈羽状，称为动力阳性。

二、 放线菌

土壤中存在着大量的放线菌（actinomycetes），尤其是有机质丰富、干燥、呈微碱性的土壤中，每克土中放线菌孢子的含量可达到 10^7 以上，人们常说的“土腥味”正是来自土壤中的放线菌。放线菌与人类的关系极为密切，它们中绝大多数是腐生菌，能将动植物的有机体消化分解，转化成无机的营养物质，因此在自然界物质循环中起着重要的作用；放线菌还是众多抗生素的产生菌，目前发现的近万种抗生素中，约 70%都是由放线菌产生的，链霉素、土霉素、四环素、氯霉素、红霉素、庆大霉素等已成为临床广泛使用的抗生素药物；利

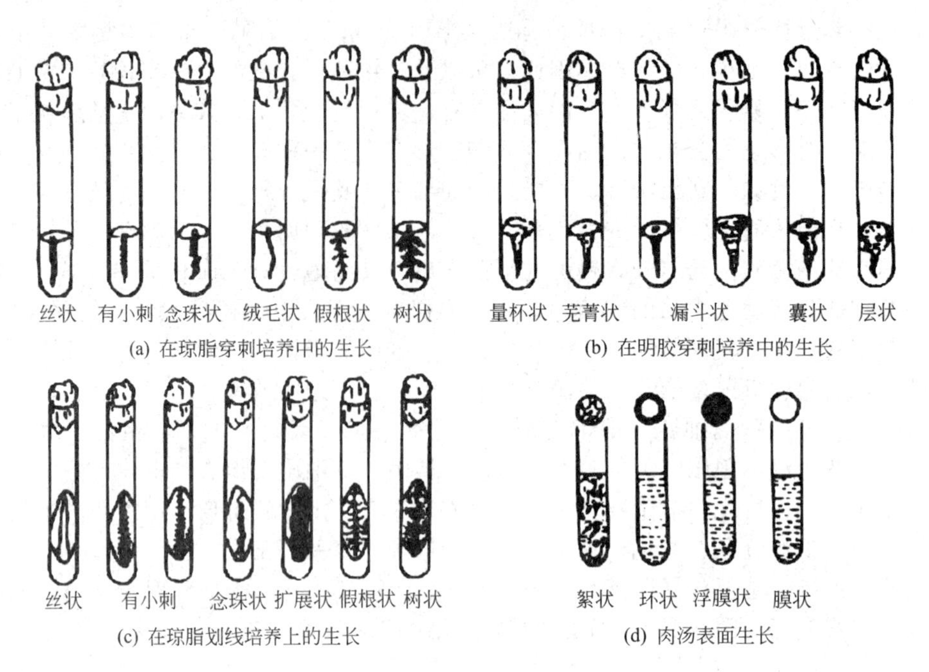

图 2-16　细菌的一些培养特征

用放线菌还可以生产维生素、酶制剂等医药用品；此外，放线菌可产生颜色丰富的天然色素，安全无毒，常用作食品染色剂；放线菌弗兰克菌属在非豆科植物的共生固氮作用中起着重要作用等。虽然个别类的放线菌对人类有害，例如分枝杆菌能引起肺结核和麻风病等，但比起放线菌的益处来，实在是微不足道。

（一）放线菌的形态、大小与结构

放线菌是原核生物的一个类群，个体由单细胞组成，这与细菌十分相似，但细胞形态比细菌复杂。

放线菌细胞呈分支丝状，称之为菌丝，菌丝通体无隔膜，相互交织形成菌丝体；菌丝宽度近于细菌，约 0.5～1μm；菌丝细胞的结构与细菌也基本相同，细胞中具核质而无真正的细胞核；细胞壁含有胞壁酸与二氨基庚二酸，而不含几丁质和纤维素。革兰反应阳性。

根据菌丝形态和功能的不同，放线菌菌丝可分为基内菌丝、气生菌丝和孢子丝三种（图 2-17）。基内菌丝又称营养菌丝，主要功能是深入到培养基内吸收营养物质，有的可产生不同的色素，是菌种鉴定的重要依据；气生菌丝是基内菌丝长出培养基外并伸向空间的菌丝，形状直伸或弯曲，有的产生色素；在气生菌丝上分化出可产生孢子的孢子丝，孢子丝的形状和排列方式因种而异，有直形、波曲、钩状、螺旋状、一级轮生和二级轮生等多种，是放线菌种的鉴定重要标志之一。成熟的孢子丝上可产生成串的分生孢子，孢子的表面结构、形状及颜色在一定条件下比较稳定，是鉴定菌

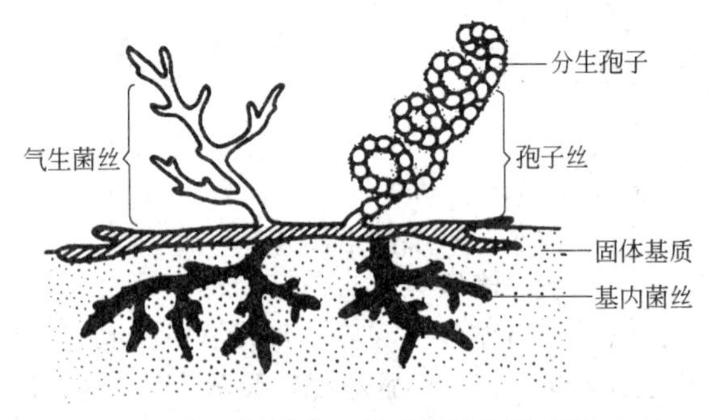

图 2-17　放线菌一般形态结构模式图

种的重要依据。

（二）放线菌的生长特性

放线菌适宜生长在有机质丰富、干燥、温暖、呈微碱性的环境条件中。放线菌绝大多数为中温菌，也存在一部分嗜热型。放线菌绝大多数为异养型需氧菌，最适生长 pH 值为 7.5～8.5。

（三）放线菌的菌落

在固体培养基上放线菌形成的菌落与细菌明显不同。由于放线菌菌丝相互交错缠绕，因此形成的菌落质地致密，菌落较小，干燥，不透明，难以挑取；基内菌丝和孢子常有颜色，使得菌落的正反面呈现出不同的色泽；当大量孢子覆盖于菌落表面时，就形成表面为粉末状或颗粒状、呈放射状花纹的典型放线菌菌落（图 2-18）。

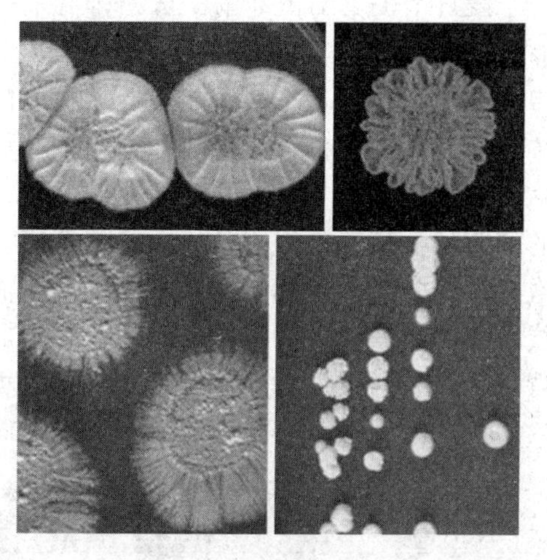
图 2-18 放线菌的菌落

（四）放线菌的繁殖

放线菌没有有性繁殖。主要以无性孢子和菌体断裂方式繁殖。在固体基质表面，主要通过形成无性孢子方式进行无性繁殖，成熟的孢子散落在适宜环境里发芽形成新的菌丝体；在液体振荡培养（或工业发酵）中，菌丝体伸长到一定程度，菌丝片段脱落，每一个脱落的菌丝片段，在适宜条件下都能长成新的菌丝体。

三、 酵母菌

人类利用酵母菌（yeast）的历史已有几千年了。早在我国宋代的酿酒著作中，中国人已经明确记载了从发酵旺盛的酒缸液体表面撇取酵母菌的方法，并把它们称为“酵”，风干以后制成的“干酵”可以长期保存，这说明早在 800 年前中国人就会制造干酵母。随着对酵母菌认识的加深，酵母菌的用途更加广泛。酵母菌能够使糖类分解成酒精和二氧化碳来获取能量，这也是人类利用酵母菌酿酒和发酵面包的原理。在酿酒过程中，酒精被保留下来；而在烤面包或蒸馒头的过程中，二氧化碳将面团发起，酒精则挥发。值得一提的是，酵母菌细胞蛋白质含量高达细胞干重的50%以上，并含有人体必需的氨基酸，目前常以工业废弃物，如造纸厂、糖厂、淀粉厂、木材厂的废液为原料，进行酵母菌体工业化的大批量生产，得到称为单细胞蛋白（single cell protein，SCP）的产品，可作为食品或饲料的蛋白补充物。此外，利用酵母菌体，还可提取核酸、蛋白质、维生素、甾醇、辅酶 A、细胞色素 c、凝血质、核黄素等生化试剂和药物。有的酵母还具有氧化石蜡降低石油凝固点的作用，或者以烃类为原料发酵制取柠檬酸、反式丁烯二酸、脂肪酸、甘油、甘露醇、酒精等。近年来酵母菌被广泛用于现代生物学研究中，如酿酒酵母作为重要的模式生物，也是遗传学和分子生物学的重要研究材料。

有些酵母菌也常给人类带来危害。腐生型酵母菌能使食物、纺织品和其他原料腐败变质：例如红酵母会生长在浴帘或潮湿的家具上；少数嗜高渗酵母菌如鲁氏酵母、蜂蜜酵母等可使蜂蜜、果酱败坏；有些发酵工业的污染菌，可消耗酒精、降低产量或产生不良气味，影响产品质量。某些酵母菌可引起人和动、植物的病害，如白色假丝酵母（或称白色念珠菌）

会生长在湿润的上皮组织中，引起皮肤、黏膜、呼吸道、消化道以及泌尿系统的多种疾病，如鹅口疮、阴道炎等；新型隐球菌可引起慢性脑膜炎、肺炎等疾病。

自然界中酵母菌主要生长在含糖较高偏酸性的环境中，比如水果、蔬菜的表面，果园的土壤中，植物分泌物或果汁中，一些酵母生活在昆虫体内。

酵母菌属于真核细胞微生物，与细菌有着本质的不同。凡是细胞核具有核膜，能进行有丝分裂，细胞质中存在完整细胞器的微小生物，统称为真核微生物。真核微生物包括真菌（酵母菌、霉菌）、单细胞藻类、黏菌和原生动物。

（一）酵母菌的形态、大小与结构

酵母菌大多为单细胞个体，细胞通常有球形、卵圆形、腊肠形、椭圆形、柠檬形或藕节形等，细胞大小一般为（1～5）μm×（5～30）μm，约为细菌的10倍。有些酵母菌（如热带假丝酵母）进行一连串的芽殖后，长大的子细胞与母细胞并不立即分离，其间仅以极狭小的接触面相连，这种藕节状的细胞串称为“假菌丝”（图2-19）。

酵母菌无鞭毛，不能游动。图2-20显示了一个酵母细胞的结构。细胞中央有一个清晰的细胞核，是其遗传信息的主要储存库，外被核膜包围。细胞中存在着球形、透明的大型液泡一个或多个，具有储藏水解酶类和营养物质，调节细胞渗透压的功能。细胞质中除了具有线粒体、核糖体等细胞器外，还存在着肝糖、脂肪球等储藏颗粒物质。酵母菌的细胞壁较为特殊，具有三层结构——外层为甘露聚糖，内层为葡聚糖，其间夹有一层蛋白质分子，位于内层的葡聚糖是维持细胞壁强度的主要物质。此外，细胞壁上还含有少量类脂和几丁质。

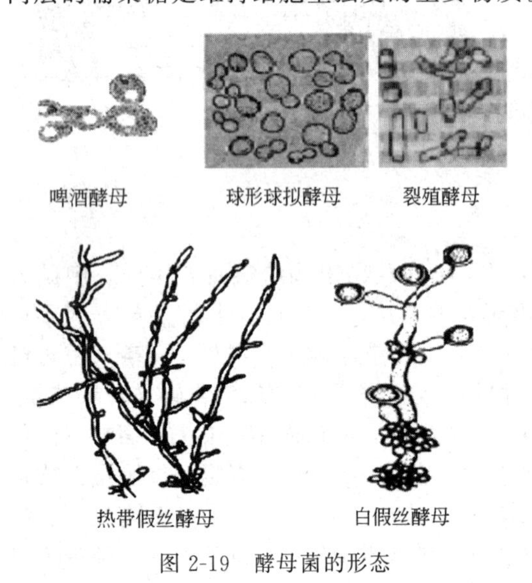

图2-19 酵母菌的形态

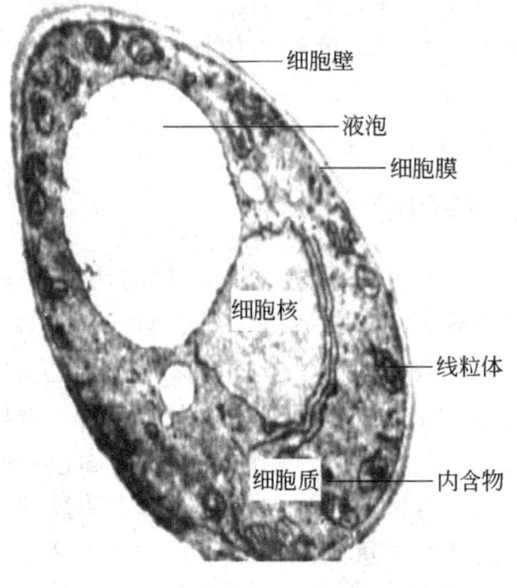

细胞壁
液泡
细胞膜
细胞核
线粒体
细胞质
内含物

图2-20 显微镜下的酵母细胞结构

（二）酵母菌的生长特性

酵母菌能在pH 3.0～7.5的范围内生长，最适pH为4.5～5.0。在低于水的冰点或者高于47℃的温度下，酵母细胞一般不能生长，最适生长温度一般在20～30℃之间。生长中的细胞通常在52～58℃的温度下，持续5～10min就被杀死。子囊孢子有较强的抵抗力，但在60～62℃温度下，持续数分钟也会被杀死。酵母菌是兼性厌氧菌，在有氧和无氧的环境中都能生长，在有氧的情况下，酵母菌生长较快，它把糖分解成二氧化碳和水；在缺氧的情况下，酵母菌把糖分解成酒精和水。

（三）酵母菌的菌落

酵母菌的菌落形态特征与细菌相似，但比细菌菌落大而厚，湿润，表面光滑，不透明，黏稠；菌落质地均匀，正、反面及中央与边缘的颜色一致，多数呈乳白色，少数红色，个别黑色；酵母菌生长在固体培养基表面，菌落容易用针挑起；有些种类培养时间长了，菌落皱缩，有特殊酒香味。

（四）酵母菌的繁殖

酵母可以通过出芽进行无性生殖，芽殖是酵母菌最常见的繁殖方式。在良好的营养和生长条件下，酵母生长迅速，所有细胞上都长有芽体，芽体上还可形成新芽体，进而出现呈簇状的细胞团（图 2-21）。

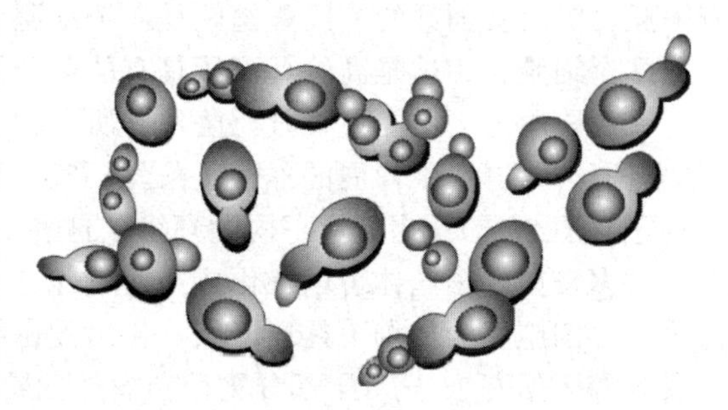

图 2-21 酵母菌的芽殖

芽体的形成过程：水解酶分解母细胞形成芽体部位的细胞壁多糖，使细胞壁变薄；大量新细胞物质——核物质（染色体）和细胞质等在芽体起始部位堆积，芽体逐步长大；芽体达到最大体积时在芽体与母细胞之间形成隔离壁，便可从母细胞上脱落下来。

在营养状况不好时，一些可进行有性生殖的酵母会产生子囊孢子进行有性生殖。孢子在条件适合时再萌发。有些酵母，如假丝酵母不能进行无性繁殖。

四、霉菌

霉菌（mould）不是分类学的名词，是丝状真菌的俗称，意即“会引起物品发霉的真菌”。霉菌在自然界分布极为广泛，它们存在于土壤、空气、水体和生物体内外。空气中飘浮着大量霉菌的孢子，它们具有小、轻、干、多的特点，抗逆性强，很容易随气流四处扩散；遇到温暖潮湿的适宜环境，孢子就会萌发，形成分支繁茂的菌丝体，进一步在物体上形成肉眼可见的霉斑。霉菌引起粮食、水果、蔬菜等农副产品及各种工业原料、产品、电器、家具、书籍和光学设备的发霉或变质，给人类带来了极大的困扰。各种物品的防霉问题至今仍是人们关心和研究的热点。霉菌还能引起很多农作物的病害，如马铃薯晚疫病、小麦的麦锈病和水稻的稻瘟病等上万种植物病害。不少致病性霉菌可引起人体和动物的病变，如皮肤癣症、各种真菌病等。有些霉菌还产生毒性很强的真菌毒素，使人、畜中毒，严重者引起癌症，黄曲霉毒素就是其中的代表。

霉菌在带给人们烦恼的同时，也成了重要的生物资源，为人类造福。①霉菌在自然界中扮演着重要的分解者的角色。霉菌对有机物的分解能力极强，尤其是能把其他生物难以分解的复杂有机物如纤维素、半纤维素、木质素等彻底分解转化，促进了整个地球生物圈的繁荣发展。②在工业方面，霉菌具有多方面的用途。霉菌可用于多种产品的发酵生产，如柠檬酸、葡萄糖酸等多种有机酸，淀粉酶、蛋白酶和纤维素酶等多种酶制剂，青霉素、头孢霉素等抗生素，核黄素等维生素，麦角碱等生物碱，真菌多糖和植物生长刺激素（赤霉素）等。利用某些霉菌对甾族化合物的生物转化生产甾体激素类药物。还可以将霉菌应用于处理污水、生物防治等。③用于酿酒、制酱及酱油等食品的酿造。④作为试验材料应用于生化、遗传、微生物学的研究中。

霉菌在自然界的分布相当广泛，无所不在，而且种类和数量惊人。一般情况下，霉菌在潮湿的环境下易于生长，特别是在偏酸性的基质当中。

（一）霉菌的形态与构造

构成霉菌营养体的基本单位是菌丝，呈长管状。菌丝宽度与酵母细胞类似，为3～10μm。菌丝通常是无色的，能够分泌酶类，降解营养物质。菌丝可不断自前端生长并分支产生分支，许多分支的菌丝相互交织在一起，就构成了菌丝体。根据菌丝中是否存在隔膜，可把霉菌菌丝分成两种类型：无隔膜菌丝和有隔膜菌丝。无隔膜菌丝中间无隔膜，整团菌丝体就是一个单细胞，其中含有多个细胞核，这是低等真菌所具有的菌丝类型。有隔膜菌丝中有隔膜，被隔膜隔开的一段菌丝就是一个细胞，菌丝体由很多个细胞组成，每个细胞内有一个或多个细胞核。这是高等真菌所具有的菌丝类型（图2-22）。

霉菌在固体基质上生长时，菌丝有所分化。部分菌丝深入基质吸收养料，称为营养菌丝（基质菌丝）；向空中伸展的称气生菌丝；气生菌丝可进一步发育为繁殖菌丝（孢子丝），产生孢子（图2-23）。为适应不同的环境条件和更有效地摄取营养，满足生长发育和繁殖的需要，许多霉菌的菌丝体可以特化成一些特殊的组织和结构，如为了吸收营养所分化出吸器、假根、足细胞，为抵御不良环境所分化出的菌核，为产生孢子所特化出的闭囊壳、子囊壳和子囊盘等。图2-24显示了部分霉菌菌丝体的特化形态。

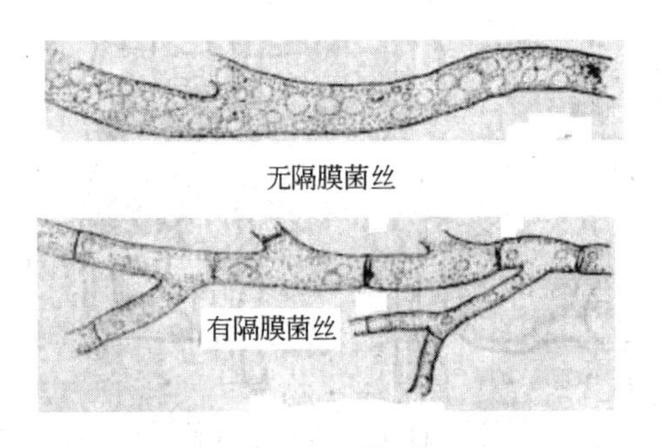

图2-22 霉菌菌丝

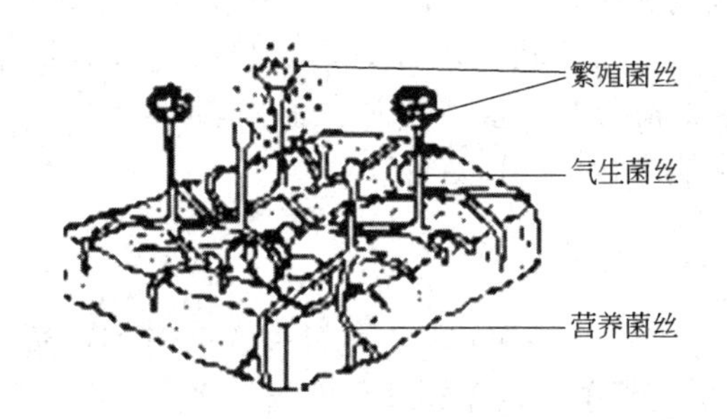

图2-23 面包表面着生的菌丝体

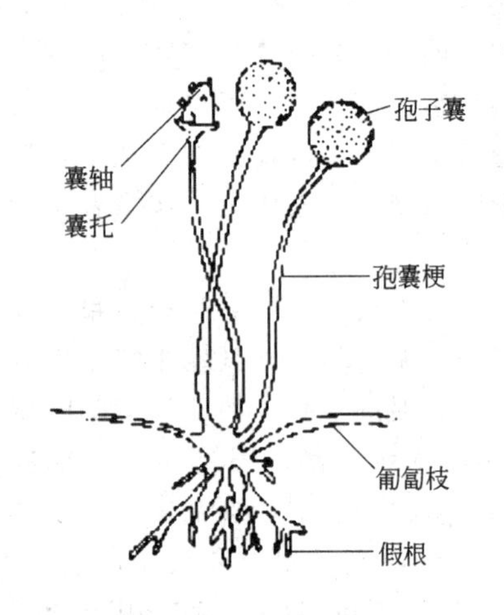

(a) 根霉的假根及孢子囊

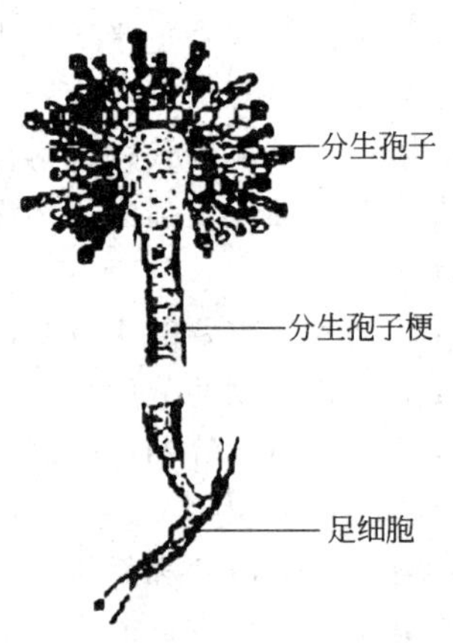

(b) 曲霉的分生孢子头及足细胞

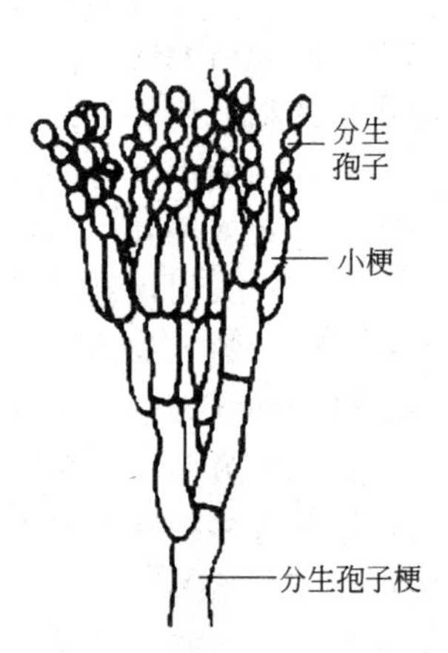

(c) 青霉的分生孢子头

图2-24 部分霉菌菌丝体的特化形态

霉菌丝状细胞最外层为厚实、坚韧的细胞壁，其内有细胞膜、细胞质、细胞核（具核膜）、线粒体、核糖体、内质网及各种内含物（肝糖、脂肪滴、异染粒等）等组成（图 2-25）。幼龄菌往往液泡小而少，老龄菌具有较大的液泡。除少数低等水生霉菌细胞壁含纤维素外，大部分霉菌细胞壁主要由几丁质组成，几丁质为 N-乙酰葡糖胺凭借由 β-1,4-葡萄糖苷键连接的多聚体，赋予细胞壁坚韧的机械性能。

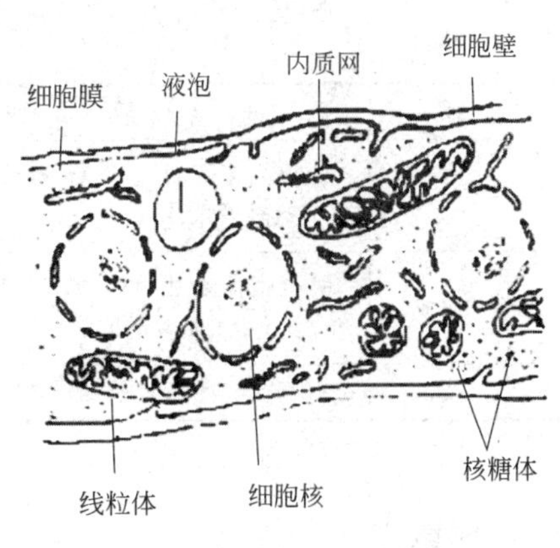

图 2-25　霉菌的细胞结构

（二）霉菌的生长特性

霉菌能在 pH3.0～8.5 的环境中生长，但多数霉菌和酵母一样，喜欢酸性环境，最适 pH 为 6.0～6.5。霉菌生长一般是需要氧气的，分生孢子的形成和菌丝体的生长都需要氧。多数霉菌的最适生长温度是 20～30℃。霉菌对干燥的耐受性比细菌强，霉菌能从潮湿的空气中吸收水分，故能在含水量很低的物质上生长。有些霉菌还能耐受高渗透压的糖和盐溶液。

（三）霉菌的菌落

由于霉菌的菌丝较粗而长，因而形成的菌落较大；有的霉菌菌丝蔓延，其菌落可扩展到整个培养皿。菌落质地一般比较疏松，呈现出蛛网状、绒毛状或棉絮状。由于不同的真菌孢子含有不同的色素，所以菌落可呈现红、黄、绿、青绿、青灰、黑、白、灰等多种颜色；由于气生菌丝及繁殖菌丝的颜色比营养菌丝的颜色较深，故菌落正、反面颜色不同；由于菌落中心气生菌丝的生理年龄大于菌落边缘的气生菌丝，故菌落边缘与中心的颜色常不一致。

（四）霉菌的繁殖

霉菌有着极强的繁殖能力，而且繁殖方式也是多种多样的。在液体中，霉菌经常以菌丝片段进行繁殖。但在自然界中，霉菌主要依靠产生形形色色的无性或有性孢子进行繁殖。

霉菌的无性孢子是直接由繁殖菌丝分化而形成的，常见的有节孢子、厚垣孢子、孢囊孢子和分生孢子。霉菌的有性孢子是经过两个细胞结合而形成的，一般分为质配、核配和减数分裂三个阶段。有性孢子只在一些特殊的条件下产生，常见的有卵孢子、接合孢子、子囊孢子和担孢子。

不同霉菌所产生的孢子形态色泽各异，每个个体所产生的孢子数量特别多，又小又轻，很容易随气流而扩散。散落的孢子遇到适宜的条件就会吸水萌发形成菌丝。孢子的休眠期长且抗逆性强。孢子的这些特点有利于接种、扩大培养、菌种选育、保藏和鉴定等工作；不利之处则是易于造成污染、霉变，易于传播动植物的霉菌病害。

酵母菌和霉菌同属于真核细胞微生物，表 2-3 将它们的主要特征进行了比较。

表 2-3　酵母菌与霉菌的异同

特　征	酵　母　菌	霉　　菌
菌体形态	一般为单细胞的球形、卵形、椭圆形，有的有假菌丝	为菌丝体，有气生菌丝、营养菌丝、繁殖菌丝之分，体积远比酵母大
菌落形态	一般为奶油状的单细胞集群，光滑，黏稠，易挑起，往往带有颜色	一般菌落蔓延生长，表面为绒状、毡状或网状，干燥，孢子颜色丰富

续表

特　征	酵　母　菌	霉　　菌
繁殖方式	主要为芽殖，少量裂殖，有的能够有性繁殖，产生子囊孢子等	菌丝片段、无性孢子、有性孢子
细胞壁组成	主要由葡聚糖、蛋白质和甘露聚糖组成的三明治结构，几丁质含量极少	一般为几丁质组成，有的含有纤维素
对氧的要求	好氧或兼性好氧	专性好氧

五、 病毒

病毒是非细胞型微生物，具有许多独特之处。

（1）体积非常微小　病毒比细菌小得多，超过了普通光学显微镜的分辨能力，一般在电子显微镜下才能够看到。常以 nm 表示病毒的大小，较大的病毒直径为 300～450nm，较小的病毒直径仅为 18～22nm。病毒能够通过细菌滤器。

（2）没有细胞结构　病毒结构极其简单，只含有单一核酸（DNA 或 RNA）的基因组和蛋白质外壳，没有细胞结构。

（3）严格的细胞内寄生性　由于酶系统缺失或不完全，病毒不能独立进行代谢活动，只能寄生在宿主的活细胞内，完全依赖宿主细胞的能量和代谢系统，获取生命活动所需的物质和能量。

（4）以复制的方式增殖　病毒在感染宿主细胞的同时或稍后释放其核酸，然后以核酸复制的方式增殖，包括核酸复制、核酸蛋白质装配，都是在分子水平上进行的。而不是以二分裂方式增殖。

病毒有高度的寄生性，离开宿主细胞，它只是一个大化学分子，可制成蛋白质结晶，为一个非生命体。遇到宿主细胞，它会通过吸附、进入、复制、装配、释放子代病毒而显示典型的生命体特征，所以病毒是介于生物与非生物间的十分独特的一种类群。

（一）病毒的形态结构

1. 病毒的形态与大小

病毒的形态、大小是病毒分类鉴定的标准之一。病毒一般呈球形或杆状，也有呈卵圆形、砖形、丝状和蝌蚪状等。如腺病毒为球状，烟草花叶病毒为杆状。细菌病毒又称噬菌体，多为蝌蚪形，也有微球形和丝状的。

病毒个体大小相差悬殊。较大的痘病毒直径约 300nm，而较小的口蹄疫病毒直径约为 10～22nm。大多数病毒在 150nm 以下（图 2-26）。

2. 病毒的结构、化学组成及其功能

一个结构和功能完整的病毒颗粒称为病毒粒子，最简单的病毒粒子主要由核酸和蛋白质组成。核酸位于病毒粒子的中心，构成了它的核心；围绕病毒核酸并与之紧密相连的蛋白质外壳，称为衣壳；构成衣壳的亚单位称为壳粒，有规律地排列着，由核酸和衣壳蛋白所构成的粒子称为核衣壳。最简单的病毒就是裸露的核衣壳，称为裸露的病毒；较复杂的病毒核衣壳外边还有一层由脂质和糖蛋白构成的包膜结构，称为包膜病毒。在包膜上有时还有一种或几种糖蛋白，在形态上形成突起，称为刺突，病毒结构模式图见图 2-27。

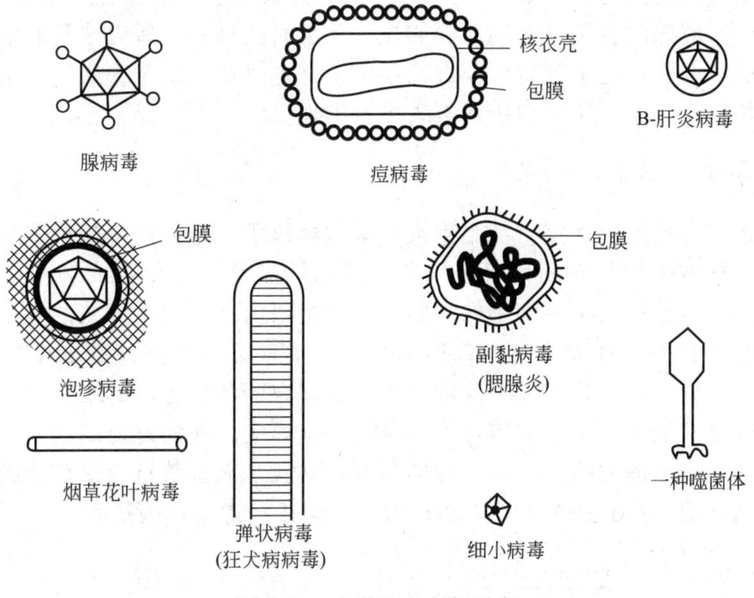

图 2-26 病毒的大小与形态

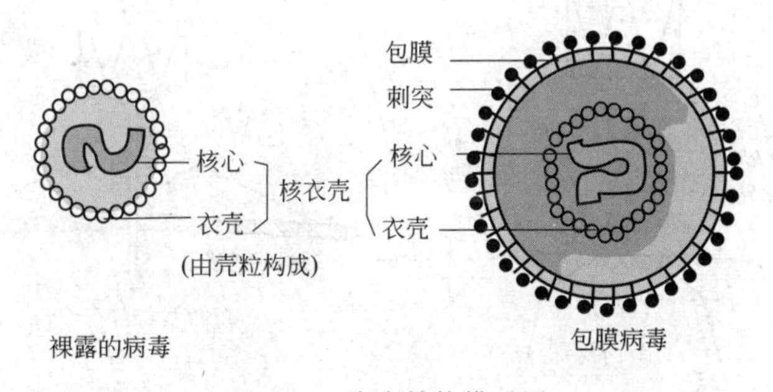

图 2-27 病毒结构模示图

病毒的壳体表现为三种对称模式（图 2-28）：①二十面体对称，球状病毒多为此类；②螺旋对称，杆状病毒多为此类；③复合对称，兼有上述两种对称的特点，蝌蚪状病毒多为此类。

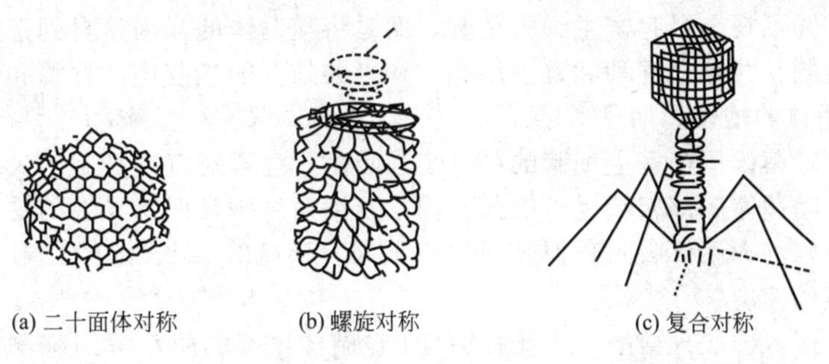

图 2-28 病毒的对称模式

病毒结构简单，各化学组成都有着重要的作用。病毒核酸储存着病毒的遗传信息，控制着其遗传、变异、增殖和对宿主的感染性等。衣壳蛋白具有保护病毒核酸、与易感细胞表面的特异受体结合、决定病毒感染的特异性等作用，还具有抗原性，能刺激机体产生相应抗体。包膜是在病毒成熟时从寄主细胞质膜或核膜芽生时获得的，所以常具有寄主细胞膜的特征，一般为脂质双层膜；这也使得包膜病毒在感染寄主时病毒易于侵入寄主细胞。用有机溶剂或去污剂破坏包膜脂质，可使包膜病毒失去感染性。

（二）病毒的复制

病毒复制指病毒粒子侵入宿主细胞到最后细胞释放子代毒粒的全过程。生活在寄主细胞内的病毒以自身核酸为模板，利用寄主细胞的原料、能量和生物合成场所，合成病毒的核酸、蛋白质等成分，然后在寄主细胞的细胞质或细胞核内装配成为成熟的病毒体，再以各种方式释放到细胞外面去，这种增殖方式称为复制。大致可分为连续的五个阶段：吸附、侵入、脱壳、病毒大分子的生物合成、病毒粒子的装配与释放。各步的细节因病毒不同而有所差异。病毒通过复制破坏了寄主细胞，引起寄主细胞病变。在病毒复制周期中，无论阻断哪个环节，均能抑制病毒的增殖，达到治疗的目的，这就是大多数抗病毒药物的机理。

下面以大肠杆菌 T4 噬菌体（图 2-29）为例，阐述病毒的增殖过程。

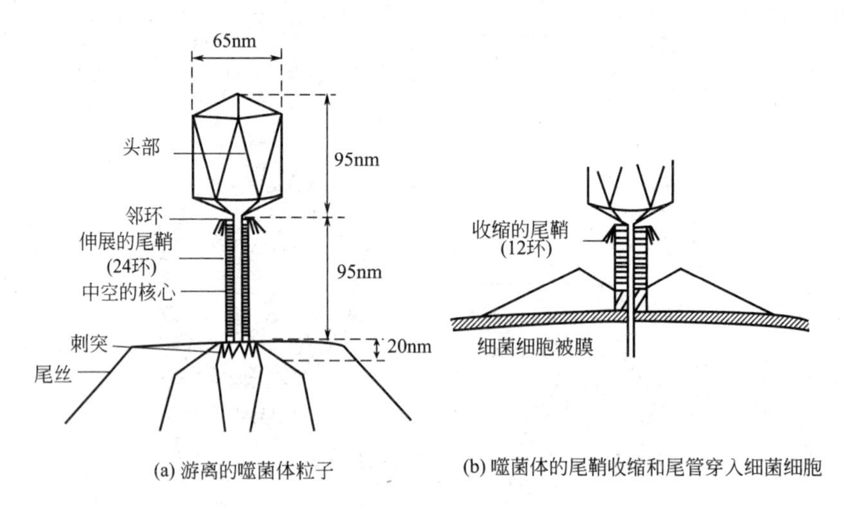

图 2-29 大肠杆菌 T4 噬菌体结构模式图

噬菌体的寄主为细菌细胞，根据噬菌体与寄主细胞的关系可分为烈性噬菌体和温和性噬菌体：凡侵入菌体细胞后，进行病毒复制，导致寄主细菌裂解的噬菌体称烈性噬菌体；而侵入菌体细胞后，并不马上引起寄主细胞裂解，而是将噬菌体的基因整合到寄主细胞的基因组上，与其同步复制、共存，这种和寄主细胞“和平共处”的噬菌体，称温和性噬菌体。

1. 烈性噬菌体的增殖周期

（1）吸附　噬菌体侵染寄主细胞的第一步为吸附，病毒对寄主细胞的吸附具有高度的特异性。吸附时，噬菌体尾部末端尾丝散开，固着于细菌细胞表面特异性的受体上，一种细菌可被多种不同型别的噬菌体吸附，但吸附位点不同。环境的 pH、温度、阳离子浓度等因子都会影响到吸附的速度。

（2）侵入　侵入即注入核酸。大肠杆菌 T4 噬菌体尾部的酶水解细胞壁的肽聚糖，使细胞壁产生一小孔，然后尾鞘收缩，将头部的核酸通过中空的尾鞘压入细胞内，而蛋白质外壳则留在细胞外。

（3）生物合成　这个步骤主要指噬菌体 DNA 复制和蛋白质外壳的合成。噬菌体基因组一旦释放到细胞中，就开始生物合成。以噬菌体 DNA 为模板，利用寄主细胞的原料、能量和生物合成场所，合成噬菌体的DNA、蛋白质等成分。在这时期，细胞内看不到噬菌体粒子，称为潜伏期。

（4）装配 当噬菌体的核酸、蛋白质分别合成后即装配成成熟的、有侵染力的噬菌体粒子，成为新的子代噬菌体。

（5）裂解 成熟的噬菌体粒子大多借宿主细胞裂解而释放。

大肠杆菌噬菌体从吸附到粒子成熟释放大约需15～30min。一个寄主细胞可释放10～10000个噬菌体粒子。释放出的新的子代噬菌体粒子在适宜条件下便能重复上述过程（见图2-30）。

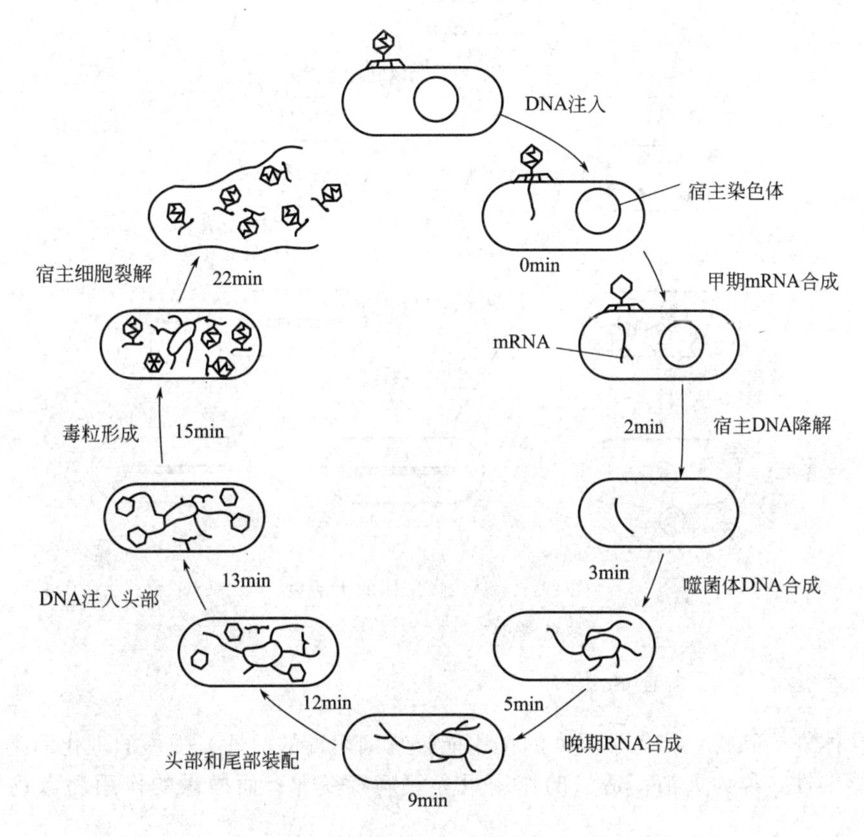

图2-30 大肠杆菌T4噬菌体的复制循环

烈性噬菌体侵染细菌后导致细菌裂解，在细菌培养物中会出现肉眼可见的现象：如液体培养物可由混浊变清澈；在固体培养物上，如长满细菌的培养皿中，可形成一个个透明圈——噬菌斑。在发酵工业中一旦发生噬菌体污染，会导致发酵异常，甚至倒罐，使工业生产遭到严重损失。

2. 温和性噬菌体的溶源性周期

温和性噬菌体侵染寄主细胞后，其DNA可以整合到寄主细胞的DNA上，并与寄主细胞染色体DNA同步复制，但不合成噬菌体的蛋白质壳体，因此寄主细胞不裂解而能继续生长繁殖。这段整合到寄主细胞DNA上的温和性噬菌体的DNA称为前（原）噬菌体。含有前噬菌体的细菌细胞称为溶源性细菌（溶源菌）。溶源菌具有以下特点：①细菌的溶源性具有遗传性，其子代细菌仍然是溶源菌；②溶源菌具有不受同源噬菌体侵染的“免疫性”；③溶源菌有时可失去前噬菌体而恢复成为非溶源性细菌，称为复愈；④有少数前噬菌体也可自发或被诱发变成烈性噬菌体，进入营养繁殖期，裂解宿主细胞，释放出噬菌体粒子。图 2-31 显示了温和噬菌体的生活史。

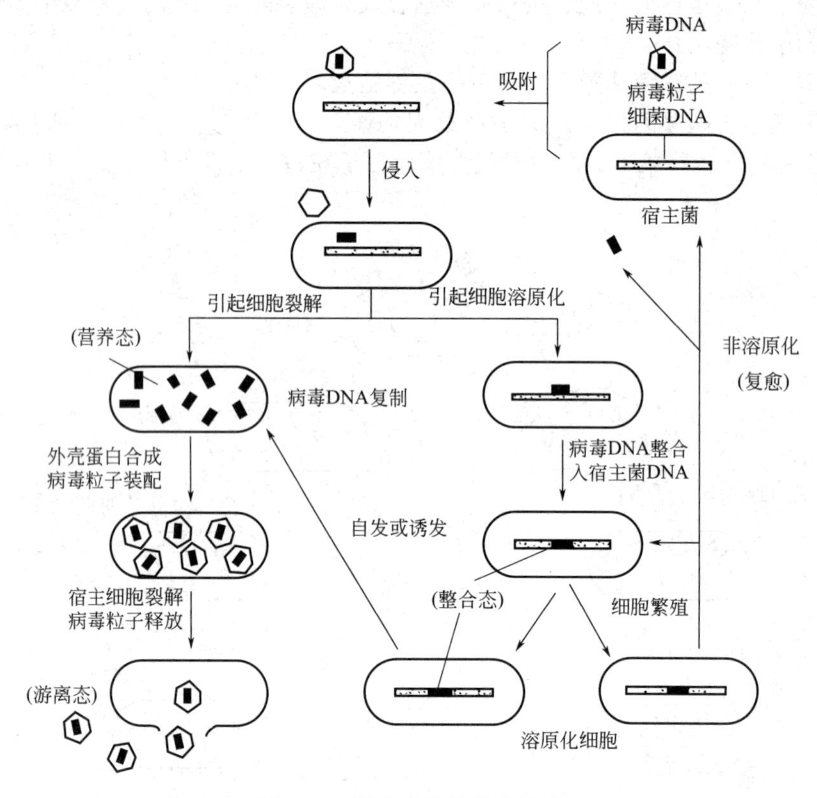

图 2-31　温和噬菌体的生活史

（三）理化因素对病毒的影响

病毒在体外受到物理、化学因素的作用能影响到病毒的活性。强烈的理化因素作用可使病毒失去感染性，称为灭活；适量的作用可导致病毒变异；而微量的作用病毒仍保持其感染性。

灭活的病毒仍能保留其他特性，如抗原性、红细胞吸附、血凝及细胞融合等。理化因素灭活病毒的机制是通过破坏病毒的包膜（如脂溶剂或冻融）、使病毒蛋白质变性（如酸、碱、甲醛、温热等）及损伤病毒的核酸（变性剂、射线）等。病毒对理化因素敏感性的强弱因病毒种类不同而异。了解理化因素对病毒的影响，在分离、培养、鉴定病毒及疫苗制备等方面均有意义。

1. 物理因素

(1) 温度　大多数病毒对热不稳定，于 55～60℃几分钟至十几分钟即被灭活，100℃时几秒钟内即可灭活病毒；但乙型肝炎病毒需 100℃、10min 才能灭活；有包膜的病毒比无包膜病毒更不耐热。低温可使病毒保持感染性，特别是在干冰温度（−70℃）和液氮（−196℃）中更可长期保持其感染性。因此，病毒标本的保存应尽快低温冷冻，但要避免不必要的反复冻融。

(2) pH　一般来说，大多数病毒在 pH6～8 的范围内比较稳定，而在 pH5.0 以下或者 pH9.0 以上容易灭活。但有个别例外，如肠道病毒在 pH2.2、24h 仍有活性；包膜病毒则在

pH8.0以上的碱性环境中仍能保持稳定。病毒对pH的稳定性常被用于病毒鉴定的指标之一。

（3）辐射　X射线、γ射线或紫外线均能以不同机制使病毒灭活。有些病毒，如脊髓灰质炎病毒等经紫外线灭活后，若再用可见光照射，可使灭活的病毒复活，故不宜用紫外线来制备灭活病毒疫苗。

2. 化学因素

（1）脂溶剂　有包膜病毒对脂溶剂敏感。乙醚、氯仿、丙酮、阴离子去垢剂等均可使有包膜病毒灭活，但对无包膜病毒几乎无作用。借此可以鉴别有包膜病毒和无包膜病毒。

（2）消毒剂　病毒对消毒剂的敏感性因病毒种类不同而异。除强酸、强碱能灭活病毒外，次亚氯酸盐、过氧乙酸、戊二醛、甲醛氧化剂、卤素及其化合物等化学消毒剂均能使大多数病毒灭活。醛类消毒剂虽能使病毒灭活，但仍能保持抗原性，故常用甲醛作灭活剂制备灭活疫苗。

（3）其他　现有的抗生素对病毒无抑制作用。在分离病毒时，在培养液中加入抗生素可抑制样品中的杂菌，有利于病毒分离。有些中草药如板蓝根、大青叶、柴胡、大黄、贯仲和七叶一枝花等对某些病毒有一定的抑制作用。

（四）病毒与实践

病毒只有寄生在其他生物的细胞中才能进行生命活动。植物、动物、细菌都可被病毒寄生。根据寄主的不同，病毒可分为三类：动物病毒、植物病毒和细菌病毒。如果寄主是人、农作物或牲畜，病毒的侵袭对寄主造成伤害，使寄主致病，则这种寄生是有害的；如果寄主是农业害虫、致病菌等，病毒的寄生造成害虫杀灭、致病菌的死亡，则这种寄生对人类就是有益的。可以说病毒与人类的关系极为密切，既会带来许多危害，也会直接或间接为人类服务。

第一，由于病毒的结构和组分简单，有些病毒又易于培养和定量，因此病毒始终是分子生物学研究的重要材料。分子生物学发展中的重要进展，如DNA和RNA是遗传物质的确证，三联体密码学说的形成，核酸复制机制的阐明，遗传信息流中心法则的提出，反转录酶、基因的重叠和不连续性等的发现，以致基因工程的兴起和致癌理论的发展，几乎无一不与病毒有关。一些蛋白质和核酸的一级结构分析，也常常是首先以病毒为材料研究完成的。反过来，分子生物学研究又促进了对病毒结构、复制和遗传的认识。

第二，在实践方面，病毒的研究对防治人类、植物和动物的病毒病作出了重要贡献。病毒疫苗的发展，为控制人类疾病（如天花、黄热病、脊髓灰质炎、麻疹等）和畜禽疾病（如牛瘟、猪瘟、鸡新城疫等）提供了有效措施。近期还有报道，通过使用噬菌体病毒攻击引起疾病的细菌，可以治疗细菌感染，这种方法比传统的抗生素治疗更有针对性。如有科学家得到了主要攻击啮齿柠檬酸杆菌的噬菌体，并用它成功治疗了老鼠的胃肠感染。目前，科学家正通过DNA分析，尝试利用不同类的噬菌体治疗不同的疾病。

第三，病毒可以作为特效杀虫剂、杀菌剂。利用昆虫病毒作为杀虫剂，具有资源丰富、致病力强、专一性强的优点，有关的研究在大力开展并已进入实用阶段。将噬菌体用作杀菌剂近期也取得较大进展，美国食品药品管理局近日批准一种由噬菌体制成的杀菌产品，该产品由6种噬菌体病毒混合而成，可在熟肉制品包装前喷洒，可有效杀灭多种李斯特杆菌，预防细菌性食物中毒。这是美国首次批准将病毒用作食品添加剂。

第四，噬菌体有严格的寄主特异性，据此可将噬菌体用于菌种的鉴定。还可利用噬菌体进行细菌的流行病学鉴定与分型，以追查传染源。

【思考题】

1. 细菌的基本形态有哪些？测量单位是什么？
2. 试比较 G^+ 细菌与 G^- 细菌细胞壁肽聚糖结构的差别。
3. 什么是菌落？试说明细菌细胞的形态与菌落形态的相关性。
4. 简述细菌细胞的基本结构和特殊结构及其功能。
5. 细菌、酵母菌、霉菌这几类微生物菌落有何不同？为什么？
6. 试比较细菌、酵母菌、霉菌这几类微生物的繁殖方式有何不同？
7. 简述酵母菌、霉菌的形态特征，并进行比较。
8. 病毒的主要特点是什么？
9. 病毒的基本形态有哪些？测量单位是什么？
10. 试比较温和噬菌体与烈性噬菌体的区别。
11. 试分析影响病毒的理化因素。

阅读小知识：

小布商成了英国皇家学会的会员

1673 年，正是中国的康熙大帝除掉鳌拜、着手平定“三藩之乱”的时候。远在临近欧亚大陆最西边的英伦三岛有个叫做皇家学会的科学院，当时是世界上的最高学府。从这年开始，皇家学会接连几年不断地收到一个名不见经传的荷兰人寄来的信件，这些信件有时简直就是一本书，信中画了许多稀奇古怪的图形，记录了许多“小动物”的形态。写信的人声称他用自己制作的显微镜发现了自然界的奥秘。皇家学会起初并没有把这些信件当一回事，可是当一位英国人按来信的说明也观察到同样的小生命后，又收到那位荷兰人寄来他自己制作的 26 架小显微镜，皇家学会的人用这些小玩意儿确实看到了“小动物”，这才意识到这项发现的重大意义：在显微镜下，一个过去从来没有人知道的生命世界被揭示出来，这就是微生物世界。这位荷兰人因首先发现了微生物，1680 年被选为英国皇家学会的会员，相当于今天的科学院院士。

列文虎克

(Antonie van Leeuwenhoek)

这位荷兰人就是列文虎克（Antonie van Leeuwenhoek，1632—1723）。他出生在荷兰东部的德尔福特的小城市，16 岁便在一家布店当学徒，后来自己在当地开了家小布店。当时人们经常用放大镜检查纺织品的质量，列文虎克从小就迷上了用玻璃磨放大镜。正好他得到一个兼做德尔福特市政府管理员的差事，这是一个很清闲的工作，所以他有很多时间用来磨放大镜，后来他磨出的放大镜的放大倍数越来越高了。因为放大倍数越高，透镜就越小。为了用起来方便，他用两个金属片夹住透镜，再在透镜前面安上一根带尖的金属棒，把要观察的东西放在棒尖上，并且用一个螺旋钮调节焦距，制成了一架显微镜。随后的岁月中，列文虎克先后制作了 400 多架显微镜，最高的放大倍数达到 200～300 倍。用这些显微镜，列文虎克观察过雨水、污水、血液、辣椒水、腐败了的物质、酒、黄油、头发、肌肉和牙垢等许多物质。从列文虎克写给英国皇家学会的 200 多封附有图画的信里，人们可以断定他是全世界第一个观察到球状、杆状和螺旋状的细菌和原生动物的人，他还是第一次描绘了细菌运动的人。

列文虎克活到 91 岁。直到逝世，他除了用自己制作的显微镜观察和描绘观察结果外，别无爱好。虽然他活着的时候就看到人们承认了他的发现，但却在 100 多年之后，当人们在用效率更高的显微镜重新观察列文虎克描述的形形色色的“小动物”，并知道它们会引起人类严重疾病和产生许多有用物质时，才真正认识到列文虎克对人类认识世界所作出的伟大贡献。到了今天，我们进一步认识到在整个地球上，微生物是生命世界里一刻也不可缺少的一个重要大家族。

项目三　微生物的生理特性

【知识目标】

1. 了解微生物细胞的化学组成，在此基础上理解和掌握微生物的营养物质及其生理功能，了解微生物对营养物质吸收的主要方式、微生物的营养类型等概念；

2. 掌握微生物生长与繁殖、个体生长和群体生长的基本概念，掌握微生物生长的规律、生长曲线各时期的主要特点；

3. 了解影响微生物生长的主要因素，并掌握其作用机理；

4. 了解微生物新陈代谢的有关基本概念及主要代谢产物。

【能力目标】

通过本项目的学习，对微生物的营养需求、代谢主要产物、生长繁殖规律及影响微生物生长的主要因素有所理解和认识，在此基础上能够理解人工培养微生物、控制微生物、保存微生物及鉴定微生物等方面的技术原理，具有进一步学习和解读微生物检验技术的能力。

【背景知识】

一、微生物的营养

微生物个体大多为单细胞，了解其细胞的化学组成是研究微生物营养、代谢的基础。

（一）微生物细胞的化学组成

微生物细胞平均含水分80%左右，其余20%左右为干物质。在干物质中有蛋白质、核酸、碳水化合物、脂类和矿物质等（表3-1），这些干物质是由碳、氢、氧、氮、磷、硫、钾、钙、镁、铁等主要化学元素组成，其中碳、氢、氧、氮是组成有机物质的四大元素，大约占干物质的90%～97%（表3-2）。其余的3%～10%是矿物质元素，除上述磷、硫、钾、钙、镁、铁外，还有一些含量极微的钼、锌、锰、硼、钴、碘、镍、钒等微量元素。

表3-1　微生物细胞中主要物质的含量　　单位：%

微生物种类	细胞主要物质含量		干物质组成				
	水分	干物质总量	蛋白质	核酸	碳水化合物	脂肪	矿物质
细菌	75～85	15～25	50～80	10～20	12～28	5～20	1.4～14
酵母菌	70～80	20～30	32～75	6～8	27～63	2～15	3.8～7
霉菌	85～90	10～15	14～52	1	7～40	4～40	6～12

表3-2　微生物细胞中碳、氢、氧、氮占干物质的比例　　单位：%

微生物种类	C	N	H	O
细菌	50	15	8	20
酵母	49.8	12.4	6.7	31.1
霉菌	47.9	5.2	6.7	40.2

分析微生物细胞的化学成分，发现微生物细胞与其他生物细胞的化学组成并没有本质上的差异。这也就决定了微生物与动植物及人类在摄取营养物质时存在着“营养上的统一性”，即元素水平上具有一致性，都需要 20 种左右。但具体到营养物质的种类，微生物的“食物谱”要比人、动物或植物广得多。从简单的无机物到比较复杂的有机物，都能作为微生物的营养物质。目前来看，自然界中还没有微生物不能分解或利用的无机物和有机物，至今人类已发现或合成的 700 多万种含碳有机物均能被微生物利用。

（二）微生物的营养物质及其生理功能

微生物营养物质的确定，主要依据微生物细胞的化学组成及微生物代谢产物的化学组成。营养物质按照它们在微生物细胞中的生理作用不同，可区分成六大类：碳源、氮源、能源、生长因子、无机元素、水分。其中碳源、氮源的需求量最大，称为大量营养物。

1. 碳源物质

凡能为微生物提供所需碳元素的营养物质，统称为碳源物质。碳源物质通过细胞内的一系列化学变化，主要用于构成微生物的细胞物质和一些代谢产物，同时也是异养微生物的主要能源物质。

能被各种微生物利用的碳源种类极其多样，根据碳素的来源不同，可将碳源物质分为无机碳源物质和有机碳源物质。大多数微生物以有机碳（如糖类、醇类、脂肪酸、花生饼粉、石油等）为原料，合成菌体成分并获能量，这类微生物称为异养微生物。而有少数微生物能以简单的无机碳（如二氧化碳、碳酸盐）为原料，合成菌体成分，称为自养微生物。

不同种类微生物利用碳源的能力有很大差异。如洋葱伯克雷尔德菌（*Burkholderia cepacia*）可利用 90 多种碳源，不仅能利用葡萄糖、果糖、某些有机酸，甚至可以利用石炭酸和对人和动物有剧毒的腐胺、精胺和色胺等尸体腐败后产生的化合物。而甲烷氧化细菌（methane-oxidizing bacteria）只能利用简单的有机化合物甲醇和甲烷作为碳源。人们可以利用某些微生物对碳源的特殊分解利用能力来解决环境污染、粮食危机等问题。如：利用某些细菌、放线菌、酵母菌以石油作为碳源的原理，可消除石油污染；运用某些细菌可以分解和利用氰化物、酚等有毒物质的原理来处理有害物质；研究开发以纤维素、石油、CO_2、H_2 等作为碳源和能源的微生物作为工业发酵菌种，解决工业发酵用粮与人们日常用粮的矛盾。

糖类是较好的碳源，尤其是单糖（葡萄糖，果糖）、双糖（蔗糖，麦芽糖，乳糖），绝大多数微生物都能利用，在制作培养基时常加入葡萄糖、蔗糖作为碳源。在微生物发酵工业中，常根据不同微生物的需要，利用各种农副产品如玉米粉、米糠、麦麸、马铃薯、甘薯等各种植物淀粉，作为微生物生产廉价的碳源。

2. 氮源物质

氮素对微生物的生长发育有着重要的意义，微生物利用氮素在细胞内合成氨基酸和碱基，进而合成蛋白质、核酸等细胞成分，以及含氮的代谢产物。根据氮源营养物质的性质不同可分为三类：①空气中分子态氮，只能被少数具有固氮能力的微生物（如自生固氮菌、根瘤菌）所利用；②无机氮化合物，如铵态氮（NH_4^+）、硝态氮（NO_3^-）和简单的有机氮化物（如尿素），可被绝大多数微生物利用；③有机氮化合物（如蛋白质、氨基酸），大多数寄生性微生物和一部分腐生性微生物需以有机氮化合物为必需的氮素营养。

在实验室和发酵工业生产中，常常以铵盐、硝酸盐、牛肉膏、蛋白胨、酵母膏、鱼粉、血粉、蚕蛹粉、豆饼粉、花生饼粉作为微生物的氮源。一般来讲，有机氮源更有利于微生物的生长。

3. 能源物质

为微生物的生命活动提供最初能量来源的物质称为能源物质，微生物的能源物质分为化学物质和辐射能两类。微生物的能源谱如下：

能源谱
- 化学物质（化能营养型）
  - 有机物：化能异养型微生物的能源（同碳源）
  - 无机物：化能自养型微生物的能源（不同于碳源）
- 辐射能（光能营养型）：光能自养和光能异养微生物的能源

化能自养型微生物的能源独特，都是一些还原态的无机物质，如 NH_4^+、NO_2^-、S、H_2S、H_2、Fe^{2+}等。能利用这种能源的微生物都是一些原核生物，包括亚硝酸细菌、硝酸细菌、硫化细菌、硫细菌、氢细菌和铁细菌等。

在能源中，某些营养物质可同时兼有几种营养要素功能。例如光辐射能是单功能营养物（能源）；还原态的 NH_4^+ 是双功能营养物（能源和氮源）；而氨基酸是三功能的营养物（碳源、能源和氮源）。

4. 无机元素

微生物细胞中的无机矿物元素约占干重的3%～10%左右，它是微生物细胞结构物质不可缺少的组成成分和微生物生长不可缺少的营养物质。许多无机矿物质元素构成酶的活性基团或酶的激活剂；并具有调节细胞的渗透压、调节酸碱度和氧化还原电位以及能量的转移等作用。微生物需要的无机矿质元素分为常量元素和微量元素。

常量矿质元素是磷、硫、钾、钠、钙、镁、铁等，其中磷、硫的需要量很大，磷是微生物细胞中许多含磷细胞成分，如核酸、核蛋白、磷脂、三磷酸腺苷（ATP）、辅酶的重要元素；硫是细胞中含硫氨基酸及生物素、硫胺素等辅酶的重要组成成分。钾、钠、镁是细胞中某些酶的活性基团，并具有调节和控制细胞质的胶体状态、细胞质膜的通透性和细胞代谢活动的功能。微量元素有钼、锌、锰、钴、铜、硼、碘、镍、溴、钒等，一般在培养基中含有0.1mg/L或更少就可以满足需要。无机盐的生理功能见图3-1。

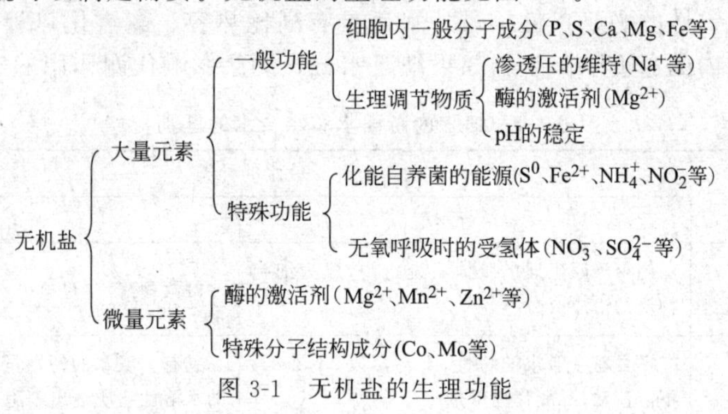

图3-1　无机盐的生理功能

在实验室和发酵工业生产中，为满足微生物对无机矿质元素的需求，常常在培养基中添加磷酸盐、硫酸盐、氯化物以及含有钠、钾、钙、镁、铁等金属元素的化合物。如：KH_2PO_4、$MgSO_4 \cdot 7H_2O$、KCl、$CaCO_3$、$CuSO_4 \cdot 5H_2O$等。微量元素通常混杂在天然有机营养物、无机化学试剂、自来水、蒸馏水、普通玻璃器皿中，如果没有特殊原因，在配制培养基时没有必要另外加入微量元素。值得注意的是，许多微量元素是重金属，如果它们过量，就会对机体产生毒害作用，而且单独一种微量元素过量产生的毒害作用更大，因此有必要将培养基中微量元素的量控制在正常范围内，并注意各种微量元素之间保持恰当比例。

5. 生长因子

有些微生物在得到充足的碳源、氮源、水、无机盐供应时，并不能正常生长或生长很慢，需要在培养基中补充很少量的某些维生素、氨基酸等，才能正常生长，这些物质就是生长因子。

生长因子是维持微生物正常生命活动不可缺少的、微量的、特殊有机营养物，这些物质微生物自身不能合成，必须在培养基中加入，如：维生素、氨基酸、嘌呤、嘧啶等均为生长因子。它们被微生物吸收后，一般不被分解，而是直接参与或调节代谢反应。缺少这些生长因子就会影响各种酶的活性，新陈代谢就不能正常进行。见表 3-3。

表 3-3　某些微生物生长所需的生长因子及需要量

微　生　物	生长因子	需要量/μg
肠膜状乳杆菌	胱氨酸	5
白喉棒杆菌	丙氨酸	1.5
破伤风梭状芽孢杆菌	尿嘧啶	4
阿拉伯聚糖乳杆菌	泛酸	0.02
粪链球菌	叶酸	200
干酪乳杆菌	生物素	0.001

6. 水分

水分是微生物细胞的主要组成成分，不同种类微生物细胞含水量不同，营养体中水占75%～95%，霉菌孢子含水量约 40%，芽孢含水量约 30%。同种微生物处于发育的不同时期或不同的环境其水分含量也有差异，幼龄菌含水量较多，衰老和休眠体含水量较少。微生物细胞所含水分以游离水和结合水两种状态存在，两者的性质作用有所不同，见表 3-4。

水作为细胞的组成成分，是微生物细胞生活的必要条件。首先水是细胞吸收营养物质和排出代谢产物的溶剂及各类生化反应的介质；其次一定量的水分又是维持细胞渗透压、维持生物大分子结构稳定性的必要条件；另外水还具有高比热容、高汽化热等优良的物理性质，能有效地调节细胞内的温度。微生物如果缺乏水分，则会影响代谢作用的进行。

表 3-4　细胞内游离水和结合水的区别

比较项目	水的种类	
	结合水	游离水
水在细胞中的存在形式	约束于原生质的胶体系统之中，成为细胞物质的组成成分	游离存在，可自由出入细胞
特性	不具有一般水的特性，不易蒸发，不冻结，不能流动，不能作为溶剂	具有一般水的特性，能流动，能作为溶剂，帮助水溶性物质进出细胞
比例	1	4

（三）微生物对营养物质的吸收

微生物既不像动物那样具有专门的摄食器官和消化器官，也不像植物那样具有发达的根系吸收营养和水分，那么，微生物是如何摄取营养物质的呢？

微生物和外界的物质交换过程都是在细胞表面进行的，可以说，绝大多数微生物是以整个个体或细胞直接接触营养物质。微生物个体微小，相对而言表面积大，因此与外界物质交换的数量就多，速度也快。微生物不停地从外界吸取所需要的营养物质，用来合成细胞的结构成分，同时将产生的最终代谢产物排出体外，具有旺盛的新陈代谢能力。

微生物细胞表面有细胞壁和细胞膜。普通细胞壁的网状结构允许能通过其孔隙的一切物质自由出入，可以说细胞壁对物质没有选择性；但对大分子量的化合物来说，细胞壁能起屏障作用。所以针对复杂的高分子化合物，如多糖、蛋白质、纤维素和果胶等营养物质，微生物则首先分泌出相应的胞外酶，在细胞外将这些大分子物质降解成小分子的物质，再以不同的方式吸收到细胞内，加以利用。微生物在细胞内产生的、分泌到细胞外起作用的酶叫胞外酶。胞外酶多为适应性（诱导）酶。常见的胞外酶主要有：淀粉酶、纤维素酶、果胶酶、几丁质酶、蛋白酶、核酸酶与脂酶等。微生物依靠丰富的胞外酶扩大了它的“食物谱”。

真正控制物质进出细胞的“关卡”是微生物的细胞质膜。细胞质膜是由磷脂双分子层和嵌合蛋白分子组成的半透膜，它具有选择性吸收功能，是控制营养物质进入和代谢产物排泄出细胞的主要屏障，也是细胞内外物质交换的主要界面。利用生物膜的结构特点及其半渗透性，营养物质通过质膜的方式有 4 种。

（1）单纯扩散　这是通过细胞膜进行内外物质交换最简单的一种方式。这种扩散的动力是细胞内外物质的浓度差异，其特点是物质由高浓度区向低浓度区扩散，这是一种单纯的物理扩散作用，不需要能量。一旦细胞膜两侧的浓度梯度消失（即细胞内外的物质浓度达到平衡），简单扩散也就达到动态平衡。但实际上，进入细胞内的物质总在不断被利用，浓度不断降低，细胞外的物质不断进入细胞。单纯扩散的物质主要是一些小分子物质，如一些气体（O_2、CO_2）、水、某些无机离子及一些水溶性小分子（甘油、乙醇等），还没有发现过糖分子可通过单纯扩散而进入细胞的例子。单纯扩散不是细胞获取营养物质的主要方式，因为细胞既不能通过它来选择必需的营养成分，也不能将稀溶液中的溶质分子进行逆浓度梯度运送，以满足细胞的需要。

（2）促进扩散　微生物细胞为了加速对营养物质的吸收，以适应生长发育的需要，在细胞膜上还存在多种具有运载营养物质功能的特异性蛋白载体，称为透过酶。透过酶大多是当外界存在所需的营养物质时，诱导细胞产生相应的诱导酶。透过酶能与外界的营养物质特异性地结合，然后转移到细胞质膜的内表面后，再释放到细胞质中。它如同“渡船”一样，把营养物质由外界运输到细胞中。促进扩散的特点也是由高浓度区向低浓度区扩散，该过程是由浓度梯度来驱动的，不需耗费代谢能量；所不同的是这种运输有透过酶参与，加速了营养物质的透过程度，以满足微生物细胞代谢之需要，促进扩散而决不能引起溶质的逆浓度梯度运送，因此，它只对生长在高营养物浓度下的微生物发挥作用。通过促进扩散进入细胞的营养物质主要有氨基酸、单糖、维生素及无机盐等。

（3）主动运输　如果微生物对营养物质吸收只能凭借浓度梯度由高浓度向低浓度扩散，那么微生物就无法吸收低于细胞内浓度的外界营养物质，生长就会受到限制。事实上微生物细胞中有些营养物质以高于细胞外的浓度在细胞内积累，如大肠杆菌在生长期时，细胞中的钾离子浓度比周围环境高出 3000 倍；当以乳糖作为碳源时，细胞内乳糖的浓度比周围环境高出 500 倍。可见这种主动运输的特点是营养物质由低浓度向高浓度进行，是逆浓度梯度地被“抽”进细胞内的，因此这个过程不仅需要透过酶，还需要消耗能量。透过酶起着将营养物质从低浓度的外环境转运进高浓度的细胞内，不断改变平衡点的作用。主动运输是微生物在自然界稀薄的营养环境中获得营养物、正常生存的重要原因之一，是微生物吸收营养物质的主要机制。无机离子、有机离子和一些糖类(乳糖、蜜二糖及葡萄糖）通过主动运输进入细胞。

（4）基团移位　在微生物对营养物质吸收的过程中，还有一种特殊的运输方式，叫基团移位。这种方式除具有主动运输的特点外，主要是被转运的物质在转运后分子结构发生了改变，有化学基团转移到被转运的营养物质上面去。如许多糖及其糖的衍生物在运输中由细菌的磷酸转移酶系催化，使其磷酸化，磷酸基团被转移到它们分子上，以磷酸糖的形式进入细胞。由于质膜对大多数磷酸化化合物无透性，磷酸糖一旦形成便被阻挡在细胞以内了，从而使糖浓度远远超过细胞外。基团转移可转运糖、糖的衍生物，如葡萄糖、甘露糖、果糖等。这个运输系统主要存在于兼性厌氧菌和厌氧菌中。但某些好氧菌，如枯草杆菌和巨大芽孢杆菌也利用磷酸转移酶系统将葡萄糖传送到细胞内。

有关这四种运送方式见图 3-2。总之，微生物对营养物质的吸收不是简单的物理、化学的过程，而是复杂的生理过程。微生物之所以能够选择吸收不同的营养物质，其奥妙就在于不同微生物细胞内含有不同酶系，因而具有不同吸收营养的方式和新陈代谢的类型。

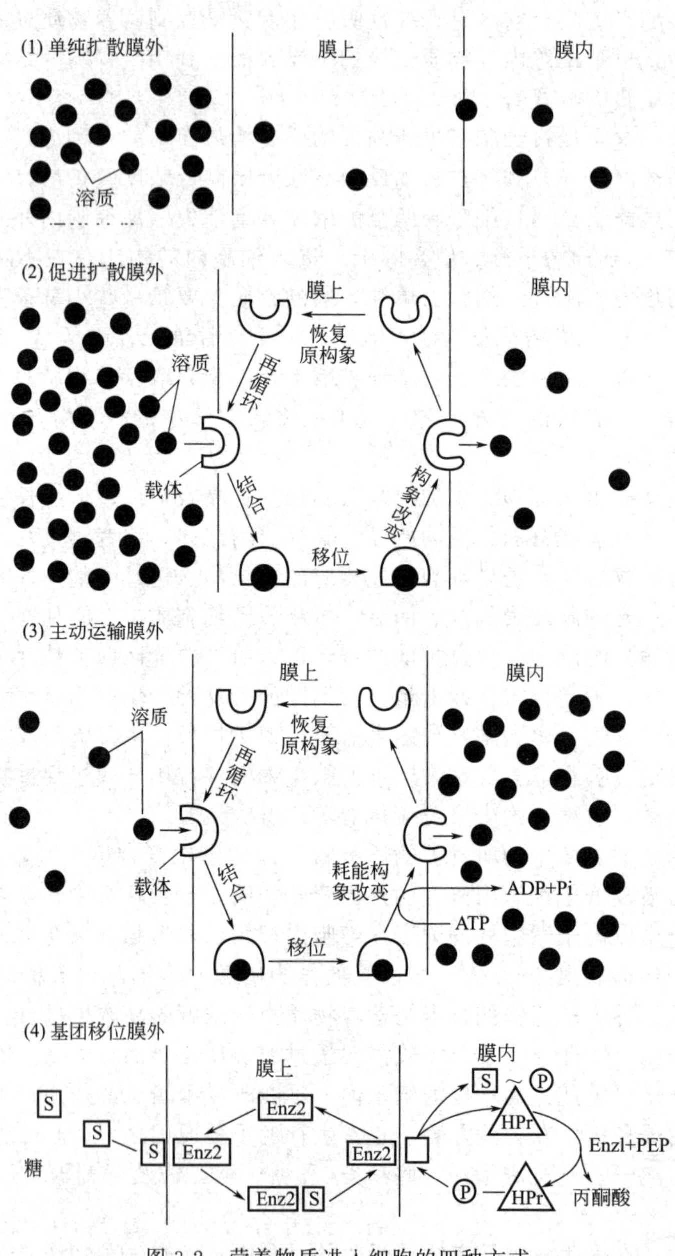

图 3-2 营养物质进入细胞的四种方式

Enz—酶；HPr—热稳蛋白；PEP—磷酸烯醇式丙酮酸

（四）微生物的营养类型

微生物在长期进化过程中，由于生态环境的影响，逐渐分化成各种营养类型。根据微生物要求碳源的性质和能量来源不同将微生物分为光能自养型、光能异养型、化能自养型和化能异养型四种营养类型。

1. 光能自养型微生物

这类微生物主要利用光能为能源，以二氧化碳（CO_2）或可溶性的碳酸盐（CO_3^{2-}）作为唯一的碳源或主要碳源。以无机化合物（水、硫化氢、硫代硫酸钠等）为氢供体，还原CO_2，生成有机物质。光能自养型微生物主要是一些蓝细菌、红硫细菌、绿硫细菌等少数微生物，它们由于含光合色素，能使光能转变为化学能（ATP），供细胞直接利用。

2. 化能自养型微生物

这类微生物的能源来自无机物氧化所产生的化学能，利用这种能量去还原CO_2或者可溶性碳酸盐，合成有机物质。如亚硝酸细菌、硝酸细菌、铁细菌、硫细菌、氢细菌等，它们可以分别利用氧化NH_3、NO_2^-、Fe^{2+}、H_2S和H_2产生的化学能来还原CO_2，形成碳水化合物。这一类型的微生物完全可以生活在无机的环境中，分别氧化各自合适的还原态的无机物，从而获得同化CO_2所需的能量。

3. 光能异养型微生物

这种类型的微生物以光能为能源，利用有机物作为供氢体，还原CO_2，合成细胞的有机物质。例如深红螺菌（*Rhodospirillum rubrum*）利用异丙醇作为供氢体，进行光合作用并积累丙酮，这类微生物生长时大多需要外源性的生长因素。

4. 化能异养型微生物

这种类型的微生物其能源和碳源都来自于有机物，能源来自有机物的氧化分解，ATP通过氧化磷酸化产生，碳源直接取自于有机碳化合物。它包括自然界绝大多数的细菌、全部的放线菌、真菌和原生动物。根据生态习性不同可将这种营养类型分为以下几种。

（1）腐生型　从无生命的有机物获得营养物质。引起食品腐败变质的某些霉菌和细菌就属这一类型。

（2）寄生型　必须寄生在活的有机体内，从寄主体内获得营养物质才能生活的微生物称为寄生微生物。

（3）兼性寄生型（兼性腐生型）　既能在活的细胞内生长，又能在已死亡的有机体中生长（既营寄生生活，又能营腐生生活）的微生物。

根据微生物碳源和能源的不同，其营养类型的划分总结见表3-5。

表3-5　微生物的营养类型

营养类型	能源	氢的供体	基本碳源	微生物举例
光能无机营养(光能自养型)	光	无机物	二氧化碳	蓝细菌,绿色硫细菌,藻类
光能有机营养(光能异养型)	光	有机物	二氧化碳及简单有机物	紫色非硫细菌
化能无机营养(化能自养型)	无机物	无机物	二氧化碳	硝化细菌,氢细菌
化能有机营养(化能异养型)	有机物	有机物	有机物	大多数已知细菌和全部真核微生物

二、微生物的生长

单细胞微生物如细菌、酵母菌等，一个细胞就是一个个体。就一般意义而言，一个微生物个体应具备生长和繁殖的全能性。在适宜的环境中，一种微生物从一个个体（细胞）出发，通过生长与繁殖，逐渐形成细胞群体，这种现象与过程称为群体生长。由于微生物个体微小的特殊性，难以针对单个微生物细胞或个体的生长繁殖进行研究，故除特定的研究目的外，一般所言的微生物生长是指群体生长。群体生长是微生物个体生长与个体繁殖持续交替进行所导致的结果，也就是说，群体生长是以微生物的个体生长与繁殖为基础的。

对微生物的生长特性及规律的研究，是人类揭示微生物世界的奥妙，充分利用有益微生物，并有效控制有害微生物，提高人类自身生存质量的重要问题。

（一）微生物的生长规律

如将少量纯种单细胞微生物接种到恒容器的新鲜液体培养基中，在适宜的条件下培养，定期取样测定单位体积中的菌体（细胞）数，可发现该群体由小到大，发生有规律的增长。开始时群体生长缓慢，后逐渐加快，进入一个生长速率相对稳定的高速生长阶段，随着培养时间的延长，生长达到一定阶段后，生长速率又表现为逐渐降低的趋势，随后出现一个细胞数目相对稳定的阶段，最后转入细胞衰老死亡期。如用坐标法作图，以培养时间为横坐标，以计数获得的细胞数的对数为纵坐标，可得到一条定量描述单细胞微生物在液体培养基中生长规律的试验曲线，该曲线则称为微生物的典型生长曲线，见图 3-3。

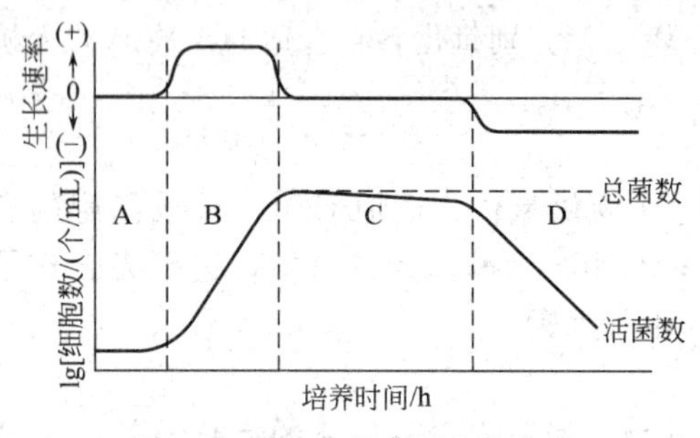

图 3-3 微生物的典型生长曲线

A—延滞期；B—对数生长期；

C—稳定期；D—衰亡期

从图 3-3 中可见，典型生长曲线可粗分为四个时期，即延滞期、对数生长期、稳定期、衰亡期。

1. 延滞期

研究发现，当菌体被接入新鲜液体培养基后，通常并不立即开始繁殖，而是处于对新的理化环境的适应期，为下一阶段的快速生长与繁殖做生理与物质上的准备。因此单位体积培养基中的菌体数量并未出现较大变化，曲线平缓。在这一个阶段内，菌体体积增长较快，各类诱导酶的合成量增加，细胞内的原生质比较均匀一致。

延滞期所维持时间的长短受微生物种类及培养条件的影响。不同种的微生物，延滞期可从几分钟到几小时甚至几天不等。即使是同一种微生物，接种用的纯培养物所处的生长发育时期不同，延滞期的长短也不一样。如接种用的菌种都处于生理活跃时期，接种量适当加大，营养和环境条件适宜，延滞期将显著缩短，甚至直接进入对数生长期。反之，如果延滞期过长，则会导致生产周期延长、设备的利用率降低、产品生产成本上升等不利结果。因此深入了解延滞期的形成机制，可为缩短延滞期提供理论依据。在实践中，通常可采取用处于快速生长繁殖中的健壮细胞作菌种、适当增加接种量、采用营养丰富的培养基、种子培养基与下一步扩大培养用的培养基的营养成分及培养条件尽可能保持一致等措施，可以有效地缩短延滞期。缩短延滞期是进一步提高经济效益的基础。

2. 对数生长期

微生物对新鲜培养基经过一段时间的适应后，即进入生长速率相对恒定的快速生长与繁殖期，处于这一时期的单细胞微生物，其细胞按 1→2→4→8→16→…的方式呈几何级数增长，若以乘方的形式表示，即：$2^0 \rightarrow 2^1 \rightarrow 2^2 \rightarrow 2^3 \rightarrow 2^4 \rightarrow \cdots \rightarrow 2^n$，这里的指数“$n$”则为细胞分裂的次数或增殖的代数，也即一个细菌繁殖 n 代产生 2^n 个子代菌体。这一细胞增长以指数式进行的快速生长繁殖期称为指数期，也称对数期。

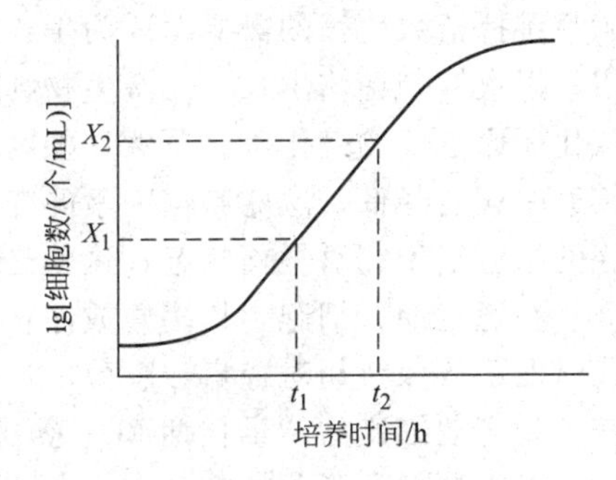

图 3-4 生长曲线的指数期

见图 3-4，设 t_1 时的总菌数为 X_1，t_2 时的总菌数为 X_2。

则 $$X_2=X_1 2^n$$

(1) 繁殖代数 (n) 上式取对数：

$$\lg X_2=\lg X_1+n\lg 2$$

$$n=\frac{\lg X_2-\lg X_1}{\lg 2}=3.322(\lg X_2-\lg X_1)$$

(2) 代时 (G) 群体细胞数量增加一倍所需要的时间称为代时。

则 $$G=(t_2-t_1)/n$$

将 n 代入，则 $$G=\frac{t_2-t_1}{3.322(\lg X_2-\lg X_1)}$$

(3) 生长速率常数 (R) 为代时的倒数。

处于对数生长期的细胞，菌体代谢最旺盛，繁殖最快，菌数以几何级数增加，其生长曲线表现为一条上升的直线（菌体生长期）。此阶段菌体生长速率常数最大，代时最短。

影响指数期代时长短的因素很多，首先是菌体的种类，不同种的细菌，代时相差很大，如大肠杆菌为 12.5～17min，而结核分枝杆菌则为 13.2～15.5h。同一种细菌，在不同生长条件，代时也有差异。但是，在一定条件下，各种细菌的代时是相对稳定的（表 3-6）。其次环境条件，如培养基的组成、培养温度、环境 pH 与渗透压等也影响着代时。

表 3-6 一些细菌的代时

细菌种类	培养基	培养温度/℃	代时/min
大肠杆菌(*Escherichia coli*)	肉汤	37	17
产气肠杆菌(*Enterobacter aerogenes*)	肉汤，牛奶	37	16～18
产气肠杆菌(*Enterobacter aerogenes*)	合成培养基	37	29～44
蕈状芽孢杆菌(*Bacillus mycoides*)	肉汤	37	28
蜡样芽孢杆菌(*Bacillus cereus*)	肉汤	30	18
嗜热芽孢杆菌(*Bacillus thermophilus*)	肉汤	55	18.3
枯草芽孢杆菌(*Bacillus subtilis*)	肉汤	25	26～32
巨大芽孢杆菌(*Bacillus megaterium*)	肉汤	30	31
嗜酸乳杆菌(*Lactobacillus idophilas*)	牛奶	37	66～87
乳酸链球菌(*Streptococcus lactie*)	牛奶	37	26
金黄色葡萄球菌(*Staphylococcus aureus*)	肉汤	37	27～30
丁酸梭菌(*Clostridium butyricum*)	玉米醪	30	51
漂游假单胞杆菌(*Pseudomonas natriegenes*)	合成培养基	27	9.8

由于处于对数生长期的细胞生长迅速，细胞大小均匀，个体形态、化学组成和生理特性等均较一致，因而是研究微生物生长代谢与遗传调控等生物学基本特性的极好材料。在微生物发酵生产中，常用对数期的菌体作种子。

3. 稳定期

一般而言，制约对数生长的主要因素有：①培养基中必要营养成分的耗尽或其浓度不能满足维持指数生长的需要而成为生长限制因子；②细胞排出的代谢产物在培养基中的大量积累，以致抑制菌体生长；③微生物细胞内、外理化环境的改变，如营养物比例的失调，pH、氧化还原电位的变化等。虽然这些因素不一定同时出现，但只要其中一个因素存在，细胞生长速率就会降低，这些影响因素的综合作用，致使群体中新增细胞的数量与逐步衰老死亡细胞的数量趋于相对平衡状态，这就是群体生长的稳定期。

在稳定期，细胞生长缓慢或停止，有的甚至衰亡，细胞的生长速率常数基本上等于零。此时活菌数保持相对稳定，总菌数达到最高水平。如果为了获得大量菌体，就应在此阶段收获。稳定期细胞的能量代谢和一系列生化反应仍在继续，细胞内开始积累储藏物质，如肝糖、异染颗粒、脂肪粒等；大多数芽孢细菌也在此阶段形成芽孢；在稳定期，某些细菌积累代谢产物开始增多，如抗生素、外毒素、色素等的积累逐渐趋向高峰，因此稳定期也是代谢产物的最佳收获期。

4. 衰亡期

一个达到稳定生长期的微生物群体，由于生长环境的继续恶化和营养物质的短缺，群体中细胞死亡率逐渐上升，以致死亡菌数逐渐超过新生菌数，群体中活菌数下降，曲线下滑，群体进入衰亡期。在衰亡期的菌体细胞形状和大小出现异常，呈多形态或畸形，有的胞内多液泡，有的革兰染色结果发生改变，许多胞内的代谢产物和胞内酶向外释放等。

典型生长曲线表现了单细胞微生物（如细菌、酵母菌）及其群体新的适宜的理化环境中，生长繁殖直至衰老死亡的动力学变化过程。生长曲线各个时期的特点反映了所培养的细菌细胞与其所处环境间进行物质与能量交流，以及细胞与环境间相互作用与制约的动态变化。深入研究各种微生物生长曲线的特点与内在机制，在微生物学理论与应用实践上有着十分重大的意义。

（二）影响微生物生长的理化因素

微生物生长离不开环境，生长是微生物与外界环境因子共同作用的结果。只有当外界环境条件适宜时，微生物才能进行正常的生长、繁殖。外界不适宜时，微生物的生命活动就受到抑制或引起变异甚至死亡。不同微生物对各种理化因子的敏感性不同，因此研究环境条件与微生物之间的相互关系，有助于掌握微生物的生长、繁殖规律，也可指导人们在生产及生活中有效地控制微生物的生命活动。图 3-5 显示了影响微生物生长的主要因素。

1. 温度

温度是影响微生物生长、繁殖最重要的因素之一。因为温度不仅会影响到微生物细胞膜的液晶结构，还会影响到细胞内酶的活性和蛋白质的合成，以及 RNA 的结构和转录。因此，在一定温度范围内，机体的代谢活动与生长繁殖速度随着温度的上升而增加，当温度上升到一定程度，开始对机体产生不利的影响，如再继续升高，则细胞功能急剧下降以至死亡。

就总体而言，微生物生长的温度范围很广，从 0℃以下到 100℃以上的地球不同部位都有微生物生存，但具体到某一种微生物，则只能在较狭窄的温度范围内生长。也就是说，不同微生物对温度的要求不同。各种微生物都有其生长繁殖的最低温度、最高温度和最适温度，这就是生长温度的三个基本点。

(1) 最低生长温度　是指微生物能进行繁殖的最低温度界限。处于这种温度条件下的微生物生长速率很低，如果低于此温度，则生长完全停止。不同微生物的最低生长温度不一样，这与它们原生质的物理状态和化学组成有关系，也可随环境条件而变化。

(2) 最适生长温度　是指某菌生长速率最高或分裂代时最短时的培养温度。

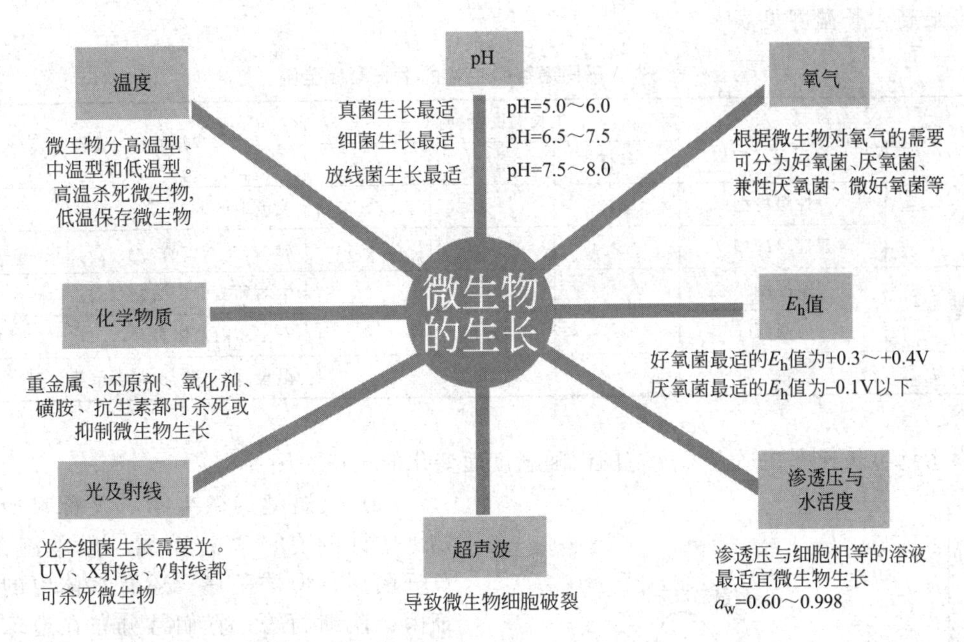

图 3-5　影响微生物生长的主要因素

值得注意的是，同一微生物，其不同的生理生化过程有着不同的最适温度，也就是说，最适生长温度并不等于生长量最高时的培养温度，也不等于发酵速度最高时的培养温度或累积代谢产物量最高时的培养温度，例如青霉素产生菌产黄青霉（*Penicillium chrysogenum*）虽然在 30℃时生长最快，而青霉素产生的最适温度则在 20～25℃范围内。嗜热链球菌的最适生长温度为 37℃，最适发酵温度为 47℃，累积产物的最适温度为 37℃。因此，生产上要根据微生物不同生理代谢过程温度的特点，采用分段式变温培养的方法以提高产量。

（3）最高生长温度　是指微生物生长、繁殖的最高温度界限。在此温度下，微生物细胞易于衰老和死亡。微生物所能适应的最高生长温度与其细胞内酶的性质有关。例如细胞色素氧化酶以及各种脱氢酶的最低破坏温度常与该菌的最高生长温度有关。

在生长温度的三个基本点界限以外，过高和过低的温度对微生物的影响不同。当环境温度低于微生物生长最低温度时，可造成微生物细胞内酶的活性降低，代谢速率降低，进入休眠状态。一般来说，微生物对低温的耐受力都很强，许多细菌甚至能在－70～－20℃下生存。此时虽然微生物的生命活动几乎停止，但其活力仍然存在，提高温度后，仍可恢复其正常生命活动。利用这个特点，在微生物学研究工作中，常采用冷藏法（如冰箱、液氮罐等）保存菌种。由于温度过低会产生冰冻使微生物细胞内的游离水形成冰的晶体造成细胞脱水，并且冰晶体对细胞还有机械损伤作用，也会导致其死亡，因此，在用低温冰箱和液氮保存菌种时，常采用快速冷冻和在细胞悬液中加入甘油等保护剂以保护细胞。生产上常用低温保藏食品等产品，各种产品的保藏温度不同，分为寒冷温度、冷藏温度和冻藏温度。

超过微生物生长的最高温度界限时，可引起微生物细胞内蛋白质凝固，酶变性失活，或细胞质膜的热裂解，因此，高温对微生物具有致死作用。各种微生物对高温的抵抗力不同，同一种微生物又因发育形态、群体数量、环境条件不同而有不同的抗热性。如：大部分细菌的营养细胞在液体中加热至 60℃时经数分钟即死亡，但细菌的芽孢在沸水中数分钟甚至数小时仍能存活。高温对微生物的致死作用现已广泛用于消毒灭菌。高温灭菌的方法详见项目五消毒灭菌技术。

微生物按其生长温度范围可分为低温型、中温型和高温型三类，它们的分布及其最低、最适、最高生长温度见表 3-7。

表 3-7 不同温型微生物的生长温度范围

微生物类型		生长温度范围/℃			分布的主要场所
		最低	最适	最高	
低温型	专性嗜冷型	－12	5～15	15～20	两极地区
	兼性嗜冷型	－5～0	10～20	25～30	海水、冷藏食品
中温型	室温型	10～20	20～35	40～45	生活环境中广泛分布
	体温型		35～40		寄主体内及体表
高温型		25～45	50～60	70～95	温泉、堆肥堆、土壤表层等

微生物生长速率在适宜温度范围内随温度而变化的规律见图 3-6。

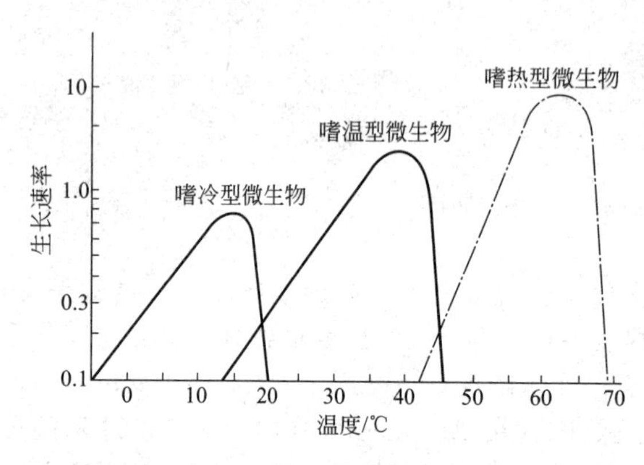

图 3-6　温度对微生物生长速率影响的规律

（1）低温型的微生物　又称嗜冷微生物。常见的有产碱杆菌属、假单胞菌属、黄杆菌属、微球菌属，还有水体中的发光细菌、铁细菌等，它们常分布在地球两极地区的水域和土壤中，如寒带冻土、海洋、冷泉、冷水河流、湖泊等，对上述水域中有机质的分解起着重要作用。冷藏食物的腐败往往是这类微生物作用的结果。低温型微生物能在低温条件下生长的主要原因一是其酶在低温下活性高，二是细胞膜中不饱和脂肪酸含量高，使膜在低温下保持半流动状态和较高的生理活性。

（2）中温型的微生物　又称嗜温微生物，绝大多数微生物属于这一类，又可分为室温型微生物和体温型微生物。体温型微生物多为寄生菌，它们的最适生长温度与其宿主体温相近，人和动物的正常菌群及致病菌大都属于这一类群；导致食品原料和成品腐败变质的腐生菌多为室温型微生物，它们在我们生活的环境中广泛分布。

（3）高温型微生物　又称嗜热微生物，温泉、堆肥、厩肥、秸秆堆和日照充足的土壤表层都有高温菌存在，它们参与高温阶段的有机质分解过程。能在 55～70℃ 中生长的微生物有芽孢杆菌属、梭状芽孢杆菌、嗜热脂肪芽孢杆菌、高温放线菌属、甲烷杆菌属、链球菌属和乳杆菌属，有的微生物可在近于 100℃ 的高温中生长。这类高温型的微生物给罐头工业、发酵工业等带来了一定麻烦。

2. 氧和氧化还原电位

氧和氧化还原电位与微生物的关系十分密切，对微生物生长的影响极为明显。按照微生物与氧气的关系，可把它们分成好氧菌和厌氧菌两大类，并可进一步细分为 5 类。

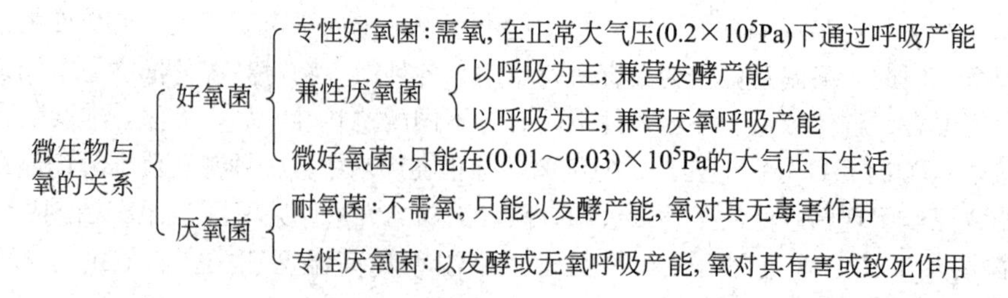

(1) 专性好氧菌　这类微生物具有完整的呼吸链，以分子氧作为最终电子受体，要求必须在较高浓度分子氧 (0.2×10^5Pa) 的条件下才能生长，大多数细菌、放线菌和真菌是专性好氧菌。如醋杆菌属 (*Acetobacter*)、固氮菌属 (*Azotobacter*)、铜绿假单胞菌 (*Pseudomonas aeruginosa*) 等属种为专性好氧菌。

(2) 兼性厌氧菌　也称兼性好氧菌，在有氧或无氧条件下都能生长，但有氧的情况下生长得更好；有氧时进行呼吸产能，无氧时进行发酵或无氧呼吸产能，细胞含 SOD 和过氧化氢酶。许多酵母菌和许多细菌都是兼性厌氧菌，如大肠杆菌 (*E. coli*)、产气肠杆菌 (*Enterobacter aerogenes*)、地衣芽孢杆菌 (*Bacillus licheniformus*)、酿酒酵母 (*Saccharomyces cerevisiae*) 等。

(3) 微好氧菌　这类微生物只在非常低的氧分压 [$(0.01\sim0.03)\times10^5$Pa，正常大气压为 0.2×10^5Pa] 下才能生长，它们通过呼吸链，以氧为最终电子受体产能。如发酵单胞菌属 (*Zymontonas*)、弯曲菌属 (*Gampylobacter*)、氢单胞菌属 (*Hydrogenomonas*)、霍乱弧菌 (*Vibrio cholerae*) 等属种成员。

(4) 耐氧菌　它们的生长不需要氧，但可在分子氧存在的条件下行发酵性厌氧生活，分子氧对它们无用，但也无害，故可称为耐氧性厌氧菌。氧对其无用的原因是它们不具有呼吸链，只通过发酵经底物水平磷酸化获得能量。一般的乳酸菌大多是耐氧菌，如乳酸乳杆菌 (*Lactobacillus lactis*)、乳链球菌 (*Streptococcus lactis*)、肠膜明串珠菌 (*Leuconostoc mesenteroides*) 和粪肠球菌 (*Enterobacter faecalis*) 等。

(5) 专性厌氧菌　分子氧的存在对它们有毒，即使是短期接触空气，也会抑制其生长甚至死亡；细胞内缺乏 SOD 和细胞色素氧化酶，大多数还缺乏过氧化氢酶。其生命活动所需能量是通过发酵、无氧呼吸、循环光合磷酸化或甲烷发酵等提供；在空气中，它们在固体或半固体培养基的表面上不能生长，只能在深层无氧或低氧化还原势的环境下才能生长。常见的厌氧菌有梭菌属 (*Clostridium*) 成员，如丙酮丁醇梭菌 (*Clostridium acetobutylicum*)、双歧杆菌属 (*Bifidobacterium*)、拟杆菌属 (*Bacteroides*) 的成员，着色菌属 (*Chromatium*)、硫螺旋菌属 (*Thiospirillum*) 等属的光合细菌与产甲烷菌 (为严格厌氧菌) 等。

好氧微生物与兼性厌氧细菌细胞内普遍存在着超氧化物歧化酶和过氧化氢酶，而严格厌氧细菌不具备这两种酶，因此严格厌氧微生物在有氧条件下生长时，有毒的代谢产物在胞内积累，引起机体中毒死亡。耐氧性微生物只具有超氧化物歧化酶，而不具有过氧化氢酶，因此在生长过程中产生的超氧基化合物被分解去毒，过氧化氢则通过细胞内某些代谢产物进一步氧化而解毒，这是决定耐氧性微生物在有氧条件下仍可生存的内在机制。

自然界中绝大多数微生物都是好氧菌或兼性厌氧菌，厌氧菌的种类相对较少，但近年来已发现越来越多的厌氧菌。现把以上五种微生物在深层固体培养基中的生长情况模式地展示于图 3-7 中。

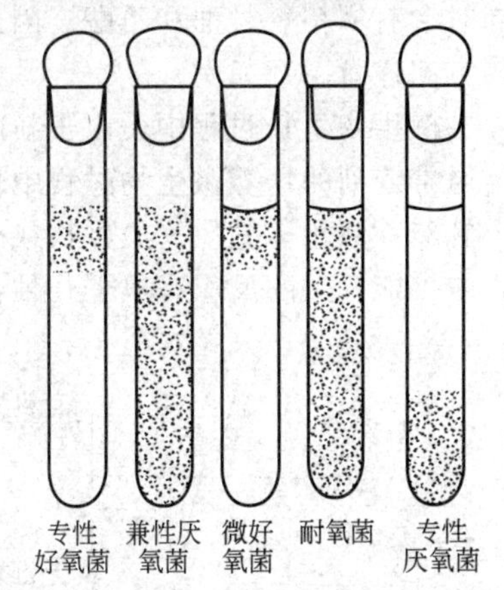

图 3-7　五类对氧关系不同的微生物在半固体琼脂柱中的生长状态 (模式图)

氧化还原电位是度量某氧化还原系统中还原剂释放电子或氧化剂接受电子趋势的一种指标。一般用 E_h 值表示，单位是 V (伏) 或 mV (毫伏)。不同的微生物对生长环境的氧化还原电位有不同的要求。环境的氧化还原电位与氧分压直接相关，同时也受环境 pH 的影响。pH 低时，E_h 值高；pH 高时，E_h 值低。通常以 pH 中性时的 E_h 值表示。微生物生活的自然环境或培养环境 E_h 值是整个环境中各种氧化还原因素的综合表现，不同种类微生物的临界 E_h 值各不相等。一般来说，E_h 值在+0.1V以上好氧菌均可生长，以+0.3～+0.4V时为宜，厌氧菌只能在+0.1V以下的环境中生长，介于二者之间的是兼性需氧菌的生长范围。实践中根据需要，通过通入空气或加入氧化剂以提高氧化还原电位，以适应需氧微生物的需求；相反，在培养基中加入还原性物质可降低 E_h 值，用来培养厌氧微生物。

3. 氢离子浓度（pH）

环境中的氢离子浓度即酸碱度对微生物的生命活动有很大影响，酸碱度通常以氢离子浓度的负对数，即pH来表示。微生物作为一个总体来说，其生长的pH范围极广，绝大多数种类都生长在pH5～9之间。只有少数种类能够超出这一范围，甚至在pH2以下和pH10以上的环境中生长，例如有些硝化细菌能在pH11.0的环境中生活，氧化硫硫杆菌能在pH 1.0～2.0的环境中生活。

一般而言，每种微生物都有最适宜的pH和一定的pH适应范围（最低pH和最高pH），见表3-8。大多数细菌、藻类和原生动物的最适pH为6.5～7.5，放线菌一般以微碱性即pH7.5～8.0最适宜，酵母菌和霉菌适于pH5.0～6.0的酸性环境。

表 3-8 不同微生物的生长 pH 范围值

微生物名称	pH			微生物名称	pH		
	最低	最适	最高		最低	最适	最高
圆褐固氮菌	4.5	7.4～7.6	9.0	嗜酸乳酸杆菌	4.0～4.6	5.8～6.6	6.8
大豆根瘤菌	4.2	6.8～7.0	11.0	放线菌	5.0	7.0～8.0	10.0
亚硝酸细菌	7.0	7.8～8.6	9.4	酵母菌	3.0	5.0～6.0	8.0
氧化硫硫杆菌	1.0	2.0～2.8	4.0～6.0	黑曲霉	1.5	5.0～6.0	9.0

各种微生物处于最适pH范围时酶活性最高，如果其他条件适合，微生物的生长速率也最高。当低于最低pH或超过最高pH时，将抑制微生物生长甚至导致死亡。需要注意的是，即使同一种微生物在其不同的生长阶段和不同的生理、生化过程，也有不同的最适pH要求。研究其中的规律，对发酵生产中pH的控制尤为重要。在发酵工业中pH的变化常常可以改变微生物的代谢途径，导致产生不同的代谢产物。如酿酒酵母生长的最适pH为4.0～5.0，此时的发酵产物为酒精，不产生甘油和乙酸；而当pH大于7.6时，发酵产物中同时含有酒精、甘油和乙酸。因此通过调控发酵液pH，可以使微生物的代谢向我们所期望的方向进行。

微生物生长过程中，由于新陈代谢作用所引起的物质转化，也能改变环境的pH，这也是通常遇到的培养微生物过程中培养基pH不断改变的原因。例如，乳酸细菌分解葡萄糖产生乳酸，酸化了基质；微生物在分解蛋白时产氨，尿素细菌水解尿素产氨，都可碱化基质。其中可能发生的反应有以下几种：

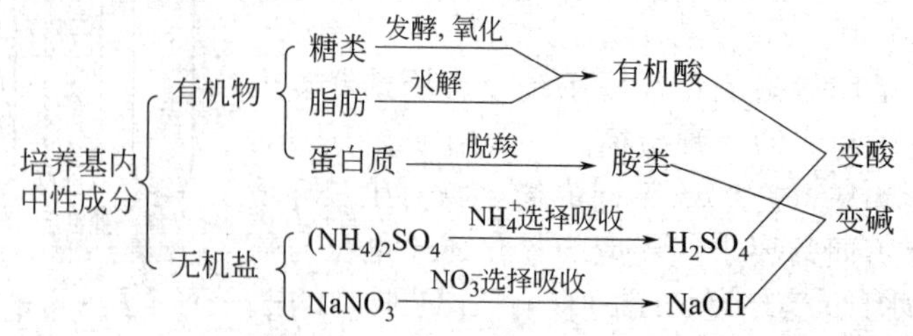

既然在微生物培养过程中培养基的pH会发生变化，这种变化对微生物的进一步生长和发酵生产来说往往是不利的，因此，如何及时调节以维持培养基合适的pH，就成了微生物

培养过程中的一个重要问题。目前来看，可把这类调节措施区分成“治标”和“治本”两大类。前者是指根据培养基pH的变化直接加入酸、碱而进行的直接、快速但不能持久的调节。后者则是根据内在机制所采用的间接、缓效但能发挥较持久作用的调节。如在配制培养基时，加入适当缓冲物质磷酸盐、碳酸盐等，以免培养基的pH发生较大改变；另外，培养基中的有机物质如蛋白胨、氨基酸也都有一些缓冲能力。现将微生物培养过程中调节pH的方法简要地归纳如下：

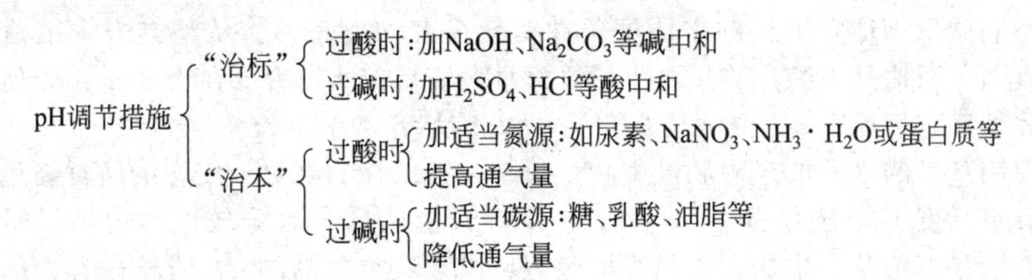

不利的pH环境将降低甚至抑制微生物细胞的活性，因此在不影响产品品质的前提下，尽可能减低或提高pH，不失为提高产品储藏稳定性的一种良好方法。如在腌制酸菜、泡菜的过程中，经过乳酸杆菌、醋酸杆菌和丙酸杆菌的发酵，产生大量的乳酸、醋酸和丙酸等发酵产物，使环境的pH降低可达两个单位，这种酸性环境再加上与空气隔绝的厌氧条件可抑制绝大多数微生物的生长繁殖，大大提高食品储藏的稳定性，同时还可以形成特有的风味。同样道理还有牛奶及其某些肉制品、水果等的乳酸发酵。另外，动物在屠宰前如果充分静息并饲以碳水化合物，可使体内积累较多的糖原，宰杀后组织内的糖原通过无氧酵解产生大量的乳酸，可使肉的pH下降1～1.5个单位，这种pH的下降可明显抑制细菌，延长肉类的保鲜期。

4. 水分

水是微生物细胞的主要组分，一般的生物细胞含水量在70%～90%，水也是微生物生命活动的基本条件之一。水生微生物在水溶液中生活，陆生微生物则从固体表面或培养基质表面的水膜中吸取水分，甚至从潮湿的空气中吸收水分。因此，环境中的湿度、水活度、渗透压对微生物的生命活动有着很大影响。

(1) 湿度　一般是指环境空气中含水量的多少，有时也泛指物质中所含水分的量。湿润的物体表面易长微生物，这是由于湿润的物体表面常有一层薄薄的水膜，微生物细胞实际上就生长在这一水膜中。放线菌和霉菌的基内菌丝生长在水溶液或含水量较高的固体基质中，气生菌丝则曝露于空气中，因此，空气湿度对放线菌和霉菌等微生物的代谢活动有明显的影响，空气湿度较大则有利于生长。酿造工业中，制曲的曲房要接近饱和湿度，促使霉菌菌丝旺盛生长；长江流域梅雨季节，由于空气湿度大（相对湿度在70%以上）和温度较高，物品容易发霉变质。细菌在空气中的生存和传播也以湿度较大为合适。反之，环境干燥，可使细胞失水而造成代谢停止乃至死亡。人们广泛应用干燥方法来保存谷物、纺织品、食品等正是利用了这个原理达到防霉防腐的效果。不同的微生物对干燥的抵抗力是不一样的，以细菌的芽孢抵抗力最强，霉菌和酵母菌的孢子也具较强的抵抗力，依次为细菌、酵母菌的营养细胞，霉菌的菌丝。影响微生物对干燥抵抗力的因素较多，干燥时温度升高，微生物容易死亡，而在低温下干燥时，微生物的抵抗力则较强，所以，真空冷冻干燥技术可用于保藏菌种。

(2) 水活度　水分的影响不仅取决于含量的多少，更重要的是其可给性。溶液的渗透压和水的可给性有密切关系，如果溶液中溶质浓度过高，则水对于微生物失去了可给性；固体表面对水的亲和力也影响水分对微生物的可给性，环境中水对微生物的可给性通常用水的活

度值 a_w 为指标。a_w 是指在一定温度和压力条件下，溶液中的蒸气压（p）与纯水蒸气压（p_0）之比，用下式表示：$a_w=p/p_0$。

各种环境中 a_w 值在 0～1 之间，纯水的 $a_w=1$。溶液中有其他溶质时，溶液的 a_w 值降低，溶质越多，a_w 值越小。例如：淡水、蔬菜、水果的 a_w 值接近 1，而海水的 a_w 值约为 0.75。

a_w 值也反映了微生物对水的依赖程度，微生物生长所要求的 a_w 值通常在 0.66～0.99 之间，但不同微生物适宜生长的水活度条件差异很大（表 3-9）。从整体来说细菌最不耐干燥，丝状真菌一般比其他微生物更耐干燥，酵母菌需要的水分介于细菌和霉菌，但某些嗜高渗酵母菌除外，它们能在 a_w 值低至 0.65～0.60 的培养基中生长。

通过控制产品的水活度来限制微生物生长是一种低耗、高效、安全的防霉新思路。例如食品根据其水活度不同分为三类：a_w 值在 0.85 以上的属于水分较大的食品，如大部分生肉、鲜鱼、水果、蔬菜、牛奶、火腿、面包等，由于这类食品的 a_w 值较适宜大部分微生物生长，因此在保藏时需要采用冷藏或其他措施来控制病原微生物的生长，否则很容易腐败；a_w 值 0.60～0.85 的属于中等水分食品，如糖蜜、重盐渍鱼、面粉、果酱、果脯、酱油等，这些食品不需要冷藏控制病原菌，但由于可发生主要由酵母菌和霉菌引起的腐败，因此产品要有一个限定货架期；对 a_w 值在 0.6 以下的低水分食品，如挂面、饼干等，则无需冷藏，仍有较长的货架期。

表 3-9　几类微生物生长最适水活度（a_w）

微生物种类	a_w	微生物种类	a_w
一般细菌	0.93～0.99	噬盐细菌	0.70～0.76
酵母	0.88～0.91	嗜高渗酵母	0.60～0.65
霉菌	0.80		

（3）渗透压　纯水可以自由地通过半透膜性质的细胞膜。当膜两边溶质浓度不同时，产生渗透压差，水分子从溶质浓度低的一边流向溶质浓度高的一边。在微生物正常生长情况下，细胞内溶质的浓度高于细胞外溶质的浓度，所以水分能够通过半透性的质膜进入细胞内，由于细胞壁的保护作用避免了因水分的无限流入造成的细胞破裂，因此低渗溶液除能破坏去壁细胞的原生质体外，一般不对微生物的生存造成影响。而高渗环境则会使细胞脱水，造成生理干燥，原生质收缩引起质壁分离现象，因而能抑制大多数微生物的生长。人们常常利用渗透压原理，通过加入高浓度食盐或蔗糖以人工造成高渗环境来保存食品，如腌渍咸菜、咸肉及果脯、蜜饯等，糖的浓度通常在 50%～70%，盐的浓度为 5%～15%，由于盐的分子量小，并能电离，在百分浓度相等的情况下，盐的保存效果优于糖。

5. 辐射

辐射根据波长而分为各种射线和电波（图 3-8）。不同波长的辐射对微生物的影响不同。太阳光除可见光外，尚有长波长的红外线和短波长的紫外线。微生物直接曝晒在阳光中，由于红外线产生热量，通过提高环境中的温度和引起水分蒸发而致干燥作用，间接地影响微生物的生长。短光波的紫外线则具有直接杀菌作用。而波长更短的 X 射线、γ 射线、β 射线和 α 射线等由于能量大，往往可引起微生物细胞内的水与其他物质的电离，使微生物细胞受损死亡，故被作为一种灭菌措施。

（1）紫外线　240～300nm 的紫外线对微生物具有致死效应。紫外线杀菌的主要原理是：紫外线可直接作用于微生物细胞内的 DNA 分子，尤其可使同一条 DNA 链上相邻的嘧啶间形成胸腺嘧啶二聚体等，从而引起双链结构扭曲与变形，阻碍 DNA 复制中的碱基间正

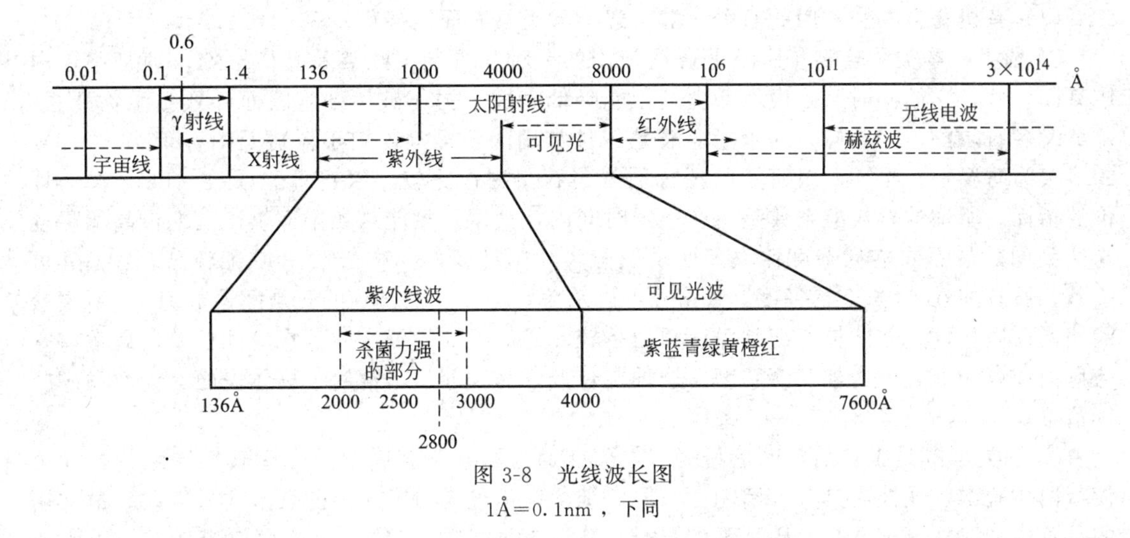

图 3-8 光线波长图

1Å=0.1nm，下同

常配对，进而抑制或阻断基因组的复制，最终可使微生物发生许多有害突变或直接造成细胞的死亡。另一方面，由于辐射能使空气中的氧电离成［O］，再使 O_2 氧化生成 O_3 或使水（H_2O）氧化生成过氧化氢（H_2O_2），O_3 和 H_2O_2 均有杀菌作用。紫外线最强作用波长为265～266nm，这是核酸的最大吸收波长，可作为强烈的杀菌剂。

（2）电离辐射 X 射线、α 射线、β 射线和 γ 射线均为电离辐射，它们的共同特点是波长短，能量大，有足够的能量使受照射分子逐出电子而使之电离，故称为电离辐射。这些游离基能与细胞中的敏感蛋白分子作用使其失活，从而使细胞受到损伤或死亡。由放射性同位素 ^{60}Co 产生的 γ 射线因穿透力强和杀菌效应强，已广泛应用于不耐热的食品、药品和塑料制品的灭菌。合适照射剂量的紫外线、X 射线或 γ 射线能诱导基因突变，因而，它们也用作微生物诱变育种的高效诱变剂。

6. 超声波

超声波是超过人能听到的最高频（20000Hz）的声波，在多种领域具有广泛的应用。强烈的超声波可使被处理的微生物细胞破碎。超声波破碎细胞的机理是超声波的高频振动与细胞振动不协调而造成细胞周围环境的局部真空，引起细胞周围压力的极大变化从而使细胞破裂死亡。

几乎所有的微生物细胞都可被超声波破坏，只是敏感程度有所不同。超声波的杀菌效果与处理频率、处理时间、微生物种类、细胞大小、形状及数量等均有关系。一般来说，高频率超声波比低频率的杀菌效果要好；杆状、丝状、体积大的菌体细胞比球状、非丝状、体积小的菌体细胞更易受超声波的破坏；而病毒和噬菌体较难被破坏；细菌芽孢具更强的抗性，大多数情况下不受超声波影响。

7. 化学药剂

一般化学药剂无法杀死所有的微生物，而只能杀死其中的病原微生物，所以是起消毒剂的作用，而不是灭菌剂。

能迅速杀灭病原微生物的药物，称为消毒剂。能抑制或阻止微生物生长繁殖的药物，称为防腐剂。但是一种化学药物是杀菌还是抑菌，常不易严格区分。消毒防腐剂一般没有细胞选择性，对一切活细胞都有毒性，不仅能杀死或抑制病原微生物，对人体组织细胞也有一定的损伤，所以只能用于体表、器械、排泄物和周围环境的消毒。常用的化学消毒剂可分为：有机化合物、无机化合物、染色剂等。

（1）有机化合物　常用的有酚、醇、醛、酸类及表面活性剂。

① 酚类　酚类化合物是医学上普遍使用的一种消毒剂。酚类及其衍生物可使细胞蛋白质凝固变性，它们同时又是表面活性剂，能降低表面张力，破坏细胞膜而导致微生物死亡。苯酚又名石炭酸，2%～5%的苯酚溶液是一种常用的消毒剂，用于器械及喷雾消毒。0.5%的溶液为防腐剂。早期，新研制的消毒剂常与石炭酸作比较，以石炭酸系数（PC）作为评价的指标。所谓的石炭酸系数是指在一定时间内，被试药物能杀死全部供试菌的最高稀释度与达到同效的石炭酸稀释度比率。如供试菌为沙门杆菌，受试药1∶300稀释度，10min可杀菌，石炭酸在1∶100稀释度，10min可以杀菌，那么，受试药的石炭酸系数为3。石炭酸能使蛋白质变性，并能损伤细胞膜，因而是较好的消毒剂。石炭酸的水溶性较差，通常将它与皂液和煤油混合，增加其溶解度。这种混合液称为来苏尔，常用于物体表面、地面和皮肤等消毒。

② 醇类　醇是脱水剂，也是脂溶剂，醇能通过溶解细胞膜中的类脂破坏膜结构，并可使蛋白质脱水、变性而具有杀菌能力，但对细菌芽孢和无包膜病毒的杀菌效果较差。最常用的是乙醇，70%～75%是乙醇消毒的最佳浓度，超过75%以致无水乙醇效果较差。无水乙醇可以使菌体迅速脱水，表面蛋白质凝固形成了保护膜，阻止了乙醇分子进一步渗入胞内；浓度低于70%时，其渗透压低于菌体内渗透压，也影响乙醇进入胞内，会降低杀菌效果。乙醇主要用于物体的表面和皮肤的消毒。

③ 醛类　能与蛋白质中氨基酸的多种基团（$—NH_2$、—OH、—COOH和—SH等）共价结合而使其变性，达到杀菌的目的。其中福尔马林和戊二醛有较强的杀菌作用。商用福尔马林是含37%～40%的甲醛水溶液，5%的福尔马林常用作动植物标本的防腐剂，工厂和实验室常采用甲醛熏蒸进行空间消毒，但甲醛有强烈的刺激性气味，可以在熏蒸后，用氨水中和气味。某些细菌毒素经甲醛作用后，可以脱毒，仍有抗原性，所以甲醛可用于制备类毒素。

④ 酸类　有机酸能抑制微生物（尤其是霉菌）的酶和代谢活性，山梨酸和苯甲酸常用作食品和饮料的防腐剂，抑制霉菌等微生物的生长。

⑤ 表面活性剂　具有降低表面张力效应的物质称为表面活性剂。如新洁尔灭等就是常用的消毒剂，新洁尔灭是季铵类，属阳离子表面活性剂。它能吸附在微生物细胞表面，改变细胞膜的稳定性和透性，使细胞内的物质逸出膜外，并能使蛋白变性。0.25 %的新洁尔灭溶液常用于物体表面和皮肤的消毒。

（2）无机化合物　常用的有卤化物、重金属、氧化剂、无机酸和碱等。

① 卤化物　按杀菌力高低排列的顺序是：F＞Cl＞Br＞I，其中以碘和氯最常用。碘的杀菌机制可能是通过与细胞中酶和蛋白质中的酪氨酸结合而发挥作用。它对细菌、真菌、病毒和芽孢均有较好的杀菌效果。作为杀菌剂的氯主要包括氯气和氯化物，最普遍使用的是漂白粉。氯气和漂白粉的杀菌效应在于产生次氯酸（HClO）和原子氧［O］，［O］是强氧化剂，能破坏细胞膜结构并杀死微生物。

② 重金属及其化合物　大多数重金属盐类对微生物有毒害作用，这是由于重金属容易和微生物的蛋白质结合，而使蛋白质发生变性或沉淀的缘故。其中毒害作用最强的是汞、银、铜、铅等。汞溴红又称红汞，其2%水溶液是医院常用的红药水，可抑菌，又无刺激作用，常用于皮肤、黏膜及小创口的消毒，但不可与碘酒共用。硝酸银属重金属，能造成蛋白质变性沉淀，它常在医学上用于皮肤和眼睛等部位的消毒。另外，硫酸铜也是一种广泛使用的杀菌剂，农业上为了杀灭真菌等病害，常用硫酸铜与石灰以适当的比例配制成波尔多液，用于苹果、梨树等的喷施。

③ 氧化剂　氧化剂能放出游离氧或使其他化合物放出氧，通过对细胞成分的氧化作用而杀菌，最常用的氧化剂有高锰酸钾、过氧化氢、过氧乙酸等。0.1%高锰酸钾的溶液用于皮肤、水果、饮具的消毒，2%～5%的溶液能杀死芽孢。过氧化氢是一种活泼氧化剂，易分解成水和氧气，常用3%的溶液作伤口消毒。其缺点是化学性质极不稳定，容易分解失效。漂白粉是次氯酸的钙盐，在水中分解最后产生氧和氯，有强氧化作用，其优点是杀菌力强，缺点是碱性过重，有褪色及破坏纤维的作用，可用于饮用水和环境卫生的消毒。过氧乙酸是一种高效、广谱和无毒的化学杀菌剂。它的分解产物是醋酸、过氧化氢、水和氧。适用于各种塑料、玻璃制品、棉布等制品的消毒，并适用于果蔬和鸡蛋等食品表面的消毒。臭氧（O_3）是很强的氧化剂，将来有可能取代氯气用作饮水消毒，目前存在的问题是成本太高和有效期较短。

④ 无机酸和碱　无机酸、碱能引起微生物细胞物质的水解或凝固，因而也有很强的杀菌作用。微生物在1%氢氧化钾或1%硫酸溶液中5～10min大部分死亡。酸、碱的浓度愈高，杀菌力愈大。一般革兰阴性细菌对碱类的敏感性要比革兰阳性细菌强，但是具有芽孢的细菌对碱具有强大的抵抗力。生产上常用石灰水、氢氧化钠、碳酸钠等作为环境、工具、器械等的消毒剂。

(3) 染色剂　染料特别是碱性染料，其阳离子基团能与细胞蛋白质氨基酸上的羧基或核酸上的磷酸基结合，因而阻断了正常的细胞代谢过程，在低浓度下可抑制细菌生长。如结晶紫、亚甲基蓝、吖啶黄、孔雀绿等都有抑制细菌生长的作用，都可用作消毒剂。不同染料抑菌作用不同，细菌对染料的敏感性也不等，G^+细菌一般对碱性染料敏感，例如1∶1000000的孔雀绿能抑制金黄色葡萄球菌的生长，而抑制大肠杆菌则需要将浓度提高到1∶3000。

一些常用化学消毒剂的使用浓度和应用范围见表3-10。

表3-10　一些常用化学消毒剂的常用浓度和应用范围

类别	实例	使用浓度	应用范围
醇	乙醇	70%	皮肤消毒
酸	食醋	3～5mL/m^3	熏蒸消毒空气、预防流感
碱	石灰水	1%～3%	粪便消毒
酚	石炭酸	5%	空气消毒(喷雾)
	来苏尔	3%～5%	皮肤消毒
醛	福尔马林(原液)	6～10mL/m^3	接种箱、厂房熏蒸
重金属盐	升汞	0.1%	植物组织等外表消毒
	硝酸银	0.1%～1%	新生婴儿眼药水等
	红溴汞	2%	皮肤小创伤消毒
氧化剂	$KMnO_4$	0.1%～3%	皮肤、水果、茶杯消毒
	H_2O_2	3%	清洗伤口
	氯气	0.2～1μg/L	自来水消毒
	漂白粉	1%～5%	洗刷培养室、饮水消毒
表面活性剂	新洁尔灭(季铵盐表面活性剂)	0.25%	皮肤消毒
染料	龙胆紫(紫药水)	2%～4%	外用药水

(4) 化学治疗剂　这是一类能选择性地杀死或抑制人或动物体内病原微生物，可用于临床治疗感染性疾病的特殊化学药品。它与消毒剂的差别在于：消毒剂对于宿主和微生物具有

同等的毒性；而化学治疗剂能选择性地作用于病原微生物新陈代谢的某个环节，使其生长受到抑制或致死，但对人体细胞毒性较小，故常用于口服或注射。化学治疗剂种类很多，按其作用与性质又分为抗代谢物和抗生素等。

① 抗代谢物　是指其化学结构与细胞内必要代谢物的结构很相似，可干扰正常代谢活动的一类化学物质，又称代谢类似物或代谢拮抗物。抗代谢物具有良好的选择毒力，故是一类重要的化学治疗剂。抗代谢物的种类很多，一般是有机合成药物，如磺胺类、5-氟代尿嘧啶、氨基叶酸、异烟肼等，磺胺类药物是最常用的抗代谢物。

② 抗生素　抗生素是由微生物或其他生物产生的一类次级代谢产物，具有抑制或杀灭其他微生物生命活动的活力，因而可作为优良的化学治疗剂。目前所用的抗生素大多数是从微生物培养液中提取的，有些抗生素已能人工合成。以天然来源的抗生素为基础，再对其化学结构进行修饰或改造的新抗生素称为半合成抗生素。由于不同种类的抗生素的化学成分不一，因此它们对微生物的作用机理也很不相同，有些能抑制细胞壁的合成，如青霉素、头孢霉素等；有些破坏细胞膜的结构，如多黏菌素等；有些抑制蛋白质的合成，如链霉素、氯霉素、红霉素等；有些抑制核酸的合成，如灰黄霉素、丝裂霉素等。

每种抗生素只对一定范围的微生物有抗菌作用，这种作用范围称为该抗生素的抗菌谱。有的抗生素仅抑制某一类微生物，如仅对革兰阳性细菌或仅对革兰阴性菌有作用，称为窄谱抗生素；而有的抗生素对革兰阳性细菌及革兰阴性细菌均有效，称为广谱抗生素。

自 1929 年英国细菌学家弗莱明（A. Fleming）发现第一种抗生素青霉素以来，目前被发现的抗生素已近万种，应用于临床的有近百种。抗生素的发现并使用对人类有着非比寻常的意义，从此人类有了可以同细菌感染进行抗争的武器，它对人类的生存及发展起了重要作用。由于抗生素可使 95％以上由细菌感染而引起的疾病得到控制，现已成为治疗传染性疾病的主要药物，不仅在人类中普遍使用，也被用作饲料添加剂广泛用于家禽、家畜、作物等病害的防治，在动物保健和畜牧生产中发挥了重要作用。另外，抗生素在食品工业中还作为防腐剂应用于食品保存，如四环素、土霉素应用于鱼、禽、肉类等的保存，制霉菌素应用于柑橘的保存等。

抗生素如同一把双刃剑，在为人类造福的同时，也可能引起细菌产生耐药性的变异及过敏反应等不良反应而危害人类的健康，因此抗生素的合理使用业已成为全球关注的热点问题。

不同的微生物对各种理化因子的敏感性不同，同一因素不同剂量对微生物的效应也不同，或者起灭菌作用，或者只起消毒或防腐作用。在应用任何一种因素对微生物的抑制或致死作用时，还应考虑多种因素的综合效应，例如在增高温度的同时加入另一种化学药剂，则可加速对微生物的破坏作用；在酸或碱中，热对微生物的破坏作用加大；培养基的黏度能影响抗菌因子的穿透能力；有机质的存在也干扰某些化学因子的抗微生物效应，或由于有机物与化学药剂结合而使之失效，或者有机质覆盖于细胞表面，阻碍了化学药剂的渗入等。另外，微生物的生理状态也影响着各种因子的作用效果，如营养细胞一般较孢子抗逆性差；幼龄的、代谢活跃的细胞较之老龄的、休眠的细胞易被破坏。微生物在自然界或在人类生活中发挥巨大作用的关键在于其巨大的数量，我们在了解微生物的生长特点及其影响生长主要因素的基础上，如何把握好不同微生物的特点，采取一切措施，杀灭不需要的微生物，而让有益的微生物充分生长繁殖，是我们学习的关键所在。

三、微生物的代谢

微生物在自然界中不是孤立存在的，而是时刻与外界环境发生着密切联系。微生物在其生命活动过程中，一方面不断地从外界环境中吸收营养物质，在体内经过一系列的变化，转变为细胞本身有用的物质；另一方面又不断地向体外排出废物，以维持细胞的正常生长和繁殖，这就是微生物的新陈代谢。

（一）微生物代谢概述

微生物的新陈代谢和其他生物一样，包括同化作用和异化作用两个方面。同化作用又称为合成代谢，是指微生物将摄取的营养物质在体内通过一系列生物化学反应，一般是消耗能量反应，使之转化成为细胞的组成物质的过程。异化作用又称为分解代谢，是指微生物将自身细胞内复杂的细胞物质及环境中大分子营养物质分解为简单的小分子物质，并释放能量的过程。同化作用和异化作用相辅相成，物质代谢和能量代谢有机地联系在一起，构成新陈代谢的统一整体。如：微生物细胞从环境中获得生物小分子氨基酸，在体内合成大分子蛋白质，这是吸收能量的物质代谢；大分子糖原在微生物体内分解为小分子葡萄糖，最后分解为丙酮酸，进一步分解为 CO_2 和 H_2O，这是释放能量的物质代谢。微生物的各种生命活动，如生长、繁殖、遗传、变异等都是通过新陈代谢等实现的，生物体内的代谢作用一旦停止，生命活动也就终止了。

微生物体内新陈代谢各个方面的相互关系如下：

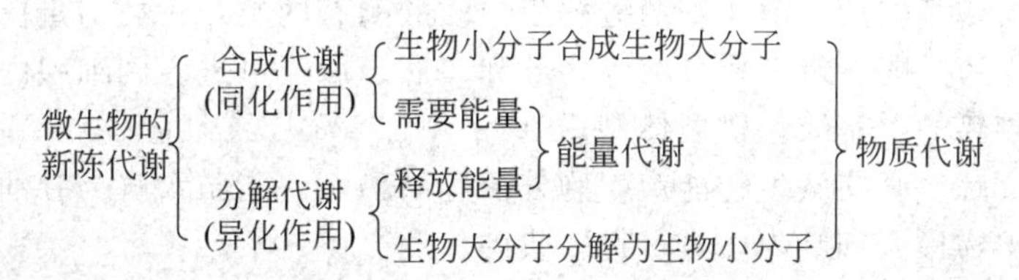

微生物的新陈代谢有两个突出的特点：其一是代谢活跃，微生物个体微小，相对表面积很大，因此，物质交换频繁、迅速，呈现十分活跃的代谢；其二，微生物的代谢类型多样化，各种微生物其营养要求、能量来源、酶系统、代谢产物各不相同，形成多种多样的代谢类型，以适应复杂的外界环境。

1. 微生物的能量代谢

所有生物进行生命活动都需要能量，自然界中的能量以多种形式存在，但生物只能利用光能或化学能，而光能也必须在一定的生物体（光合生物）内转化成化学能后，才能被生物利用。细胞内能量载体主要是 ATP（腺嘌呤核苷三磷酸，简称腺三磷），ATP 的生成和利用是微生物能量代谢的核心，不同营养类型的微生物，通过不同的机制，在细胞内将来自光能或化能能量转化成 ATP 这种细胞内的通用能源。

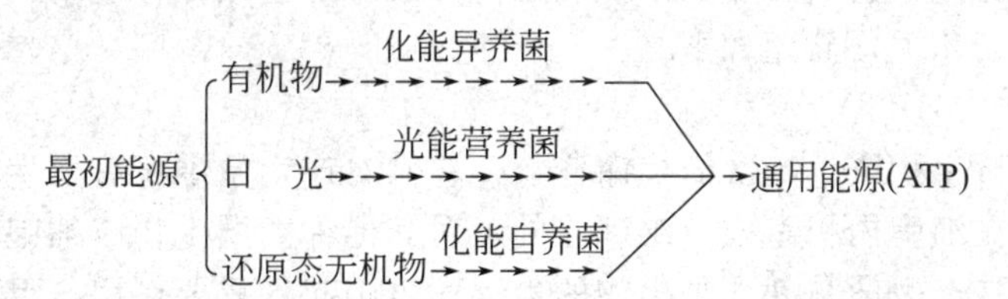

ATP 主要通过 ADP 的磷酸化生成，生成的过程中以高能磷酸键的形式储存能量。光能营养菌以光能生成 ATP，这种转变过程称为光合磷酸化作用，需要光和色素作媒介。绝大多数化能营养型微生物代谢所需能量是通过生物氧化作用而获得的，所谓生物氧化即在酶的作用下，生物细胞内所发生的一系列氧化还原反应。利用化合物氧化过程中释放的能量进行磷酸化生成 ATP 的过程称为氧化磷酸化作用。微生物的生物氧化作用可根据最终电子受体

的性质不同而分为：有氧呼吸作用、无氧呼吸作用和发酵作用。

微生物产生ATP形式的化学能主要用于合成代谢所需的能量，如合成细胞的主要组成物质以及储藏物质都需要ATP；此外，细胞对营养物质的吸收、运输，鞭毛菌的运动，发光细菌的发光等所消耗的能量也要由ATP供给。

2. 微生物的物质代谢

微生物的物质代谢包括碳水化合物、蛋白质、脂肪等大分子物质的分解和合成过程。微生物的细胞主要是由蛋白质、核酸、碳水化合物和类脂等组成，合成这些大分子有机化合物需要大量原料和能量，原料可以是微生物从外界吸收的小分子化合物，但更多的是从营养物质分解中获得，至于能量主要来自营养物质的分解。只有微生物体内进行旺盛的分解作用，才能为微生物的迅速生长和繁殖提供更多的物质和能量，由此可见分解作用与合成作用紧密相关、相互依赖、偶联进行，其中分解代谢在微生物代谢作用中起着极其重要的作用。就代谢途径而言，合成代谢一般为分解代谢的逆过程。

(1) 碳水化合物的分解　碳水化合物包括各种多糖、双糖和单糖。多糖必须在细胞外由相应的胞外酶如纤维素酶、淀粉酶、糖化酶等水解为小分子物质后，才能被吸收利用；单糖被微生物吸收后，立即进入分解途径，被降解成简单的含碳化合物，同时释放能量，供应细胞合成所需的碳源和能源。

(2) 蛋白质及氨基酸的分解　细菌分解蛋白质的酶有两类，一类为蛋白酶，另一类为肽酶。蛋白酶为胞外酶，能将蛋白质分解为多肽和二肽，肽类可进入到细胞内，在胞内肽酶的水解作用下成为游离的氨基酸，供菌体利用。

(3) 脂肪的分解　某些微生物能产生胞外酶脂肪酶，将脂肪水解为甘油和脂肪酸。甘油和脂肪酸可被微生物摄入细胞内，进行进一步的代谢。

（二）微生物特有的代谢产物

微生物在代谢过程中，会产生多种代谢产物。根据代谢产物与微生物生长繁殖的关系，可分为初级代谢产物和次级代谢产物两类。

初级代谢产物是指微生物通过代谢活动所产生的、自身生长和繁殖所必需的物质，如氨基酸、核苷酸、多糖、脂质、维生素等。在不同种类的微生物细胞中，初级代谢产物的种类基本相同，没有特异性。此外，初级代谢产物的合成在不停地进行着，任何一种产物的合成发生障碍都会影响微生物正常的生命活动，甚至导致死亡。次级代谢产物是指微生物生长到一定阶段才产生的化学结构十分复杂、对该生物无明显生理功能，或并非是微生物生长和繁殖所必需的物质，如抗生素、毒素、激素、色素等。不同种类的微生物所产生的次级代谢产物不相同，具有特异性，它们可能积累在细胞内，也可能排到外环境中。这些次级代谢产物与人类生产生活密切相关，简述如下。

1. 抗生素

天然抗生素是微生物产生的次级代谢产物，它们对产生菌本身有无生理作用虽然还不十分了解，但它们能在细胞内积累或分泌到胞外，对其他种类微生物或细胞具有抑制或致死作用，因而这类物质在产生菌与其他种生物的生存竞争中起着重要作用。目前抗生素被广泛应用在防治人类、动物的疾病与植物的病虫害上。

2. 毒素

微生物产生的对人和动植物细胞有毒杀作用的次级代谢产物称为毒素。细菌产生的毒素物质有两大类：即内毒素和外毒素（表3-11）。

表 3-11 细菌内毒素和外毒素比较

性质	外毒素	内毒素
存在部位	由活的细菌释放至细菌体外	为细菌细胞壁结构成分，菌体崩解后释出
细菌种类	以革兰阳性菌多见	革兰阴性菌多见
化学组成	蛋白质(相对分子质量 27000～900000)	磷脂-多糖-蛋白质复合物(毒性主要为类脂 A)
稳定性	不稳定，60℃以上能迅速破坏	耐热，60℃耐受数小时
毒性作用	强，微量对试验动物有致死作用(以 μg 计量)。各种外毒素有选择作用，引起特殊病变，不引起宿主发热反应。可抑制蛋白质合成，有细胞毒性、神经毒性、紊乱水盐代谢等	稍弱，对试验动物致死作用的量比外毒素为大。各种细菌内毒素的毒性作用大致相同。引起发热、弥漫性血管内凝血、粒细胞减少血症、施瓦兹曼现象等
抗原性	强，可刺激机体产生高效价的抗毒素。经甲醛处理，可脱毒成为类毒霉，仍有较强的抗原性，可用于人工自动免疫	刺激机体对多糖成分产生抗体，不形成抗毒素，不能经甲醛处理成为类毒素

(1) 内毒素 内毒素是革兰阴性菌的细胞壁成分，细菌在生活状态时不释放出来，只有当细菌死亡自溶或黏附在其他细胞时，才表现其毒性。内毒素的主要化学成分是脂多糖中的类脂 A 成分，其性质较稳定，耐热，毒性比外毒素低。内毒素的毒性作用没有组织器官选择性，不同革兰阴性病原菌所产生的内毒素引起的症状大致相同。毒性主要表现为：少量内毒素可引起机体发热反应；大量内毒素进入血液，可使血管透性改变，局部出血，颗粒性白细胞增多或减少和体重下降，严重时能导致内毒素性休克。

(2) 外毒素 外毒素是病原菌在代谢过程中产生的分泌到菌体外的物质。产生外毒素的细菌主要是革兰阳性菌，如白喉杆菌、破伤风杆菌、肉毒杆菌、金黄色葡萄球菌，及少数革兰阴性菌，如痢疾杆菌、霍乱弧菌等。

外毒素的毒性很强，例如纯化的肉毒杆菌外毒素结晶 1mg 可以杀死 2000 万只小鼠，对人的最小致死量为 0.1μg，其毒性比氰化钾强 1 万倍。破伤风毒素对小白鼠的致死量为 10^{-6} mg，白喉毒素对豚鼠的致死量为 10^{-3} mg。

各种细菌产生的外毒素对组织的毒性作用有高度的选择性，可引起特殊的临床症状。如白喉杆菌外毒素主要抑制蛋白质合成，特别是影响肽链延长，引发心肌炎、肾上腺出血及神经麻痹等；破伤风外毒素主要毒害脊髓前角运动神经细胞，引起所属肌肉的痉挛强直；霍乱杆菌产生的肠毒素作用到小肠黏膜，使黏膜细胞分泌功能加强，引起严重的呕吐和腹泻；葡萄球菌产生的肠毒素能刺激呕吐中枢产生催吐作用；志贺菌属痢疾杆菌外毒素可引起腹泻，并作用于中枢神经系统引起昏迷等。

外毒素的化学成分是蛋白质，对热和某些化学物质敏感。外毒素的抗原性较强，即以外毒素刺激机体可产生大量的抗毒素，抗毒素能中和外毒素使其无毒。外毒素的毒性极不稳定，用 3%～4%的甲醛溶液处理脱毒，其毒性完全消失变成类毒素，但仍保持抗原性，能刺激机体产生抗毒素。

3. 维生素

维生素是微生物正常生命活动所必需的，有些微生物可自身合成必需的维生素，有些微生物需要从外界吸收维生素，还有些微生物在特定条件下可合成远远超过本身正常需要的大量的维生素，因此可作为维生素的生产菌种。如：丙酸细菌、芽孢杆菌和某些放线菌能积累维生素 B_{12}；某些分枝杆菌能利用碳氢化合物合成吡哆醛与尼克酰胺；某些假单胞菌能过量合成生物素；某些醋酸细菌能过量合成维生素 C；酵母菌类细胞中除含有大量硫胺素、核黄素、尼克酰胺、泛酸、吡哆素以及维生素 B_{12} 外，还含能合成维生素 D 的前体麦角固醇，经紫外线照射，即能转变成维生素 D；各种霉菌可不同程度地积累核黄素等。目前医药上应用的各种维生素主要是从微生物中提取的。

4. 色素

许多微生物在代谢中能合成不同颜色的色素，或积累在胞内，或分泌于胞外。根据化学性质可将微生物色素分为两类。①脂溶性色素：菌落本身呈色而颜色不渗入到培养基中，即色素只能溶于高浓度酒精或脂类溶剂而不溶于水中。如灵杆菌产生的红色素、八叠球菌的黄色素等。②水溶性色素：菌落本身有色或不呈色，但使培养基呈色，即色素可以在琼脂中扩散，如绿脓杆菌的绿脓色素、荧光菌的荧光素等。

产生色素的微生物数量多，色素种类全，远远超过已知植物色素的数量。但目前在食品工业中普遍使用的微生物色素只有类胡萝卜素、红曲色素等少数几种，大量的食用天然色素还是从植物组织中提取的，许多有食用价值的微生物色素至今未开发应用的原因，主要是微生物在发酵产生色素的同时，往往也产生毒素，从而使发酵液成分较复杂，提纯工艺要求较高，常规方法很难得到较纯的色素产品。

与初级代谢产物相比，次级代谢产物无论在数量上还是在产物的类型上都要多得多和复杂得多，就目前而言，对次级代谢产物的研究远远不及对初级代谢产物研究那样深入。

（三）微生物的酶系统及生化鉴定试验

1. 微生物的酶系统

新陈代谢要通过大量的生化反应才能够实现，而所有这些代谢反应都必须在酶的催化下进行。酶是由生物细胞合成的、以蛋白质为主要成分的生化反应催化剂。

从酶的化学组成来看，可分为简单蛋白和结合蛋白两种；按催化性质有氧化还原酶、水解酶、裂解酶、异构酶、合成酶、转移酶等；按作用底物有淀粉酶、蛋白酶、脂肪酶等；但常以底物与催化性质相结合进行命名，如淀粉水解酶、葡萄糖脱氢酶等。

根据酶在微生物细胞中的活动部位，可分为胞外酶和胞内酶两种。在细胞内产生并在细胞内催化各种生化反应的是胞内酶，如氧化还原酶、转移酶、合成酶、异构酶等。由细胞内产生并分泌到细胞外发挥催化作用的酶是胞外酶，如蛋白酶、淀粉酶等水解酶类，它们对大分子营养物质的降解起了重要作用。

按环境中营养成分与酶的产生之间的关系，可分为固有酶与诱导酶。固有酶也称组成酶，它是微生物的固有成分，无论环境中是否有该酶作用的底物存在，并不影响酶的产生。多数酶属于此类。诱导酶在环境中有诱导物（通常是酶的底物）存在的情况下，由诱导物诱导而生成的酶，在没有底物存在时，酶的结构基因是关闭的；一旦底物消失，酶也就消失。例如：大肠杆菌分解乳糖的半乳糖苷酶就属于诱导酶。多种微生物都能产生这种酶。

酶的强有力的催化功能和高度的专一性是新陈代谢能够高速度、有条不紊地进行的基本保证。参与新陈代谢的生化反应多种多样，它们相互依赖、协同制约地组成一条条代谢途径，无论是分解代谢还是合成代谢，代谢途径都是由一系列连续的酶促反应构成的，前一步反应的产物是后续反应的底物，这些途径再纵横交错组成复杂的代谢网络。

2. 微生物的生化鉴定试验

由于不同种类的微生物具有不同的酶系统，因此新陈代谢过程中的代谢途径及代谢产物必定有所差异，这些分解或合成的代谢产物具有不同的特性，故可利用一些生化反应来测定这些代谢产物，作为区别和鉴定微生物的重要依据之一，这就是微生物的生化鉴定试验。

生化鉴定试验中，常用的是鉴定微生物对不同碳源、氮源的利用能力。

（1）微生物对碳源的利用试验　主要测定微生物对各种单糖、双糖、多糖以及醇类、有机酸等的利用能力。在质检中常用的主要有以下几种。

① 糖发酵试验　细菌对各种糖的分解能力及代谢产物不同，可借以鉴别细菌。一般非致病菌能发酵多种单糖，如大肠杆菌能分解葡萄糖和乳糖，产生甲酸等产物，并有甲酸解氢酶，可将其分解为 CO_2 和 H_2，故生化反应结果为产酸产气，以“⊕”表示。伤寒杆菌分解葡萄糖产酸，但无解氢酶，故生化结果为产酸不产气，以“＋”表示。伤寒杆菌及一般致病菌大都不能分解乳糖，以“－”表示。

② VP 试验　大肠杆菌与产气杆菌均分解葡萄糖⊕，为区分两菌可采用 VP 试验及甲基红试验。产气杆菌能使丙酮酸脱羧、氧化（在碱性溶液中）生成二乙酰，后者可与含胍基的化合物反应，生成红色化合物，称 VP 阳性。大肠杆菌分解葡萄糖产生丙酮酸，VP 阴性。

③ 甲基红试验　产气杆菌使丙酮酸脱羧后形成中性产物，培养液 $pH>5.4$，甲基红指示剂呈橘黄色，为甲基红试验阴性；大肠杆菌分解葡萄糖产生丙酮酸，培养液呈酸性（$pH<5.4$），指示剂甲基红呈红色，称甲基红试验阳性。

④ 枸橼酸盐利用试验（citrate utilization test）　能利用枸橼酸盐作为唯一碳源的细菌如产气杆菌，分解枸橼酸盐生成碳酸盐，同时分解培养基的铵盐生成氨，由此使培养基变为碱性，使指示剂溴麝香草酚蓝（BTB）由淡绿转为深蓝，此为枸橼酸盐利用试验阳性。

（2）微生物对氮源的利用试验　主要测定微生物对蛋白质、蛋白胨、氨基酸、含氮无机盐、N_2 等的利用能力。在质检中常用的主要有以下几种。

① 吲哚试验　含有色氨酸酶的细菌（如大肠杆菌、变形杆菌等）可分解色氨酸生成吲哚，若加入二甲基氨基苯甲醛，与吲哚结合，形成玫瑰吲哚，呈红色，称吲哚试验阳性。

② 硫化氢试验　变形杆菌、乙型副伤寒杆菌等能分解含硫氨基酸如胱氨酸、甲硫氨酸等，生成硫化氢。在有醋酸铅或硫酸亚铁存在时，则生成黑色硫化铅或硫化亚铁，可借以鉴别细菌。

③ 脲酶试验　变形杆菌具有尿素酶，可分解尿素产生氨，培养基呈碱性，以酚红为指示剂检测呈红色，由此区别于沙门菌。

吲哚（Ⅰ）、甲基红（M）、VP（Ⅴ）、枸橼酸盐利用（C）四种试验常用于鉴定肠道杆菌，合称之为 IMViC 试验。大肠杆菌呈“＋＋－－”，产气杆菌为“－－＋＋”。

检测微生物特有代谢途径或产生特有酶的生化反应还有很多，如氧化酶试验、过氧化氢酶的试验、柠檬酸盐利用试验等。生化反应常用来鉴别一些在形态和其他方面不易区别的微生物。

【思考题】

1. 微生物细胞的化学组成和营养需求有哪些？它们各有什么生理功能？
2. 试比较微生物对营养物质吸收四种方式的异同。
3. 划分微生物营养类型的依据是什么？简述微生物的四大营养类型。
4. 什么是单细胞微生物典型的生长曲线，它可划分为几期？各时期的主要特点是什么？对实际工作有何指导意义？
5. 什么是水活度？它对微生物的生长有何影响？
6. 微生物在培养过程中 pH 变化规律如何？采用哪些手段可调整培养基的 pH？
7. 什么是微生物生长温度三基点？
8. 氧气对微生物的生长有何影响？
9. 什么是抗生素的抗菌谱？什么是滥用抗生素？在抗生素的使用中应注意些什么？
10. 什么是微生物的新陈代谢？试述同化作用与异化作用、物质代谢与能量代谢间的关系。
11. 试比较说明微生物胞内酶与胞外酶、固有酶与诱导酶的区别。

12. 试述微生物次级代谢产物的主要特点及作用。

阅读小知识：

抗生素的滥用及食品安全

凡超时、超量、不对症使用或未严格规范使用抗生素，都属于抗生素滥用。不可否认的是，目前在抗生素的使用上存在着过度依赖甚至滥用的问题。如在畜牧业生产中，为预防和治疗畜禽疾病，促进动物的生长和繁殖，提高饲料利用率，经常在饲料中加入一定量的抗生素作为饲料添加剂。随着抗生素使用时间的延长，导致畜禽体内外的微生物对抗生素产生耐药性，药效降低，用药量不断增加，使养殖成本不断增加的同时也使药物残留更为严重，形成恶性循环。抗生素在畜禽体内及其产品中残留，往往随动物性食品进入人体，对人类健康产生种种有害影响。

科学研究表明，抗生素的长期使用及滥用，对于人类的危害主要表现在三个方面。①由于抗生素在畜禽的饲料中长期低剂量地使用，破坏动物肠道的正常菌群并产生耐药性，成为耐药菌库。这些耐药菌通过粪便直接污染环境、水、食品，再通过直接或间接途径传给人，导致耐药菌引起的人类感染不断增加。②抗生素残留在食品中，使消费者即使没有直接大量服用抗生素，体内的菌群耐药性也会不知不觉增强。③抗生素在畜禽产品肉、蛋、奶、毛、皮中残留，危害人体健康，如产生“三致”、过敏，甚至产生人类目前的科学水平还未能了解的疾病或潜在危害。另外，抗生素长期使用后使畜禽对其产生依赖，抑制了动物免疫系统的生长发育或降低了动物的免疫功能，使抗病能力下降，形成恶性循环。

为了有效地减少细菌的耐药性从动物传播到人的问题，首先必须提高全民对于医疗与食品生产中滥用抗生素巨大危害的认识，坚决贯彻减少畜牧养殖业抗生素使用的战略思想，尽量减缓细菌耐药性的发展速度，保障自身生命健康。其次，食品生产部门及其他相关部门应共同负起责任，加强对食品安全、公共卫生潜在危害的管理。由于饲料-食品链是一体的，在这个过程中的每一个步骤，都应实施 HACCP（危险分析与关键控制点），以保证动物的健康，使家禽、家畜不会成为耐药菌的存储库，为人类提供安全、卫生的食品。

食品中抗生素残留的问题不单在我国甚至在全世界都是一个令人十分担忧的问题。针对这一日趋严峻的情况，世界卫生组织制定了《WHO 关于用动物耐药性污染的全球准则》并倡导建立食源性致病菌全球性监测网络。我国已于 2000 年启动了全国食品污染物监测网。当前工作的重点是监测食源性致病菌及其耐药性、确定食源性致病菌在食物链中相关的食品、寻找预防食品污染的关键环节、增强对突发事件的反应能力，为制定行之有效的公共卫生政策提供科学依据、对公共卫生干预行为的效果进行追踪和评价。

第二模块　微生物检验常规技术

微生物学试验有其特殊性，不仅需要特有的微生物学操作技术，还要特别注意对试验操作人员及环境的安全防护，以防止试验过程中的污染等问题。在微生物学试验中要格外认真仔细，严格遵守操作规程，确保试验安全、顺利地进行。所有参加试验的人员，都必须遵守以下规则。

微生物实验室守则

(1) 每次试验前要做好充分的准备，预习试验指导，明确其原理和试验内容，做到心中有数。

(2) 实验室内不得带入私人物品，必要的文具、书籍等带入后要远离操作区，以保证检验室的整洁。

(3) 进入实验室应穿着工作服。初次进入实验室，要了解水、电的位置及开关，尤其要学会使用急救设施，如灭火器、洗眼器等。若进入无菌室，还应戴上口罩、帽子，换专用鞋，防止污染源的带入。

(4) 室内要保持安静有序，禁止吸烟、饮食、喧哗。试验进行时尽量避免在实验室内随意走动，以免灰尘飞扬造成染菌。

(5) 不要用嘴接触实验室的物品，如笔、标签、吸管等；也要减少用手抚摸头、面等部位，以免感染。

(6) 凡是用过的带有活菌的培养物、培养基、各种器皿等应经高压灭菌后再洗涤、处理。制片上的活菌标本应先浸泡于3%来苏尔溶液或5%石炭酸溶液中0.5h后再行洗刷。若是芽孢杆菌或有孢子的霉菌，则应延长浸泡时间。

(7) 吸过菌液的吸管，要投入盛有3%来苏尔溶液或5%石炭酸溶液的玻璃筒中浸泡，然后清洗，不得放在桌子上。

(8) 试验过程中，菌液流洒桌面或地面，立即用抹布浸沾3%来苏尔溶液或5%石炭酸溶液泡在污染部位，经0.5h后方可擦去；若有污染物污染工作服，应立即将其脱下，经高压蒸汽灭菌后方可洗涤；若手上沾有活菌，亦应在上述消毒液中浸泡10～20min，再以肥皂及水洗刷；若不慎将菌液吸入口中或皮肤破损或烫伤处，及时报告老师以便处理，必要时可服用有关药物以预防发生感染，切勿隐瞒。

(9) 试验完毕，应将仪器放回原处，擦净桌面（用浸有3%来苏尔溶液或5%石炭酸溶液的抹布），收拾整齐，保持室内整洁。

(10) 离开检验室前要用肥皂将手洗净，脱去工作衣、帽、专用鞋。注意关闭门窗以及水、电、煤气等开关，检验室中的菌种和物品等不得随意带出检验室。

实验室的急救

试验过程中，要始终注意安全，学会对危险情况的应急处理。

1. 火险

发生火险时保持冷静，立即关闭电源、火源，用沙土或湿布覆盖隔绝空气灭火，必要时使用灭火器。

（1）使用易燃物品（如酒精、乙醚等）要特别小心，切勿接近火焰。若酒精、乙醚或汽油等着火，切勿用水，应使用灭火器、沙土或湿布覆盖灭火。

（2）衣服着火时可就地或靠墙滚转。

2. 触电

切记要在切断电源后再进行急救。

3. 意外事故的处理

（1）假定无菌衣受污染，应脱下翻转包裹，使污染部分包在内部，送往消毒，经灭菌后，洗涤再用。

（2）因偶然打破盛有培养物的器皿，致使病原性的菌毒种外溢，污染了工作室及操作者的衣物及体表时，当事人应冷静，切勿乱动以免扩大污染面。应唤他人用浸透消毒液的毛巾或纱布覆盖于碎片上，或将消毒液倒在污染区，浸没一定时间。先从外至内逐步清理污染源，最后将衣物彻底灭菌。清理时应避免用手指收集玻璃碎片，以防损伤皮肤，造成病原性微生物感染事故。对一般小面积的污染可自行处理，较大范围的污染则请人协助。

4. 伤口的紧急处理

（1）皮肤破伤　先除尽异物，要防止通过伤口引起中毒，一般先用蒸馏水或生理盐水洗净后，再涂上2%碘酒等消毒药水。

（2）火伤　可涂5%鞣酸、2%苦味酸或苦味酸铵苯甲酸丁酯油膏或龙胆紫液等。

（3）皮肤灼烧伤　先要用干布擦去药品，再用大量水清洗，涂以凡士林油、5%的鞣酸或2%的苦味酸。

（4）眼灼伤　先以大量清水冲洗。若为碱伤，以5%硼酸溶液冲洗，然后再滴入橄榄油或液体石蜡1～2滴以滋润。若为酸伤，以5%重碳酸钠溶液冲洗，然后再滴入橄榄油或液体石蜡1～2滴以滋润。

项目四　微生物培养基的配制

【知识目标】

1. 了解培养基的种类及不同培养基的用途；
2. 掌握培养基的配制原则、要求和注意事项。

【能力目标】

1. 能根据工作目标选择合适的培养基；
2. 能够正确配制微生物检验中常用的培养基；
3. 能采取合理的方法使用、保存培养基并进行质量控制。

【背景知识】

微生物检验中无论是检测待检样品中微生物的数量、种类，还是观察样品中的微生物形态、特征，首先都需要选用合适的培养基对样品中的微生物进行分离、培养，才能进行后续工作。可以这样说：配制培养基是进行微生物检验工作的基础，甚至是任何与微生物有关工作的基础。

培养基是指人工配制的、适合于微生物生长繁殖或累积代谢产物所需的各种营养物的混合基质。自然界中微生物种类繁多，营养类型多样，加之试验和研究目的不同，所以培养基的种类很多。不同种类的培养基一般都应含有微生物生长所需的碳源、氮源、能源、无机元素、生长因子和水分六大营养要素，且各成分比例应合适。培养基的组成不仅要满足微生物的营养需求，还要为微生物的生长提供适宜的酸碱度和渗透压，同时还要满足人们利用培养基进行微生物的培养、分离、鉴定、发酵和保藏等工作目标的要求。

一、 培养基的分类

由于各类微生物对营养的要求不同，培养目的和检测需要不同，因而培养基的种类很多。我们可根据某种标准，将种类繁多的培养基划分为若干类型。

（一）根据培养基营养成分的来源划分

按营养成分的来源不同，可分为天然培养基、合成培养基、半合成培养基。

1. 天然培养基

天然培养基是利用各种动物、植物、微生物或其他天然成分为营养基质而制成的，常用的原料有牛肉膏、蛋白胨、酵母膏、米曲汁、麦芽汁、玉米粉、麸皮、马铃薯、血清、各种饼粉等。这些物质配成的培养基虽然不能确切知道它的化学成分和含量，但由于原料的营养丰富，取材广泛，经济简便，所以较适用于实验室的一般粗放性试验和工业生产中制作种子和发酵培养基，且微生物能旺盛生长。如实验室常用的麦芽汁培养基、牛肉膏蛋白胨培养基等即为天然培养基。此类成品培养基的稳定性常受生产厂或批号等因素的影响，由于重复性差，不适用于精细试验。

2. 合成培养基

合成培养基是用已知成分和数量的化学药品配制而成的培养基。这类培养基化学成分明确、固定、重复性好，但一般价格比较贵。微生物在合成培养基上生长较缓慢，所以这类培养基不宜用于大规模生产，常用于进行微生物营养、代谢、生理生化、遗传育种及菌种鉴定等精细研究。如实验室常用的高氏 1 号培养基、查氏培养基等。

3. 半合成培养基

以天然有机物作为碳、氮等主要营养源，用化学试剂补充无机盐配制而成的培养基称为半合成培养基。这种培养基能充分满足微生物的营养要求，大多数微生物都能良好生长，所以在生产实践和实验室中使用最多。如实验室常用的马铃薯蔗糖培养基等。

（二）根据培养基的物理状态划分

可以分为固体培养基、液体培养基和半固体培养基。

1. 液体培养基

把各种营养物质定量溶解于水中，调节适宜的 pH，即制成了液体培养基。液体培养基中营养成分均匀分布，接种后微生物也均匀分布其中，有利于微生物与环境的物质交换，因此微生物可快速生长和积累代谢产物，常用于大规模工业化生产和观察微生物生长特征、研究生理生化特性等，如营养肉汤培养基。

2. 固体培养基

实验室中常用的固体培养基是在液体培养基的基础上加入适量凝固剂而制成的，其中琼脂是应用最为广泛、最优良的凝固剂。琼脂是从石花菜中提炼出来的，化学成分为多聚半乳糖硫酸酯，绝大多数微生物不能分解利用琼脂，几乎没有营养价值，且对微生物无毒害作用。琼脂具有在80～90℃熔化、40～45℃凝固的特性，在液体培养基中添加1.5%～2%的琼脂便制成了可随温度变化而熔化、固化的凝胶状固体培养基。琼脂固体培养基常被制成试管斜面或倒入培养皿中制成平板，在微生物学试验中有着极为广泛的用途，可用于微生物的分离、鉴定、检验杂菌、计数、保藏、生物测定等。

生产中常用的天然固体培养基一般用天然固态物质直接制成，如麸皮、米糠、木屑、棉籽壳、麦粒、玉米、马铃薯片等，常用于固体发酵。

3. 半固体培养基

如果在液体培养基只加入少量的凝固剂如0.2%～1%琼脂，就制成了半固体培养基。这种培养基可用来观察微生物的动力或保藏菌种。

4. 脱水（商品）培养基

脱水培养基也称为商品培养基、预制干燥培养基。将各种营养成分按比例配制完全，制成脱水的干粉状，装瓶出售；使用时只需按比例加入定量的水溶化、灭菌便可。现在有许多常用的微生物检验培养基制成脱水（商品）培养基，使用时十分方便。该培养基应放置于阴暗干燥处，2～25℃保存，培养基若超过保质期、结块或颜色变化等，都不能继续使用。

（三）根据培养基的用途划分

根据微生物培养过程中的增菌、选择、鉴别、运输、保存、复苏等工作目标不同，可选用相应的培养基。

1. 增菌培养基

能够给微生物提供较适当的生长环境从而使微生物大量繁殖的培养基称为增菌培养基。在微生物检验工作中，若原始样品中微生物数量过少，按常规方法直接分离难以奏效，可使用增菌培养基初步培养，以提高分离的效率。

非选择性增菌培养基可使大部分微生物生长繁殖，如营养肉汤；加富培养基一般是根据分离对象的“嗜好”，在培养基中加入特殊的营养物质，通过“投其所好”促进待分离微生物快速增长，以逐渐淘汰掉其他微生物，达到选择分离的目的。

2. 选择培养基

在培养基中加入抑制剂以杀死或抑制不需要的菌种，分离对象因对该抑制剂有抗性而正常生长繁殖的培养基，称之为选择培养基。该培养基通过“取其所抗”的方法达到选择分离菌种的目的。常用的抑菌或杀菌剂多为染色剂、抗生素等，如链霉素、氯霉素等抑制原核微生物的生长；制霉菌素、灰黄霉素等能抑制真核微生物的生长；结晶紫能抑制革兰阳性细菌的生长等。

微生物检验中常用的SS琼脂培养基由于加入胆盐等抑制剂，对沙门菌等肠道致病菌无抑制作用，而对其他肠道细菌有抑制作用。

除了化学抑制剂外，温度、pH、氧化还原电位和渗透压也可用于某些微生物的选择培养。

3. 鉴别培养基

在培养基中加入指示剂或化学药品，目的菌经培养后其代谢产物与化学试剂发生显色反应，因而用肉眼可快速鉴别出目的菌，这样的培养基称之为鉴别培养基。例如：伊红美蓝培养基（EMB）就是一种常用的鉴别性培养基。

伊红美蓝培养基用于食品、乳制品、水源和病源标本中革兰阴性肠道菌的分离和鉴别。其成分为：蛋白胨 10g，乳糖 10g，NaCl 5g，K_2HPO_4 2.0g，2%伊红 Y 水溶液 20～30mL，0.65%美蓝水溶液 10～15mL，琼脂 20g，水 1000mL。培养基中的蛋白胨提供细菌生长发育所需的氮源、维生素和氨基酸，乳糖提供发酵所需的碳源，磷酸氢二钾维持缓冲体系，琼脂是凝固剂，伊红、美蓝两种苯胺染料可抑制革兰阳性细菌生长，伊红 Y 为酸性染料，美蓝为碱性染料。试样中的多种肠道细菌在伊红美蓝培养基上形成能相互区分的菌落。其中大肠杆菌能强烈发酵乳糖产生大量混合酸，与培养基中的其他试剂反应最终形成紫黑色化合物，使菌落呈紫色，并带有绿色金属光泽；产酸力弱的细菌菌落为棕色；不发酵乳糖、不产酸的细菌菌落呈无色透明；金黄色葡萄球菌基本不生长。从某种意义上说该培养基是具有选择和鉴别的双重作用。

麦康凯培养基也是食品检验中常用的选择和鉴别培养基之一。它含有胆盐、乳糖和中性红，胆盐具有抑制肠道菌以外的细菌的作用（选择性），乳糖和中性红（指示剂）能帮助区别乳糖发酵肠道菌（如大肠杆菌）和不能发酵乳糖的肠道致病菌（如沙门菌和志贺菌）。

4. 活体培养基

病毒、立克次体等专性寄生微生物不能在一般培养基上生长，常用鸡胚、活细胞和动物培养。采用鸡胚培养时，将微生物接到绒毛尿囊膜、尿囊、羊膜囊和卵黄囊中进行培养，即可得培养物。细胞培养指将病毒接种到体外培养的活细胞上使其增殖。

5. 其他用途的培养基

根据培养基的营养成分是否“完全”，可以分为基本培养基、完全培养基和补充培养基，这类术语主要是用在微生物遗传学中。

还有用于在一定期限内保护和维持微生物活力的保存培养基；能够使受损或应激的微生物恢复正常生长能力，但不一定促进微生物繁殖的复苏培养基等。

二、 选用或设计培养基的基本原则

选用或设计微生物培养基时，主要考虑以下几个因素。

（一）符合工作目标的要求

不同的微生物对营养有着不同的要求，在选用或设计培养基时，首先要明确培养基的用途，如用于培养何种微生物、培养目的如何等，根据不同的菌种及其不同的培养目的从现成的培养基配方选用，或有的放矢地设计搭配营养成分及营养比例。

（二）符合微生物的营养特点

培养基中各种营养成分及比例关系主要是依据微生物细胞的化学组成分析而确定的。如大多数化能异养菌的培养基中，水、碳源（含能源）、氮源、大量元素（P、S 等）、微量元素（K、Mg 等）、生长因子等各营养要素间的比例大约按 10 倍关系递减。在各种营养要素间的比例中，碳氮比（C/N）最为重要。C/N 是指培养基中所含 C 原子的摩尔浓度与 N 原子的摩尔浓度之比。不同的微生物菌种要求不同的 C/N，如霉菌培养基 C/N 比较高［约为（9～10）：1］，而细菌培养基中 C/N 比较低［约为（4～5）：1］。总之，一个合理的培养基配方是在理论指导下经过反复试验才能得到的，表 4-1 列举了常用的微生物培养基营养成分组成。

表 4-1　常用的微生物培养基营养成分组成

微生物	培养基	培养基成分/%				培养基 pH
		碳源	氮源	无机盐类	生长因子	
细菌	肉汁培养基	牛肉膏 0.5	蛋白胨 1.0	NaCl　0.5	牛肉膏中已有	7.2
	疱肉培养基	葡萄糖 2.0	脲蛋白胨 1.0	NaCl　0.5	牛心浸出液 45.5	自然 7.0～7.2
放线菌	淀粉培养基	可溶性淀粉 2.0	KNO_3　0.1	K_2HPO_4　0.05 NaCl　0.05 $MgSO_4 \cdot 7H_2O$　0.05 $FeSO_4 \cdot 7H_2O$　0.001		7.0～7.2
	蔗糖硝酸盐培养基	蔗糖 3.0	$NaNO_3$　0.2	K_2HPO_4　0.1 $MgSO_4 \cdot 7H_2O$　0.05 $FeSO_4 \cdot 7H_2O$　0.001		7.0～7.3
酵母膏	麦芽汁培养基	麦芽汁内已含				自然
	My 培养基	葡萄糖 1.0	蛋白胨 0.5		酵母膏 0.3 麦芽汁 0.3	自然
霉菌	察氏培养基	蔗糖或葡萄糖 3.0	$NaNO_3$　0.3	K_2HPO_4　0.1 KCl　0.05 $MgSO_4 \cdot 7H_2O$　0.05 $FeSO_4 \cdot 7H_2O$　0.001		6.0

（三）符合菌种对理化环境的要求

除营养成分外，培养基的 pH 值、渗透压等理化条件也直接影响微生物的生长和代谢，在配制培养基时也不能忽视这些因素。

1. pH 值

微生物都有它们生长适宜的 pH 范围，一般细菌在 pH7～8，酵母菌为 pH3.8～6.0，霉菌为 pH4.0～5.8。

由于微生物在生长过程中不断地吸收营养元素并分泌代谢产物，从而引起培养基 pH 的变化。如不及时调节，将会影响微生物生长繁殖的速度甚至导致菌体死亡。为了尽可能地减缓培养过程中 pH 的变化，在设计、配制培养基时，要加入一定的缓冲物质来发挥调节作用，常用的缓冲物质主要有以下两类：①磷酸盐类，这是以缓冲液的形式发挥作用的，通过磷酸盐不同程度的解离，对培养基 pH 的变化起到缓冲作用；②碳酸钙，这类缓冲物质是以“备用碱”的方式发挥缓冲作用的，碳酸钙在中性条件下的溶解度极低，加入到培养基后，在中性条件下几乎不解离，所以不影响培养基的 pH 变化；当微生物生长培养基的 pH 下降时，碳酸钙就不断地解离，游离出碳酸根离子，碳酸根离子不稳定，与氢离子形成碳酸，最后释放出二氧化碳，在一定程度上缓解了培养基 pH 的降低。

另一种调节措施是根据培养基 pH 的变化不断滴加酸液或碱液至培养液中，这种方式在微生物发酵中用得较多。

2. 渗透压

环境中的渗透压与微生物细胞原生质的渗透压在等渗条件下最适宜微生物的生长。在低渗环境中，会出现细胞的膨胀，可影响到细胞的正常代谢；在高渗环境中，会导致细胞发生质壁分离现象。因此培养基中营养元素的浓度不可过浓或过稀，大多数培养基能够为微生物提供较为适宜的渗透压和水活度。

（四）符合物美价廉的原则

在所选培养基成分能满足微生物培养要求的前提下，尽可能选用价格低廉、资源丰富、运输方便、无毒性的材料作培养基成分。

任务 4-1　配制常用的微生物培养基

【任务验收标准】

1. 掌握培养基的配制程序和操作要点；
2. 能够进行实验室常用固体、液体培养基的配制；
3. 能够进行培养基的分装、灭菌及无菌检查；
4. 能够采用适当的方法保存培养基并进行质量监控。

【任务完成条件】

1. 待配各种培养基的试剂及材料，琼脂，1mol/L NaOH 溶液，1mol/L HCl；
2. 高压蒸汽灭菌锅、天平或台秤、三角瓶、烧杯、试管、培养皿、移液管、量筒、玻璃棒、药勺、称量纸、牛皮纸、棉花、线绳、纱布等。

【工作任务】

1. 配制细菌、酵母菌、霉菌常用的培养基

以小组为单位配制一定量培养细菌常用的牛肉膏蛋白胨培养基、培养酵母菌常用的麦芽汁培养基、培养霉菌常用的马铃薯葡萄糖培养基或查氏培养基等，并制备平板、试管斜面，余量装入三角瓶中存放。

2. 配制常用的鉴别培养基

以小组为单位配制一定量常用的鉴别培养基——伊红美蓝培养基，并制备平板。

【任务指导】

一、培养基的配制

1. 做好配制前准备工作，填写培养基制备记录

首先查阅资料，确定培养基的配方，并检查配制培养基所用的材料、试剂是否齐全，数量及质量（纯度、期限）是否合格；同时还要准备好配制培养基所用的各种设备和装置。

微生物检验实验室需要经常配制不同种类的培养基，有必要建立培养基的制备记录。记录主要包括培养基名称、配方、试剂来源及批号、培养基最终 pH 值、灭菌条件、制备的日期、制备者等内容，原始记录保存备查，还应复制一份记录随制好的培养基一同存放，以防发生混乱。

2. 培养基的配制

（1）称量　配制培养基所用化学药品均应是化学纯的，一般可用 1/100 的天平称量，根据培养基的配方计算出各成分用量，进行准确称量，然后倒入大烧杯中。

（2）溶化　在大烧杯中加水将药品搅拌溶化，加水量一般为所需水量的 2/3，根据要求使用自来水或蒸馏水，必要时可加热溶解。若培养基用量较大，可使用不锈钢锅加热溶化，但不得使用铜锅或铁锅，以防有微量铜或铁混入培养基中，使细菌不易生长。加热时要用玻璃棒随时搅动，以防糊底烧焦，若发生焦化现象，培养基应重新制备。配制固体培养基如加入琼脂成分，要特别小心控制火力，以防培养基煮沸后外溢。

（3）调 pH　用 pH 试纸或 pH 电位计测定培养基的 pH，若偏酸或偏碱时，可滴加 NaOH 溶液或 HCl 溶液进行调整，边搅拌边滴加，以防局部过酸或过碱破坏营养成分，直至达到所需的 pH 为止。

pH 调整后，还应将培养基煮沸数分钟，以利培养基沉淀物的析出。

(4) 定容　补加水至所需体积。

(5) 过滤澄清　无特殊要求时，此步可省去。需要过滤时，液体培养基一般可用滤纸过滤法，琼脂培养基可用多层纱布趁热过滤，亦可用中间夹有薄层脱脂棉的双层纱布过滤。

3. 培养基的分装及灭菌前包扎

制好的培养基按使用的目的和要求分装于试管、三角瓶等容器内，并进行必要的包扎以便进行灭菌处理。

(1) 试管的分装及包扎　按图 4-1 所示，将培养基分装到洁净的试管中，利用培养基分装设备（图 4-2）可快速、定量地进行分装。注意：分装过程中培养基不要沾在管口和试管上段，以免引起污染，固体或半固体培养基要在琼脂完全熔化时趁热分装。分装量：固体培养基约为试管高度的 1/5，灭菌后制成斜面；半固体培养基以试管高度的 1/3 为宜，灭菌后垂直待凝；液体培养基约为试管高度的 1/4。

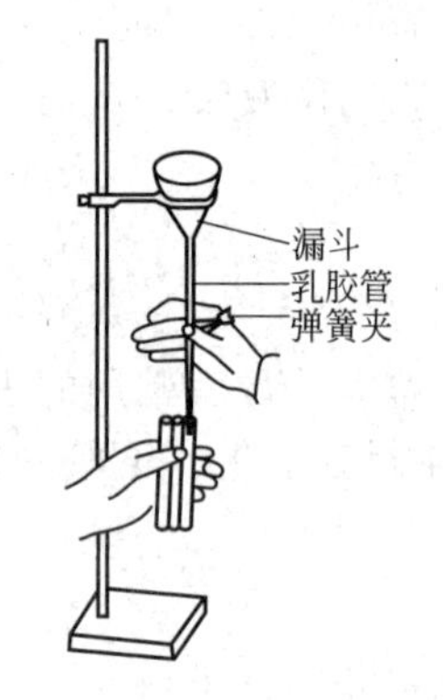

图 4-1　培养基的试管分装

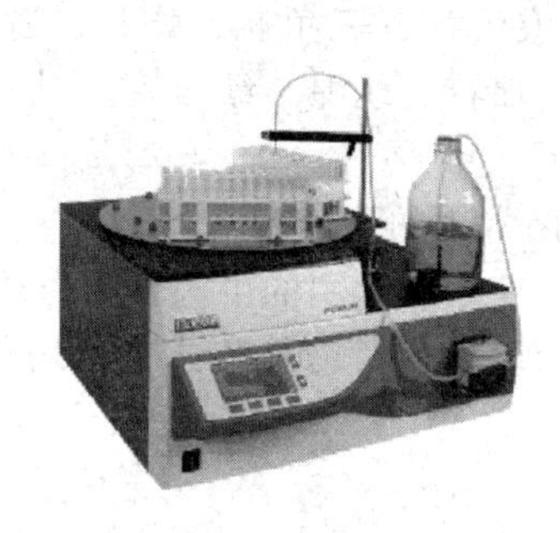

图 4-2　培养基分装设备

分装完毕后，试管加棉塞、塑料试管帽或硅胶试管塞封口。加塞后，试管通常每 7 支一起，包上一层牛皮纸或两层报纸，用线绳扎成一捆，并注明培养基名称、组别、配制日期，准备灭菌。

棉塞需要自己制作，应采用新鲜、干燥的棉花，不要用脱脂棉。制作棉塞时揪取手掌心大小的一块棉花，将棉花铺展在左手拇指与食指圈成的圆孔中，用右手食指插入棉花中部，同时左手食指与拇指稍稍紧握，就会形成 1 个长棒形的棉塞，迅速将其塞入试管中。棉塞大小、松紧要适宜，塞好后应紧贴试管壁不留空隙，起到通气和过滤空气中杂菌的作用。棉塞的 1/3 在管外，2/3 在管内，以手提棉塞试管不下落为准。见图 4-3。

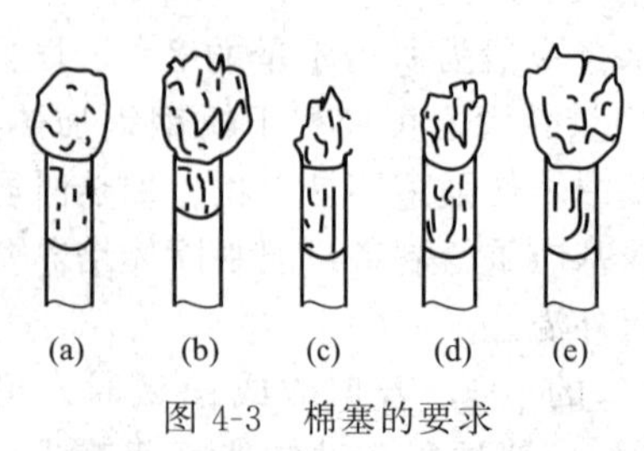

图 4-3　棉塞的要求

(a) 正确的式样；(b) 头部太大；(c) 头部过小；(d) 整体太松；(e) 头部过松，底部过紧

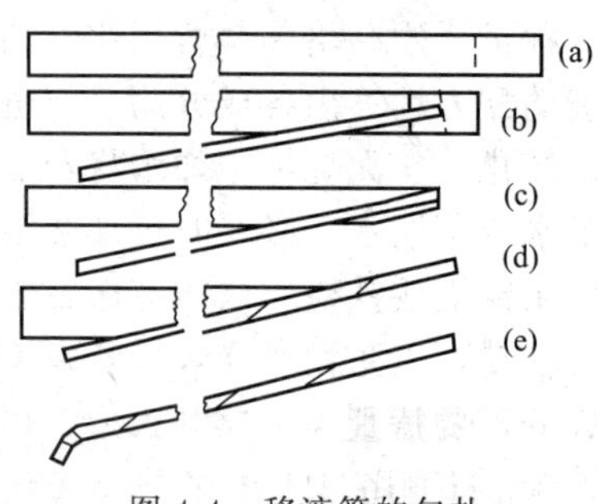

图 4-4　移液管的包扎

（2）移液管的包扎　用细铁丝在移液管的管口塞入一小段长 1～1.5cm 的棉花，距管口约 0.5cm，棉花松紧适宜，吹气时既能通气又不下滑，起到过滤杂菌的作用。将报纸裁成宽约 5cm 左右的长纸条，如图 4-4 所示将移液管的尖端放在纸条的一端，约呈 45°角，通过折叠、搓转用纸条包紧移液管，剩余纸条折叠打结，准备灭菌。

（3）三角瓶的分装及包扎　分装入三角瓶内的培养基以不超过容器装盛量的 2/3 为宜。三角瓶的棉塞外通常包一层纱布，根据需要也可用 8 层纱布或封口膜包在瓶口上。封口后外面再包一层牛皮纸或双层报纸，以防灭菌时冷凝水沾湿棉塞（图 4-5）。

（4）培养皿的包装　用报纸将几套培养皿包成一包，或者将几套培养皿直接置于特制的铁皮圆筒内，准备灭菌。

(a) 配制时纱布塞法　(b) 灭菌时包牛皮纸　(c) 培养时纱布翻出

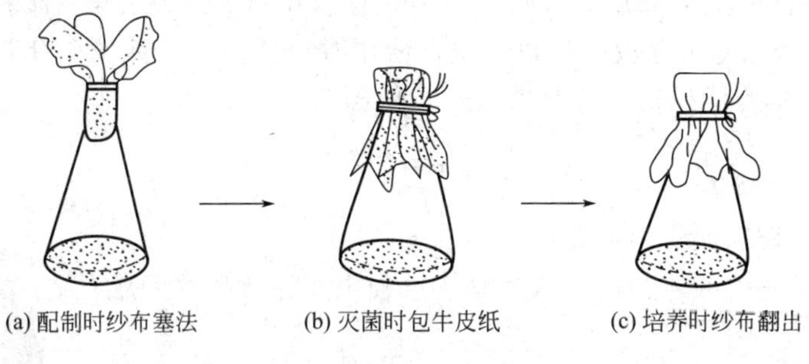

图 4-5　三角瓶的包装

4. **灭菌**

培养基分装包扎后应立即进行高压蒸汽灭菌，一般可采用 121℃灭菌 20min。玻璃器皿可进行高压蒸汽灭菌，也可进行干热灭菌。

5. **斜面及平板的制备**

制斜面：琼脂斜面培养基应在灭菌后立即取出，摆置成适当斜面（图 4-6），斜面长度以试管长度的 1/2～2/3 为宜，待其自然凝固。

倒平板：见图 4-7，将灭菌的三角瓶琼脂培养基冷却至 50℃左右，在酒精灯火焰旁，以右手的无名指及小指夹持三角瓶棉塞，左手打开无菌培养皿盖的一边，右手持三角瓶底部向平皿里注入 10～15mL 培养基（直径 90mm 的培养皿），将培养皿稍加旋转摇动待培养基平铺开覆盖整个皿底后，置于水平桌面上待凝。倒平板的过程要特别注意无菌操作。

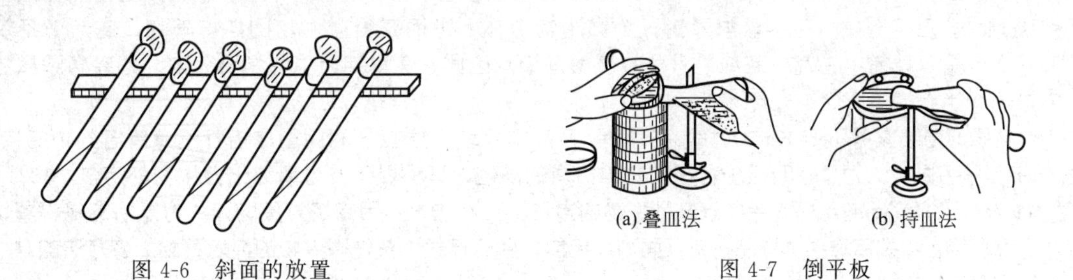

图 4-6　斜面的放置

(a) 叠皿法　(b) 持皿法

图 4-7　倒平板

6. **培养基的质量控制及无菌检查**

每批培养基制备好以后，应仔细检查一遍，液体培养基应澄清，固体培养基应无絮状物或沉淀，凝胶强度适宜，用接种环划线时以培养基不被划破为宜。如发现培养基不凝固、水分浸出、色泽异常、棉塞被培养基沾染等，均应挑出弃去。

固体培养基分装后有时会出现不凝固的现象，有多种可能原因：①培养基 pH 没调对，偏酸；②琼脂质量有问题或琼脂添加浓度不够，或由于琼脂粉在培养基中没有充分熔化就分装导致局部浓度过低；③灭菌时间过长，或温度过高，破坏了琼脂的凝固质；④培养基在凝固的过程中被摇晃，破坏了琼脂的结构，而使其不能凝固。

灭菌后的培养基一般需进行无菌检查。将做好的斜面、平板、培养基等置于 37℃恒温箱中培养 1～2 天，确定无菌后方可使用。

二、培养基的存放

每批培养基均应附有该批培养基制备记录副页或明显标签。培养基应存放于冷暗处，最好能放于普通冰箱内。

平板和试管斜面凝固冷却后装入密封袋中，存放在暗处或放在 4℃冰箱中的，最多存放 1 周。普通的琼脂培养基可存放在三角瓶内，使用时重新熔化。能发生化学反应或含有不稳定成分的固体培养基不能批量制备及再次熔化使用。

【报告内容】

1. 简述配制培养基的主要过程；
2. 简述制备平板和斜面的主要过程；
3. 谈谈你完成任务的体会，你认为操作过程中要注意哪些问题？

【思考题】

1. 固体培养基加入琼脂后加热熔化时要注意哪些问题？
2. 培养基配制好后，为什么要立即灭菌？如何检查灭菌是否彻底？
3. 平板和斜面各有什么用途？
4. 配制培养基时为什么要调节 pH？
5. 你所配制的培养基分别属于哪一类培养基？

阅读小知识：

琼脂——从餐桌到实验室

19 世纪的时候，科学家对单细胞微生物非常感兴趣，这样得到的纯培养物对于微生物学的研究非常重要。然而，自然界的微生物都是混杂在一起的，单一的微生物个体又太小，因此分离纯化微生物并使其生长成一群纯培养物就能易于观察和研究。从巴斯德开始，最早用来培养微生物的人工配制的培养基是液态的，但是用液态培养基分离并获得微生物的纯培养物非常困难：将混杂的微生物样品进行系列稀释，直到平均每个培养管中只有一个微生物个体，进而获得微生物的纯培养物。此方法不仅繁琐，而且重复性差，并常导致纯培养物被杂菌污染。因此，在早期微生物学研究中，分离病原微生物的进展相当缓慢。

德国细菌学家 Robert Koch（1843—1910）及其助手首先建立了利用固体培养基分离培养物的技术。Koch 是一名医生，为了证明微生物在疾病中扮演的角色，其积极研发分离纯化微生物的方法。1881 年，Koch 发表论文介绍利用马铃薯片分离微生物的方法，其做法是：用灼烧灭菌的刀片将煮熟的马铃薯切成片，然后用针尖挑取微生物样品在其表面划线接种，经培养后可获得微生物的纯培养物。该方法的缺点是一些细菌在马铃薯片上生长状态较差。

同时，Koch 的助手 Prederick Loeffler 发展了利用肉膏蛋白胨培养基培养病原菌的方法，Koch 决定寻找方法固定此培养基。值得提及的是，Koch 还是个业余摄影家，是他首先拍出细菌的显微照片，其具有利用银盐和明胶制备胶片的丰富经验。作为一名知识渊博的杰出科学家，Koch 将其制备胶片方面的知识应用到微生物学研究上，他将明胶（gelatin）和肉膏蛋白胨培养基混合后铺在玻璃平板上，让其凝固，然后采取划线接种的方法在其表面接种微生物，获得纯培养物。此外，将细菌样品和液化的明胶培养基混合后再涂布在玻璃板上，一样也可以得到单独生长的菌落。这种新发明的培养基效果很好，但是明胶却并非理想的固化剂，因为许多细菌会分解明胶，另外明胶在超过28℃时会融化，所以不能用于37℃，我们知道大多数病原菌都适宜在人体温度37℃下生存。因此明胶的使用受到限制。

巧合的是Koch的另一名助手Walther Hesse的妻子Fannie Eilshemius Hesse，具有丰富的厨房经验，当她听说明胶作为凝固剂遇到问题后，提议用厨房中用来做果冻的琼脂（agar）代替明胶。1882年，琼脂就开始作为凝固剂用于固体培养基的配制，这样，琼脂从餐桌走向了实验台，为微生物学的发展起到重要作用，一百多年来，一直沿用至今，是培养基最理想的凝固剂。值得一提的是，我们现在使用的上下盖合的培养皿也是Koch的助手Richar Petri发明的，所以这个培养皿以他的名字命名为Petri dish，其非常易于装载固体凝胶培养基。

项目五 消毒灭菌技术

【知识目标】

1. 掌握消毒、灭菌等概念、原理及工作条件；
2. 了解消毒灭菌的不同方法及其适用范围。

【能力目标】

1. 能够根据工作目标选择合理的消毒灭菌方法；
2. 能够熟练运用几种常用的消毒灭菌技术，完成相应的工作任务。

【背景知识】

借助于不同的消毒和灭菌技术手段，可不同程度地减少或完全杀灭环境中的微生物，这是从事微生物工作的基础。如通过高温灭菌以杀死培养基内和所用器皿中的一切微生物，是分离和获得微生物纯培养的必要条件；借助于紫外线的杀菌作用，可进行工作室、接种室的空气消毒；许多化学药剂对微生物有毒害和致死作用，常用作灭菌剂及消毒剂等。可以说消毒灭菌技术是微生物最基本的试验技术之一。

一、消毒灭菌的相关概念

1. 灭菌

应用物理或化学的方法杀死或除去物品上或环境中的所有微生物称为灭菌。经过灭菌以后的物品，应该不存在具有生命力的微生物营养体及其芽孢、孢子，即处于无菌状态，否则就是灭菌不彻底。

2. 消毒

应用物理或化学的方法杀死物体上或环境中绝大部分微生物（特别是病原微生物）。物品消毒处理后，虽仍有少数微生物未被杀死，但已不致引起有害作用，故消毒实际上是不彻底的灭菌。具有消毒作用的物质称为消毒剂。消毒剂的杀菌作用是有限的，并不是所有的消毒剂都能将各种病原微生物杀死。

3. 无菌

指没有具有生命力的微生物存在的意思。只有通过彻底灭菌，才能达到无菌要求。因此，灭菌是指对物品的作用，而无菌则是描述物品的状态。灭菌是无菌的先决条件，无菌是灭菌后的结果。

二、消毒灭菌的方法

1. 温度

利用温度进行灭菌、消毒或防腐，是最常用而又方便有效的方法。高温可使微生物细胞内的蛋白质和酶类发生变性而失活，从而起到灭菌作用，低温通常起抑菌作用。

（1）干热灭菌法　干热灭菌法的种类很多，包括火焰灼烧和电热干燥灭菌器（常用的烘箱、热烤箱、干燥箱、微波炉等）的灭菌。

① 灼烧灭菌法　灼烧灭菌法是利用火焰直接把微生物烧死。此法彻底可靠，灭菌迅速，但易焚毁物品，所以使用范围有限。在实验室内常用酒精灯火焰或煤气灯火焰来灼烧接种环、接种针、试管口、瓶口及镊子等工具或物品进行灭菌，使其满足无菌操作的要求，确保纯培养物免受污染。此法还适于试验动物尸体等的灭菌。

② 干热空气灭菌法　干热空气灭菌法是在烘箱/烤箱内利用热空气进行灭菌。将待灭菌的物品用牛皮纸、布袋或金属桶包装好后放入烘箱内，由于微生物细胞内蛋白质在无水时于160℃始能凝固，所以在烘箱内进行干热灭菌时，需加热到160～170℃，维持1～2h，才能够达到完全灭菌的效果。此法适用于玻璃器皿、金属用具等耐热物品的灭菌，而培养基、橡胶制品、塑料制品等都不能用干热灭菌。

（2）湿热灭菌法　在同样温度下，湿热灭菌的效果比干热灭菌好。这是因为一方面细胞内蛋白质含水量高，容易变性；另一方面高温水蒸气对蛋白质有高度的穿透力，从而加速蛋白质变性而使菌体迅速死亡。

① 巴氏消毒法　有些食物会因高温破坏营养成分或影响质量，如牛奶、酱油、啤酒等，所以只能用较低的温度来杀死其中的病原微生物，这样既保持食物的营养和风味，又进行了消毒，保证了食品卫生。该法杀菌温度在水沸点以下，普通使用范围为60～90℃，应用温度必须与时间相适应。温度高时间短，温度低则时间长。一般在62℃、30min即可达到消毒目的。此法为法国微生物学家巴斯德首创，故名为巴氏消毒法。

对果汁等易受热变质的流质食品在高温下短时间杀菌的方法称高温短时杀菌，其由巴氏杀菌演变而来。主要目的除了杀灭微生物营养体外，还需钝化果胶酶及过氧化物酶，两者的钝化温度分别在88℃和90℃，故常用的杀菌温度不低于88℃或90℃，如柑橘汁常用93.3℃、30s。

② 煮沸消毒法　直接将要消毒的物品放入清水中，煮沸15min，即可杀死细菌的全部营养体和部分芽孢。若在清水中加入1%碳酸钠或2%的石炭酸，则效果更好。此法适用于注射器、毛巾及解剖用具的消毒。

③ 间歇灭菌法　上述两种方法在常压下，只能起到消毒作用，而很难做到完全无菌。若采用间歇灭菌的方法，就能杀灭物品中所有的微生物。具体做法是：将待灭菌的物品加热至100℃、15～30min，杀死其中的营养体。然后冷却，放入37℃恒温箱中过夜，让残留的芽孢萌发成营养体。第2天再重复上述步骤，三次左右，就可达到灭菌的目的。此法不需加压灭菌锅，适于推广，但操作麻烦，所需时间长。

④ 加压蒸汽灭菌法　一般情况下，微生物的营养细胞在水中煮沸后即可被杀死，但细菌的芽孢有较强的抗热性，开水中煮沸10min，甚至1～2h，也不能完全杀死。因此，有效地、彻底地灭菌则需要更高的温度，并要求能在较短的时间内达到灭菌的目的。高压蒸汽灭菌是最简便、最有效的湿热灭菌方法，可以一次达到完全灭菌的目的。它适用于各种耐热、体积大的培养基的灭菌，也适用于玻璃器皿、工作服等物品的灭菌。

高压蒸汽灭菌是在密闭的高压蒸汽灭菌器（锅）中进行的。其原理在于水在密闭的加压蒸汽灭菌器（锅）中煮沸，产生蒸汽，驱除锅内空气后，使蒸汽不能逸出，因而增加了锅中的蒸汽压力，蒸汽压力提高，水的沸点随着上升，因而能够获得比100℃更高的蒸汽温度，用来进行有效的灭菌（见表5-1）。

表5-1 蒸汽压力与温度的关系

蒸汽压力		相对温度/℃	蒸汽压力		相对温度/℃
lbf/in²	MPa		lbf/in²	MPa	
0	0	100	20	0.1378	126.6
5	0.3445	107.7	25	0.1723	130.5
10	0.6890	115.5	30	0.2067	134.4
15	0.1033	121.6			

注：1lbf/in²＝6894.76Pa，全书余同。

在使用高压蒸汽进行灭菌时，灭菌器内冷空气的排除程度直接影响着灭菌效果。因为空气的膨胀压力大于水蒸气的膨胀压力，所以当水蒸气中含有空气时，压力表所表示的压力是水蒸气压力和部分空气压力的总和，不是水蒸气的实际压力，它所显示的温度与灭菌器内的温度是不一致的，这是因为：在同一压力下的实际温度，含空气的蒸汽低于饱和蒸汽（见表5-2）。

表5-2 高压蒸汽灭菌器中空气排除程度与灭菌器内温度的关系

空气排除的程度	压　力			器内温度/℃
	MPa	kgf/cm²	lbf/in²	
完全排除	0.103	1.05	15	121
排除2/3	0.103	1.05	15	115
排除1/2	0.103	1.05	15	112
排除1/3	0.103	1.05	15	109
完全未排除	0.103	1.05	15	100

注：1kgf/cm²＝98.0665Pa，全书余同。

由表5-2可看出：如不将灭菌器中的空气排除干净，尽管压力表显示的压力达到了灭菌要求的0.103MPa（15lbf/in²），但灭菌器内达不到灭菌所需的实际温度，因此必须将灭菌器内的冷空气完全排除，才能达到完全灭菌的目的。

实验室广泛采用此种灭菌方法，常用的压力是0.10MPa，此时的温度是121℃，维持15～30min，即可达到完全灭菌的要求。可用于培养基、生理盐水、废弃的培养物以及耐高热药品、纱布、采样器械等灭菌。但对某些体积较大或蒸汽不易穿透的物体，如固体曲料、土壤、草炭等，则应适当延长灭菌时间，或将气压提高到0.14MPa，使水蒸气参数温度到126.5℃保持1～2h。于使用时必须严格遵守操作规程，否则易发生爆炸或蒸汽烫伤等事故。

2. 辐射

利用辐射进行灭菌消毒，可以避免高温灭菌或化学药剂消毒的缺点，所以应用越来越广，目前主要应用在以下几个方面。

（1）紫外线　紫外线是一种杀菌率较强的物理因素，波长240～300nm的紫外线都具有杀菌能力，其中以265nm的杀菌力最强。

紫外线灭菌是用紫外线灯进行的，常采用超剂量辐射去处理待灭菌的物品或材料。紫外线的杀菌效率与强度和时间的乘积成正比，即与所用紫外线灯的功率（W）、照射距离和照射的时间有关。当紫外线灯和照射距离固定时，则其杀菌效果与照射时间的长短呈线性关系，即照射时间越长，其照射范围内的微生物细胞所接受的辐射剂量越高，杀菌率也越高。一般的无菌操作室，一支30W紫外线灯管，照射20～30min就能杀死空气中的微生物。

紫外线的穿透力很弱，不易透过不透明的物质，如玻璃或纸张，因此只能适用于空气消毒、器皿表面的消毒及微生物育种的诱变剂。实际工作中常用于无菌室、接种箱、手术室、食品车间、药物包装室内的空气及物体表面的灭菌，以紫外线灯距照射物不超过1.2m为宜，也有用于饮用水的消毒。要注意的是紫外线会损伤皮肤和眼结膜，所以在有人员操作时就要关掉紫外线灯。紫外线的杀菌效果因菌种及生理状态不同、照射时间的长短和剂量的大小而有差异，干细胞比湿细胞对紫外线辐射的抗性强，孢子比营养细胞能更好地抵抗紫外线辐射。经紫外线辐射处理后，受损伤的微生物细胞若再暴露于可见光中，一部分可恢复正常，此称为光复活现象。为避免发生光复活现象，紫外线照射后的分离培养工作必须在避光下进行操作或处理。

（2）其他射线　β射线可用作食品表面杀菌，γ射线可用于食品内部杀菌。经辐射后的食品，因大量微生物被杀灭，再用冷冻保藏，可使保存期延长。

3. 过滤

过滤除菌法是指将含菌的液体或气体通过一个称作细菌滤器的装置，使杂菌受到机械的阻力而留在滤器或滤板上，从而达到去除杂菌的目的。此法常用于许多不宜做加热灭菌的液体物质，如抗生素、血清、疫苗、毒素、维生素和糖类溶液等，可用过滤方法得到无菌溶液。它的最大优点是不破坏液体中各种物质的化学成分；但是比细菌还小的病毒、支原体等仍然能留在液体内，有时会给试验带来一定的麻烦。用于除菌的细菌过滤器一般多采用抽气减压的方法进行操作。

细菌过滤器主要类型有硅藻土滤器、陶瓷滤器、石棉板滤器、玻璃滤器、微孔滤膜等。过滤除菌用的各种滤器在使用前后都要彻底洗涤干净，新滤器在使用前应先在流水中浸泡洗涤后，再放在0.1%盐酸中浸洗数小时，最后用流水冲洗干净使用。

过滤除菌法可将细菌与病毒分开，因而广泛应用于病毒和噬菌体的研究工作中。此外，微生物工业生产上所用的大量无菌空气以及微生物工作使用的超净工作台都是根据过滤除菌原理设计的。

任务5-1　干热灭菌技术及玻璃器皿的灭菌

【任务验收标准】

1. 了解干热灭菌的原理及应用范围；
2. 掌握干热灭菌的操作流程和技术要点，学会使用干热灭菌器。

【任务完成条件】

1. 试管、三角瓶、烧杯、培养皿、移液管、量筒、玻璃棒等玻璃器皿；
2. 电烘箱、牛皮纸、棉花、线绳、纱布等。

【工作任务】

1. 灭菌前的准备

以小组为单位按要求对待灭菌的玻璃器皿进行清洗、晾干，分别进行包装。

2. 玻璃器皿的干热灭菌

学会使用电烘箱对玻璃器皿进行干热灭菌，并妥善处理灭菌后的物品。

【任务指导】

一、灭菌玻璃器皿的准备

玻璃器皿如吸管和培养皿等在灭菌前应洗净、晾干（一定注意干燥，如有水滴，灭菌时易炸裂）并包装。

二、干热空气灭菌操作

常用的干热灭菌烘箱是金属制的方形箱体，双层壁的箱体间含有石棉，以防热散失；箱顶设有排气装置与插温度计的小孔；箱内底部夹层内装有通电加温的电热丝；箱内有放置灭菌物品的搁板和温控调节及鼓风等装置（见图 5-1）。

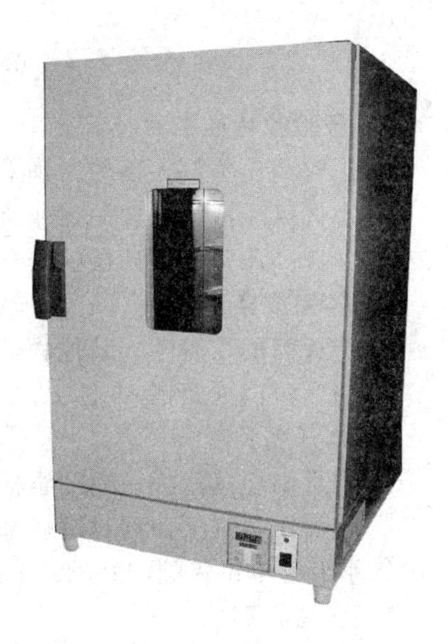

图 5-1　电热鼓风干燥箱

1. 装入待灭菌物品

将包装好的待灭菌物品（培养皿、试管、吸管等）放入电烘箱内。物品不要摆得太挤，一般不能超过总容量的 2/3，灭菌物之间应稍留有间隙，以免妨碍热空气流通，影响温度的均匀上升。同时，灭菌物品也不要与电烘箱内壁的铁板接触，因为铁板温度一般高于箱内空气温度（温度计指示温度），触及则易烘焦着火。

2. 升温

关好电烘箱门，插上电源插头，拨动开关，旋动恒温调节器至红灯亮，让温度逐渐上升。如果红灯熄灭、绿灯亮，表示箱内已停止加温，此时如果还未达到所需的 160～170℃温度，则需转动调节器使红灯再亮，如此反复调节，直至达到所需温度。

升温或灭菌物有水分需要迅速蒸发时，可旋转调气阀（位于干燥箱顶部或背面），打开通气孔，排除箱内冷空气和水汽，待温度升至所需温度后，将通气孔关闭，使箱内温度一致。

3. 恒温

当温度升到 160～170℃时，借恒温调节器的自动控制，保持此温度 2h。

灭菌温度以控制在 165℃维持 2h 为宜。超过 170℃，包装纸即变黄；超过 180℃，纸或棉花等就会烤焦甚至燃烧，酿成意外事故。如因不慎或其他原因烘箱内发生烤焦或燃烧事故时，应立即关闭电源，将通气孔关闭，待其自然降温至 60℃以下时才能打开箱门进行处理，切勿在未切断电源前打开箱门。

4. 降温

切断电源，自然降温。

5. 开箱取物

待电烘箱内温度降到 60℃以下后，打开箱门，取出灭菌物品。注意电烘箱内温度未降到 60℃以前，切勿自行打开箱门，以免玻璃器皿炸裂。

灭菌后的物品，使用时再从包装内取出。

【报告内容】

1. 试述干热灭菌的类型与其适用范围；
2. 简述利用电热干燥烘箱进行物品灭菌的操作步骤；
3. 谈谈你完成任务的体会，你认为操作过程中应注意哪些安全事项？

【思考题】

1. 干热灭菌完毕后，在什么情况下才能开箱取物？为什么？
2. 为什么干热灭菌比湿热灭菌所需要的温度高、时间长？

任务 5-2 高压蒸汽灭菌技术及培养基的灭菌

【任务验收标准】

1. 了解高压蒸汽灭菌的原理及应用范围；
2. 掌握高压蒸汽灭菌的操作流程和技术要点，学会使用高压蒸汽灭菌锅；
3. 掌握高压蒸汽灭菌器的安全使用注意事项。

【任务完成条件】

1. 待灭菌的培养基、其他物品；
2. 高压蒸汽灭菌锅。

【工作任务】

1. 熟悉高压蒸汽灭菌锅的结构及工作原理；
2. 用高压蒸汽灭菌锅对培养基进行灭菌。

以小组为单位将配制好的培养基适当包扎、正确装入高压蒸汽灭菌锅，进行灭菌。

【任务指导】

一、高压蒸汽灭菌器（锅）的基本构造

高压蒸汽灭菌锅是应用最广、效果最好的湿热灭菌器。高压蒸汽灭菌器有立式、卧式、手提式等不同类型（图 5-2、图 5-3）。实验室中以手提式和立式灭菌锅最为常用，卧式灭菌锅常用于大批量物品的消毒及灭菌。不同类型的灭菌器，虽大小外形各异，但其基本构造大致相同。基本构造如下。

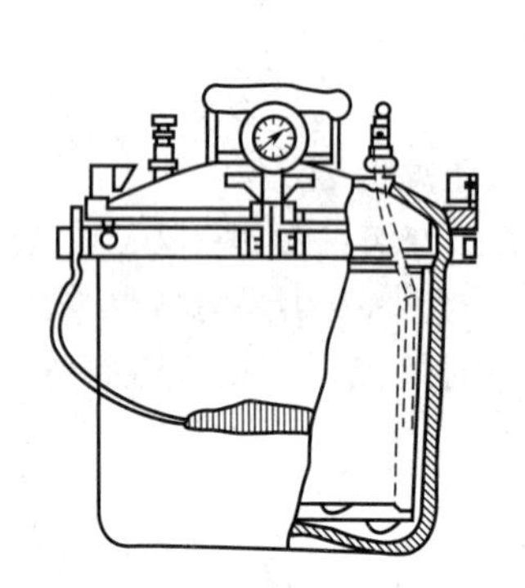

图 5-2 手提式高压灭菌锅示意

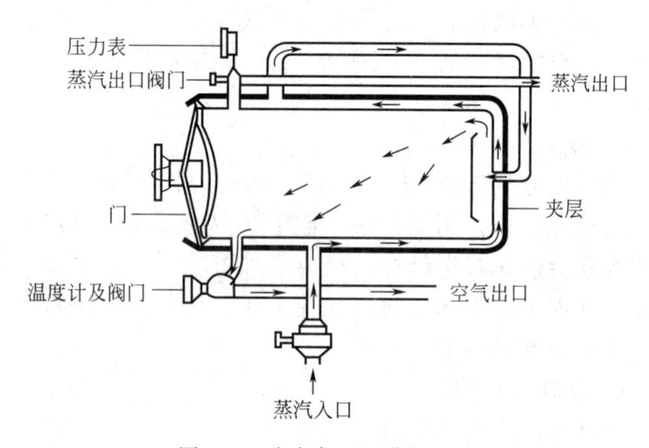

图 5-3 卧式高压灭菌锅示意

（1）外锅　或称“夹套”，供装水发生蒸汽用，与之连通有水位玻管以标志装水量。外锅外侧一般均有石棉或玻璃棉的绝缘层以防止散热。如直接使用蒸汽即由锅炉发生的高压蒸汽，则外锅内充满蒸汽，作为内锅保温之用。

（2）内锅　是放置灭菌物的空间，或称灭菌室。可配置铁箅架以分放灭菌物品。

（3）压力表　大多数压力表上标明四种单位：公制压力单位（kgf/cm^2）、英制压力单位（lbf/in^2）、压力法定计量单位兆帕（MPa）和温度单位（℃），便于灭菌时参照。

（4）温度计　可分两种，一种是直接插入式的水银温度计，装在密闭的钢管内，焊插在内锅中；另一种是感应式仪表温度计，其感应部分安装在内锅的排气管内。仪表安装于锅外顶部，便于观察。

（5）排气阀　用于排除空气。新型的灭菌器多在排气阀外装有气水分离器（或称疏水

管），内有由膨胀盒控制的活塞，利用空气、冷凝水与蒸汽之间的温差控制开关，在灭菌过程中，可不断地自动排出空气和冷凝水。

（6）安全阀　或称保险阀，利用可调弹簧控制活塞，超过额定压力即自动放气减压。通常可调在额定压力之下，略高于使用压力。安全阀只供超压时安全报警之用，不可在保压保温时用作自动减压装置。

（7）热源　除外气式高压蒸汽灭菌外，都具有加热装置，近年来的产品，以电热为主即底部装有可调电热丝，使用比较方便。有些产品无电热装备，则附有煤气炉等。

二、高压蒸汽灭菌操作

1. 灭菌过程

（1）加水　使用前在外层锅内加入适量的水，水量与三角搁架相平为宜，不可过少，否则易将灭菌锅烧干引起爆炸事故。

（2）装锅、加盖　将内锅放在三角搁架上。培养基分装完毕后（分装参看项目四），将待灭菌的物品放在内锅里。放置不要过满，以免妨碍蒸汽流而影响灭菌效果。盖锅盖时将盖上的排气软管插到内锅的排气槽内，然后将锅四周的固定螺旋以两两对称的方式旋紧，打开排气阀。

（3）加热排气　加热并同时打开排气阀，待锅内沸腾并有大量蒸汽自排气阀冒出时，维持5min以上，以排除锅内冷空气，然后将排气阀关闭。如灭菌物品较大或不易透气，应适当延长排气时间，务必使空气充分排除。

（4）保温保压　当压力升至0.10MPa、温度达到121℃时，应控制热源、保持压力，维持20～30min后，隔断热源，让灭菌锅自然降温。

（5）出锅　当压力表降至“0”处后，打开排气阀，随即旋开固定螺旋，开盖，取出灭菌物。注意：切勿在锅内压力尚在“0”以上时开启排气阀，否则会因压力骤然降低，而造成培养基剧烈沸腾冲出管口或瓶口，污染棉塞，以后培养时引起杂菌污染。

灭菌后的培养基，一般需进行无菌检查。将做好的斜面、平板、培养基等置于37℃恒温箱中培养1～2天，确定无菌后方可使用。

（6）高压灭菌锅保养　灭菌完毕取出物品后，将锅内余水倒出，以保持内壁及搁架干燥，盖好锅盖。

2. 注意事项

（1）凡被灭菌的物品，在灭菌过程中应能直接接触饱和水蒸气，才能灭菌完全。密闭的干燥容器不宜用本法灭菌，因为容器内只能受到短时间（例如121℃、20min）的干热，达不到灭菌效果。

（2）灭菌器内安放的物品不能过满，以便蒸汽流动畅通；包装不宜过大，装量过大的培养基，在一般规定的压力与时间内灭菌不彻底。

（3）当灭菌时，灭菌器内冷空气务必排尽，否则，压力表上所示的压力为热蒸汽和冷空气的混合压力，致使表压虽达到规定值，但温度相差很大，影响灭菌效果。

（4）在灭菌时，加压或者放汽减压，均应使压力缓慢上升或下降，以免瓶塞陷落、冲出或玻瓶爆破。

（5）凡在灭菌器的压力尚未降至“0”位以前，严禁开盖，以免发生事故。

【报告内容】

1. 简述高压蒸汽灭菌的主要过程；
2. 检查培养基灭菌是否彻底；
3. 谈谈你完成任务的体会，你认为操作过程中要注意哪些问题？

【思考题】

1. 高压蒸汽灭菌开始之前，为什么要将锅内冷空气排尽？
2. 灭菌完毕后，为什么要待压力降到"0"时才能打开排气阀，开盖取物？
3. 在使用高压蒸汽灭菌锅灭菌时，怎样杜绝一切不安全的因素？

任务 5-3 无菌室的消毒处理及超净台的使用

【任务验收标准】

1. 了解无菌室结构及使用中的注意事项；
2. 掌握对无菌室进行消毒处理的方法；
3. 掌握紫外线杀菌的操作流程和技术要点；
4. 掌握超净台的正确使用方法。

【任务完成条件】

1. 牛肉膏蛋白胨平板、马铃薯蔗糖琼脂平板、3%～5%石炭酸、2%～3%来苏尔溶液；
2. 超净台、培养皿、紫外线灯等。

【工作任务】

1. 无菌室的消毒处理

（1）单用紫外线照射杀菌，并检查灭菌效果；

（2）化学消毒剂与紫外线照射结合杀菌（喷洒 3%～5%的石炭酸溶液，桌面、凳子用 2%～3%的来苏尔擦洗，再用紫外线灯照射 15min），并检查灭菌效果；

（3）比较上述两种处理效果。

2. 熟悉超净工作台的结构及使用。

【任务指导】

一、无菌室的消毒处理

在微生物试验中，一般小规模的接种操作使用无菌接种箱或超净工作台，工作量大时使用无菌室接种，要求严格的在无菌室内再结合使用超净工作台。

（一）无菌室的结构

无菌室通过空气的净化和空间的消毒为微生物检验试验提供一个相对无菌的工作环境。无菌室通常包括缓冲间和工作间两大部分，应具备下列基本条件。

（1）为了便于无菌处理，无菌室的面积和容积不宜过大，以适宜操作为准，一般可为 $9～12m^2$，按每个操作人员占用面积不少于 $3m^2$ 设置为适宜。

（2）无菌室要求严密、避光，隔板以采用玻璃为佳。无菌室应有良好的通风条件，为了在使用后排湿通风，应在顶部设立百叶排气窗。窗口加密封盖板，可以启闭，也可在窗口用数层纱布和棉花蒙罩。无菌室侧面底部应设进气孔，最好能通入过滤的无菌空气。

（3）无菌室设里外两间。较小的外间为缓冲间，以提高隔离效果。缓冲间与工作间二者的比例可为 1∶2，高度 2.5m 左右。

（4）无菌室应安装推拉门，以减少空气流动。必要时，在向外一侧的玻璃隔板上安装一个 $0.5～0.7m^2$ 双层的小型玻璃橱窗，便于内外传递物品，橱窗要密封，尽量减少进出无菌室的次数，以防外界的微生物进入。工作间的内门与缓冲间的门力求迂回，避免直接相通，减少无菌室内的空气对流，以便保持工作间的无菌条件。

（5）无菌室内墙壁光滑，应尽量避免死角，以便于洗刷消毒。

（6）室内应有照明、电热和动力用的电源。里外两间均应安装日光灯和紫外线杀菌灯。

紫外线灯常用规格为 30W，吊装在经常工作位置的上方，距地面高度 2.0～2.2m。

(7) 工作间内设有固定的工作台、空气过滤装置及通风装置。在无菌间内如需要安装空调时，则应有空气净化过滤装置，以便在进行微生物操作时切实达到无尘、无菌。

(8) 工作台台面应抗热、抗腐蚀，便于清洗消毒。可采用橡胶板或塑料板铺敷台面。

(9) 无菌室内应搁有接种用的常用器具，如酒精灯、接种环、接种针、不锈钢刀、剪刀、镊子、酒精棉球瓶、记号笔等。

(二) 无菌室的使用要求

(1) 无关人员未经批准不得随便进入无菌室。

(2) 室内设备简单，不得存放与试验无关的物品。将所用的试验器材和用品一次性全部放入无菌室（如同时放入培养基，则需用牛皮纸遮盖）。应尽量避免在操作过程中进出无菌室或传递物品。操作前先打开紫外线灯照射半小时，关闭紫外线灯半小时后再开始工作。

(3) 进入无菌室工作之前需修剪指甲。进入缓冲间后，应该换好工作服、鞋、帽，戴上口罩，将手用消毒液清洁后，再进入工作间。严格按无菌操作法进行操作。无菌室应保持密封、防尘、清洁、干燥，操作时尽量避免走动。

(4) 配备专用开瓶器、金属勺、镊子、剪刀、接种针、接种环；配备盛放 3%来苏尔溶液或 5%石炭酸溶液的玻璃缸，内浸纱布数块；备有 75%酒精棉球，用于样品表面消毒及意外污染消毒。所有药品器材均为无菌室专用，一般不得带出无菌室，作为其他用处。

(5) 工作后应将台面收拾干净，所有物品使用后立即放回原处。取出培养物品及废物桶，用 5%石炭酸喷雾，再打开紫外线灯照半小时。

(三) 无菌室消毒处理常用方法

1. 紫外线杀菌

无菌室在使用前，应首先搞好清洁卫生，再打开紫外线灯，照射 20～30min，就基本可以使室内空气、墙壁和物体表面上无菌了。为了确保无菌室经常保持无菌状态，可定期打开紫外线灯进行照射杀菌，最好每隔 1～2 天照射一次。

使用紫外线灯应注意的事项如下。

(1) 紫外线灯每次开启 30min 左右就可以了，时间过长，紫外线灯灯管易损坏，且产生过多的臭氧，对工作人员不利。

(2) 经过长时间使用后，紫外线灯的杀菌效率会逐渐降低，所以隔一定时间后要对紫外线灯的杀菌能力进行实际测定，以决定照射的时间或更换新的紫外线灯。

(3) 紫外线对物质的穿透力很小，对普通玻璃也不能通过，因此紫外线灯只能用于空气及物体表面的灭菌。

(4) 紫外线对眼结膜及视神经有损伤作用，对皮肤有刺激作用，所以开着紫外线灯的房间人不要进入，更不能在紫外线灯下工作，以免受到损伤。

2. 喷洒石炭酸

常用 3%～5%的石炭酸溶液来进行空气的喷雾消毒。喷洒时，用手推喷雾器在房间内由上而下、由里至外顺序进行喷雾，最后退出房间，关门，作用几个小时就可使用了。需要注意的是石炭酸对皮肤有强烈的毒害作用，使用时不要接触皮肤。喷洒石炭酸可与紫外线杀菌结合使用，这样可增加其杀菌效果。

3. 熏蒸

主要采用甲醛熏蒸消毒法。先将室内打扫干净，打开进气孔和排气窗通风干燥后，重新关闭，进行熏蒸灭菌。

(1) 加热熏蒸　常用的灭菌药剂为福尔马林（含 37%～40%甲醛的水溶液），按 6～

$10mL/m^3$ 的标准计算用量，取出后，盛在小铁筒内，用铁架支好，在酒精灯内注入适量酒精（估计能蒸干甲醛溶液所需的量，不要超过太多）。将室内各种物品准备妥当后，点燃酒精，关闭门窗，任甲醛溶液煮沸挥发。酒精灯最好能在甲醛液蒸完后即自行熄灭。

（2）氧化熏蒸　称取高锰酸钾（甲醛用量的二分之一）于一瓷碗或玻璃容器内，再量取定量的甲醛溶液。室内准备妥当后，把甲醛溶液倒在盛有高锰酸钾的器皿内，立即关门。几秒钟后，甲醛溶液即沸腾而挥发。高锰酸钾是一种强氧化剂，当它与一部分甲醛溶液作用时，由氧化作用产生的热可使其余的甲醛溶液挥发为气体。

甲醛液熏蒸后关门密闭应保持 12h 以上。甲醛对人的眼、鼻有强烈的刺激作用，在相当一段时间内不能入室工作。为减弱甲醛对人的刺激作用，在使用无菌室前 1～2h 在一搪瓷盘内加入与所用甲醛溶液等量的氨水，迅速放入室内，使其挥发中和甲醛，同时敞开门窗以放出剩余有刺激性气体。

（四）无菌室无菌程度的测定

为了检验无菌室灭菌的效果以及在操作过程中空气污染的程度，需要定期在无菌室内进行空气中杂菌的检验。一般采用平板法在两个时间进行：一是在灭菌后使用前；二是在操作完毕后。

（1）取牛肉膏蛋白胨平板和马铃薯蔗糖平板，启开皿盖暴露于无菌室内 15min 后，盖好皿盖。在无菌室不同地方取样，共做三套。另有一套不打开的作对照。

（2）将培养皿倒置于 37℃培养 24h 后，观察菌落情况，统计菌落数。

（3）如果每个皿内菌落不超过 4 个，则可以认为无菌程度良好，如果长出的杂菌多为霉菌时，表明室内湿度过大，应先通风干燥，再重新进行灭菌；如杂菌以细菌为主时，可采用乳酸熏蒸，效果较好。

二、超净工作台的使用

超净工作台作为代替无菌室的一种设备，具有占地面积小、使用简单方便、无菌效果可靠、无消毒剂对人体的危害、可移动等优点，现在已被广泛采用。

超净工作台是一种局部层流装置，它由工作台、过滤器、风机、静压箱和支撑体等组成。其工作原理是借助箱内鼓风机将外界空气强行通过一组过滤器，净化的无菌空气连续不断地进入操作台面，并且台内设有紫外线杀菌灯，可对环境进行杀菌，保证了超净工作台面的正压无菌状态，能在局部造成高洁度的工作环境。

超净工作台的操作方法如下。

（1）使用前将所用物品事先放入超净台内，再将无菌风及紫外线灯开启，对工作区域进行照射杀菌，30min 后便可以使用了。

（2）使用时，先关闭紫外线灯，但无菌风不能关闭，打开照明灯。

（3）用酒精棉或白纱布将台面及双手擦拭干净，再进行有关的操作。在使用超净台的过程中，所有的操作尽量要连续进行，减少染菌的机会。

（4）操作区为层流区，因此物品的放置不应妨碍气流正常流动，工作人员应尽量避免能引起扰乱气流的动作，如对着台面说话、咳嗽等，以免造成人身污染。

（5）工作完毕后将台面清理干净，取出培养物品及废物，再次用酒精棉擦拭台面，再打开紫外线灯照射半小时后，关闭无菌风，放下防尘帘，切断电源后方可离开。

超净工作台的维护如下。

（1）放置超净工作台的房间要求清洁无尘，应远离有震动及噪声大的地方，以防止震动对它的影响。

（2）超净工作台用三相四线 380V 电源，通电后检查风机转向是否正确，风机转向不对，则风速很小，将电源输入线调整即可。

（3）每3～6个月用仪器检查超净工作台性能有无变化，测试整机风速时，采用热球式风速仪（QDF-2型）。如操作区风速低于0.2m/s，应对初、中、高三级过滤器逐级做清洗除尘。

【报告内容】

1. 简述对无菌室进行消毒处理及无菌程度测定的主要过程，将两种灭菌效果结果记录并做表比较。

2. 简述超净工作台的使用要点。

【思考题】

1. 紫外线杀菌的原理是什么？
2. 在利用紫外线消毒时，你认为操作过程中要注意哪些问题？
3. 为什么在无菌室工作时，一定要关闭紫外线灯？
4. 可采用哪些方法对无菌室进行消毒？
5. 无菌室无菌程度测定试验中为何要做三套平板，对照组的意义是什么？

任务5-4 液体过滤除菌

【任务验收标准】

1. 了解液体过滤除菌方法的种类及细菌过滤器的主要类型；

2. 掌握液体过滤除菌技术及无菌检查操作。

【任务完成条件】

1. 蔡氏滤器，抽滤装置一套，石棉滤板，无菌纤维滤膜，无菌样品收集管等；

2. 待过滤的抗生素液，2%尿素水溶液等。

【工作任务】

以小组为单位完成以下操作：

1. 对蔡氏滤器的清洗与灭菌；

2. 过滤装置连接；

3. 对尿素溶液的除菌操作。

【任务指导】

一、蔡氏滤器的清洗与灭菌

（1）清洗　将蔡氏滤器拆开，用水流冲洗并刷净各个部件。

（2）组装与包扎　将洗净晾干后的滤器按序组装，把一定孔径的石棉滤板（或滤膜）装入金属筛板上，拧上螺旋（因需灭菌而不宜拧得太紧），然后插入抽滤瓶口的软木塞上的小孔内，组成抽滤瓶装置（滤瓶内含一支收集液试管，正好与蔡氏滤器抽滤管相衔接），再在金属滤器口用纸包扎后灭菌。在抽滤瓶的抽气接口端塞上过滤棉絮后用纸包扎好。并另外备好收集管的棉塞后一起灭菌待用。

（3）灭菌　将上述装置与材料一起灭菌（121℃、20 min）。

二、过滤装置预检测

见图5-4。

（1）抽滤安装　过滤前应先将过滤器和收集滤液的试管按图5-4所示连接，防止因各接头部位的渗漏而影响抽滤效率或导致收集样品液的污染。

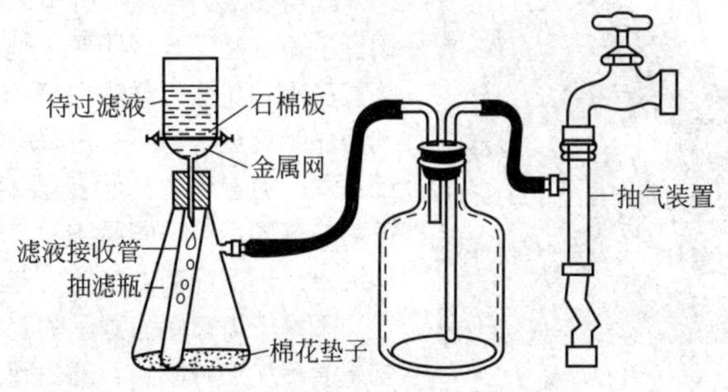

图5-4　过滤除菌负压抽滤装置示意

（2）装上安全瓶　可在水流负压泵与抽滤装置间安装上一只安全瓶，用于抽滤中的缓冲。

（3）负压测试　为加快过滤速度，一般用负压抽气过滤，即在自来水龙头上装一玻璃或金属性抽气负压装置，利用自来水流造成负压加快蔡氏滤器过滤除菌时的流速。随时检查过滤装置各连接处有否漏气，以防污染。

三、尿素溶液的除菌

（1）安装滤器　移去蔡氏滤器口的包装纸等，立即拧紧其上的三只螺旋，严防漏气。

（2）连接装置　解开抽滤瓶抽气口的包扎纸，与安全瓶胶管紧密连接，将安全瓶与负压抽气泵连接，注意两者间的密封性能。

（3）加入滤样　向蔡氏滤器的金属圆筒内倒入待除菌的尿素溶液，随后打开水龙头减压抽滤。

（4）负压抽滤　样品抽滤完毕，先将抽滤瓶与安全瓶间连接脱开，然后关闭水龙头（否则易导致水流倒流入安全瓶）。

（5）取样品收集管　旋松与打开抽滤器的软木瓶塞，在火焰旁以无菌操作取出收集的无菌尿素液试管，迅速塞上备用的无菌塞子。

（6）拆洗滤器　打开蔡氏细菌滤器螺旋，弃去用过的石棉滤板或滤膜，将滤器洗刷干净后晾干。

（7）包装灭菌　待换上新的石棉滤板或滤膜，重新组装、包扎和灭菌备用。

【报告内容】

1. 简述过滤除菌操作要点及细菌过滤器的清洗方法。
2. 在过滤除菌操作过程中是否发现异常情况？如何解决？
3. 将过滤除菌液在过滤前后各作一无菌试验，并记录检测结果。

【思考题】

1. 液体过滤除菌的原理是什么？
2. 抽滤中应注意哪些环节？
3. 常见除菌装置有哪些？选用时应注意哪些问题？

阅读小知识：

微生物的奠基人——巴斯德

虽然列文虎克发现了微生物，但是当时还没有人知道微生物和人类有什么关系。过了近200年后，通过许多科学家的努力，特别是法国伟大的科学家巴斯德（Louis Pasteur，1821—1895）的一系列创造性的研究工作，人们才开始认识微生物与人类有着十分密切的关系。巴斯德是公认的微生物学奠基人，他的工作为今天的微生物学奠定了科学原理和基本的方法。

巴斯德

（Louis Pasteur）

巴斯德在大学里学的是化学，由于他不到30岁便成了有名的化学家，法国里尔城的酒厂老板便要求他帮助解决葡萄酒和啤酒变酸的问题，希望巴斯德能在酒中加些化学药品来防止酒类变酸。巴斯德与众不同的地方是他善于利用显微镜观察物质。在解决葡萄酒变酸问题时，他首先也是用显微镜观察葡萄酒，看看正常的和变酸的葡萄酒中究竟有什么不同。结果巴斯德发现，正常的葡萄酒中只能看到一种又圆又大的酵母菌，变酸的酒中则还有另外一种又小又长的细菌。他把这种细菌放到没有变酸的葡萄酒中，葡萄酒就变酸了。于是巴斯德向酿酒厂的老板们指出，只要把酿好的葡萄酒放在接近50℃的温度下加热并密封，葡萄酒便不会变酸。酿酒厂的老板们开始并不相信这个建议，巴斯德便在酒厂里做示范。他把几瓶葡萄酒分成两组，一组加热，另一组不加热，放置几个月后，当众开瓶品尝，结果加热过的葡萄酒依旧酒味芳醇，而没有加热的却把人的牙都酸软了。从此以后，人们把这种采用不太高的温度加热杀死微生物的方法叫做巴斯德灭菌法（即巴氏消毒法）。直到今天，巴氏消毒法仍在食品行业广泛应用。

因为解决了葡萄酒变酸问题，巴斯德在法国的名声大振。正好这时法国南部的丝绸工业遇到了很大的困难，因为用作原料的蚕茧大幅度减产。减产的原因是一种叫做“微粒子病”的疾病使蚕大量死亡，人们又来向巴斯德求援了。1865年，巴斯德受农业部长的重托，带着他的显微镜来到了法国南方。经过几年的工作，虽然在此期间他还得过严重的脑溢血病，但是他发现微粒子病的病根是蚕蛹和蚕蛾受到了微生物的感染。针对病因，巴斯德向蚕农们表演了如何选择健康蚕蛾的方法，要求他们把全部受感染的蚕和蚕卵，连同桑叶都烧掉，只用由健康蚕蛾下的卵孵化蚕。蚕农们依照巴斯德的办法，果然防止了微粒子病，挽救了法国的丝绸工业。为此，巴斯德受到了法国皇帝拿破仑三世的表彰和人民的热烈称颂。

研究葡萄酒和蚕病取得巨大成功之后，巴斯德开始注意到传染病是由微生物引起的。因为微生物能够通过身体接触、唾液或粪便散布，从病人传播给健康的人而使健康的人生病。这种观点后来被许多医生的观察和治病经验证实了。其中德国医生科赫和他的老师贡献最大。后来德国聘请巴斯德担任波恩大学教授并授予他名誉学位。可这时普法战争已经爆发，法国大败，热爱祖国的巴斯德拒绝了德国给他的荣誉。1873年，巴斯德当选为法国医学科学院的院士。虽然他不是医生，连行医的资格都没有，但历史已经证明，巴斯德是最伟大的“医生”。

19世纪70年代，巴斯德开始研究炭疽病。炭疽病是在羊群中流行的一种严重的传染病，对畜牧业危害很大，而且还传染给人类，特别是牧羊人和屠夫。巴斯德首先从病死的羊血中分离出了引起炭疽病的细菌——炭疽杆菌，再把这种有病菌的血从皮下注射到做试验的豚鼠或兔子身体内，这些豚鼠或兔子很快便死于炭疽病，从这些病死的豚鼠或兔子体内又找到了同样的炭疽杆菌。在试验过程中，巴斯德又发现，有些患过炭疽病但侥幸活过来的牲口，再注射病菌也不会得病了。这就是它们获得了抵抗疾病的能力（我们今天说的免疫力）。巴斯德马上想起50年前詹纳（Jenner Edward）用牛痘预防天花的方法。可是，从哪里得到不会使牲口病死的毒性比较弱的炭疽杆菌呢？通过反复试验，巴斯德和他的助手发现把炭疽杆菌连续在接近45℃的条件下培养，它们的毒性便会减少，用这种毒性减弱了的炭疽杆菌预先注射给牲口，牲口就不会再染上炭疽病而死亡了。1881年，巴斯德在一个农场进行了公开的试验。一些羊注射了毒性减弱了的炭疽杆菌，另一些没有注射。四个星期后，又给每头羊注射毒力很强的炭疽杆菌，结果在48h后，事先没有注射弱毒细菌的羊全部死亡了，而注射了弱毒细菌的则活蹦乱跳，健康如常。现场的专家和新闻记者无不为此欢呼，祝贺巴斯德伟大的成功。的确，巴斯德的成就开创了人类战胜传染病的新世纪，拯救了无数的生命，奠定了今天已经成为重要科学领域的免疫学的基础。1885年，巴斯德第一次用同样的方法治好了被疯狗咬伤了的9岁男孩梅斯特。后来梅斯特成了巴斯德研究院的看门人。1940年，当法国被德国占领时，64岁的梅斯特因为拒绝法西斯军人强迫他打开巴斯德的陵墓而自杀了。

1996年，在巴斯德逝世100周年时，全世界的微生物学和医学工作者举行了许多活动来纪念他，因为他的研究成果直到今天仍然给人类带来巨大的幸福。

项目六 微生物的分离、纯化、培养技术

【知识目标】

1. 了解纯种分离技术、无菌操作技术应用的广泛性；
2. 掌握微生物分离纯化的基本原理。

【能力目标】

1. 能够熟练地进行无菌操作；
2. 能够熟练地进行微生物的分离和纯化；

3. 能够根据不同微生物的培养要求选择合适的培养方法；

4. 能够根据微生物的菌落形态，识别细菌、放线菌、酵母菌、霉菌这四大类微生物。

【背景知识】

微生物由于其个体微小，在绝大多数情况下都是利用群体来研究其属性，微生物的物种（菌种）一般也是以群体的形式进行繁衍、保存。

微生物学中，将在人们规定条件下培养、繁殖得到的微生物群体称为培养物（culture），而只有一种微生物的培养物则称为纯培养物（pure culture）。由于在通常情况下纯培养物能够较好地被研究、利用和重复结果，因此获得和保持纯培养是进行微生物学研究的基础。纯培养的过程既包括通过分离、纯化技术从混杂的天然微生物群中分离出特定的微生物，也包括要随时注意保持微生物纯培养物的"纯洁"，防止其他微生物的混入。在整个的菌种分离、纯化、培养过程中都需要使用到微生物接种技术，而接种的关键是按严格的无菌操作来进行。

一、 接种技术

1. 接种工具

常用的接种工具见图 6-1。

最常用的接种或移植工具为接种环。接种环是将一段铂金丝安装在防锈的金属杆上制成。市售商品多以镍铬丝（或细电炉丝）作为铂丝的代用品。也可以用粗塑胶铜芯电线加镍铬丝自制，简便实用。接种环供挑取菌苔或液体培养物接种用。环前端要求圆而闭合，否则液体不会在环内形成菌膜。根据不同用途，接种环的顶端可以改换为其他形式。

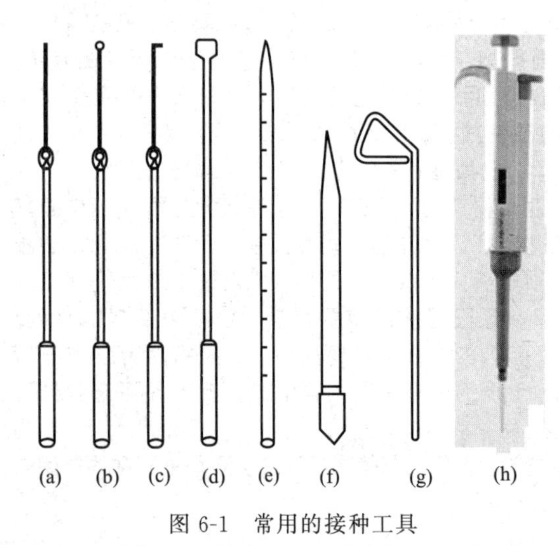

图 6-1 常用的接种工具

（a）接种针；（b）接种环；（c）接种钩；（d）接种铲；（e）移液管；（f）滴管；（g）玻璃涂布棒；（h）微量取液器

2. 接种操作

接种技术是微生物学研究中最常用的基本操作技术。接种就是利用接种工具在无菌条件下将微生物纯种由一个培养器皿转接到另一个培养容器中，进行所需要的培养。由于打开器皿就可能引起微生物的污染，因此接种的所有操作均应在无菌条件下进行。在分离、转接及培养纯培养物时，防止其被其他微生物污染的技术被称为无菌技术（aseptic technique），它是保证微生物学研究正常进行的关键。无菌操作的目的：一是保证纯培养物不被环境中微生物的污染；二是防止微生物培养物在操作过程中污染环境或感染操作人员。其要点是在火焰附近进行熟练的操作，或在无菌室、接种箱、超净工作台等无菌环境下进行操作。

二、 分离纯化技术

从混杂的微生物群体中获得微生物单一菌株纯培养的方法叫分离（isolation），纯种分离可采用十倍稀释分离法、涂布法、划线分离法、单细胞分离法等方法。

（一）用固体培养基分离纯培养

不同微生物在特定的培养基上生长形成的菌落或菌苔一般都具有稳定的特征，可以作为对该微生物进行分类、鉴定的重要依据。大多数细菌、酵母菌，以及许多真菌和单细胞藻类能在固体培养基上形成独立的菌落，采用适宜的平板分离法很容易得到纯培养物。

1. 稀释倒平板法

先将待分离的材料用无菌水作一系列的稀释（如1∶10、1∶100、1∶1000……），然后分别取不同稀释液少许，与已熔化并冷却至50℃左右的琼脂培养基混合，摇匀后，倾入灭菌过的培养皿中，待琼脂凝固后，制成可能含菌的琼脂平板，保温培养一定时间即可出现菌落。如果稀释得当，在平板表面或琼脂培养基中就可出现分散的单个菌落，这个菌落可能就是由一个细菌细胞繁殖形成的。随后挑取该单个菌落，或重复以上操作数次，便可得到纯培养物。

2. 涂布平板法

由于将含菌材料加到还比较烫的培养基中再倒平板易造成某些热敏感菌的死亡，而且采用稀释倒平板法也会使一些严格好氧菌因被固定在琼脂中间缺乏氧气而影响生长，因此在微生物学研究中更常用的纯种分离方法是涂布平板法。其做法是将已熔化的培养基倒入无菌平皿，制成无菌平板，冷却凝固后，将一定量的某一稀释度的样品悬液滴加在平板表面，再用无菌玻璃涂布棒将菌液均匀分散至整个平板表面，经培养后挑取单个菌落。

3. 平板划线分离法

用接种环以无菌操作沾取少许待分离的材料，在无菌平板表面进行平行划线、扇形划线或其他形式的连续划线，微生物细胞数量将随划线次数的增加而减少，并逐步分散开来，如果划线适宜，微生物能一一分散，经培养后，可在平板表面得到单菌落。

4. 稀释摇管法

对于那些对氧气敏感的微生物，纯培养的分离可采用稀释摇管培养法进行，它是稀释倒平板法的一种变通形式。先将一系列盛无菌琼脂培养基的试管加热使琼脂熔化后冷却并保持在50℃左右，将待分离的材料用这些试管进行梯度稀释，试管迅速摇动均匀，冷凝后，在琼脂柱表面倾倒一层无菌液体石蜡和固体石蜡的混合物，将培养基和空气隔开。培养后，菌落形成在琼脂柱的中间。进行单菌落挑取和移植，需先用一只灭菌针将液体石蜡-石蜡盖取出，再用一根毛细管插入琼脂柱和管壁之间，吹入无菌无氧气体，将琼脂柱吸出，置于培养皿中，用无菌刀将琼脂柱切成薄片进行观察和菌落移植。

（二）用液体培养基分离纯培养

通常采用的液体培养基分离法是稀释法。接种物在液体培养基中进行顺序稀释，以得到高度稀释的效果，使一只试管中分配不到一个微生物。如果经稀释后大多数试管中没有微生物生长，那么有微生物生长的试管得到的培养物可能就是纯培养物。如果经稀释后的试管中有微生物生长的比例提高了，得到纯培养物的概率就会急剧下降。因此采用稀释法进行液体分离，必须在同一个稀释度的许多平行试管中，大多数（一般应超过95%）表现为不生长。稀释法有一个缺点，它只能分离出混杂微生物群体中占数量优势的种类，而在自然界，很多微生物混在群体中都是少数，这时宜采用其他方法。

（三）单细胞（单孢子）分离

在显微镜下，用安装在显微镜挑取器上的极细的毛细吸管，从混杂群体中直接对准某一个细胞后挑取，分离单个细胞或单个个体，再接种于培养基上培养，称为单细胞（单孢子）分离法。单细胞分离法的难度与细胞或个体的大小成反比，较大的微生物如藻类、原生动物较容易，个体很小的细菌则较难。

（四）选择培养分离

没有一种培养基或一种培养条件能满足自然界一切微生物生长的要求，在一定程度上所有的培养基都是有选择性的。如果对待分离微生物的生长需求是已知的，可以设计一套特定环境使之特别适合这种微生物的生长，就能够较方便地从自然界混杂的微生物群体中把这种微生物选择培养出来，即使这种微生物可能只占少数。这种通过选择培养进行微生物纯培养分离的技术称为选择培养分离，该技术对于从自然界中选择、寻找有用的微生物是十分重要的。

1. 利用选择培养基进行直接分离

主要根据待分离微生物的特点选择不同的培养条件，有多种方法可以采用。如要分离高温菌，可在高温条件进行培养；要分离某种抗生素抗性菌株，可在加有抗生素的平板上进行分离；有些微生物如螺旋体、黏细菌、蓝细菌等能在琼脂平板表面或里面滑行，可以利用它们的滑动特点进行分离纯化，因为滑行可以使它们和其他不能移动的微生物分开，可将微生物群落点种到平板上，让微生物滑行，从滑行前沿挑取接种物接种，反复进行，得到纯培养物。

2. 富集培养

主要是指利用不同微生物间生命活动特点的不同，制定特定的环境条件，使仅适应于该条件的微生物旺盛生长，从而使其在群落中的数量大大增加，人们能够更容易地从自然界中分离到所需的特定微生物。富集条件可根据所需分离的微生物的特点从物理、化学、生物及综合多个方面进行选择，如温度、pH、紫外线、高压、光照、氧气、营养等许多方面。

（五）二元培养物

分离的目的通常是要得到纯培养物。然而，在有些情况下这是做不到的或是很难做到的，可用二元培养物作为纯化培养的替代物。只有一种微生物的培养物称为纯培养物，培养物中只含有两种微生物，而且是有意识地保持二者之间特定关系的培养物称为二元培养物。例如二元培养物是保存病毒最有效的途径，因为病毒是严格的细胞内寄生物；有些微生物也是严格的其他生物的细胞内寄生物，或特殊的共生关系。对于这些生物，二元培养物是在实验室控制条件下可能达到的最接近纯培养的培养方法。

任务 6-1　微生物的接种

【任务验收标准】

1. 掌握无菌操作的程序和操作要点；
2. 能够进行斜面接种、液体接种和穿刺接种。

【任务完成条件】

1. 枯草芽孢杆菌（*Bacillus subtilis*）；
2. 牛肉膏蛋白胨培养基的固体斜面、液体培养基试管及半固体培养基试管、5%石炭酸溶液；
3. 试管、接种环、接种针、酒精灯、酒精棉球瓶、镊子、记号笔等。

【工作任务】

1. 每位同学独立完成斜面接种、液体接种和穿刺接种的试验操作。在接种过程中学习和掌握无菌操作技术。

2. 检查培养物是否为纯培养，若出现污染，分析原因，反复练习无菌操作技术。

【任务指导】

一、接种技术

微生物接种常用的方法有斜面接种、液体接种和穿刺接种等。

1. 斜面接种技术

斜面接种是从已生长好的菌种斜面上挑取少量菌种移植至另一支新鲜斜面培养基上的一种接种方法。具体操作如下。

（1）贴标签 接种前在试管上贴上标签，注明菌名、接种日期、接种人姓名等，贴在距试管口约 2～3cm 的位置（若用记号笔标记，则不需要标签）。

（2）点燃酒精灯 酒精灯火焰周围是无菌区域，无菌操作要在此范围内进行，离火焰越远，污染的可能性越大。

（3）接种 用接种环将少许菌种移接到贴好标签的试管斜面上。操作必须按无菌操作法进行。操作如图 6-2 所示。

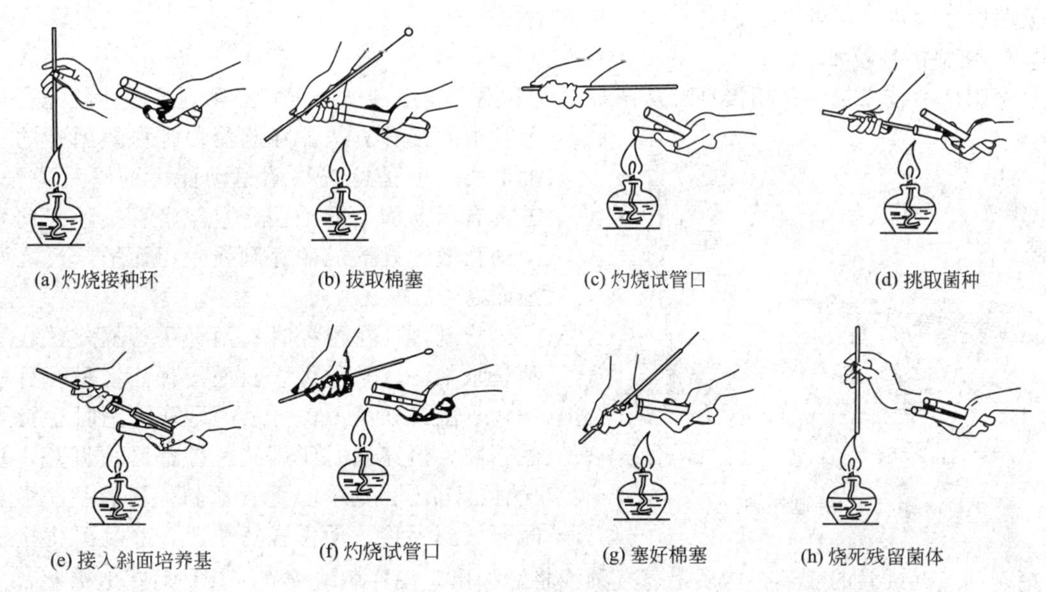

图 6-2 斜面接种操作过程

① 手持试管，灼烧接种环 将菌种和待接斜面的两支试管用大拇指和其他四指握在左手中，使中指位于两试管之间部位。斜面面向操作者，并使它们位于水平位置。右手拿接种环（如握钢笔一样），在火焰上将环端灼烧灭菌，然后将有可能伸入试管的其余部分均灼烧灭菌，重复灼烧 2～3 次。

② 拔取管塞 先用右手松动棉塞或塑料管盖，再用右手的无名指、小指和手掌边取下菌种管和待接试管的管塞。

③ 灼烧试管口 让试管口缓缓过火灭菌 2～3 次（切勿烧得过烫）。

④ 取菌 将灼烧过的接种环伸入菌种管，先使环接触没有长菌的培养基部分，使其冷却。然后轻轻沾取少量菌体或孢子，将接种环移出菌种管，注意不要使接种环的部分碰到管壁，取出后不可使带菌接种环通过火焰。

⑤ 接种 在火焰旁迅速将沾有菌种的接种环伸入另一支待接斜面试管。从斜面培养基的底部向上部作“Z”形来回密集划线，切勿划破培养基。有时也可用接种针仅在斜面培养

基的中央拉一条直线作斜面接种，直线接种可观察不同菌种的生长特点。

⑥ 灼烧管口，塞管塞　取出接种环，灼烧试管口，并在火焰旁将管塞旋上。塞棉塞时，不要用试管去迎棉塞，以免试管在移动时纳入不洁空气。

⑦ 将接种环灼烧灭菌，放下接种环，再将试管塞旋紧。

2. 液体接种技术

用斜面菌种接种液体培养基时，有下面两种情况：如接种量小，可用接种环取少量菌体移入培养基容器（试管或三角瓶等）中，将接种环在液体表面振荡或在容器壁上轻轻摩擦把菌苔散开，抽出接种环，塞好棉塞，再将液体摇动，菌体即均匀分布在液体中。如接种量大，可先在斜面菌种管中注入定量无菌水，用接种环把菌苔刮下研开，再把菌悬液倒入液体培养基中，倒前需将试管口在火焰上灭菌。

用液体培养物接种液体培养基时，可根据具体情况采用以下不同方法：用无菌的吸管或移液管吸取菌液接种；直接把液体培养物移入液体培养基中接种；利用高压无菌空气通过特制的移液装置把液体培养物注入液体培养基中接种；利用压差将液体培养物接入液体培养基中接种。

注意：沾有菌液的接种工具或容器不能直接放到桌面、直接清洗或直接弃去，必须经高温灭菌后才可进一步处理。

3. 穿刺接种技术

穿刺接种技术是一种用接种针从菌种斜面上挑取少量菌体并把它穿刺到半固体的深层培养基中的接种方法。穿刺接种是保藏菌种的一种形式；也是检查细菌运动能力的一种方法，若具有运动能力的细菌，它能沿着接种线向外运动弥散，故形成的穿刺线较粗而散，反之则细而密。

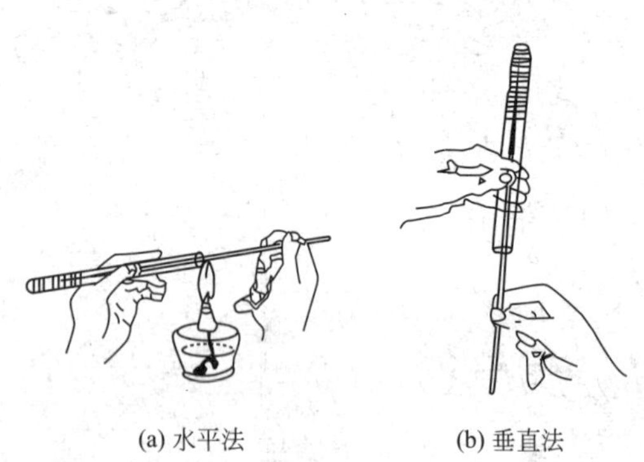

(a) 水平法　(b) 垂直法

图 6-3　穿刺接种技术

穿刺接种在接种时有两种手持操作法：一种是水平法，它类似于斜面接种法；另一种则称垂直法，如图 6-3 所示。尽管穿刺时手持方法不同，但穿刺时所用接种针都必须挺直，将接种针自培养基中心垂直地刺入培养基。穿刺时要做到手稳、动作轻巧快速，并且要将接种针穿刺到接近试管的底部，然后沿着接种线将针拔出，使穿刺线整齐。接种后塞上棉塞，再将接种针上残留的菌在火焰上烧掉。

二、培养

将上述接过种的试管直立于试管架上，放在 37℃或 28℃恒温箱中培养 24～48h 后，观察结果。

【报告内容】

1. 简述无菌操作的基本要求；
2. 简述斜面接种、液体接种和穿刺接种的操作要领；
3. 谈谈你完成任务的体会，你认为操作过程中要注意哪些问题？

【思考题】

1. 斜面接种取种前为什么要将灼烧过的接种针在无菌培养基上沾一下？
2. 穿刺接种时能否将接种针直接穿透培养基？
3. 接种技术最关键的操作是什么？

任务6-2　微生物纯种的分离培养及菌落特征观察

【任务验收标准】

1. 能够将混杂的各种微生物分离成纯种；

2. 能够从菌落特征及培养特征区分细菌、酵母菌、放线菌和霉菌；

3. 掌握划线分离、涂布分离和倾注分离的操作。

【任务完成条件】

1. 土壤样品、混合菌悬液、牛肉膏蛋白胨琼脂培养基、高氏1号培养基、马铃薯培养基（PDA培养基）、5000U/mL链霉素液、0.5%重铬酸钾液或50U/mL制霉素；

2. 无菌培养皿、无菌吸管、盛9mL无菌水的试管、盛45mL无菌水并带有玻璃珠的三角烧瓶、无菌玻璃涂布棒、接种环、酒精灯、火柴、恒温培养箱。

【工作任务】

1. 用稀释分离法分离微生物成纯种

以小组为单位，用稀释分离法从土壤样品中分离细菌、霉菌或放线菌，待单菌落长出后，移接斜面培养。

2. 用平板划线法分离细菌

从混合菌悬液中用平板划线法分离出细菌的单菌落，纯化，并移接斜面培养。

3. 观察菌落特征

根据微生物菌落特征及培养特征鉴别微生物的类型。

【任务指导】

一、制备土壤稀释液

1. 制备土壤悬液

称取5g土壤，在火焰旁放入装有45mL无菌水的锥形瓶中，振荡10min，使土样中的菌体、芽孢或孢子均匀分散，制成稀释度为10^{-1}的土壤悬液。

2. 制备土壤稀释液

另取6支装有9mL无菌水试管，用特种铅笔编上10^{-2}、10^{-3}、10^{-4}、10^{-5}、10^{-6}、10^{-7}，放在试管架上。取一只无菌移液管，从移液管包装纸上半段（近吸管口）撕口，将包装纸分成上下两段，去上段包装纸，左手持锥形瓶底，以右手掌及小指、无名指夹住锥形瓶上棉塞，在火焰旁拔出棉塞（棉塞夹在手上，不得放在桌上）。去移液管下段包装纸，将移液管吸液端伸进锥形瓶内，吸取1mL土壤悬液，右手将棉塞插回锥形瓶上，左手放下锥形瓶，换持编号为10^{-2}的无菌水试管，在火焰旁拔出棉塞（试管盖），将移液管伸入无菌水试管内，放入土壤悬液，并在试管内反复吸吹3次，使之充分混匀，制成10^{-2}土壤稀释液，取出移液管，插回棉塞（试管盖）。接着换一只无菌移液管，按照前面的方法从编号为10^{-2}的试管中吸取1mL稀释液，加入编号为10^{-3}的无菌水试管中，混匀后制成10^{-3}土壤稀释液。继续上述操作，依次制成$10^{-4}\rightarrow10^{-5}\rightarrow10^{-6}\rightarrow10^{-7}$土壤稀释液（见图6-4）。

二、分离微生物

1. 划线法分离细菌

见图6-5。

（1）制备平板　采用无菌操作，在备好的无菌培养皿中倾入已熔化并冷却至45～50℃的牛肉膏蛋白胨培养基，将培养皿放在桌面上轻轻前后左右晃动，静置冷凝制成平板（每组制备2个平板）。

（2）平板划线　用接种环取一环土壤稀释液（10^{-5}和10^{-6}稀释度各一环），在平板上

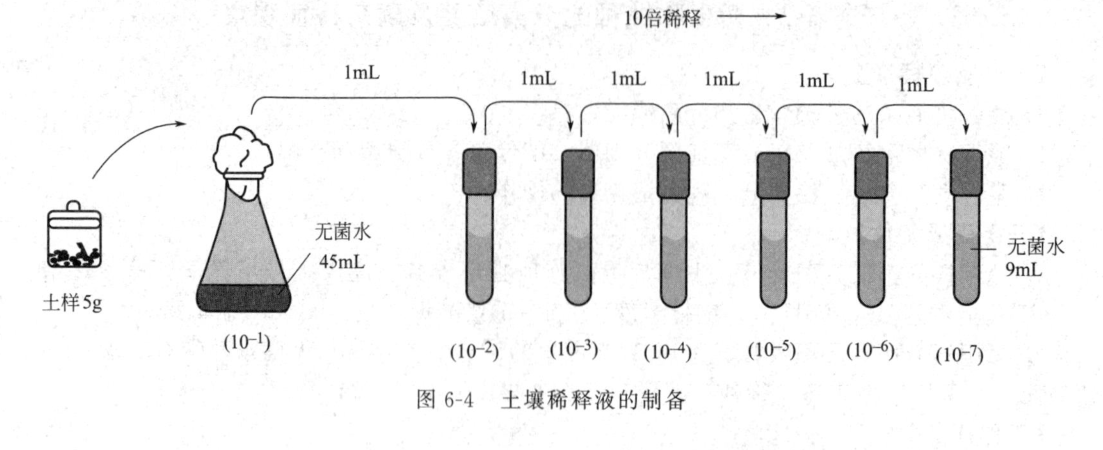

图 6-4 土壤稀释液的制备

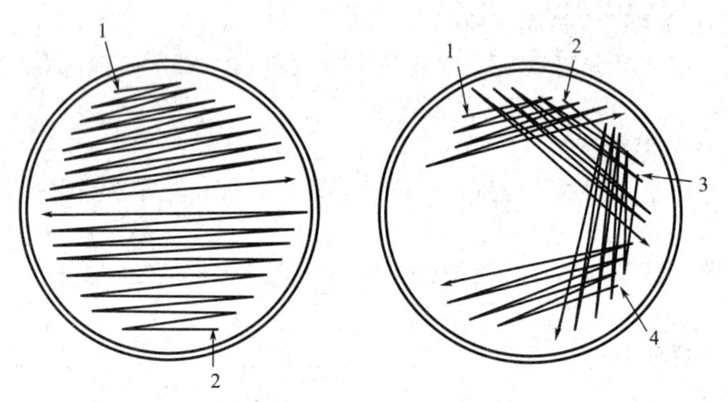

(a) 连续划线法(1、2为依次划线的起点) (b) 分区划线法(1、2、3、4为依次划线的起点)

图 6-5 平板划线法示意

划线。

① 连续划线法 将沾有土壤稀释液的接种环在平板培养基表面作连续划线，切勿划破培养基。

② 分区划线法 将沾有土壤稀释液的接种环在平板培养基的一边作第一次平行划线 3～4 条，再转动培养皿约 60°角，烧掉接种环上的剩余物，待冷却后通过第一次划线部分作第二次平行划线，同法通过第二次平行划线部分作第三次平行划线，通过第三次平行划线部分作第四次平行划线。

（3）恒温培养 划线完毕，将平板倒置于 28～30℃恒温箱中，培养 1～2d。观察细菌菌落形态。

（4）转接纯化 挑取单个菌落，接种到新鲜平板上，培养观察，直至纯化。

2. 涂布法分离放线菌

见图 6-6。

（1）制备平板 采用无菌操作，在准备好的无菌培养皿的一边加入两滴 0.5%重铬酸钾溶液（或 50U/mL 制霉素溶液），在培养皿的另一边倾入已熔化并冷却至 45～50℃的高氏 1 号培养基，将培养皿放在桌面上轻轻前后左右晃动，使重铬酸钾和培养基混合均匀，静置冷凝制成平板。

（2）涂布平板 以无菌移液管加入 0.1mL 制好的土壤稀释液（10^{-3} 和 10^{-4} 稀释度），

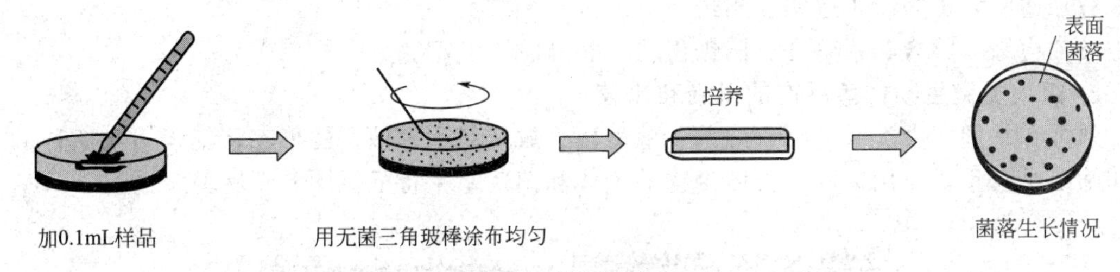

图 6-6 平板涂布法

取无菌三角玻棒，把上述稀释液在平板表面涂抹均匀。在涂抹时不要弄破平板，以免影响菌落的生长。

(3) 恒温培养 将平板倒置于 28～30℃恒温箱中，培养 5～6d。观察放线菌菌落形态。

(4) 转接纯化 挑取单个菌落，接种到新鲜平板上，培养观察，直至纯化。

3. 倾注法分离真菌

见图 6-7。

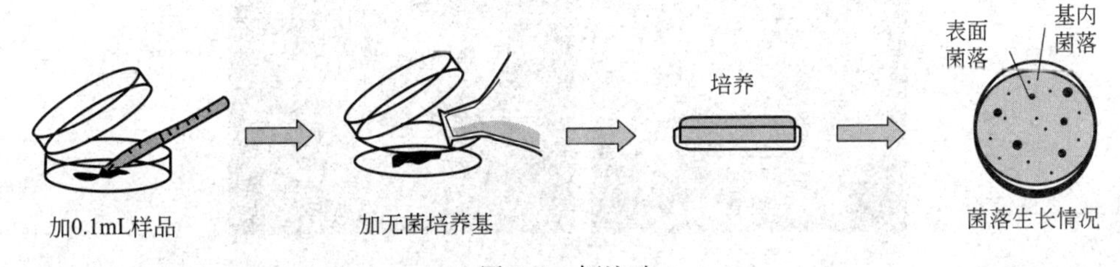

图 6-7 倾注法

(1) 制备混合液平板 采用无菌操作，在备好的无菌培养皿的一边加入两滴 5000U/mL 的链霉素液，在培养皿的另一边以无菌移液管加入 1mL 制好的土壤稀释液（10^{-4}和 10^{-5}稀释度，注意不要让两液相混），倾入已熔化并冷却至 45～50℃的马铃薯培养基，将培养皿放在桌面上轻轻前后左右晃动，使菌悬液、链霉素液和培养基混合均匀，静置冷凝制成平板。

(2) 恒温培养 待平板完全冷凝后，将平板倒置于 28～30℃恒温箱中，培养 5～6d。观察真菌菌落形态。

(3) 转接纯化 挑取单个菌落，接种到新鲜平板上，培养观察，直至纯化。

三、微生物菌落特征观察

微生物的个体形态是群体形态的基础，群体形态则是无数个体形态的集中反映，每一类微生物都有一定的菌落特征，大部分菌落都可以根据形态、大小、色泽、透明度、致密度和边缘等特征来识别。

1. 菌落形态观察

注意挑取单个菌落，进行目测观察，描述菌落特征。通常从以下几方面描述。

(1) 大小：大、中、小、针尖状，可用游标卡尺测量菌落的直径（mm）。

(2) 颜色：黄、浅黄、乳白、灰白、红、粉红等。

(3) 干湿：干燥、湿润、黏稠。

(4) 质地：蜡状、液滴状、皱褶状等。

(5) 形态：圆形、不规则等。

(6) 表面：扁平、隆起、凹、凸、突脐状等。

(7) 透明：透明、半透明、不透明。

(8) 边缘：整齐、不整齐、圆锯齿状、裂叶、不定型。

2. 四大类微生物菌落形态的识别和比较

熟悉和掌握四大类微生物（细菌、酵母菌、放线菌和霉菌）的形态特征，对于菌种的识别和筛选具有重要作用。四大类微生物的个体和菌落基本特征见图 6-8 及表 6-1。

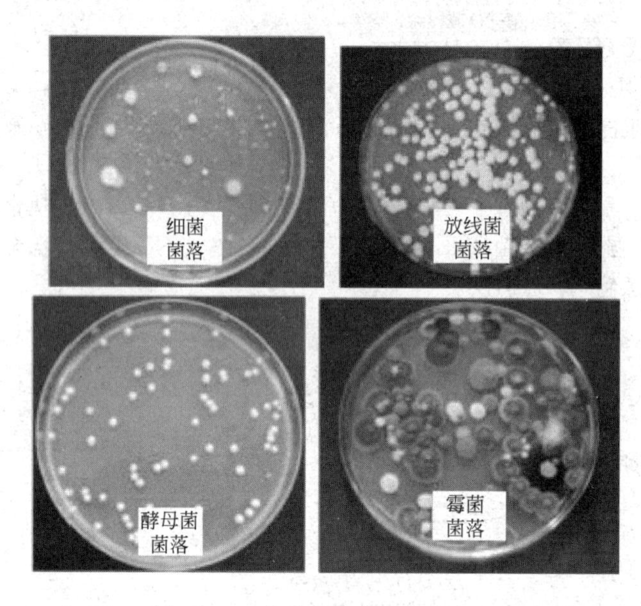

图 6-8 四大类微生物的菌落形态

表 6-1 细菌、放线菌、酵母菌和霉菌菌落的形态特征及主要区别

项目＼类群	细菌	放线菌	真菌	
			酵母菌	霉菌
菌落表面形态特征	圆形或不规则；边缘光滑或不整齐；大小不一，表面光滑或皱褶；颜色不一，常见灰白色、乳白色；湿润、黏稠	与细菌比较，主要区别为表面干燥，呈细致的粉末状或茸毛状	颇似细菌的菌落，一般圆形，表面光滑，但不及细菌菌落湿润、黏稠；多显乳白色	与细菌比较，差异显著。与放线菌比较，表面呈绒毛状或棉絮状，如呈粉末状，则不及放线菌致密
菌落在培养基上生长情况	整个菌落易用接种环从培养基表面刮去	菌落表面的粉末或茸毛可用接种环从培养基表面刮去，但菌落基部不易用接种环刮去，留下圆形、密实的基部菌丝块	与细菌相似	与放线菌比较，整个霉菌菌落可用接种环从培养基表面刮去，不会在培养基上留下圆形、密实的基部菌丝块
菌落生长过程	从菌落形成到成熟，主要的变化是增大、增厚、颜色加深	初期出现由密实的基质菌丝构成的菌落，随后菌落表面出现细致、绒毛或粉末状的气生菌丝和孢子丝，并呈现不同颜色	与细菌相似	初期出现白色或无色的绒毛状或棉絮状菌落，随后霉菌形成孢子，呈现粉末状和不同颜色
可能出现的气味	臭味	土腥味、冰片味	酒香味	霉味

【报告内容】

1. 简述菌种分离操作的步骤。分析三种不同分离方法的优缺点。
2. 完成任务后，你认为分离纯化的关键步骤是什么？
3. 观察并记录培养的菌落形态。

【思考题】

1. 分离放线菌和真菌时为什么要加入链霉素液和重铬酸钾溶液？
2. 分离细菌、放线菌和真菌时为什么要用不同稀释度的土壤稀释液？
3. 平板培养时为什么要把培养皿倒置？
4. 描述你观察的菌落形态，并判断是哪种类型的微生物？
5. 写出四大类微生物适宜的培养条件。

阅读小知识：

弗莱明和青霉素的发现

1929 年英国医生弗莱明（Alexander Fleming，1881—1955）在研究金黄色葡萄球菌时，平板上偶然污染了霉菌，他惊奇地发现在霉菌菌落周围金黄色葡萄球菌不能生长。当时权威性的观点认为这是因为霉菌的生长消耗了培养基中的营养，使其菌落周围的金黄色葡萄球菌“饿死”所至。但一直在思考如何消灭可恶的能引起伤口溃烂的金黄色葡萄球菌的弗莱明却由此敏锐地感到可能是霉菌分泌了某种物质能杀死或抑制金黄色葡萄球菌的生长。他把这种霉菌接种到无菌的琼脂培养基和肉汤培养基上，结果发现在肉汤里，这种霉菌生长很快，形成一个又一个白中透绿和暗绿色的霉团。通过鉴定，弗莱明知道了这种霉菌属于青霉菌的一种。沿着这个全新的思路他又设计了实验：将一小滴青霉菌培养物的滤液滴在正在生长的金黄色葡萄球菌的平板上，几小时后，葡萄球菌奇迹般的消失了！这一发现为人类从微生物中寻找医治传染病的生物药物打开了大门。他把经过过滤所得的含有这种青霉菌分泌物的液体叫做“青霉素”。

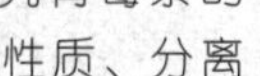

1935 年，英国病理学家弗洛里（Florey）和侨居英国的德国生物化学家柴恩（Chain）合作，重新研究青霉素的性质、分离和化学结构，解决了青霉素的浓缩问题。1943 年科学家终于将青霉素提纯出来，制成了抗细菌感染的药物。

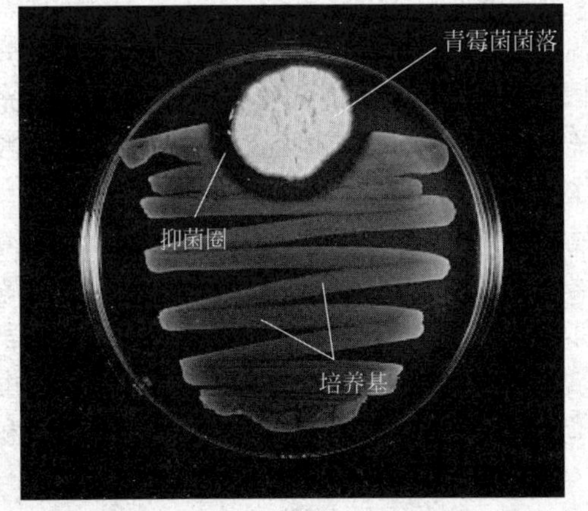

当时正值第二次世界大战期间，青霉素的大量生产，拯救了千百万肺炎、脑膜炎、脓肿、败血症患者的生命，及时抢救了许多伤病员，成为第二次世界大战中与原子弹、雷达并列的三大发明之一。

青霉素的出现，当时轰动世界，为了表彰这一造福人类的贡献，弗莱明、弗洛里和柴恩于 1945 年共同获得诺贝尔医学和生理学奖。科学家敏锐的洞察力、创造性思维和潜心的研究精神成为后人的楷模。

青霉素的发现与研究成功，成为医学史的一项奇迹。

项目七　微生物染色及显微形态观察技术

【知识目标】

1. 了解微生物的各种染色方法及其原理、用途；
2. 掌握普通光学显微镜的结构及基本原理。

【能力目标】

1. 能够正确选择、使用各种染色方法完成工作任务；
2. 能够正确使用普通光学显微镜进行微生物的形态观察，并进行合理保养。

【背景知识】

微生物是一些形体微小、结构简单的低等生物。由于微生物所具有的特殊性，因此需要采用有别于对动植物研究的特殊的一些试验方法。

一、显微技术

显微技术是微生物检验技术中最常用的技术之一。显微镜是研究微生物必不可少的工具，自从发明了显微镜后，人们才能观察到各种微生物的形态，从此揭开了微生物世界的奥秘。随着科学技术的不断发展，显微镜可利用的光源已从可见光扩展到紫外线，接着又出现利用非光源的电子显微镜，从而大大地提高了显微镜的分辨率和放大率。借助于各种显微镜，人们不仅能观察到真菌、细菌的形态和构造，而且还能清楚地观察到病毒的形态和构造。

显微镜的种类很多，在实验室中常用的有：普通光学显微镜、暗视野显微镜、相差显微镜、荧光显微镜和电子显微镜等。

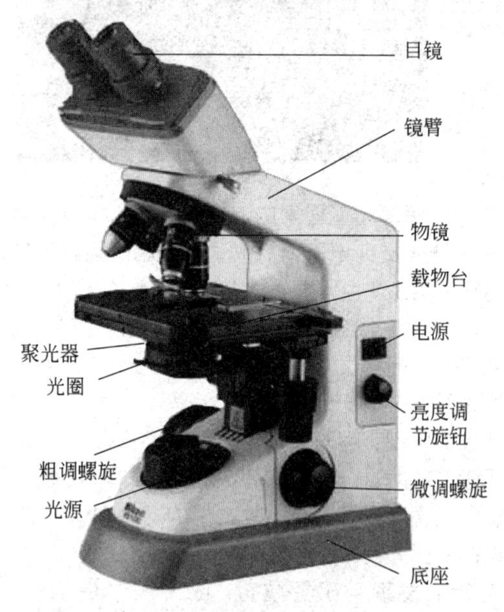

图 7-1　普通光学显微镜的构造

通常在我们观察细菌、放线菌以及真菌等相对较大的微生物时，可以采用普通光学显微镜。它的成像原理是利用目镜和物镜两组透镜系统组合成完整的光学成像系统来放大被观察物体影像。普通光学显微镜通常能将物体放大1500～2000倍。

普通光学显微镜的构造可分为两大部分(见图 7-1)：一部分为机械装置，另一部分为光学系统，这两部分很好地配合，才能发挥显微镜的作用。

显微镜的机械装置包括镜座、镜筒、物镜转换器、载物台、推动器、粗调螺旋、微调螺旋等部件。

(1) 镜座　镜座是显微镜的基本支架，它由底座和镜臂两部分组成。在它上面连接有载物台和镜筒，它是用来安装光学放大系统部件的基础。

（2）镜筒　镜筒上接目镜，下接转换器，形成目镜与物镜（装在转换器下）间的暗室。从物镜的后缘到镜筒尾端的距离称为机械筒长。因为物镜的放大率是对一定的镜筒长度而言的。镜筒长度的变化，不仅放大倍率随之变化，而且成像质量也受到影响。因此，使用显微镜时，不能任意改变镜筒长度。国际上将显微镜的标准筒长定为160mm，此数字标在物镜的外壳上。

（3）物镜转换器　物镜转换器上可安装3～4个物镜，一般是三个物镜（低倍、高倍、油镜）。转动转换器可以按需要将其中的任何一个物镜和镜筒接通，与镜筒上面的目镜构成一个放大系统。

（4）载物台　载物台中央有一孔，为光线通路。在台上装有弹簧标本夹和推动器，其作用为固定或移动标本的位置，使得镜检对象恰好位于视野中心。

（5）推动器　是移动标本的机械装置，它是由一横一纵两个推进齿轴的金属架构成的，好的显微镜在纵横架杆上刻有刻度标尺，构成很精密的平面坐标系。

（6）粗调螺旋　粗调螺旋是移动镜筒、调节物镜和标本间距离的机件。

（7）微调螺旋　用粗调螺旋只可以粗放地调节焦距，要得到最清晰的物像，需要用微调螺旋做进一步的调节。微调螺旋每转一圈镜筒移动0.1mm（100μm）。

显微镜的光学系统由反光镜、聚光器、物镜、目镜等组成，光学系统使物体放大，形成物体放大像。

（1）反光镜　较早的普通光学显微镜是用自然光检视物体，在镜座上装有反光镜。反光镜是由一平面和另一凹面的镜子组成，可以将投射在它上面的光线反射到聚光器透镜的中央，照明标本。不用聚光器时用凹面镜，凹面镜能起会聚光线的作用。用聚光器时，一般都用平面镜。新近出产的较高档次的显微镜镜座上装有光源，并有电流调节螺旋，可通过调节电流大小调节光照强度。

（2）聚光器　聚光器在载物台下面，它是由聚光透镜、虹彩光圈和升降螺旋组成的。聚光器安装在载物台下，其作用是将光源经反光镜反射来的光线聚焦于样品上，以得到最强的照明，使物像获得明亮清晰的效果。聚光器的高低可以调节，使焦点落在被检物体上，以得到最大亮度。

（3）物镜　安装在镜筒前端转换器上的接物透镜利用光线使被检物体第一次造像，物镜成像的质量对分辨率有着决定性的影响。物镜的性能取决于物镜的数值孔径（numerical aperture，简写为NA），每个物镜的数值孔径都标在物镜的外壳上，数值孔径越大，物镜的性能越好。

物镜的种类很多，可从不同角度来分类。

根据物镜前透镜与被检物体之间的介质不同，可分为两种。

① 干燥系物镜　以空气为介质，如常用的40×以下的物镜，数值孔径均小于1。

② 油浸系物镜　常以香柏油为介质，此物镜又叫油镜头，其放大率为90×～100×，数值孔径大于1。

根据物镜放大率的高低，可分为四种。

① 低倍物镜　指1×～6×，NA值为0.04～0.15。

② 中倍物镜　指6×～25×，NA值为0.15～0.40。

③ 高倍物镜　指25×～63×，NA值为0.35～0.95。

④ 油浸物镜　指90×～100×，NA值为1.25～1.40。

根据物镜像差校正的程度来分类，可分为消色差物镜、复消色差物镜、特种物镜。

（4）目镜　目镜的作用是把物镜放大了的实像再放大一次，并把物像映入观察者的眼中。

显微镜总的放大倍数是目镜和物镜放大倍数的乘积，而物镜的放大倍数越高，分辨率越高。目镜只起放大作用，不能提高分辨率，标准目镜的放大倍数是10倍。例如，在总放大率相同的情况下，采用数值孔径大的40倍物镜和10倍目镜相搭配，其分辨率就比数值孔径小的20倍物镜和20倍目镜相搭配时要高些，效果也比较好。

显微镜的放大效能（分辨率）是由所用光波长短和物镜数值孔径决定的，缩短使用的光波波长或增加数值孔径可以提高分辨率，可见光的光波幅度比较窄，紫外线波长短可以提高分辨率，但不能用肉眼直接观察，所以利用减小光波长来提高光学显微镜分辨率是有限的，提高数值孔径是提高分辨率的理想措施。要增加数值孔径，可以提高介质折射率，当空气为介质时，折射率为1，而香柏油的折射率为1.51，和载片玻璃的折射率（1.52）相近，这样光线可以不发生折射而直接通过载片、香柏油进入物镜，从而提高分辨率。

显微镜用光源，自然光和灯光都可以，以灯光较好，因光色和强度都容易控制。一般的显微镜可用普通的灯光，质量高的显微镜要用显微镜灯，才能充分发挥其性能。有些需要很强照明，如暗视野照明、摄影等，常使用卤素灯作为光源。

二、染色技术

虽然各种类型的显微镜能够观察到微生物的各种形态结构，但一般实验室常用的是普通光学显微镜。由于细菌体积小且透明，在活体细胞内又含有大量水分，因此，对光线的吸收和反射与水溶液相差不大。当把细菌悬浮在水滴内，放在显微镜下观察时，由于与背景没有明显的明暗差，难于看清它们的形状与结构。为了更好地看清微生物细胞的形态结构，就必须对它们进行染色，使经染色后的菌体与背景形成明显的反差，从而使图像更加清晰。这样便可在普通光学显微镜下清晰地观察到微生物的形态和结构，而且还可以通过不同的染色反应来鉴别微生物的类型和区分死、活细菌等。因此，微生物染色技术是观察微生物形态结构的重要手段。但是染色后的微生物标本是死的，在染色过程中微生物的形态与结构均会发生一些变化，不能完全代表其生活细胞的真实情况，染色观察时必须注意。

（一）染色的基本原理

微生物染色的基本原理是借助物理因素和化学因素的作用而进行的。物理因素如细胞及细胞物质对染料的毛细现象、渗透、吸附作用等。化学因素则是根据细胞物质和染料的不同性质而发生的各种化学反应。酸性物质对于碱性染料较易吸附，且吸附作用稳固；同样，碱性物质对酸性染料较易于吸附。如酸性物质细胞核对于碱性染料就有化学亲和力，易于吸附。但是，要使酸性物质染上酸性材料，必须把它们的物理形式加以改变（如改变pH），才利于吸附作用的发生。相反，碱性物质（如细胞质）通常仅能染上酸性染料，若把它们变为适宜的物理形式，也同样能与碱性染料发生吸附作用。

影响染色的其他因素还有菌体细胞的构造和其外膜的通透性，如细胞膜的通透性、膜孔的大小和细胞结构完整与否，在染色上都起一定作用。此外，培养基的组成、菌龄、染色液中的电介质含量和pH、温度、药物的作用等，也都能影响细菌的染色。

（二）染料的种类和选择

用于生物染色的染料主要有碱性染料、酸性染料和中性染料三大类。碱性染料的离子带正电荷，能和带负电荷的物质结合，因细菌的蛋由质等电点较低，当它生长于中性、碱性或弱酸性的溶液中时常带负电荷，所以通常采用碱性染料（如美蓝、结晶紫、碱性复红或孔雀绿等）使其着色。酸性染料的离子带负电荷，能与带正电荷的物质结合。当细菌分解糖类产酸使培养基 pH 下降时，细菌所带正电荷增加，因此，易被伊红、酸性复红或刚果红等酸性染料着色。中性染料则是上述两者的结合物，也叫复合染料，比如，伊红美蓝、伊红天青等。

（三）染色方法

染色方法包括单染色法和复染色法两类。单染色法即只用一种染料对细菌着色。此法手续简便，但一般只能显示菌体的形态，功能较单一。复染色法是使用两种及两种以上染料对细菌染色。常用的方法有革兰染色法和抗酸染色法等。除了着色及增加反差外，还能对微生物种类做出初步判断。对于细菌的一些特殊结构如芽孢、鞭毛等用普通染色方法处理时往往效果很差，难以观察，应相应采取特殊的方法。

1. 单染色法

单染色法是利用单一染料对细菌进行染色的一种方法。此法操作简便，适用于菌体一般形状和细菌排列的观察。常用碱性染料进行简单染色。

2. 革兰染色法

革兰染色反应是细菌分类和鉴定的重要性状。它是 1884 年由丹麦医师 Gram 创立的。革兰染色法（Gram stain）不仅能观察到细菌的形态而且还可将所有细菌区分为两大类：染色反应呈蓝紫色的称为革兰阳性细菌，用 G^+ 表示；染色反应呈红色（复染颜色）的称为革兰阴性细菌，用 G^- 表示。细菌对于革兰染色的不同反应是由于它们细胞壁的成分和结构不同而造成的。革兰阳性细菌的细胞壁主要是由肽聚糖形成的网状结构组成的，在染色过程中，当用乙醇处理时，由于脱水而引起网状结构中的孔径变小，通透性降低，使结晶紫-碘复合物被保留在细胞内而不易脱色，因此，呈现蓝紫色；革兰阴性细菌的细胞壁中肽聚糖含量低，而脂类物质含量高，当用乙醇处理时，脂类物质溶解，细胞壁的通透性增加，使结晶紫-碘复合物易被乙醇抽出而脱色，然后又被染上了复染液（番红）的颜色，因此呈现红色。

革兰染色需用四种不同的溶液：碱性染料（basic dye）初染液、媒染剂（mordant）、脱色剂（discolouring agent）和复染液（counter stain）。碱性染料初染液的作用像在细菌的单染色法基本原理中所述的那样，而用于革兰染色的初染液一般是结晶紫（crystal violet）。媒染剂的作用是增加染料和细胞之间的亲和性或附着力，即以某种方式帮助染料固定在细胞上，使不易脱落，碘（iodine）是常用的媒染剂。脱色剂是将被染色的细胞进行脱色，不同类型的细胞脱色反应不同，有的能被脱色，有的则不能，脱色剂常用 95% 的酒精（ethanol）。复染液也是一种碱性染料，其颜色不同于初染液，复染的目的是使被脱色的细胞染上不同于初染液的颜色，而未被脱色的细胞仍然保持初染的颜色，从而将细胞区分成 G^+ 和 G^- 两大类群，常用的复染液是番红。

3. 芽孢染色法

能否形成芽孢以及芽孢的着生位置、形状与大小是我们鉴定细菌种类的重要依据之一。细菌芽孢含水量很低，具有厚而致密的壁，其通透性比营养细胞低，着色和脱色均较困难，折光性很强。其独特的化学成分是嘧啶二羧酸，使芽孢具有抗热性，同时，又有抗热性酶。芽孢染色法就是根据芽孢既难以染色而一旦染上又难以脱色的特点来设计的。

除了用着色力强的染料外，还必须加热，以促进芽孢的着色，再使菌体脱色，而芽孢上的染料则难以渗出，故仍保留原有颜色，然后用另一种反差强烈的染料复染，使菌体和芽孢呈现出不同的颜色，明显地衬托出芽孢来。具体方法有很多，如孔雀绿-番红染色法等。

4. 鞭毛染色法

细菌鞭毛极细，其直径一般为10～20nm，只有用电子显微镜才能观察到。但是若采用特殊染色方法，则在普通光学显微镜下也能看到。鞭毛染色法有很多，但基本原理相同，即在染色前先经媒染剂处理，让它沉积在鞭毛上，使鞭毛直径加粗，然后再进行染色。常用的媒染剂是由单宁酸和钾明矾或氯化铁等配制而成的一种不太稳定的胶体溶液，而染料可根据不同的方法有多种选择。

5. 荚膜染色法

荚膜是由多糖类衍生物和多肽聚集而成的，能溶于水，且自身含水量很高。因此，对荚膜染色时不宜用水冲洗，也不宜用加热固定，因为加热固定后易失水而收缩变形。

由于荚膜与染料间的亲和力弱，不易着色，通常采用负染色法对荚膜染色，即设法使菌体和背景着色而荚膜不着色。因此，荚膜在菌体周围呈现一个透明圈，从而可以清晰地观察到荚膜的大小和形态。荚膜染色法主要有番红染色法、湿墨水法、干墨水法和Tyler法等。

6. 霉菌的染色

霉菌菌丝较粗大，细胞易收缩变形，且孢子容易飞散，所以制标本时常用乳酸石炭酸棉蓝染色液。此染色液制成的霉菌标本片的特点是：细胞不变形，具有杀菌防腐作用，且不易干燥，能保持较长时间，溶液本身呈蓝色，有一定染色效果。

任务7-1　普通光学显微镜的使用

【任务验收标准】

1. 了解普通光学显微镜的构造和工作原理；
2. 掌握普通光学显微镜的使用方法；
3. 掌握显微镜的保养方法。

【任务完成条件】

1. 金黄色葡萄球菌（*Staphylococcus aureus*）及大肠埃希菌（*Escherichia coli*）的染色涂片；
2. 显微镜、香柏油、二甲苯、擦镜纸等。

【工作任务】

每位学生独立完成以下操作：

1. 正确取放显微镜；
2. 用低、高倍镜观察细菌的形态；
3. 用油镜观察细菌的形态。

【任务指导】

一、显微镜的使用

1. 观察前的准备

（1）显微镜从显微镜柜或镜箱内拿出时，要用右手紧握镜臂，左手托住镜座，平稳地将显微镜搬到试验桌上。

（2）将显微镜放在自己身体的左前方，离桌子边缘约10cm左右，右侧可放记录本或绘图纸。

2. 低倍镜观察

镜检任何标本都要养成必须先用低倍镜观察的习惯。因为低倍镜视野较大，易于发现目标和确定检查的位置。

（1）调节光源　将低倍物镜转到工作位置，上升聚光器，将可变光阑完全打开，然后转动反光镜采集光源，一般以采集射入的自然光为宜，不宜采用直射日光。如遇阴天或晚上，可用普通日光台灯照明。当用显微镜灯（钨丝灯泡）照明时，因其亮度较强，而且发射光谱中有较多刺激眼睛的红光，故应根据标本染色情况选用绿色、黄绿或蓝绿色滤光器或一面磨砂的滤光片，以减弱光的强度，同时又可吸收掉红光，使视野光线柔和，并可保护眼睛。

旋转反光镜，使光线投射到反光镜中央，并调节聚光器或调节光圈大小，使视野得到均匀的照明。

（2）调节聚光器和物镜数值孔径相一致　取下目镜直接向镜筒内观察，先将可变光阑缩到最小，再慢慢地打开，使聚光器的孔径与视野的直径一样大，然后再放回目镜。这一操作的目的是使入射光所展开的角度与镜口角度相符合。否则因光圈开得太大而超过物镜的数值孔径时，会产生光斑，如光圈收得太小，则降低分辨率，从而影响了物像的清晰度。因为各物镜的数值孔径不同，所以每转换一次物镜都要进行调节。

在实际操作中观察者往往只根据视野的亮度和标本明暗对比度来调节光圈大小，而不考虑聚光器与物镜数值孔径的配合。只要能达到较好的效果，这种调节法也是可取的。但是，对于使用显微镜的工作者来讲，必须了解这一操作的目的和原理，这样在操作时就能运用自如。

（3）放置标本　上升镜筒，将细菌染色涂片放在镜台上，用玻片夹夹住，然后降下低倍物镜，使其下端接近于玻片。

（4）调焦　转动粗调螺旋，使镜筒逐渐上升到看见模糊物像时，再转动细调螺旋，调节到物像清晰为止。

（5）观察　观察并绘制细菌的形态。

3. 高倍镜观察

（1）寻找视野　将在低倍镜下找到的合适部位移至视野当中。

（2）转换高倍镜　用手按住转换器慢慢地旋转，当听到“咔嚓”一声即表明物镜已转到正确的工作位置上。

（3）调焦　使用齐焦物镜时，只要从低倍转到高倍再稍调一下细调螺旋就可看清物像。如用不齐焦的物镜时，每转换一次物镜都要进行调焦，即先使物镜降至非常靠近玻片的位置，然后再慢慢上升镜筒，并细心调节粗、细调节螺旋，直至物像清晰为止。

（4）观察　观察并绘制细菌的形态。

4. 油镜观察

油浸物镜的工作距离（指物镜前透镜的表面到被检物体之间的距离）很短，一般在0.2mm以内，再加上一般光学显微镜的油浸物镜没有“弹簧装置”，因此使用油浸物镜时要特别细心，避免由于“调焦”不慎而压碎标本片并使物镜受损。

（1）找合适的视野　先用低倍镜寻找合适的视野，并将欲观察的部位移到视野中央。

（2）转换油镜　将油镜转到工作位置。

（3）调节聚光器与油镜数值孔径相一致　只要将聚光器上升到最高位置、可变光阑开到最大时，两者的数值孔径即达到一致。

（4）加香柏油　从双层瓶的内层小管中取香柏油1～2滴加到欲观察部位涂片上（切勿加多），然后将油镜转到工作位置，下降镜筒，使油镜浸入香柏油中，并从侧面观察，使镜头降至既非常接近玻片，又不与玻片相撞的合适位置。

（5）调焦　左眼从目镜中观察，同时转动粗调螺旋，缓慢地提升油镜，至出现模糊的物像时，再用细调螺旋调节至物像清晰为止。如按上述操作还找不到目的物，一种可能是油镜下降还不到位，另一种可能是油镜上升太快，以致眼睛捕捉不到一闪而过的物像。遇此情况，应重新操作。

（6）观察　仔细观察细菌形态并绘图。

二、显微镜用毕后的处理

（1）上升镜筒，取下玻片。

（2）清洁显微镜

① 清洁油镜　先用擦镜纸擦去镜头上的香柏油，再用蘸少许乙醚-酒精混合液（乙醚 2 份、纯酒精 3 份）或二甲苯的擦镜纸擦掉残留的香柏油，最后再用干净的擦镜纸抹去残留的二甲苯等。

② 清洁目镜和其他物镜　可用干净的擦镜纸擦净。

③ 用柔软的绸布擦净机械部分的灰尘。

（3）搁置物镜　将物镜转成“八”字式，缓慢下降镜筒，使物镜靠置在镜台上。将聚光器降至最低位置，反光镜镜面转成垂直状。

（4）去除细菌涂片上的香柏油　加 2～3 滴二甲苯于涂片上，使香柏油溶解，再用吸水纸轻轻压在涂片上吸掉二甲苯和香柏油。这样处理不会损坏细菌涂片，并可保存以供以后再观察。如不需要保留涂片，可用肥皂水煮沸后再清洗干净。

【报告内容】

1. 简述普通光学显微镜的构造及工作原理；

2. 简述普通光学显微镜的使用过程及保养方法；

3. 分别绘出你在低倍镜、高倍镜和油镜下观察到的金黄色葡萄球菌及大肠埃希菌的状态，包括在三种情况下视野中的变化，同时注明物镜放大倍数和总放大率。

【思考题】

1. 在使用高倍镜和油镜进行调焦时，应将镜筒徐徐上升还是下降？为什么？

2. 用油镜观察时，为什么要在载玻片上滴加香柏油？

任务 7-2　细菌的简单染色法

【任务验收标准】

1. 掌握微生物涂片、简单染色的基本技术；

2. 初步认识细菌的形态特征；

3. 巩固显微镜（油镜）的使用方法和无菌操作技术。

【任务完成条件】

1. 枯草杆菌（*Bacillus subtilis*）、金黄色葡萄球菌（*Staphylococcus aureus*）、大肠杆菌（*Escherichia coli*）；

2. 吕氏碱性美蓝染液（或草酸铵结晶紫染液）、齐氏石炭酸复红染液；

3. 显微镜、酒精灯、载玻片、接种环、双层瓶（内装香柏油和二甲苯）、擦镜纸、生理盐水等。

【工作任务】

每位学生独立完成以下操作任务：

1. 微生物涂片的基本操作；

2. 细菌的简单染色操作；

3. 观察制片并绘图。

【任务指导】

一、细菌的简单染色操作

见图 7-2。

(1) 涂片 取两块载玻片，各滴一小滴（或用接种环挑取 1～2 环）生理盐水（或蒸馏水）于玻片中央，用接种环以无菌操作分别从枯草芽孢杆菌和金黄色葡萄球菌、大肠杆菌斜面上挑取少许菌苔于水滴中，混匀并涂成薄膜。若用菌悬液（或液体培养物）涂片，可用接种环挑取 2～3 环直接涂于载玻片上。

载玻片要洁净无油迹；滴生理盐水和取菌不宜过多；涂片要均匀，不宜过厚。

(2) 干燥 室温自然干燥。

(3) 固定 涂面朝上，通过火焰 2～3 次。

此操作过程称热固定，其目的是使细胞质凝固，以固定细胞形态，并使之牢固附着在载玻片上。热固定温度不宜过高（以玻片背面不烫手为宜），否则会改变甚至破坏细胞形态。

(4) 染色 将玻片平放于玻片搁架上，滴加染液于涂片上（以染液刚好覆盖涂片薄膜为宜）。吕氏碱性美蓝染色 1～2min；石炭酸复红（或草酸铵结晶紫）染色约 1min。

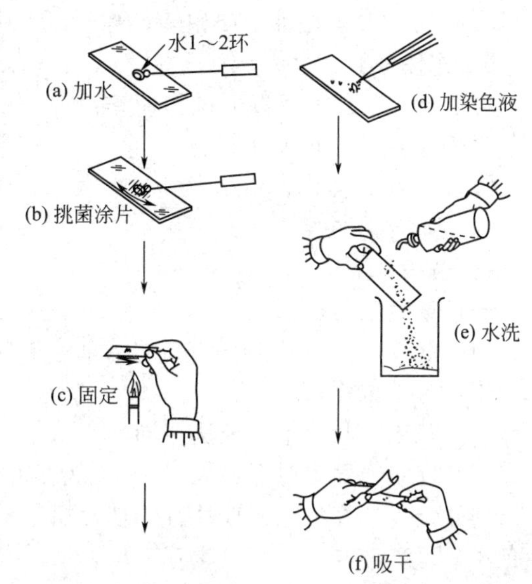

图 7-2 细菌染色过程示意

(5) 水洗 倒去染液，用自来水冲洗，直至涂片上流下的水无色为止。

水洗时，不要直接冲洗涂面，而应使水从载玻片的一端流下。水流不宜过急，以免涂片薄膜脱落。

(6) 干燥 自然干燥，或用电吹风吹干，也可用吸水纸吸干。

(7) 镜检 涂片必须完全干燥后才能用油镜观察。

二、清理

试验完毕，按要求清洁显微镜和涂片，有菌的涂片用洗衣粉水煮沸后清洗干净并沥干。

【报告内容】

1. 根据观察结果，绘出两种细菌的形态图；
2. 简述细菌简单染色的主要步骤。

【思考题】

1. 你认为制备细菌染色标本时，尤其应该注意哪些环节？
2. 为什么要求制片完全干燥后才能用油镜观察？
3. 如果你的涂片未经热固定，将会出现什么问题？如果加热温度过高、时间太长，又会怎么样呢？
4. 你在涂片染色过程中遇到了什么问题？试分析其中原因。

任务 7-3 细菌的革兰染色法

【任务验收标准】

1. 了解革兰染色的原理；

2. 掌握细菌革兰染色的操作要点。

【任务完成条件】

1. 大肠杆菌（*Escherichia coli*）、枯草杆菌（*Bacillus subtilis*）、金黄色葡萄球菌（*Staphylococcus aureus*）；

2. 草酸铵结晶紫染色液、卢戈碘液、95%乙醇、0.5%番红复染液；

3. 载玻片、香柏油、二甲苯、擦镜纸、吸水纸、染色缸、接种针等。

【工作任务】

每位学生独立完成以下操作任务：

1. 微生物涂片的基本操作；

2. 革兰染色操作；

3. 观察制片并绘图。

【任务指导】

一、革兰染色操作

（1）涂片　将培养14～16h的枯草芽孢杆菌和培养24h的大肠杆菌分别作涂片（注意涂片切不可过于浓厚）。

（2）晾干　与简单染色法相同。

（3）固定　固定时通过火焰1～2次即可，不可过热，以载玻片不烫手为宜。

（4）结晶紫染色　将玻片置于玻片搁架上，加适量（以盖满细菌涂面）的结晶紫染色液染色1min。

（5）水洗　倾去染色液，用水小心地冲洗。

（6）媒染　滴加卢戈碘液，媒染1min。

（7）水洗　用水洗去碘液。

（8）脱色　将玻片倾斜，连续滴加95%乙醇脱色20～25s至流出液无色，立即水洗。

（9）复染　滴加番红复染5min。

（10）水洗　用水洗去涂片上的番红染色液。

（11）晾干　将染好的涂片放空气中晾干或者用吸水纸吸干。

（12）镜检　镜检时先用低倍，再用高倍，最后用油镜观察，并判断菌体的革兰染色反应性。

（13）试验完毕后的处理

① 将浸过油的镜头擦拭干净。

② 看后的染色玻片用废纸将香柏油擦干净。

二、注意事项

（1）革兰染色成败的关键是酒精脱色。如脱色过度，革兰阳性菌也可被脱色而染成阴性菌；如脱色时间过短，革兰阴性菌也会被染成革兰阳性菌。脱色时间的长短还受涂片厚薄及乙醇用量多少等因素的影响，难以严格规定。

（2）染色过程中勿使染色液干涸。用水冲洗后，应吸去玻片上的残水，以免染色液被稀释而影响染色效果。

（3）选用幼龄的细菌。G^+菌培养12～16h，*E. coli* 培养24h。若菌龄太老，由于菌体死亡或自溶常使革兰阳性菌转呈阴性反应。

【报告内容】

1. 结果：在你所作的革兰染色制片中，大肠杆菌和枯草芽孢杆菌各染成何色？它们是革兰阴性菌还是革兰阳性菌？

2. 根据观察结果，绘出两种细菌的形态图。

【思考题】

1. 做革兰染色涂片为什么不能过于浓厚？其染色成败的关键一步是什么？
2. 不经复染这一步，能否区别革兰阳性菌和阴性菌？

任务 7-4 细菌的荚膜及芽孢染色

【任务验收标准】

1. 掌握细菌荚膜染色的操作要点；
2. 掌握细菌芽孢染色的操作要点。

【任务完成条件】

1. 培养 3～5 天的胶质芽孢杆菌（*Bacillus mucilaginosus*，俗称“钾细菌”，该菌在甘露醇作碳源的培养基上生长时，荚膜丰厚）、培养 36h 的苏云金杆菌（*Bacillus thuringiensis*）或者枯草杆菌（*Bacillus subtilis*）；

2. 用滤纸过滤后的绘图墨水、复红染色液、黑素、6%葡萄糖水溶液、1%甲基紫水溶液、甲醇、香柏油、二甲苯、5%孔雀绿水溶液、0.5%番红水溶液；

3. 载玻片、玻片搁架、小试管（75mm×10mm）、烧杯（300mL）、滴管、玻片搁架、接种环、镊子、擦镜纸、显微镜等。

【工作任务】

1. 细菌荚膜染色制片的制作及观察；
2. 细菌芽孢染色制片的制作及观察。

【任务指导】

一、细菌的荚膜染色

荚膜染色方法很多，其中以湿墨水方法较简便，并且适用于各种有荚膜的细菌。如用相差显微镜检查，则效果更佳。

1. 负染色法

（1）制片 取洁净的载玻片一块，加蒸馏水 1 滴，取少量胶质芽孢杆菌的菌体放入水滴中混匀并涂布。

（2）干燥 将涂片放在空气中晾干或用电吹风冷风吹干。

（3）染色 在涂面上加复红染色液染色 2～3min。

（4）水洗 用水洗去复红染液。

（5）干燥 将染色片放空气中晾干或用电吹风冷风吹干。

（6）涂黑素 在染色涂面左边加一小滴黑素，用一边缘光滑的载玻片轻轻接触黑素，使黑素沿玻片边缘散开，然后向右一拖，使黑素在染色涂面上成为一薄层，并迅速风干。

（7）镜检 先低倍镜、再高倍镜观察。

结果：背影灰色，菌体红色，荚膜无色透明。

2. 湿墨水法

（1）制菌液 加 1 滴墨水于洁净的载玻片上，挑少量胶质芽孢杆菌的菌体与其充分混合均匀。

（2）加盖玻片 放一清洁盖玻片于混合液上，然后在盖玻片上放一张滤纸，向下轻压，吸去多余的菌液。加盖玻片时不可有气泡，否则会影响观察。

（3）镜检 先用低倍镜、再用高倍镜观察。

结果：背景灰色，菌体较暗，在其周围呈现一明亮的透明圈即为荚膜。

3. 干墨水法

（1）制菌液 加 1 滴 6%葡萄糖液于洁净载玻片一端，挑少量胶质芽孢杆菌的菌体与其充分混合，再加1滴墨水，充分混匀。

（2）制片 左手执玻片，右手另拿一边缘光滑的载玻片，将载玻片的一边与菌液接触，使菌液沿玻片接触处散开，然后以30°角，迅速而均匀地将菌液拉向玻片的一端，使菌液铺成一薄膜。

（3）干燥 空气中自然干燥。

（4）固定 用甲醇浸没涂片，固定1min，立即倾去甲醇。

（5）干燥 在酒精灯上方，用文火干燥，不可使玻片发热。

（6）染色 用甲基紫染1～2min。

（7）水洗 用自来水轻洗，自然干燥。

（8）镜检 先用低倍镜、再高倍镜观察。

结果：背景灰色，菌体紫色，荚膜呈一清晰透明圈。

二、细菌的芽孢染色

1. 试验操作

（1）制备菌液 加1～2滴无菌水于小试管中，用接种环从斜面上挑取2～3环苏云金杆菌或者枯草杆菌的菌体于试管中并充分打匀，制成浓稠的菌液。

（2）加染色液 加5%孔雀绿水溶液2～3滴于小试管中，用接种环搅拌使染料与菌液充分混合。

（3）加热 将此试管浸于沸水浴（烧杯），加热15～20min。

（4）涂片 用接种环从试管底部挑数环菌液于洁净的载玻片上，做成涂面，晾干。

（5）固定 将涂片通过酒精灯火焰3次。

（6）脱色 用水洗直至流出的水中无孔雀绿颜色为止。

（7）复染 加番红水溶液染色5min后，倾去染色液，不用水洗，直接用吸水纸吸干。

（8）镜检 先低倍，再高倍，最后用油镜观察。

结果：芽孢呈绿色，芽孢囊和菌体为红色。

2. 注意事项

（1）供芽孢染色用的菌种应控制菌龄。

（2）欲得到好的涂片，首先要制备浓稠的菌液，其次是从小试管中取染色的菌液时，应先用接种环充分搅拌，然后再挑取菌液，否则菌体沉于管底，涂片时菌体太少。

【报告内容】

1. 绘出胶质芽孢杆菌的形态图，并注明各部位的名称；

2. 绘出苏云金杆菌或者枯草杆菌的芽孢和菌体的形态图。

【思考题】

为什么在荚膜染色中一般不用热固定？

任务7-5 酵母菌的形态观察

【任务验收标准】

1. 了解自然存在的酵母菌及其形态结构、出芽生殖方式；

2. 学习掌握区分酵母菌死、活细胞的染色方法。

【任务完成条件】

1. 酿酒酵母（*Saccharomyces cerevisiae*）、热带假丝酵母（*Candida tropicalis*）斜面菌种；

2. PDA培养基；

3. 0.05%美蓝染色液（以 pH 6.0 的 0.02mol/L 磷酸缓冲液配制）、碘液、0.04%的中性红染色液；

4. 显微镜、载玻片、擦镜纸、盖玻片、接种环等。

【工作任务】

1. 观察酵母菌个体形态

以小组为单位制取菌悬液，每位学生独立完成酵母菌的活体染色观察及死亡率的测定。

2. 观察自然状态的酵母菌

以小组为单位培养酵母菌，每位学生独立完成观察任务。

【任务指导】

一、酵母菌形态观察

1. 酵母菌的活体染色观察及死亡率的测定

（1）以无菌水洗下 PDA 斜面培养的酿酒酵母菌苔，制成菌悬液。

（2）取 0.05%美蓝染色液 1 滴，置载玻片中央，并用接种环取酵母菌悬液与染色液混匀，染色 2～3min，加盖玻片，在高倍镜下观察酵母菌个体形态，区分其母细胞与芽体，区分死细胞（蓝色）与活细胞（不着色）。

（3）在一个视野里计数死细胞和活细胞，共计数 5～6 个视野。

酵母菌死亡率一般用百分数来表示，以下式来计算：

$$死亡率=(死亡细胞数/死、活细胞总数)\times 100\%$$

2. 酵母菌液泡系的活体观察

于洁净载玻片中央加一滴中性红染色液，取少许上述酵母菌悬液与之混合，染色 5min，加盖玻片在显微镜下观察。细胞无色，液泡呈红色。

3. 酵母菌细胞中肝糖粒的观察

将 1 滴碘液置于载玻片中央，接入上述酵母菌悬液，混匀，盖上盖玻片，显微镜观察，细胞内的储藏物质肝糖颗粒呈深红色。

4. 自然状态下的酵母菌观察

取 1 滴美蓝染色液于载玻片中央，春、夏、秋季取酱油或腌菜上的白膜，冬季取腌酸菜汤上的白膜，将其置于载玻片染色液中，盖上盖玻片，显微镜下仔细观察酵母菌形态、出芽生殖、假菌丝等。

二、注意事项

通过微加热增加酵母的死亡率，易于观察死亡细胞。

【报告内容】

1. 绘出你所观察到的数个酵母菌细胞，示出观察到的结构；

2. 记录并计数酵母菌的死亡率（原始记录及计算结果）。

【思考题】

酵母菌的假菌丝是怎样形成的？与霉菌的真菌丝有何区别？

任务 7-6　霉菌的形态观察

【任务验收标准】

了解霉菌形态，掌握微生物载玻片湿室培养方法。

【任务完成条件】

1. 产黄青霉（*Penicillium chrysogenum*）、黑曲霉（*Aspergillus niger*）、黑根霉

(*Rhizopus nigricans*)、总状毛霉(*Mucor racemosus*)等斜面菌种;

2. 半固体 PDA 培养基、乳酸苯酚固定液、棉蓝染色液、20%甘油;

3. 透明胶带、剪刀、培养皿、载玻片、U 形玻棒搁架、盖玻片、圆形滤纸片、细口滴管、镊子、显微镜、接种环等。

【工作任务】

1. 霉菌载玻片湿室培养可 4 人合作,每人制作一种霉菌载玻片湿室培养片;

2. 曲霉、青霉、根霉、毛霉形态观察;

3. 根霉假根的观察。

【任务指导】

一、试验准备

1. 霉菌的载玻片湿室培养

(1) 准备湿室　在培养皿底铺一张圆形滤纸片,其上放一"U"形载玻片搁架,在搁架上放一块载玻片和两块盖玻片,盖上皿盖,外用纸包扎,经 121℃湿热灭菌 30min 后,置 60℃烘箱中烘干,备用。

(2) 取菌接种　用接种环挑取少量待观察的霉菌孢子至湿室内的载玻片上,每张载玻片可接同一菌种的孢子两处。接种时只要将带菌的接种环在载玻片上轻轻碰几下即可(务必记住接种的位置)。

(3) 加培养基　用无菌细口滴管吸取少量约在 60℃熔化的培养基,滴加到载玻片的接种处,培养基应滴得圆而薄,其直径约为 0.5cm(滴加量一般以 1/2 小滴为宜)。

(4) 加盖玻片　在培养基未彻底凝固前,用无菌镊子将皿内盖玻片盖在琼脂块薄层上,用镊子轻压,使盖玻片和载玻片间的距离相当接近,但不能压扁,否则不透气。

(5) 倒保湿剂　每皿倒入约 3mL 20%的无菌甘油,使皿内的滤纸完全润湿,以保持皿内湿度。皿盖上注明菌名、组别和接种日期。此为制成的载玻片湿室,置 28℃恒温培养3~5d。

2. 黑根霉假根的培养

将熔化的 PDA 培养基冷却至 50℃倒入无菌平皿,其量约为平皿高度的 1/2。冷凝后,用接种环沾取根霉孢子,在平板表面划线接种。然后将平皿倒置,在皿盖内放一无菌载玻片,于 28℃培养 2~3d 后,可见根霉的气生菌丝倒挂成胡须状,有许多菌丝与载玻片接触,并在载玻片上分化出假根和匍匐丝等结构。

二、镜检观察

(1) 湿室培养霉菌镜检载玻片　从培养 16~20h 开始,通过连续观察,可了解孢子的萌发、菌丝的生长分化和子实体的形成过程。将湿室内的载玻片取出,直接置于低倍镜和高倍镜下观察曲霉、青霉、毛霉、根霉等霉菌的形态,重点观察菌丝是否分隔,曲霉和青霉的分生孢子形成特点,曲霉的足细胞,根霉和毛霉的孢子囊和孢囊孢子。绘图。

(2) 粘片观察　取一滴棉蓝染色液置于载玻片中央,取一段透明胶带,打开霉菌平板培养物,粘取菌体,粘面朝下,放在染液上。镜检。

(3) 假根观察　将培养根霉假根的平皿打开,取出皿盖内的载玻片标本,在附着菌丝体的一面盖上盖玻片,置显微镜下观察。只要用低倍镜就能观察到假根及从根节上分化出的孢子囊梗、孢子囊、孢囊孢子和两个假根间的匍匐菌丝,观察时注意调节焦距以看清各种构造。

(4) 制成永久装片　把观察到霉菌形态较清晰、完整的片子制成标本作较长期保存。制备方法是,轻轻揭去盖玻片,如果载玻片上有琼脂,仔细挑去,然后滴加少量乳酸苯酚固定液,盖上清洁盖玻片,在盖玻片四周滴加树胶封固。

三、注意事项

载玻片湿室培养时，盖玻片不能紧贴载玻片，要彼此有极小缝隙，一是为了通气；二是使各部分结构平行排列，易于观察。

【报告内容】

绘制毛霉、根霉、青霉、曲霉镜检形态图，并示出各部。

【思考题】

1. 载玻片湿室培养时，盖玻片为什么不能紧贴载玻片？
2. 湿室培养时为何用20%甘油作保湿剂？
3. 比较细菌、酵母菌和霉菌形态上的异同。

阅读小知识：

显　微　镜

暗视野显微镜

在普通光学显微镜下安上一个暗视野聚光器，就可成为一架暗视野显微镜。其主要原理是在暗视野聚光器的底部中央有一块遮光板，使来自反光镜的中央光柱不能直接射入物镜，而仅让光线从聚光器的周缘部位斜射到标本上，这样，只有经物体反射和衍射的光线才能进入物镜。因此，整个视野是暗的，而菌体细胞则是明亮的。

由于暗视野显微镜能使标本和背景形成强烈的明暗对比，所以在明视野显微镜下观察不到的活菌体在暗视野显微镜下则清晰可见。其不足之处是仅能看到菌体的轮廓，而看不清内部结构，因此主要用于观察细菌（包括螺旋体）和大型病毒的形态及细菌的运动。

相差显微镜

人们通常用相差显微镜来观察活细胞。因微生物细胞经染色后往往会失去活体细胞的自然状态，如细胞的形状和大小都会有些变化，并且有些细微的结构可能会被染料所遮盖，而这些结构特征又往往是微生物分类鉴定的重要依据，所以，采用相差显微镜来观察活的透明的微生物细胞就可弥补上述缺陷。

当光线通过透明的活细胞后，由于细胞各部分密度的差异（或折射率不同），而使光波的相位发生变化，形成相位差。但是人眼是分辨不出相位差异的，只能分辨出波长（颜色）和振幅（明暗）的差异。因此，活的透明细胞在普通光学显微下观察时，整个视野的亮度是均匀的，无法看出细胞内的细微结构。相差显微镜就是根据光波干涉原理，借助于环状光阑和相板这两个特殊部件的作用，把相位差转变为可见的振幅差，从而能观察到活细胞内的一些结构。

紫外线显微镜

前面在普通光学显微镜中曾经讲过，显微镜的分辨力与光波的波长成正比，要想提高显微镜的放大倍数，就要降低分辨力，也就是可以选择波长比可见光还小的照明光源。由于紫外线的波长约为250nm，相当于可见光波长的一半。因此，我们可以利用紫外线作为光源，就能将分辨力降低一半，也就使显微镜的放大倍数整整提高了一倍左右。

荧光显微镜

某些物质如萤石、石油、铀玻璃、某些生物体表、一些天然生物色素和某些染料经紫外线照射后，能量被吸收并放出一种波长较长的荧光。荧光显微镜就是利用紫外线作为光源，来观察带有荧光物质的微小物体或经过荧光染料染色以后的微小物体。

电子显微镜

电子显微镜是20世纪30年代最突出的科学技术成就之一。经过半个多世纪的发展，电子显微镜本身及其应用技术已日臻完善，目前正广泛地应用于物理学、化学、生物学、材料学等诸多学科领域。发明者Ruska也因此获得了1986年的诺贝尔物理学奖。

电子显微镜为非光学显微镜，它的结构和光学显微镜相似，不同的是电子显微镜是用高速电子束替代了可见光束，又因为电子束穿透力很弱，所以用电磁透镜替代玻璃透镜。由于电子具有类似于电磁波的波动特性，且波长极短，仅为可见光波长的十万分之一左右，因而极大地提高了分辨率。目前电子显微镜的分辨力可达 0.2nm，比普通光学显微镜的分辨率提高了 1000 倍，即放大倍数可达几万倍到上百万倍。

电子显微镜的放大成像过程是：电子枪发射出具有一定波长的电子束，先通过聚光镜聚焦，把它聚合成极细的、只有几个微米大小的电子束，由聚光镜偏转线圈把电子束轰击到样品上。因为电子束的穿透力很弱，样品要削得很薄，仅几十纳米厚。当电子束轰击到样品内的原子而发生散射，随后分别通过物镜、第一中间镜、第二中间镜和投影镜四级放大后成像，最后投射到荧光屏或摄影底片上，以便记录并观察结果。所形成的图像就像 X 射线照片一样，没有颜色，是黑白图像。

电子显微镜具有分辨率高、放大倍数大等优点，但也有不足，比如，在真空状态会使细胞干燥脱水而收缩变形，还有当电子透过样品时会将细胞杀死，因此，我们无法观察到活的微生物。

项目八　微生物的计数技术

【知识目标】

1. 了解微生物的各种计数方法、原理及适用范围；
2. 掌握血细胞计数板的计数方法；
3. 掌握菌落计数规则、计算方法。

【能力目标】

1. 能根据工作目标选择合适的计数方法；
2. 具备在显微镜下直接计数的技能；
3. 能够运用平板菌落计数法完成细菌总数的测定。

【背景知识】

微生物生长情况可以通过测定单位时间里微生物数量或生物量的变化来评价。通过微生物生长的测定可以客观地评价培养条件、营养物质等对微生物生长的影响，或评价不同的抗菌物质对微生物产生抑制（或杀死）作用的效果，或客观地反映微生物生长的规律。因此微生物生长的测量在理论上和实践上有着重要的意义。根据生长的定义在理论上可以通过测定细胞内任何一个主要成分的增加来表现生长。但实际上普遍为人们所采用又较为方便的方法是测定细胞数量和生物量两种方法。

一、 细胞数量的测定

1. **直接测数法**（或总菌数测定法）

本法仅适用于单细胞的微生物类群。测定时需用细菌计数器或血细胞计数板（适用于酵母、真菌孢子等）在普通光学或相差显微镜下直接观察并记录微生物细胞数，用于直接测数的菌悬液浓度一般不宜过低或过高（常大于 10^6 个/mL）。活跃运动的细菌应现用甲醛杀死或适度加热以停止其运动。本法的优点是快捷简便、容易操作；缺点是难于区分活的与死的细胞以及形状与微生物类似的杂质。

显微计数法适用于各种含单细胞菌体的纯培养悬浮液，如有杂菌或杂质，常不易分辨。菌体较大的酵母菌或霉菌孢子可采用血细胞计数板，一般细菌则采用彼得罗夫·霍泽（Petrof Hausser）细菌计数板。两种计数板的原理和部件相同，只是细菌计数板较薄，可以使用油镜观察。而血细胞计数板较厚，不能使用油镜，计数板下部的细菌不易看清。

血细胞计数板是一块特制的厚型载玻片，载玻片上有 4 条槽而构成 3 个平台。中间的平台较宽，其中间又被一短横槽分隔成两半，每一边的平台上各刻有一个方格网，每个方格网共分九个大方格，中间的方格即为计数区（见图 8-1）。计数区的刻度有两种：一种是计数区分为 16 个中方格，而每个中方格又分成 25 个小方格；另一种是一个计数区分成 25 个中方格，而每个中方格又分成 16 个小方格。但是不管计数区是哪一种构造，它们都有一个共同特点，即计数区都由 400 个小方格组成（见图 8-2）。

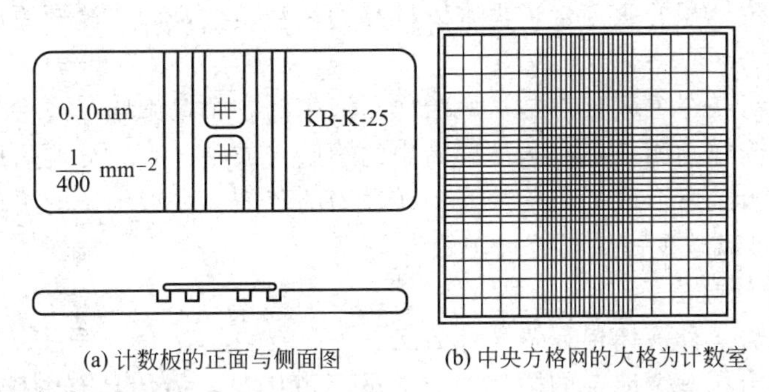

(a) 计数板的正面与侧面图　　(b) 中央方格网的大格为计数室

图 8-1　血细胞计数板正面与侧面及计数室的网格线示意

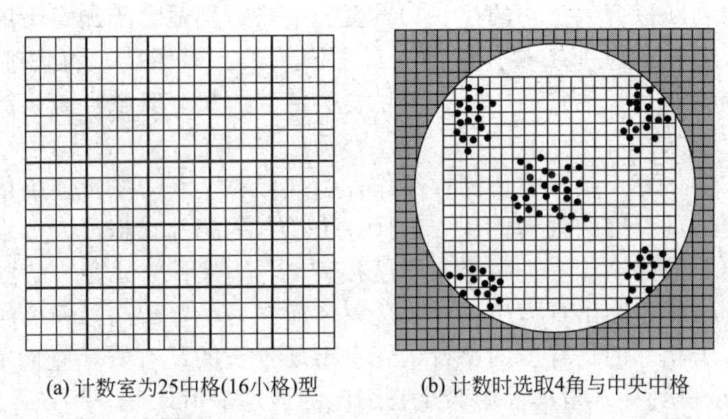

(a) 计数室为25中格(16小格)型　　(b) 计数时选取4角与中央中格

图 8-2　高倍镜下的计数室与计数中格的选择示意

计数区边长为 1mm，则计数区的面积为 $1mm^2$，每个小方格的面积为 $1/400mm^2$。盖上盖玻片后，计数区的高度为 0.1mm，所以每个计数区的体积为 $0.1mm^3$，每个小方格的体积为 $1/4000mm^3$。

使用血细胞计数板计数时，先要测定每个小方格中微生物的数量，再换算成每毫升菌液（或每克样品）中微生物细胞的数量。

已知：$1cm^3=1000mm^3$

所以：$1cm^3$ 体积应含有小方格数为 $1000mm^3/(1/4000mm^3)=4\times10^6$ 个小方格，即系数 $K=4\times10^6$。

因此：每毫升菌悬液中含有细胞数=每个小格中细胞平均数（N）×系数（K）×菌液稀释倍数（d）。

2. 稀释平板计数法（或活菌计数法）

在大多数的研究和生产活动中，人们往往更需要了解活菌数的消长情况。在理论上可以认为在高度稀释条件下的每一个活的单细胞均能繁殖成一个菌落，因而可以用培养的方法使每个活细胞生长成一个单独的菌落，并通过长出的菌落数去推算菌悬液中的活菌数。本法是迄今仍广泛采用的主要活菌计数方法，此法还常用于微生物的选种与育种、分离纯化及其他方面的测定。缺点是比较麻烦，费工费时，而且在混合微生物样品中只能测定占优势的并能在供试培养基上生长的类群，测定值常受各种因素的影响。

本法的原理和操作要点是：先将待测定的微生物样品按比例地作一系列稀释（通常为10倍系列稀释法），再吸取一定量某几个稀释度的菌悬液于无菌培养皿中（或凝固的无菌平板培养基的表面），再及时倒入熔化且冷却至45℃左右的培养基，立即充分摇匀，水平静置待凝（或用涂布棒将平板表面的菌液及时涂布均匀）。经培养后，将各平板中计得的菌落数的平均值换算成单位容积的含菌量，再乘以样品的稀释倍数，即可测知原始菌样的单位容积中所含的活细胞数。

由于平板上的每一个单菌落都是从原始样品液中的各个单细胞（或孢子）的生长繁殖而形成的，因此，在菌样的测定中必须使样品中的细胞（或孢子）充分均匀地分散，且经适当地稀释，使每个平板上所形成的菌落数控制在适当的范围，一般细菌的平板菌落计数以30～300个为宜，这样可以减少计数与统计中的误差。

3. **最大可能数计数法**

最大可能计数法又称液体稀释培养计数法。

本法适用于测定在一个混杂的微生物群中虽不占优势，但却具有特殊生理功能的类群。其特点是利用待测微生物的特殊生理功能的选择性来摆脱其他微生物类群的干扰，并通过该生理功能的表现来判断该群微生物的存在和丰度。本法特别适合于测定土壤微生物中特定生理群（如氨化菌、硝化菌、纤维素分解菌、自生固氮菌、根瘤菌、硫化细菌和反硫化细菌等）的数量和检测牛奶及其他食品中特殊微生物类群的数量。其缺点是只能进行特殊生理群的测定，结果偏差较大。

本法的原理和操作要点是：将待测样品作一系列稀释，获得一批连续稀释度的样品稀释液。根据对样品受污染程度的估计，从中选择3个适宜的相邻稀释度，分别吸取一定量菌液接种到装有新鲜培养液的试管中，每个稀释度接种3～5支平行试管。经恒温培养以后，在一些稀释度不高的试管中会出现微生物生长迹象，而在另一些较高稀释度的试管中则不会出现。然后根据这3个相邻的稀释度的平行试管中出现生长的试管数，查阅MPN检索表（最大概率表），就可以得到一定量样品中微生物细胞的最近似值。

4. **比浊法**

根据在一定的浓度范围内，菌悬液中的微生物细胞浓度与液体的吸光度值成正比，与透光度成反比。因此，可使用光电比色计测定。由于细胞浓度仅在一定范围内与吸光度值成直线关系，因此，待测菌悬液的细胞浓度不应过低或过高，培养液的色调也不宜过深，颗粒性杂质的数量应尽量减少。本法常用于观察和控制在培养过程中微生物的菌数消长情况。如，细菌生长曲线的测定和发酵罐中的细菌生长量控制等。其优缺点与直接测数法相同。

5. **浓缩法**（膜过滤法）

本法适用于检测微生物数量很少的水和空气等样品。测定时让定量的水或空气通过特殊的微生物收集装置（如微孔滤膜等），富集其中的微生物，然后将滤膜干燥、染色，并经处理使膜透明，再在显微镜下计算膜上（或一定面积中）的细菌数。或将收集的微生物洗脱后测数，再换算成原来水或空气中的数量。

上述各种方法各有其优缺点，也并非在任何情况下都适用，应根据具体情况和试验需要来加以选择。微生物细胞的计数还有其他一些方法，而且发展迅速，现已有多种多样的快速、简易、自动化的仪器和装置等进行测定的方法。

二、细胞生物量的测定

1. 细胞干重法

将单位体积的微生物培养液经离心收集并用水反复洗涤菌体，经常压或真空干燥后精确称重，即可计算出培养物的总生物量。一般 1mg 细菌干重约等于 4～5mg 湿菌鲜重或相当于 4×10^9～5×10^9 个细胞，可以以此作标准从干重做需要的转换。本法适用于含菌量高、不含或少含非菌颗粒性杂质的环境或培养条件。

2. 总氮量测定法

蛋白质是生物细胞的主要成分，核酸、类脂等中也含有一定量的氮素。已知细菌细胞干重的含氮量一般为 12%～15%，因此，只要用化学分析方法测出待测样品的含氮量，就能推算出细胞的生物量。本法适用于在固体或液体条件下微生物总生物量的测定，但需充分洗涤菌体以除去含氮杂质，缺点是操作程序较复杂，除必需情况外很少采用。

3. DNA 含量测定法

微生物细胞中的 DNA 含量虽然不高（如大肠杆菌中约占 3%～4%），但由于其含量较为稳定，有人估算出每一个细菌细胞平均含 DNA 8.4×10^{-5}ng，因而也可以根据分离出的样品中的 DNA 含量来计算微生物的生物量。

4. 代谢活性法

有人曾根据微生物的生命活动强度来估算其生物量。如测定单位体积培养物在单价时间内消耗的营养物或 O_2 的数量，或者是测定微生物代谢过程中的产酸量或 CO_2 量等，均可以在一定程度上反映微生物的生物量。本法系间接法，影响因素较多，误差也较大，仅在特定条件下作比较分析时使用。

任务 8-1　显微镜直接计数

【任务验收标准】

1. 了解血细胞计数板的构造、计数原理和计数方法；
2. 掌握显微镜下直接计数的技能。

【任务完成条件】

1. 酿酒酵母（*Saccharomyces cerevisiae*）斜面或培养液；
2. 显微镜、血细胞计数板、盖玻片（22mm×22mm）、吸水纸、计数器、滴管、擦镜纸。

【工作任务】

1. 学习血细胞计数板的构造、计数原理和计数方法；
2. 用血细胞计数板在显微镜下直接测定酵母菌细胞数量。

每位学生独立完成显微镜下测定酵母数量。

【任务指导】

一、了解血细胞计数板的构造、计数原理和计数方法

见背景知识。

二、试验操作

（1）视待测菌悬液浓度，加无菌水适当稀释（斜面一般稀释到 10^{-2}），以每小格的菌数 3～5 个为宜。

（2）取洁净的血细胞计数板一块，在计数区上盖上一块盖玻片。

（3）将酵母菌悬液摇匀，用无菌滴管吸取少许，由盖玻片边缘滴一小滴（不宜过多），让菌悬液利用液体的表面张力充满计数区，勿使气泡产生，并用吸水纸吸去沟槽中流出的多余菌悬液。

(4) 静置片刻，将血细胞计数板置载物台上夹稳，先在低倍镜下找到计数区后，再转换高倍镜观察并计数。由于生活细胞的折射率和水的折射率相近，观察时应减弱光照的强度。

(5) 计数时若计数区是由16个中格组成，按对角线方位，数左上、左下、右上、右下的4个中格（即100小格）的菌数。如果是25个中格组成的计数区，除数上述四个中格外，还需数中央1个中格的菌数（即80个小格）（见图8-2）。如菌体位于中格的双线上，计数时则数上线不数下线，数左线不数右线，以减少误差。对于出芽的酵母菌，芽体达到母细胞大小一半时，即可作为两个菌体计算。为提高准确度，每个样品重复计数2～3次，若误差在统计的允许范围内，则可求其平均值。求出每一个小格中细胞平均数（N），按公式计算出每毫升（克）[mL(g)] 菌悬液所含酵母菌细胞数量。

$$每毫升菌液的菌数=每个小方格内菌数\times 4\times 10^{6}\times 稀释倍数$$

(6) 测数完毕，取下盖玻片，用水将血细胞计数板冲洗干净，吸水纸吸干，再用乙醇棉球轻轻擦拭后水冲，切勿用硬物洗刷或抹擦，以免损坏网格刻度。洗净后自行晾干或用吹风机吹干，放入盒内保存。

【报告内容】

将试验结果填入表8-1中。

表8-1 显微镜直接计数

计数次数	各中格菌数					稀释倍数	总菌数/(个/mL)或(个/g)
	1	2	3	4	5		
第一次							
第二次							
第三次							
平均值							

【思考题】

1. 根据你的体会，试分析影响本试验结果的误差来源并提出改进措施。
2. 为什么计数室内不能有气泡？试分析产生气泡的可能原因。

任务8-2 平板菌落计数

【任务验收标准】

1. 了解平板菌落计数的原理；
2. 掌握样品稀释液的制备方法；
3. 掌握涂抹平板培养法和混合平板培养法的操作要点，认识细菌的菌落特征；
4. 掌握菌落计数原则；
5. 掌握总菌落的计算方法。

【任务完成条件】

1. 苏云金芽孢杆菌（*Bacillus thuringiensis*）菌悬液；
2. 牛肉膏蛋白胨琼脂培养基；
3. 90mL无菌水、9mL无菌水、无菌平皿、1mL无菌吸管、天平、称样瓶、记号笔、无菌玻璃刮铲等。

【工作任务】

1. 样品稀释操作

以小组为单位进行，要求每个学生进行 1 组样品稀释操作。

2. 混合平板培养法操作

以小组为单位进行，合作完成试验任务。

3. 涂抹平板培养法操作

以小组为单位进行，合作完成试验任务。

4. 计数和报告

以小组为单位进行，要求每个学生独立完成计数和报告。

【任务指导】

一、试验前的准备工作

（1）先将牛肉膏蛋白胨琼脂培养基加热熔化，并置 50℃恒温水浴中保温备用。

（2）编号　取无菌平皿 9 个，编上 10^{-7}、10^{-8}、10^{-9}号码，每一号码设置三个重复。另取 9 支盛有 9mL 无菌水的试管，依次标明 10^{-1}、10^{-2}、10^{-3}、10^{-4}、10^{-5}、10^{-6}、10^{-7}、10^{-8}、10^{-9}。

二、试验操作

1. 样品稀释液的制备

用 1mL 无菌吸管吸取苏云金芽孢杆菌菌悬液（待测样品）1mL，放入标有 10^{-1}字样装有 9mL 无菌水的试管中，吹吸 3 次，让菌液混合均匀，即成 10^{-1}稀释液；另用一只 1mL 无菌吸管，吸取 10^{-1}稀释液 1mL，移入标有 10^{-2}字样装有 9mL 无菌水的试管中，吹吸 3 次，即成 10^{-2}稀释液；以此类推，连续稀释，制成 10^{-4}、10^{-5}、10^{-6}、10^{-7}、10^{-8}、10^{-9}等一系列稀释菌液。

用稀释平板计数时，待测菌稀释度的选择应根据样品确定。样品中所含待测菌的数量多时，稀释度应高，反之则低。通常测定细菌菌剂含菌数时，采用 10^{-7}、10^{-8}、10^{-9}稀释度；测定土壤细菌数量时，采用 10^{-4}、10^{-5}、10^{-6}稀释度；测定放线菌数量时，采用 10^{-3}、10^{-4}、10^{-5}稀释度；测定真菌数量时，采用 10^{-2}、10^{-3}、10^{-4}稀释度。

2. 平板接种培养

平板接种培养有混合平板培养法和涂抹平板培养法两种方法。

（1）混合平板培养法　将无菌平板编上 10^{-7}、10^{-8}、10^{-9}号码，每一号码设置三个重复，用无菌吸管按无菌操作要求吸取 10^{-9}稀释液各 1mL 放入编号 10^{-9}的 3 个平板中，同法吸取 10^{-8}稀释液各 1mL 放入编号 10^{-8}的 3 个平板中，再吸取 10^{-7}稀释液各 1mL 放入编号 10^{-7}的 3 个平板中（由低浓度向高浓度时，吸管可不必更换）。然后在 9 个平板中分别倒入已熔化并冷却至 45～50℃的细菌培养基，轻轻转动平板（见图 8-3），使菌液与培养基混合均匀，冷凝后倒置，适温培养。至长出菌落后即可计数（国家标准规定，需氧条件下，37℃，培养 48h）。

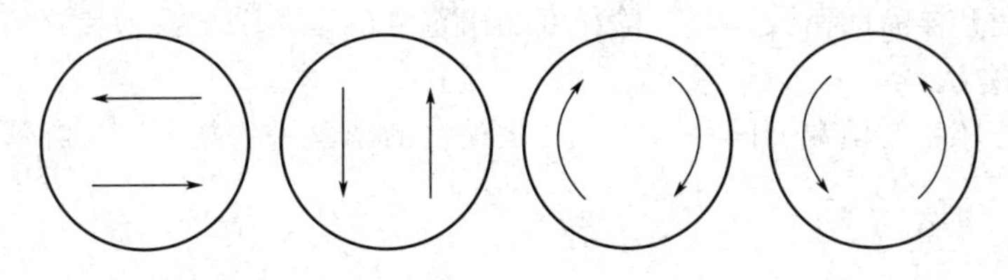

图 8-3　混菌摇匀方式及步骤示意

（2）涂抹平板培养法　涂抹平板培养法与混合法基本相同，所不同的是先将培养基熔化后趁热倒入无菌平板中，待凝固后编号，然后用无菌吸管吸取 0.1mL 菌液对号接种在不同稀释度编号的琼脂平板上（每个编号设三个重复）。再用无菌刮铲将菌液在平板上涂抹均匀，每个稀释度用一个灭菌刮铲，更换稀释度时需将刮铲灼烧灭菌。在由低浓度向高浓度涂抹时，也可以不更换刮铲。将涂抹好的平板平放于桌上 20～30min，使菌液渗透入培养基内，然后将平板倒转，保温培养，至长出菌落后即可计数。

三、计数和报告

（1）操作方法　培养到时间后，计数每个平板上的菌落数。可用肉眼观察，必要时用放大镜检查，以防遗漏。在记下各平板的菌落总数后，求出不同稀释度的各平板平均菌落数，再乘以稀释倍数，计算出原始样品中的菌落数。

（2）到达规定培养时间，应立即计数。如果不能立即计数，应将平板放置于 0～4℃，但不得超过 24h。

四、注意事项

（1）各稀释度菌液移入无菌培养皿内时，要"对号入座"，切莫混淆。

（2）不要直接取用来自冰箱的稀释液，以防因冷冻刺激影响活细胞生长繁殖而使菌落形成率受影响。

（3）每支移液管只能接触一个稀释度的菌液试管，每支移液管在移取菌液前，都必须在待移菌液中来回吹吸几次，使菌液充分混匀并让移液管内壁达到吸附平衡。

（4）菌液加入培养皿后要尽快倒入熔化并冷却至 50℃左右的琼脂培养基液，立即摇匀，否则菌体细胞常会吸附在皿底上，不易形成均匀分布的单菌落，从而影响计数的准确性。

【报告内容】

将试验结果填入表 8-2 中。

表 8-2　平板菌落计数

稀释度	10^{-7}				10^{-8}				10^{-9}			
菌落数	1	2	3	平均	1	2	3	平均	1	2	3	平均
每毫升样品活菌数												

计算结果时，常按下列标准从接种后的 3 个稀释度中选择一个合适的稀释度，求出样品中的含菌数。

（1）同一稀释度各个重复的菌数相差不太悬殊。

（2）细菌、放线菌、酵母菌以每皿 30～300 个菌落为宜，霉菌以每皿 10～100 个菌落为宜。

选择好计数的稀释度后，即可统计在平板上长出的菌落数，统计结果按下式计算。

混合平板计数法：

每毫升样品的菌数＝同一稀释度几次重复的菌落平均数×稀释倍数

涂抹平板计数法：

每毫升样品的菌数＝同一稀释度几次重复的菌落平均数×10×稀释倍数

【思考题】

1. 平板菌落计数的原理是什么？它适用于哪些微生物的计数？
2. 菌液样品移入培养皿后，若不尽快地倒入培养基并充分摇匀，将会出现什么结果？为什么？
3. 要获得本试验的成功，哪几步最为关键？为什么？
4. 平板菌落计数法与显微镜直接计数法相比，各有何优缺点？

5. 仔细观察你的计数平板，试比较长在平板表面和内层的菌落各有何不同？

任务 8-3　比浊法计数

【任务验收标准】

1. 了解比浊法测定微生物数量的原理；
2. 掌握比浊法计数的操作方法；
3. 能够测定培养液中的菌体数量。

【任务完成条件】

1. 大肠杆菌振荡培养 4h、8h、12h 的培养物；
2. 722 分光光度计或紫外分光光度计等。

【工作任务】

1. 对菌体样品进行浊度测定，获得 *A* 值。
2. 比较不同培养时间菌体样品的 *A* 值差异。

【任务指导】

1. 把分光光度计或紫外分光光度计的波长调整到 420nm，开机预热 10～15min。

2. 在比色皿中盛入未接种的培养液进行零点调整。

3. 将培养了 4h、8h、12h 的大肠杆菌菌液分别倒入相同类型的比色皿中，测定其 *A* 值。若菌液浓度大，可适当进行稀释，使 *A* 值的读数在 0.0～0.4 之间。

4. 测定后把比色皿中的菌液倾入容器中，用水冲洗比色皿，冲洗水也收集于容器中进行灭菌。最后再用 75%酒精冲洗比色皿。

【报告内容】

1. 记录所测 *A* 值，如样品经过稀释则需计算出原菌液的 *A* 值。
2. 说明不同培养时间菌体样品 *A* 值存在差异的原因。

【思考题】

1. 比浊法计数的原理是什么？有何优缺点？
2. 如果实验中需要测定酵母菌样品的 *A* 值，将如何选择波长？
3. 通过测定 *A* 值想要知道样品的活菌数，需要补充哪些实验？
4. 若要测定细菌的生长曲线，应如何设计实验？

阅读小知识：

微生物其他计数方法

1. 菌丝长度测定法

该法主要是对丝状真菌菌丝生长长度进行测定，一般是在固体培养基上进行。最简单的方法是将真菌接种在平皿的中央，定时测定菌落的直径或面积。对生长快的真菌，每隔 24h 测定一次；对生长慢的真菌可数天测定一次，直到菌落覆盖整个平皿为止。由此可绘制出生长曲线。该法的缺点是没有反映菌丝的纵向生长，即未对菌落的厚度和深入培养基内的菌丝进行计算，另外接种量也会影响结果，即未能反映菌丝的总量。

另一个计算真菌生长速度的方法是 U 形管培养法，见图 8-4。在 U 形管的底部铺设一层培养基，将被测菌接种在 U 形管的一端，按一定的时间间隔测定菌丝的长度。这种方法的优点是方法简便，生长较快的菌丝可以有足够的时间进行测量，不易污染；缺点是通气不良。

2. 细胞堆积体积测定法

将细胞悬液装入毛细沉淀管内，见图 8-5。在一定条件下离心，根据堆积体积计算含菌量，也可以将菌液直接装入常用的刻度离心管内，用一定转速与时间进行离心，用所得的沉淀体积推算出细胞的质量。此法快速、简便，但培养液不能有其他的固体颗粒，否则误差较大。

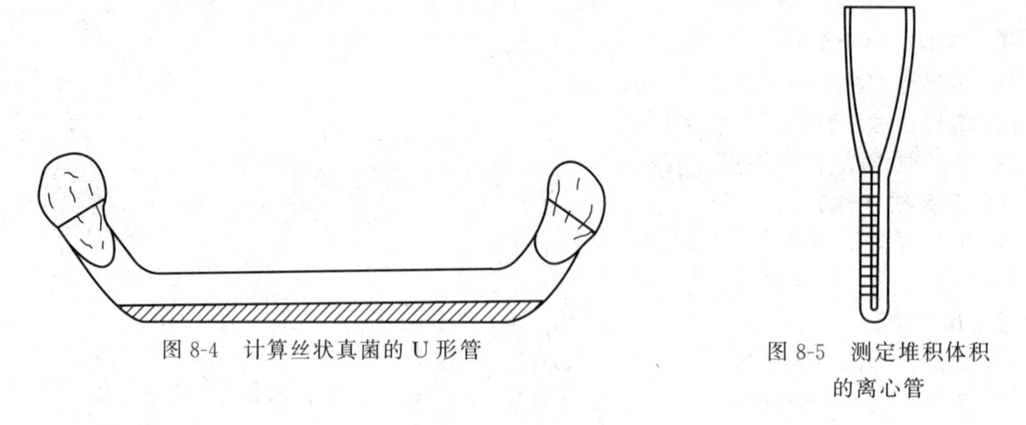

图 8-4　计算丝状真菌的 U 形管

图 8-5　测定堆积体积的离心管

3. 电子计数器法

此法是用电子的细胞计数器计算细胞数量，又称电阻法，见图 8-6。在计数器中放有电解质和两个电极，将电极一端放入一个带微孔的小管内，当接通电源后，从该小管上部抽真空，则使含有菌体的电解质从小孔进入管内，当细胞通过小孔时，则电阻会增大，电阻增大会引起脉冲变化，该脉冲则记录在电子标尺装置上，每个细胞通过时均被记录下来。因计数器吸入样品体积是已知的，因而可计算出菌体的浓度。另外，菌体的大小与电阻的大小成正比，因此，脉冲的强度也反映了细胞的大小。计数器配有不同大小的微孔，可测定各种大小不同的细胞。此法简便、快速，但需配置该设备，并且不能测定含有颗粒杂质的菌液，对链状菌和丝状菌无效。

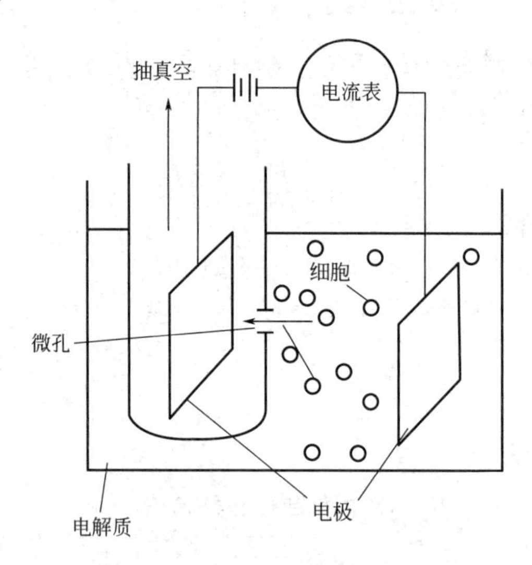

图 8-6　电子计数器测定细胞数量的示意

项目九　菌种保藏技术

【知识目标】

1. 学习认识几种菌种保藏的方法，了解每种保藏法的特点；

2. 掌握菌种保藏方法的基本原理。

【能力目标】

1. 能够选用合适的方法保存菌种；
2. 能够进行实验室保存菌种的基本操作。

【背景知识】

菌种是一个国家所拥有的重要生物资源，菌种保藏是一项极其重要的微生物学基础工作。在自然条件下，菌种的污染、死亡和生产性能的逐渐下降是不可避免的。不论是工农业生产所用的菌种，还是研究工作所用的菌种，都必须将它们妥善保藏。所谓菌种保藏是把从自然界分离到的野生型或经人工选育的用于科学研究和工业生产的优良菌种，用各种适宜的方法妥善保存，尽可能保持其原来的性状和活力，使之不死亡、不衰退、不变异，且不被污染，以达到便于随时供应优良菌种给生产和科研进行研究、交换和使用。

在国际上一些工业较发达的国家中都设有相应的菌种保藏机构。例如：中国微生物菌种保藏委员会（CCCCM）、美国典型菌种保藏中心（ATCC）、美国的“北部地区研究实验室”（NRRL）、荷兰的霉菌中心保藏所（CBS）、英国的国家典型菌种保藏所（NCTC）、前苏联的全苏微生物保藏所（UCM）以及日本的大阪发酵研究所（IFO）等都是有关国家有代表性的菌种保藏机构。实际上菌种保藏不仅仅是专门的菌种保藏机构的工作，所有利用微生物菌株来进行研究或生产的人都需要做此项工作，因此在保藏菌种时就需要考虑各种菌种保藏方法的适用范围、操作方法的繁简以及是否需要特殊设备等问题。

一、 菌种保藏的基本原理

微生物具有容易变异的特性，因此，在保藏过程中，必须使微生物的代谢处于最不活跃或相对静止的状态，但又不至于死亡，才能在一定的时间内使其不发生变异而又保持生活能力，从而达到保藏的目的。菌种保藏的基本原理是使微生物的代谢作用降至极低限度，使其处于不活泼的休眠状态。从微生物本身来讲，就是要挑选典型菌种的优良纯种，最好采用它们的休眠体（如分生孢子、芽孢等），如有孢子或芽孢的微生物，要在它们生出孢子或芽孢后再进行保藏；从环境条件来讲，则是创造一个适合其长期休眠的环境条件，诸如低温、干燥、缺氧、避光、缺乏营养以及添加保护剂或酸度中和剂等。大多数菌种保藏的方法都是根据这些因素或其中部分因素而设计的。

水分对生化反应和一切生命活动至关重要，因此，干燥尤其是深度干燥，在保藏中占有首要地位就不言而喻了。五氧化二磷、无水氯化钙和硅胶是良好的干燥剂，当然，高度真空还可同时达到驱氧和深度干燥的双重目的。

除水分外，低温乃是保藏中的另一重要条件。微生物生长的温度低限约在－30℃，可是，在水溶液中能进行酶促反应的温度低限则在－140℃左右。这或许就是为什么在有水分的条件下，即使把微生物保藏在较低的温度下，还是难以较长期地保藏它们的一个主要原因。在低温保藏中，细胞体积较大者一般要比较小者对低温更为敏感，而无细胞壁者则比有细胞壁者敏感。其原因同低温会使细胞内的水分形成冰晶，从而引起细胞结构尤其是细胞膜的损伤有关。如果放到低温（不是一般冰箱）下进行冷冻时，适当采用速冻的方法，可因产生的冰晶小而可减少对细胞的损伤。当从低温下移出并开始升温时，冰晶又会长大，故快速升温也可减少对细胞的损伤。当然，不同微生物的最适冷冻速度和升温速度也是不同的。冷冻时的介质对细胞损伤与否也有显著的影响。例如，0.5mol/L左右的甘油或二甲基亚砜可透入细胞，并通过降低强烈的脱水作用而保护细胞；大分子物质如糊精、血清白蛋白、脱脂牛奶或聚乙烯吡咯烷酮（PVP）虽不能透入细胞，但可能是通过与细胞表面结合的方式而防止细胞膜受冻伤。在实践中，发现用较低的温度进行保藏时效果更为理想，如液氮温度（－195℃）比干冰温度（－70℃）好，－70℃又比－20℃好，而－20℃则比4℃好。

二、菌种保藏方法

一种良好的保藏方法，首先应能保持原菌的优良性状不变，经长期保藏后菌种仍存活健在，能保证高产突变株不改变表型和基因型，特别是不改变初级代谢产物和次级代谢产物生产的高产能力。同时还必须考虑方法的通用性和操作的简便性。具体的菌种保藏方法很多，其原理和应用范围各有侧重，优缺点也有所差别。依据不同的菌种或不同的需求，应该选用不同的保藏方法。一般情况下，斜面保藏、半固体穿刺、石蜡油封存和沙土管保藏法较常用，也比较容易操作。

1. 传代培养保藏法

传代培养保藏法是将菌种定期在新鲜琼脂培养基上传代，然后在一定的生长温度下生长和保存的传代保藏方法，有斜面低温保藏、半固体穿刺保藏等。其具体做法是将菌种接种于所适宜的培养基上，用斜面、半固体穿刺培养物或悬液等形式，在最适温度下培养，待生长好后，置于一般冰箱的冷藏室内保藏，每隔一定时间进行移接培养后，再进行保藏。根据科研和工厂生产上需要，便于使用菌种，经常使用斜面低温保藏法来保藏菌种。

斜面低温保藏法是将所需保藏的菌种接种到斜面培养基上，所用的培养基，对霉菌和酵母是用曲汁或麦芽汁琼脂，对细菌则通常用肉汤琼脂培养基。待菌种生长好后，直接放入2～4℃冰箱内保存。这种方法一般可保藏菌种三个月至半年，保藏时间依微生物的种类而有所不同，如有孢子的霉菌、放线菌及有芽孢的细菌可保藏半年左右，移种一次；酵母菌可保存三个月左右；不产芽孢的细菌可保存一个月左右，最好每月移种一次。

斜面低温保藏为实验室和工厂菌种室常用的保藏法，优点是便于随时接种使用，最为简单、经济，使用方便，设备简单，不需任何特殊设备，能随时检查所保藏的菌株是否死亡、变异与污染杂菌等。缺点是保藏时间短，需要传代次数多，易引起菌种的变异和退化，因为培养基的物理、化学特性不是严格恒定的，屡次传代会使微生物的代谢改变，而影响微生物的性状。另外污染杂菌的机会亦较多。所以一般生产上的高产菌种，不宜于采用此法保藏。

2. 载体保藏法

载体保藏法是将微生物吸附在适当的载体，如土壤、沙子、硅胶、滤纸上，而后进行干燥的保藏法。

（1）沙土管保藏法　载体保藏法中最常用的是沙土管保藏法。沙土管主要使微生物处于干燥环境下长期休眠，所以主要用于保存比较耐干燥的微生物孢子或芽孢，对于一些对干燥敏感的细菌如奈氏球菌、弧菌、假单胞杆菌和酵母菌则不适用。沙土管置于室温环境中就可以保存数年。

沙土管保藏法是抗生素生产和研究单位保藏放线菌最常用的方法，在抗生素工业生产中应用最广且效果好。此法适用于产孢子的微生物，如放线菌和霉菌的保存。由于制作简便，不需什么复杂的设备，移接方便，保藏时间可达数年至数十年，所以被广泛采用。该方法不适用于无芽孢细菌和酵母菌的保藏。

（2）土壤保藏法　该法与沙土管保藏法相似，但完全用土壤代替河沙，且对土壤不需用盐酸作预处理。

此法适合于保藏土壤细菌、放线菌、丝状真菌等。此法简便，保藏时间较长，利用这种方法保存菌种一般可达2～6年，微生物转接也较方便，应用范围较广。

（3）滤纸保藏法　将微生物细胞或孢子吸附在滤纸上，干燥后加以保存称为滤纸保藏法。此法对细菌、酵母菌、丝状真菌等都有一定效果。

（4）麸皮保藏法　我国制曲具有悠久的历史，曲既是酿造的酶制剂，也是保存酿造用的微生物的一种方式。利用麸皮保藏菌种，就是按照这一原理制作的。具体方法为称取一定量的麸皮（可用各种谷物代替），加水或营养液后拌匀，其水量达到其湿润疏松为止，装入小试管内，约为1cm高度，加棉塞后用纸包扎好，再经高压蒸汽灭菌1h。接入所需保藏的菌种，待生长良好后，将麸皮管置于装有氯化钙的干燥器中，于室温下进行干燥。干燥后将干燥器放在低温处存放，也可将小管用火焰封口，然后存放于低温处。

此法适用于保藏根霉、曲霉、青霉、红曲霉等属和赤霉菌，效果甚佳。

3. 矿油保藏法

矿油保藏法又称液体石蜡保藏法，是建立在传代培养保藏法基础之上的，能够适当延长保藏时间。将菌种斜面接种或半固体穿刺接种，待其充分生长后，灌入已灭过菌的矿油（液体石蜡）掩盖住整个斜面或琼脂柱，需加入石蜡油层高于培养基表面1cm左右高度为宜。一方面可防止因培养基水分蒸发而引起菌种死亡，另一方面可使其与空气隔绝，阻止氧气进入，抑制新陈代谢，推迟细胞老化，因而能延长微生物的保存时间。可用于丝状真菌、酵母、细菌和放线菌的保藏。特别对难于冷冻干燥的丝状真菌和难以在固体培养基上形成孢子的担子菌等的保藏更为有效。霉菌、放线菌、有芽孢细菌可保藏2年左右，酵母菌可保藏1～2年，一般无芽孢细菌也可保藏1年左右，甚至用一般方法很难保藏的脑膜炎球菌，在37℃温箱内，亦可保藏3个月之久。

此法的优点是简便实用而且效果好，在室温下保藏菌种，不需特殊设备，不需经常移种，保存时间较长。缺点是保存时必须直立放置，所占位置较大，不便携带，在移种时接种环在火焰上灼烧，培养物易与液体石蜡一起飞溅，应特别注意。

4. 冷冻真空干燥保藏法

冷冻真空干燥保藏法又称低压冻干法或冷冻干燥法，该法是在极低温度（−70℃左右）下快速地将菌体细胞冻结且保持完整，然后在减压条件下利用升华现象除去水分（真空干燥），达到使培养物干燥的目的，并在真空条件下熔封管口，故此法可简称为冻干法。由于细胞在进入休眠状态之前，经历了低温、脱水、抽真空等过程，一部分细胞不可避免会死亡或受到不同程度的伤害，为防止因冷冻或水分不断升华对细胞的损害，宜采用保护剂来制备菌悬液。保护剂可通过氢键和离子键对水和细胞产生亲和力，从而稳定细胞成分的构型。常用的保护剂有牛乳、血清、糖类、甘油、二甲基亚砜等。

冷冻真空干燥保藏法运用了有利于菌种保藏的一切因素，使微生物始终处于低温、干燥、缺乏营养和氧气的条件下，由于微生物在这种环境下生长和代谢都暂停，且不易发生变异，因而这种保藏方法可长期保存菌种，是迄今为止最有效的菌种保藏方法之一。

冷冻真空干燥保藏法适用绝大多数菌种的保藏，对一般生活力强的微生物及其孢子以及无芽孢菌都适用，即使对一些很难保存的致病菌，如脑膜炎球菌与淋病球菌等亦能保存。安瓿管一般存放在4～6℃低温处，大部分微生物菌种可在冻干状态下保藏5～15年之久，甚至更长时间不丧失活力；经冻干后的菌株无需进行冷冻保藏，便于运输。该法的缺点是设备和操作都比较复杂。

5. 液氮超低温保藏法

液氮超低温保藏法是将菌种的悬液密封于安瓿管内，经控制速度的冻结后，储藏在

－196～－150℃液氮超低温冰箱或液氮筒内。其原理是将细胞冷冻，使其代谢活动停止，从而使细胞处于休眠状态中长期保存。一般说来，保藏温度越低，效果越好。在液氮中，温度可达到－196℃，因此从适用的微生物范围、存活期限及状态稳定性等方面来看，该法是较理想的一种保藏方法。

在－196℃下保藏菌种时，其存活率受降温过程冷冻速度的影响特别显著。一般菌种悬液中要加入防冻剂，最常用的冷冻保护剂是二甲基亚砜和甘油，缓慢冷冻效果较好。

此法保藏菌种一般达二十年以上，除适宜于一般微生物的保藏外，对一些用冷冻干燥法都难以保存的微生物，如支原体、衣原体、氢细菌、难以形成孢子的霉菌、噬菌体及动物细胞均可长期保藏，而且性状不变异。对那些在培养基上只产生菌丝体的真菌，其中尤以担子菌内的菌株，必须采用此法保藏，才可获得满意的效果。此法操作技术并不复杂，关键在于要有液氮罐或液氮冰箱设备，所耗费用较多。

表 9-1 对几种常用菌种保藏方法进行了比较。

表 9-1 几种常用菌种保藏方法的比较

方 法	主要措施	适宜菌种	保藏期	评价
斜面低温保藏法	低温(4℃)	各大类	1～6 个月	简便
半固体穿刺保藏法	低温(4℃),避氧	细菌,酵母菌	6～12 个月	简便
液体石蜡保藏法	低温(4℃),阻氧	各大类	2～3 年	简便
甘油管保藏法	低温(－20℃),保护剂(15%～50%甘油)	细菌,酵母菌	0.5～1 年	较简便
沙土管保藏法	干燥,无营养	产孢子的微生物	1～10 年	简便有效
冷冻真空干燥保藏法	干燥,低温,无氧,有保护剂	各大类	5～15 年	繁而高效
液氮超低温保藏法	超低温(－196℃),有保护剂	各大类	>15 年	繁而高效

任务 9-1 实验室常用简易菌种保藏法

【任务验收标准】

1. 了解菌种保藏的基本原理；
2. 掌握几种常用的菌种保藏方法。

【任务完成条件】

1. 待保藏的大肠杆菌、枯草芽孢杆菌、啤酒酵母、黑曲霉等适龄菌株斜面；
2. 肉汤蛋白胨斜面，半固体及液体培养基，10%盐酸，无水氯化钙，石蜡油，五氧化二磷；
3. 用于菌种保藏的小试管（10mm×100mm）数支，5mL 无菌吸管，1mL 无菌吸管，灭菌锅，真空泵，干燥器，冰箱，无菌水，筛子（40 目、120 目），标签，接种针，接种环，棉花，牛角匙等。

【工作任务】

1. 分组进行，掌握斜面低温保藏、半固体穿刺保藏、液体石蜡保藏、沙土管保藏法等实验室常用的菌种保藏方法，选用合适的方法保藏所提供的菌种。
2. 甘油管保藏法、滤纸保藏法选做。

【任务指导】

一、斜面低温保藏

1. 贴标签

取无菌的肉汤蛋白胨斜面数支。在斜面的正上方距离试管口 2～3cm 处贴上标签。在标签纸上写明接种的细菌菌名、培养基名称和接种日期。

2. 斜面接种

将待保藏的菌种用接种环以无菌操作法移接至相应的试管斜面上。细菌和酵母菌宜采用对数生长期的细胞，放线菌和丝状真菌宜采用成熟的孢子。

3. 培养

细菌于37℃恒温培养18～24h，酵母菌于28～30℃培养36～60h，放线菌和丝状真菌置于28℃培养4～7d。

4. 保藏

斜面长好后，直接放入4℃的冰箱中保藏。为防止棉塞受潮长杂菌，管口棉花应用牛皮纸包扎，或换上无菌胶塞，亦可用熔化的固体石蜡熔封棉塞或胶塞。

二、半固体穿刺保藏

1. 贴标签

取无菌的牛肉膏蛋白胨半固体深层培养基试管数支，贴上标签，注明菌种名称、培养基名称和接种日期。

2. 穿刺接种

用接种针以无菌方式从待保藏的细菌斜面上挑取菌种，朝深层琼脂培养基中央直刺至接近试管底部（注意不要穿透到管底），然后沿原线拉出。

3. 培养

置37℃恒温箱中培养48h。

4. 保藏

半固体深层培养基菌种长好以后，放入4℃的冰箱中保藏，亦可将试管塞上橡皮塞或熔封后，置于4℃冰箱保藏。

三、液体石蜡保藏法

见图9-1。

1. 液体石蜡灭菌

在250mL三角烧瓶中装入100mL液体石蜡，塞上棉塞，并用牛皮纸包扎，0.100MPa、121℃高压蒸汽灭菌30min。

2. 蒸发水分

将湿热灭菌的液体石蜡于40℃温箱中放置14d（或置于105～110℃烘箱中1h），以蒸发掉石蜡中的水分，备用。

3. 标记

同斜面低温保藏。

4. 接种培养

同斜面低温保藏。

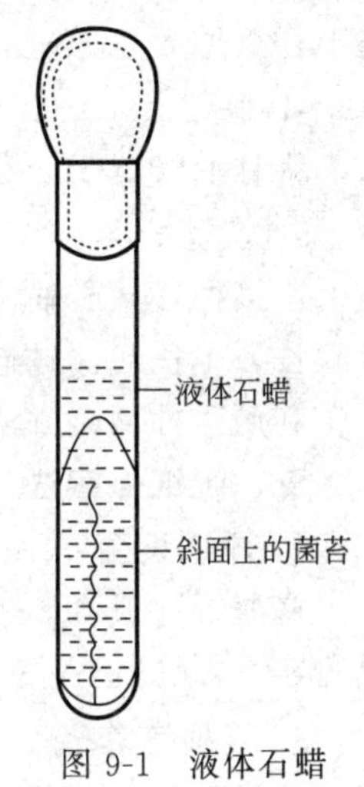

图9-1　液体石蜡保藏法

5. 加液体石蜡

用灭菌吸管吸取灭菌的液体石蜡以无菌操作注入已培养好的菌种斜面上，加入的量以高出斜面顶端1cm为宜，使菌种与空气隔绝。

6. 保藏

石蜡油封存以后，棉塞外包牛皮纸，将试管直立放置于4℃冰箱中保存。也可直接放在低温干燥处保藏。

7. 恢复培养

用接种环从液体石蜡下挑取少量菌种，在试管壁上轻靠几下，尽量使油滴净，再接种于新鲜培养基中培养。由于菌体表面粘有液体石蜡，生长较慢且有黏性，故一般必须转接 2 次才能获得良好菌种。

注意事项如下。

（1）从液体石蜡封藏的菌种管中挑菌后，接种环上带有油和菌，培养物容易与残留的液体石蜡一起飞溅，故接种环在火焰上灭菌时要先在火焰边烤干再直接灼烧，以免菌液四溅，引起污染，应特别注意。

（2）其操作要点是首先让待保藏菌种在适宜的培养基上生长，然后注入灭菌的石蜡油，石蜡油的用量以高出培养物 1cm 为宜。

（3）以液体石蜡作为保藏方法时，应对需保藏的菌株预先做试验。因为某些菌株在液体石蜡下生长还十分明显，有些菌株如某些假丝酵母还会同化液体石蜡，也有的对液体石蜡保藏敏感。所有这些菌株都不能用液体石蜡保藏。为了预防不测，一般保藏株 2～3 年也应做一次存活试验。

四、甘油管保藏法

1. 甘油灭菌

在 100mL 三角瓶中装入 10mL 甘油，塞上棉塞，并用牛皮纸包扎，121℃湿热灭菌 20min。

2. 接种培养

用接种环取一环菌种接种到新鲜的斜面培养基上，在适宜的温度条件下使其充分生长。

3. 加无菌甘油

在培养好的斜面中注入 2～3mL 无菌水，刮下斜面振荡，使细胞充分分散成均匀的悬浮液，并且使细胞的浓度约为 10^8～10^{10}个/mL。用无菌吸管吸取上述菌悬液 1mL 置于一甘油管中，再加入 0.8mL 无菌甘油，振荡，使培养液与甘油充分混匀。

4. 保藏

将甘油管置于－20℃冰箱中保存。

5. 恢复培养

用接种环从甘油管中取一环甘油培养物，接种于新鲜培养基中恢复培养。由于菌种保藏时间长，生长代谢较慢，故一般必须转接 2 次才能获得良好菌种。

利用这种保藏方法，一般可保藏 0.5～1 年左右。

五、滤纸保藏法

1. 滤纸灭菌

将滤纸剪成 0.5cm×1.2cm 的小条，装入 0.6cm×8cm 的安瓿管中，每管 1～2 张，塞以棉塞，1.05kgf/cm^2、121℃灭菌 30min。

2. 接种培养

将需要保存的菌种在适宜的斜面培养基上培养，使充分生长。

3. 制备菌悬液

取灭菌脱脂牛乳 1～2mL 滴加在灭菌培养皿或试管内，取数环菌苔在牛乳内混匀，制成浓悬液。

4. 加样

用灭菌镊子自安瓿管取滤纸条浸入菌悬液内，使其吸饱，再放回至安瓿管中，塞上棉塞。

5. 干燥

将安瓿管放入内有五氧化二磷作吸水剂的干燥器中，用真空泵抽气至干。

6. 保藏

将棉花塞入管内，用火焰熔封，保存于低温下。

7. 恢复培养

需要使用菌种、复活培养时，可将安瓿管口在火焰上烧热，滴一滴冷水在烧热的部位，使玻璃破裂，再用镊子敲掉口端的玻璃，待安瓿管开启后，取出滤纸，放入液体培养基内，置温箱中培养。

细菌、酵母菌、丝状真菌均可用此法保藏，前两者可保藏 2 年左右，有些丝状真菌甚至可保藏 14～17 年之久。此法较液氮、冷冻干燥法简便，不需要特殊设备。

六、沙土管保藏法

1. 筛沙

用 40 目筛子过筛细河沙，以去掉粗颗粒，放于烧杯中，加入 10%稀盐酸浸没沙子，浸泡 2～4h 或加热煮沸 30min，以去除其中的有机质。倒去酸液，用自来水冲洗至中性。烘干备用。

2. 筛土

取非耕作层的不含腐殖质的瘦黄土或红土，加自来水浸泡洗涤数次，直至中性。烘干碾细，通过 120 目筛子过筛，以去除粗颗粒，备用。

3. 制作沙土管

按 1 份土加 4 份沙的比例均匀混合（或根据需要而用其他比例，甚至可全部用沙或全部用土），混匀后装入 10mm×100mm 小试管中，每管装量 1g 左右。塞上棉塞，牛皮纸包扎后高压蒸汽灭菌（0.15MPa，1h）2～3 次，烘干。

4. 无菌检查

抽样进行无菌检查，每 10 支沙土管抽一支，将沙土倒入肉汤培养基中，37℃培养 48h，若仍有杂菌，则需全部重新灭菌，再作无菌验，直至证明无菌，方可备用。

5. 制备菌悬液

选择培养成熟的（一般指孢子层生长丰满的，营养细胞用此法效果不好）优良菌种，取 3mL 无菌水至待保藏的菌种斜面中，用接种环轻轻刮下菌苔。振荡制成菌悬液。

6. 加样

用 1mL 吸管吸取上述菌悬液 0.1mL（约 2 滴）至沙土管（一般以刚刚使沙土润湿为宜），再用接种环拌匀，塞好棉塞。

7. 干燥

把装好菌液的沙土管放入干燥器中，器内放置五氧化二磷或无水氯化钙作干燥剂。干燥剂吸湿后及时更换，几次以后即可干燥。有条件也可用真空泵连续抽气 3～4h，使之干燥，效果更好。抽干时间越短越好，务使在 12h 内抽干。

8. 无菌检验

每 10 支抽取 1 支，用接种环取出少数沙粒，接种于斜面培养基上，进行培养，观察生长情况和有无杂菌生长，如出现杂菌或菌落数很少或根本不长，则说明制作的沙土管有问题，尚须进一步抽样检查。

9. 保藏

干燥后的沙土管可依具体条件采用适当的方法进行保藏。可直接放入冰箱中保藏，可用石蜡封住棉塞后放冰箱中保藏，可放于简易干燥器中于室温下保存，还可用喷灯在棉塞下面部位熔封管口进行保存。

【报告内容】

1. 记录所选用的菌种保藏技术的操作要点；

2. 将保藏菌种的情况记录到表 9-2 中。

表 9-2 菌种保藏

接种日期	菌种名称	培养条件		保藏方法	保藏温度	备注
		培养基	培养温度			

【思考题】

1. 菌种保藏中石蜡油的作用是什么？
2. 经常使用的细菌菌株用哪种保藏方法比较好？
3. 沙土管法适合保藏哪一类微生物？

任务 9-2 菌种的冷冻真空干燥保藏法

【任务验收标准】

1. 理解冷冻真空干燥保藏法的基本原理；
2. 掌握冷冻真空干燥保藏菌种的方法。

【任务完成条件】

1. 待保藏的各种菌种；
2. 2%盐酸，牛奶，安瓿管，标签，长滴管，脱脂棉，干冰，离心机，冷冻真空装置(真空泵或冷冻真空干燥机)，高频电火花器。

【工作任务】

分组用冷冻真空干燥法保藏不同菌种。

【任务指导】

1. 准备安瓿管

采用由中性硬质玻璃制成的安瓿管。安瓿管有多种类型，可根据情况选用。所用安瓿管先用 2%HCl 浸泡 8～10h 后用自来水冲洗多次，最后用蒸馏水洗 1～2 次，烘干。将印有菌名和接种日期的标签放入安瓿管内，有字的一面朝向管壁。管口塞上棉塞，121℃灭菌 30min，备用。

2. 制备脱脂乳

将鲜奶脱脂，方法是先将牛奶煮沸，除去上面的一层脂肪，然后用脱脂棉过滤，3000r/min离心 15min。如果一次不行，可重复几次，直至除尽脂肪为止。牛奶脱脂后，在 0.05MPa 灭菌 30min，也可使用脱脂奶粉配成 20%乳液后，121℃灭菌 30min，并做无菌检验后备用。

3. 准备菌种

选用无污染的纯菌种，培养时间一般是细菌 24～48h，酵母菌 3d，放线菌与丝状真菌 7～10d。

4. 制备菌悬液

制备悬液时，如用固体培养基培养，可吸取 3mL 无菌牛奶直接加在培养基的表面，洗下菌细胞或孢子，使其均匀地悬浮在保护剂内。注意勿使琼脂斜面破碎和产生较多的气泡。保护剂的加入量根据斜面生长物的多少而定，通常 16mm×160mm 的试管，每管加 2～

3mL，最终细胞浓度，细菌或孢子数以 10^8～10^{10} 个/mL 为宜。如用液体培养，先进行离心，收集细胞，再加适量的保护剂，搅动使其成均匀的菌悬液。

5. **分装**

用无菌长滴管将菌悬液直接滴入无菌安瓿管底部，每支安瓿管的装入量为 0.1～0.2 mL（一般为安瓿管球部体积的 1/3）。分装时应谨慎小心，注意勿使菌液触及安瓿管颈部，以防污染杂菌。

6. **预冻**

从制备菌悬液开始，再经分装到预冻之间的时间不宜过长，一般不要超过 1h，特别是在夏季，时间过长孢子可能萌发，必须及时预冻。预冻是将安瓿管中的菌悬液冻结成冰，以防在抽真空时发生气泡溢出。将分装好的安瓿管浸入－40～－25℃之间的装有干冰和 95％乙醇的预冷槽中进行预冻 1h，也可在低温冰箱中预冻，使菌悬液冻结成固体。

7. **真空干燥**

完成预冻后，升高总管使安瓿管仅底部与冰面接触（此处温度约－10℃），以保持安瓿管内的菌悬液仍呈固体状态。开启真空泵进行干燥，应在 5～15min 内使真空度达 66.7Pa 以下，使被冻结的菌悬液开始升华，当真空度达到 26.7～13.3Pa 时，冻结样品逐渐被干燥成白色片状，样品中水分大量升华，此时使安瓿管脱离冰浴，在室温下（25～30℃）继续干燥（管内温度不超过 30℃），升温可加速样品中残余水分的蒸发。总干燥时间应根据安瓿管的数量、菌悬液装量及保护剂性质来定，一般 3～4h 即可。样品是否达到干燥可根据以下经验判断：样品中水分升华 95％以上时，样品呈现酥丸状或松散的片状；真空度接近达到无样品时的最高真空度；温度计所反应的样品温度与管外的温度接近。

8. **封管**

样品干燥后，应慢慢地使箱内或管内压力与大气压逐渐平衡，即可取出安瓿管。样品中残留水分在 1％～3％范围内就可进行密封。密封前先将安瓿管上部，在堵棉塞的下方用火焰烧熔，拉成细颈，然后再将安瓿管装入歧管；继续抽真空至 1.33Pa 后，在安瓿管棉塞的稍下部位用酒精喷灯火焰灼烧，拉成细颈并熔封。安瓿管封好后，要用高频火花器检查各安瓿管的真空情况。如果管内呈现灰蓝色光，证明保持着真空。但必须注意，检查时高频电火花切勿直接对准样品，高频电火花器应射向安瓿管的上半部。

9. **保藏**

冷冻干燥后的培养物置 4℃冰箱内或在低温避光处保藏。较低的保藏温度（－70～－20℃）对于培养物的长期稳定更好。

10. **活化**

如果要取出菌种恢复培养，可先在超净工作台中用 75％乙醇将安瓿管的外壁消毒，然后将安瓿管上部在火焰上烧热，再在烧热处滴几滴无菌水，使安瓿管壁出现裂缝，放置片刻，让空气从裂缝中缓慢进入管内后，用无菌纱布或无菌毛巾包好安瓿，然后用手掰开安瓿。这样可防止空气因突然开口而进入管内致使菌粉飞扬。将 0.5mL 生理盐水加入冻干样品中，轻轻振荡 5～10min，使干菌粉充分溶解，再用无菌的长颈滴管吸取菌液至合适培养基中，放置在最适温度下培养观察。

注意事项如下。

（1）由于此法保藏时间长达数年至数十年，因此保藏的菌种在保藏之前应进行纯度检验，并注意采用合适菌龄的培养物。

（2）样品预冻的降温速度要根据菌种而定，且要采用合适的保护剂。

（3）熔封安瓿管时注意火焰大小要适中，封口处灼烧要均匀，若火焰过大，封口处易弯斜，冷却后易出现裂缝而造成漏气。

（4）封好的安瓿管由于管内为真空状态，打开时应注意防止培养物扩散。

【报告内容】

1. 简述真空冷冻干燥保藏菌种的原理；

2. 填写保藏菌种记录。

【思考题】

1. 试分析冷冻真空干燥保藏法中采用了哪些有利于降低细胞代谢水平的因素？
2. 冷冻真空干燥保藏法中，样品为什么要进行预冻，且降温速度要控制？

任务 9-3　菌种的液氮超低温保藏法

【任务验收标准】

1. 理解液氮超低温保藏法的基本原理；

2. 掌握液氮超低温保藏方法的基本操作技术。

【任务完成条件】

1. 待保存菌种悬液；

2. 琼脂斜面，液体培养基，10%盐酸，10%甘油，无水氯化钙，10%二甲基亚砜（DMSO）；

3. 液氮保藏罐，泪滴形安瓿管，真空泵，干燥器，水浴锅，酒精喷灯，冰箱，低温冰箱，无菌移液管。

【工作任务】

了解液氮罐的结构并学习液氮超低温菌种保藏法。

【任务指导】

1. 准备安瓿管

用于液氮保藏的安瓿管，要求能耐受温度突然变化而不致破裂，因此，需要采用硼硅酸盐玻璃制造的安瓿管，安瓿管的大小通常使用75mm×10mm或能容1.2mL液体的安瓿管。

2. 加保护剂与灭菌

保存细菌、酵母菌或霉菌孢子等容易分散的细胞时，将空安瓿管塞上棉塞，0.100MPa、121℃灭菌15min。若作保存霉菌菌丝体用，则需在安瓿管内预先加入保护剂如10%的甘油蒸馏水溶液或10%二甲基亚砜蒸馏水溶液，加入量以能浸没以后加入的菌落圆块为限，而后再用0.100MPa、121℃灭菌15min。

3. 制备菌悬液

（1）从生长斜面制备菌悬液　每一斜面加入5mL含10%甘油的营养液体培养；用巴氏吸管吹吸斜面制成孢子及菌体细胞悬液。

（2）从浸没培养物制备菌悬液　在浸没培养液中加入等体积20%无菌甘油；轻轻振荡混匀培养液，如果菌体絮凝较紧，则需先用玻璃珠打散。

4. 接入菌种

将0.5～1mL菌悬液分装已灭菌的玻璃安瓿或液氮冷藏专用塑料瓶，玻璃安瓿用酒精喷灯封口。霉菌菌丝体则可用灭菌打孔器，从平板内切取菌落圆块，放入含有保护剂的安瓿管内，然后熔封。浸入水中检查有无漏洞。将所有封好的安瓿置于5℃冰箱中3min，以使细胞和悬浮培养基之间达到平衡。

5. 控速冷冻

（1）将安瓿或液氮瓶置于铝盒或布袋中，然后置于一较大的金属容器中。

（2）将此金属容器置于控速冷冻机的冷冻室中。

（3）以1～2℃/min的致冷速度降温，直到温度达到相对温度之上几度的细胞冻结点（通常为－30℃）；若细胞急剧冷冻，则在细胞内会形成冰晶，因而降低存活率。

（4）补加一定量的液氮至系统中，使细胞在冻结点时尽可能快地发生相变。

如果无控速冷冻机，则一般可将安瓿或液氮瓶置于－70℃冰箱中冷冻4h，然后迅速移入液氮罐中保存。

6. 保藏

细胞冻结后，将致冷速度降为1℃/min，直到温度达－50℃；将安瓿迅速移入液氮罐中保存，液氮保藏罐内的气相为－150℃，液相为－196℃。

7. 恢复培养

保藏的菌种需要用时，将安瓿管取出，立即放入38～40℃的水浴中进行急剧解冻，轻轻摇动以加速熔解，直到全部熔化为止。再打开安瓿管，用巴氏吸管将安瓿中储存培养物接入含有2mL无菌液体培养基的试管中，用同一支吸管反复抽吸数次，然后取0.1～0.2mL转接入琼脂斜面上培养。

注意事项如下。

（1）在保藏过程中，如温度上升，冰晶状态发生变化，就容易导致细胞的死亡，因此要经常注意液氮的残存量，定期补充。

（2）冷冻保藏菌种熔化使用后不应再次冷冻保存，反复冷冻、熔化，菌种生存率将显著下降。

【报告内容】

1. 简述液氮超低温保藏法保藏菌种的基本原理；
2. 填写菌种保藏记录。

【思考题】

1. 液氮超低温保藏法为什么可长期保藏菌种，该法有什么优缺点？
2. 液氮超低温保藏过程中应注意什么问题？

附 液氮保藏罐的使用

液氮保藏罐是一种铝制或不锈钢制的双层结构罐。为了隔热，中间是真空的。保藏菌种时，把6～8个安瓿嵌入夹具，再将约10个夹具放进圆筒形的小筒中，然后将此小筒由液氮冷冻保藏罐罐口放入，挂在罐的颈部并悬浮在液氮中，盖上具有竖沟的隔热盖。外径约为45cm、高约60cm、液氮体积为23～40L、有6～8个小筒的液氮罐，可以装下3000～3600个安瓿。液氮保藏菌种对装菌液的安瓿有一定的要求：能经受温度突然变化而不至于破裂，容易用火焰熔封管口，恢复培养时容易打开。一般采用硼硅玻璃的制品，安瓿的大小根据需要而定，通常采用10mm×75mm，使用方便又能节约空间。液氮保藏特别应注意安全。若安瓿管熔封不完全，取出时由于温差大，液氮急剧气化、膨胀，安瓿便有发生爆炸的危险。因此安瓿熔封后的质量检查是很重要的。同时取出样品时，为防意外，操作者最好戴塑料面具。另外为防冻伤，可戴皮手套。

阅读小知识：

国内外部分菌种保藏机构

国外对菌种保藏工作甚为重视，各大专院校、研究室几乎都有自己的微生物典型标本收藏机构。许多保藏单位还有专门刊物以交流菌种保藏情况，许多非营利单位还进行菌种交换，转赠供教学活动使用的菌种。

目前世界上主要的菌种收藏机构如下。

美国典型培养物收藏中心（ATCC），位于美国马里兰州，保藏有细菌、真菌、动植物病毒、噬菌体、原生动物、藻类等各类菌株，以细菌最多，近 2 万种。冷冻干燥菌种是在 10℃的地下室保藏，其他菌种在－60℃冰箱保存。还拥有－196℃的液氮冻结装置。

北方开发利用研究部（NRRL），位于伊利诺伊州的皮奥里亚，隶属美国农业部，规模也很大，收藏的微生物标本主要是有关农业产品加工所用的菌种，有 9 万株以上的细菌和真菌。

荷兰微生物菌种保藏中心（CBS），为全世界最著名的霉菌保藏机构，该中心保藏的真菌达 5 万株以上。

英国食品工业与海洋细菌菌种保藏中心（NCIMB），主要从事分类学、分子生物学的研究，采用冷冻干燥方法保藏菌种。该保藏中心保藏有细菌 8500 株，抗生素 70 株。

英国国家标准菌种库（NCTC），保存有近 5100 种菌株，采用冷冻干燥法保藏在 10℃的条件下。

俄罗斯国家工业微生物保藏中心（VKPM），主要从事工业微生物学、应用微生物学、普通微生物学、遗传学、分子生物学、细胞生物学、微生物培养与保藏方法的研究。中心保藏有细菌、真菌、酵母、噬菌体、动物杂种细胞等近 2 万种，其中以细菌种类最多。

日本的菌种保藏单位较多，其中最大的保藏单位是大阪的发酵研究所（IFO），保藏近万株，主要从事农业、应用微生物、菌种保藏方法、环境保护、工业微生物、普通微生物、分子生物学等的研究。协和发酵和味之素公司保存的菌种也都在 1 万株以上。

东欧各国对菌种保藏工作也较重视。罗马尼亚、保加利亚都保藏有几千株菌株，主要是用冷冻干燥法保藏。

我国菌种保藏由中国微生物菌种保藏管理委员会（CCCCM）负责，下设 7 个保藏中心、12 个保藏机构。

中国普通微生物菌种保藏中心（CGMCC），菌种保藏在中国科学院微生物研究所（AS）和中国科学院武汉病毒研究所（AS-IV）。

中国农业微生物菌种保藏中心（ACCC），菌种保藏在中国科学院土壤与肥料研究所（ISF），菌种有细菌、放线菌、丝状真菌、酵母菌、植物病原菌和大型真菌（主要是食用菌），有 1 万株以上菌种。

中国工业微生物菌种保藏中心（CICC），菌种保藏在中国食品发酵工业研究院（IFFI），保藏包括细菌、酵母菌、丝状真菌和大型真菌的各种工业微生物菌种 1 万种以上。

中国医学微生物菌种保藏中心（CMCC），菌种保藏在中国医学科学院皮肤病研究所（ID）、卫生部药品生物制品检定所（NICPBP）和中国预防医学科学院病毒研究所，中心拥有 1 万株以上、超过 23 万份国家标准医学菌（毒）种，涵盖几乎所有疫苗等生物药物的生产菌种和质量控制菌种。

中国抗生素微生物菌种保藏中心（CACC），菌种保藏在中国医学科学院医药生物技术研究所（IEM）、四川抗生素研究所（SIA）和华北制药厂抗生素研究所（IANP）。

中国兽医微生物菌种保藏中心（CVCC），菌种保藏在农业部兽药监察研究所（NCIVBP），长期保藏细菌、病毒、虫种、细胞系等各类微生物菌种。

中国林业微生物菌种保藏中心（CFCC），菌种保藏在中国林业科学院林业研究所（RIF），保藏有各类林业微生物菌株 1 万株以上，包括苏云金杆菌模式菌株等细菌、食用菌等大型真菌、林木病原菌、菌根菌、病虫生防菌、木腐菌、病毒和植原体类等。

项目十　血清学检验技术

【知识目标】

1. 掌握血清学反应的基本原理；
2. 了解血清学反应的基本特点及影响因素；

3. 了解血清学反应的基本反应类型。

【能力目标】

具备血清学检验的知识背景，能够开展基本的血清学检测。

【背景知识】

血清学检验是根据抗原与相应抗体在体外发生特异性结合，并在一定条件下出现各种可见反应现象的原理，用于检验抗原或抗体的技术。近年来，血清学检验技术发展迅速，新的技术不断涌现，应用范围也越来越广。不仅用来进行传染病的诊断、微生物的分类鉴定等，还在快速检测、生物活性物质的超微定量、抗原-抗体在细胞和亚细胞水平定位、内分泌的研究、遗传育种等方面得到了广泛的应用。

一、抗原、抗体及血清学反应

1. 抗原

能刺激人或动物机体产生抗体或致敏淋巴细胞，并能与这些产物在体内或体外发生特异性反应的物质称为抗原。抗原物质有两种能力：一种是启动机体发生免疫应答，形成特异抗体或致敏淋巴细胞的能力，叫做免疫原性，亦称抗原性；另一种是能与免疫应答的产物——抗体或致敏淋巴细胞发生特异性反应的能力，叫做反应原性。抗原-抗体的特异反应可以在体内也可在体外发生。

微生物的化学成分相当复杂，有各种不同的蛋白质以及与蛋白质结合的各种多糖和脂类，这些结构都可能成为抗原，由它们刺激机体所产生相应的抗微生物抗体。常见的细菌抗原有菌体抗原、鞭毛抗原、表面抗原、菌毛抗原、外毒素等。

2. 抗体

机体受抗原刺激后，产生能与该抗原发生特异性结合的具有免疫功能的球蛋白称为抗体。

抗体主要分布于血清中，也分布于组织液及外分泌液中。含有抗体的血清就叫做抗血清或免疫血清。

3. 血清学反应（抗原-抗体反应）

抗体在体内或在体外都可以与相应的抗原发生特异性的反应。在体内如与病原微生物结合，则可以发挥抗传染作用，保护机体抵御微生物的侵害。在体外进行的抗原-抗体反应叫做血清学反应。这是由于抗体大多数存在于血清中，进行反应时，通常都必须采用血清。

二、血清学反应的特点及影响因素

血清学反应迅速、简便易行，既可用已知抗原检出抗体，又可用已知抗体检出抗原，既可定性又可定量，亦可定位。

1. 血清学反应的特点

（1）特异性和交叉性　血清学反应的基础是抗原与相应抗体的特异结合，一种抗原通常只能与由它刺激所产生的抗体结合，这种抗原-抗体结合反应的专一性即称为特异性。这种特异性达到了非常精细的程度，从而使得血清学反应具有良好的准确性和敏感性。但两种抗原之间含有共同抗原的时候，有时也发生交叉反应，如伤寒沙门菌与霍乱沙门菌常发生交叉反应。

（2）可逆性　抗体与抗原的结合是分子表面的结合，虽然相当稳定，但却是可逆的。因为抗原-抗体的结合犹如酶与底物的结合，是非共价键的结合，在一定条件下可以发生解离。两者分开后，抗原或抗体的性质不变。

(3) 结合比例　抗原-抗体的结合是按一定的分子比例进行的，只有两者分子比例适合时才出现可见的反应，如抗原过多或抗体过多，都会抑制可见反应的出现，此即所谓的“带现象”。如沉淀反应，两者分子比例合适，沉淀物产生既快又多，体积大。分子比例不合适，则沉淀物产生少，体积少，或根本不产生沉淀物。为了克服带现象，在进行血清学试验时，必须将抗原和抗体作适当的稀释并进行预试验，寻找它们的最适比例。

(4) 敏感性　抗体-抗原反应不仅具有高度的特异性，而且还有高度的敏感性，不仅可用于定性，还可用以定量、定位。其敏感度大大超过当前所应用的化学方法。

(5) 阶段性　血清学反应分两个阶段，第一阶段为抗原和抗体的特异性结合，此阶段需时很短，仅几秒至几分钟，无可见现象。紧随着第二阶段为可见反应阶段。表现为凝集、沉淀、补体结合、细胞溶解等，此阶段需时较长，从数分钟、数小时至数日。反应现象的出现受多种因素的影响，如抗原-抗体的比例、pH、温度、电解质和补体等。两个阶段间并无严格的界限。

2. 影响血清学反应的条件

抗原-抗体由分子间作用力按一定比例结合，其反应是可逆的，受电解质、温度及 pH 影响。

抗原-抗体间出现可见反应常需提供最适条件，一般为 pH 6～8，37～45℃下保温，提供适当的振荡以增加抗原、抗体分子间的接触机会，以及提供适当的电解质（一般用生理盐水作稀释液）等。

三、 血清学反应的基本类型

血清学反应可因抗原的物理状态不同和环境因素的不同而出现不同的可见反应现象，例如凝集反应、沉淀反应、免疫电泳、补体结合反应及免疫标记技术等。

1. 凝集反应

细菌、血细胞等颗粒性抗原悬液加入相应抗体，在适量电解质存在的条件下，抗原-抗体发生特异性结合，且进一步凝集成肉眼可见的小块，称为凝集反应。其参与反应的颗粒性抗原称为凝集原，参与反应的抗体称为凝集素。该类反应可分为直接凝集反应和间接凝集反应。

(1) 直接凝集反应　直接凝集反应是抗原与抗体直接结合而发生的凝集。如细菌、红细胞等表面的结构抗原与相应抗体结合时所出现的凝集。

① 玻片法　是一种常规的定性试验方法，用已知抗体检测未知抗原。鉴定分离菌种时，可取已知抗体滴加在玻片上，直接从培养基上刮取活菌混匀于抗体中，数分钟后，如出现细菌凝集成块现象，即为阳性反应。该法简便快速，除鉴定菌种外，尚用于菌种分型，测定人类红细胞的抗体 O 血型等。缺点为不能进行定量测定。

② 试管法　本法为定量试验方法，用已知抗原测定受检血清中有无某种抗体及其相对含量。操作时将待检血清用生理盐水作连续的两倍稀释，然后于各管中加入等量抗原悬液，在 37～50℃中放置一定时间后观察凝集的程度，判定血清中抗体的效价。发生明显凝集现象的最高血清稀释度即为该血清中的抗体效价，也称滴度，以表示血清中抗体的相对含量。

(2) 间接凝集反应　间接凝集反应又称被动凝集反应。它是利用某些与免疫无关的均一的小颗粒物质，如细菌、红细胞、聚苯乙烯乳胶、活性炭等作为载体，将可溶性抗原（或抗体）吸附于表面，如与相应的抗体（或抗原）结合，在有电解质存在的适宜条件下，即发生凝集现象。表面吸附抗原（或抗体）的载体微球称为免疫微球。由于载体增大了可溶性抗原的反应面积。当载体上有少量抗原与抗体结合，就出现肉眼可见的反应，敏感性很高。根据所用的载体不同，常用的间接凝集反应有间接血细胞凝集反应、碳凝集反应、乳胶凝集反应等。此外还有间接凝集抑制反应，即先将可溶性抗原与相应抗体混合，让其充分作用后再加入有关的免疫微球，只因抗体已被可溶性抗原结合，不再出现免疫微球的被动凝集，即凝集被抑制，故称为间接凝集抑制试验。

2. 沉淀反应

可溶性抗原（如血液蛋白、细菌培养滤液、细菌浸出液、组织浸出液等）与相应抗体结合，在有适量电解质存在的条件下，形成肉眼可见的沉淀物，称为沉淀反应。参加反应的可溶性抗原称为沉淀原，参加反应的抗体称为沉淀素。沉淀原可以是多糖、蛋白质或它们的结合物等。同凝集原比较，沉淀原的分子小，单位体积内所含的抗原量多，与抗体结合的总面积大。在作定量试验时，为了不使抗原过剩而生成不可见的可溶性抗原抗体复合物，应稀释抗原，并以抗原的稀释度作为沉淀反应的效价。

沉淀反应的试验方法有环状法、絮状法和琼脂扩散法三种基本类型。

（1）环状法　是一种定性试验方法，可用已知抗体检测未知抗原。将已知的抗血清放入小口径（一般在 0.6cm 以下）沉淀管的底部，然后小心地加入经适当稀释的抗原溶液于抗血清表面，使两种溶液成为界面清晰的两层。数分钟后在液面交界处出现白色沉淀圆环，为阳性反应。出现环状沉淀反应的抗原的最高稀释度即为沉淀素的效价。此法比较简单和敏感，被检材料很少时，亦可进行试验。环状法常用于抗原的定性试验，可用以检查未知抗原，如诊断炭疽病的 Ascoli 试验，法医学上用此反应鉴别血迹的来源等。

（2）絮状法　在凹玻片上滴加抗原与相应抗体，如出现肉眼可见的絮状沉淀物，即为阳性反应。例如，诊断梅毒的康氏反应（Kahn's test）就是一种絮状法沉淀反应。

（3）琼脂扩散法　琼脂扩散法又称免疫扩散试验，含有大量水分的半固体琼脂凝胶如同网状支架，可溶性抗原与抗体可以在其网间自由扩散。若抗原与抗体相对应，又有适量的电解质存在，则在两者相遇且分子比例恰当处形成白色沉淀线（带）。沉淀物在琼脂凝胶中能长期保持固定位置，不仅便于观察，并可染色保存。琼脂扩散法又有单向扩散和双向扩散两种。

① 单向扩散　可做定量试验，主要用于测定标本中各种免疫球蛋白和各种补体成分的含量。试验时，使适当浓度的抗体预先在琼脂中混匀，然后浇铸成平板，待琼脂凝固后打孔，孔中加入抗原。抗原从孔中向四周扩散，边扩散边与琼脂中抗体结合，一定时间后，在两者比例适宜处生成乳白色沉淀环。沉淀环的大小不仅与孔中抗原的浓度相关，也与琼脂中抗体的浓度相关。

② 双向扩散　多用于定性试验，把加热熔化的半固体琼脂在玻板上浇成薄层，冷凝后，在琼脂板上打出多个小孔。抗原、抗体分别注入小孔中。如抗原、抗体互相对应，浓度、比例比较适当，则一定时间后在抗原、抗体孔之间会出现清晰致密的白色沉淀线。双向扩散法可用于分析溶液中的多种抗原。不同抗原由于它们的化学结构、分子量、带电情况各异，在琼脂中的扩散速度就有差别。扩散一定时间后便彼此分离了。分离后的抗原与其相应抗体在不同部位结合，在两者分子比例适合处形成沉淀线。而且一对相应的抗原、抗体只能形成一条沉淀线。因此，根据沉淀线的数目即可推知溶液中有多少种抗原成分。根据沉淀线融合情况，还可鉴定两种抗原是完全相同还是部分相同。

3. 免疫电泳

免疫电泳是一类将琼脂扩散和电泳技术相结合而发展起来的血清学检验方法。常用的有对流免疫电泳、火箭电泳和琼脂免疫电泳。

（1）对流免疫电泳　对流免疫电泳是一种将双向扩散与电泳技术结合而成的方法。在用pH 8.6巴比妥缓冲液配制的琼脂板上挖出成对平行的小孔，抗原和抗体分别加到成对的小孔中。抗原加入近阴极孔，抗体加入近阳极孔。通电后在电场作用下，抗原和抗体各向相反的电极移动。在两者相遇且比例恰当之处，形成白色沉淀线。

抗原在pH 8.6碱性环境中带有负电，在电场中向阳极移动，抗体球蛋白的等电点为pH 6～7，在pH 8.6的缓冲液中带负电荷少，加上分子较大，移动缓慢。同时因电渗作用，反向阴极倒退，同时形成抗原-抗体相向移动的现象。由于抗原-抗体在电场中作定向运动，限制了琼脂双向扩散时抗原-抗体向各个方向自由扩散的倾向，从而提高了试验的敏感性，并能在短时间内出现结果。

（2）火箭电泳　火箭电泳又称电泳免疫扩散，这是将单向扩散和电泳结合在一起的方法。抗原在含定量抗体的琼脂中向一个方向泳动，两者比例合适时，在较短时间内生成如火箭状或锥状的沉淀线，故称火箭电泳。在一定浓度范围内，沉淀峰的高度与抗原含量成正比。

（3）琼脂免疫电泳　琼脂免疫电泳是一种先进行琼脂平板电泳，然后琼脂再作双向扩散的血清学检验技术。在用适当缓冲液配制的琼脂平板上打孔，加入抗原样品后进行电泳，由于不同的抗原组分所带的电量不一，电泳时的移动率不一，故可通过电泳将不同的抗原组分分离成区带。然后沿电泳方向挖一条抗体槽，加入抗体作双向扩散。已分离成区带的抗原与抗体在琼脂中扩散而相遇，在两者比例适当之处形成肉眼可见的沉淀线。根据沉淀线的数量、位置和形状，即可分析样品中所含的抗原组分、含量及其性质。

4. 补体结合反应

补体结合反应是一种有补体参与并以溶血现象作为指示的抗原-抗体反应。参与本反应的有5种成分，分两个反应系统，一个为检验系统（溶菌系统），包括已知抗原（或抗体）、被检抗体（或抗原）和补体；另一个为指示系统（溶血系统），包括绵羊红细胞、溶血素（即绵羊红细胞的特异抗体）和补体。补体是一组球蛋白，存在于动物血清中，本身没有特异性，能与任何抗原-抗体复合物结合，但不能与单独的抗原或抗体结合。被抗原-抗体复合物结合的补体不再游离。指示系统如遇补体后，就会出现明显的溶血反应。实验中常以新鲜的豚鼠血清作为补体的来源。试验时，先将抗原与血清在试管内混合，然后加入补体。如果抗原与血清相对应，则发生特异性结合，加入的补体被它们的复合物结合而被固定，如与抗体不对应，则补体仍游离存在。但因补体是否已被抗原-抗体复合结合不能用肉眼观察到，所以还需溶血系统，即加入绵羊红细胞和溶血素。如果不发生溶血，说明检验系统中的抗原与抗体相对应，补体已被它的复合物结合而固定；如果发生溶血，说明被检系统中的抗原与抗体不相对应，或者两者缺一，补体仍游离存在而激活了溶血系统。

此反应应用范围较广，可用于检测梅毒（华氏试验，即Wasserman test）、Ig的L链、Ig、抗DNA抗体、抗血小板抗体、乙型肝炎表面抗原（HBs抗原），以及对某些病毒（虫媒病毒、埃可病毒等）进行分型等。其优点是：①既可测未知抗体，也可测未知抗原；②既可测沉淀反应，也可测凝集反应；③尤其适宜测定微量抗原与抗体间出现的肉眼看不见的反应，反应灵敏度高。其缺点是反应的操作复杂，影响因素较多。

5. 免疫标记技术

免疫标记技术是利用抗原-抗体反应进行的检测方法，特点是具有高度的特异性和敏感性。如将抗原或抗体用标记物（如荧光素、酶、放射性同位素等）进行标记，则在与标本中的相应抗体或抗原反应后，可以不必测定抗原-抗体复合物本身，而测定复合物中的标记物，通过标记物的放大作用，进一步提高了免疫技术的敏感性，这就是免疫标记技术。与抗原或抗体结合的小分子物质称为标记物，近年免疫标记技术发展很快，各类物质被试用作标记物，其中以荧光素、放射性同位素和酶标记最为成熟，合称三大标记技术。

（1）免疫荧光技术　当抗原-抗体反应在固定的组织或细胞（如微生物涂片或组织切片）上发生时是不可见的，如果采取化学方法用荧光色素与抗体或抗原相结合，但不影响其反应特性，就能凭借细胞或组织是否显示荧光来判断抗原和抗体的反应情况。这种将免疫反应的特异性与荧光标记分子的可见性结合起来的免疫学方法即为免疫荧光法。因被标记的通常是抗体，又称荧光抗体法。试验时将荧光色素在一定条件下与抗体分子结合，但不影响抗体的免疫活性。当标本中的抗原被这种标记有荧光色素的抗体结合着染后，在荧光显微镜下成为发出荧光的可见物体，达到检出抗原的目的。常用的荧光色素有异硫氰酸荧光素（fluorescein isothiocyante，FITC）和罗丹明（lissamine rhodamine B，RB200）等。荧光素在 10^{-8}（稀释度）的超低浓度时，仍可以受激发而发射出能使肉眼感知的荧光，极为敏感。

其基本方法有直接法、间接法和补体法三种（图 10-1）。

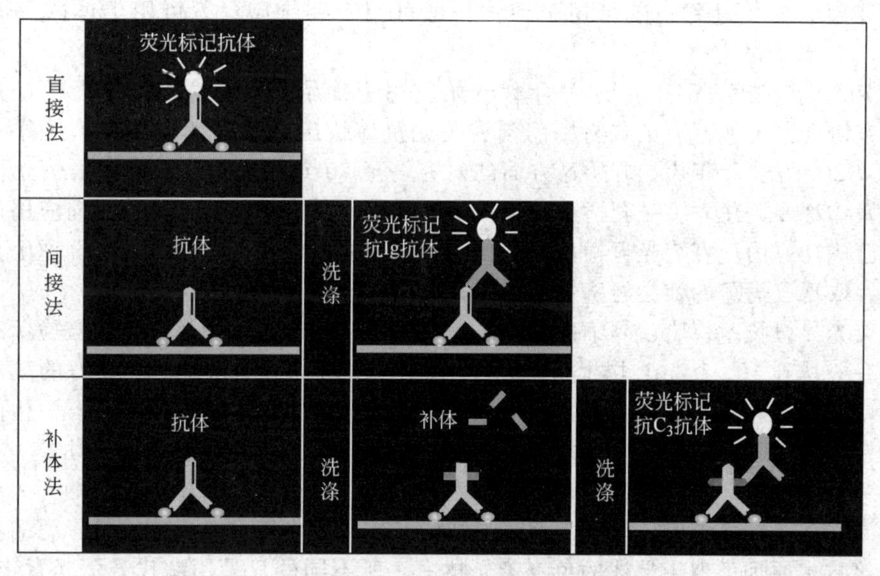

图 10-1　荧光抗体染色技术原理

① 直接法　本法需使用对待检抗原有特异性的荧光标记抗体，待检标本固着于玻片上，滴加特异性荧光抗体，半小时后用缓冲液充分洗涤，使没有结合的荧光抗体完全洗掉，干后在荧光显微镜下观察。若有相应抗原存在，镜下可见到发生荧光的抗原、抗体复合物。本法操作简便，特异性高，很少发生非特异反应；缺点是每检查一种抗原需制备相应的特异荧光抗体，且敏感度偏低。

② 间接法　本法需用荧光标记的抗球蛋白抗体（荧光抗抗体）。标本先用未标记的相应抗体处理。充分洗涤后再滴加荧光标记的抗球蛋白抗体，充分洗涤后如在荧光显微镜下见到荧光，表示有抗原-抗体复合物存在。本法只要制备一种荧光标记的抗体即可用于多种抗原、抗体系统的检查。不足之处是操作较烦琐，特异性有所下降。

③ 补体法　本法需用豚鼠的新鲜血清作为补体，并有抗补体的荧光标记抗体。标本用相应抗体处理后，加上新鲜豚鼠血清，使之与标本上的抗原形成抗原-抗体-补体复合物，充分洗涤后再用豚鼠补体 C_3 的荧光抗体浸染，使上述复合物发生荧光。本法用一种标记抗补体抗体能检测出所有的抗原-抗体，与血清和动物种属无关，敏感性高；缺点是操作麻烦，

且补体易失效。

目前，免疫荧光技术已发展成为三个分支技术：以荧光显微镜为检测工具的免疫荧光显微技术主要用以检测有形态结构的颗粒性抗原-抗体系统；以各种荧光光度计为检测工具的荧光免疫测定技术主要用于测定可溶性分子抗原-抗体系统；以流式荧光激发细胞检定或分类器为检测工具的流式免疫荧光细胞鉴定技术主要用于快速检出和分类细胞性抗原-抗体系统。其中以免疫荧光显微技术应用最多，它有以下优点：在保持抗原-抗体反应特异性的同时，能观察到被检对象的形态学特征（如各种微生物、组织细胞等），显著提高了结果判断的可靠性。由于免疫荧光是建立在抗原-抗体反应的第一阶段，即抗原-抗体结合上，所以试验时间比血清学技术大大缩短。这个特点对于食品检验和传染病的快速诊断具有重要意义。免疫荧光可以看做是一种特殊的染色技术，只要是在显微镜下可辨认的对象，无论数量多少，原则上都可被检出。由于荧光镜检在暗视野中进行，因此比普通镜检更敏感。如检查细菌纯培养，一般每毫升含菌量5000个左右即能检出，而凝聚试验则需数亿以上。免疫荧光原则上可应用于一切抗原-抗体系统中。如在微生物学中，既可用于细菌、病毒、立克次体，也可用于真菌和原生动物；既可用于活体，也可用于死细胞；既可用于体内，也可用于体外。

免疫荧光显微技术从20世纪60年代开始应用于食品微生物检测，1976年，美国职业分析化学家协会（AOAC）正式将沙门菌属荧光抗体检出方法列入食品细菌学分析手册试行。我国从20世纪70年代初开始这方面的研究，至70年代末，从沙门菌属荧光抗体的制备到检验操作程序，建立了一套适合我国国情的技术，并开始从实验室研究向应用过渡。目前，我国已成功应用免疫荧光显微技术从食品中快速检出沙门菌、金黄色葡萄球菌、溶血性链球菌等，取得了显著的社会经济效益。

免疫荧光显微技术检验食品细菌的方法是：先将样品通过增菌培养，使被检菌达到一定的浓度（一般达到10^5个/mL以上），然后将含菌培养液涂片或滴加到制备好的玻片固相抗体膜上，使被检菌黏附在玻片表面，再用相应的荧光抗体染色。如样品中含有被检菌，则用荧光显微镜检查时就会发现具有一定荧光强度和相应形态的细菌，否则为阴性。

（2）免疫酶技术　是继免疫荧光抗体技术和放射免疫分析之后发展起来的一大新型的标记免疫技术，这一技术的诞生被誉为免疫血清学技术的一场革命，是应用最广泛的免疫学技术之一。该技术原理类似于上述的免疫荧光技术，所不同的只是用酶代替荧光素作标记物，以及用酶的特殊底物来处理标本显示反应结果。

免疫酶技术是将抗原-抗体反应的特异性和敏感性与酶促反应的高效催化性相结合的一种检测技术。首先，将酶分子与抗体或抗原分子连接形成稳定的结合物（酶标抗体或酶标抗原），但不影响抗体或抗原的免疫活性以及酶的活性。当酶标抗体或酶标抗原与存在于组织细胞中或固相载体上的相应抗原或抗体结合后，即可在底物溶液的参与下，产生肉眼可见的颜色反应。因为颜色反应的深浅与抗原或抗体的量成比例关系，通过仪器测定其吸收值，从而可作出定量分析；借助显微镜也可对组织细胞中的抗原作出定性分析或定位分析。见图10-2。

常见酶标记物有：酶-抗原结合物、酶-第一抗体结合物、酶-第二抗体结合物、酶-SPA结合物、酶-生物素结合物、酶-亲和素结合物等。经常使用的酶有过氧化物酶、碱性磷酸酶、葡萄糖氧化酶、β-半乳糖苷酶等，其中最常用的是辣根过氧化物酶（horseradishperoxidase，HRP），它广泛存在于植物中，辣根中的含量尤高。HRP是一种糖蛋白，由酶蛋白和铁卟啉结合而成，它对标记过程中的各种条件有较强的抵抗性，在标记后保存中，其活性不易下降，所以实际工作中应用较广泛。

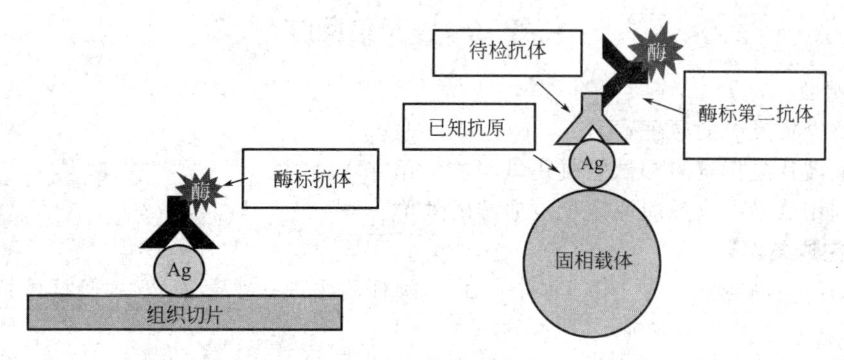

图 10-2　酶标抗体染色技术原理

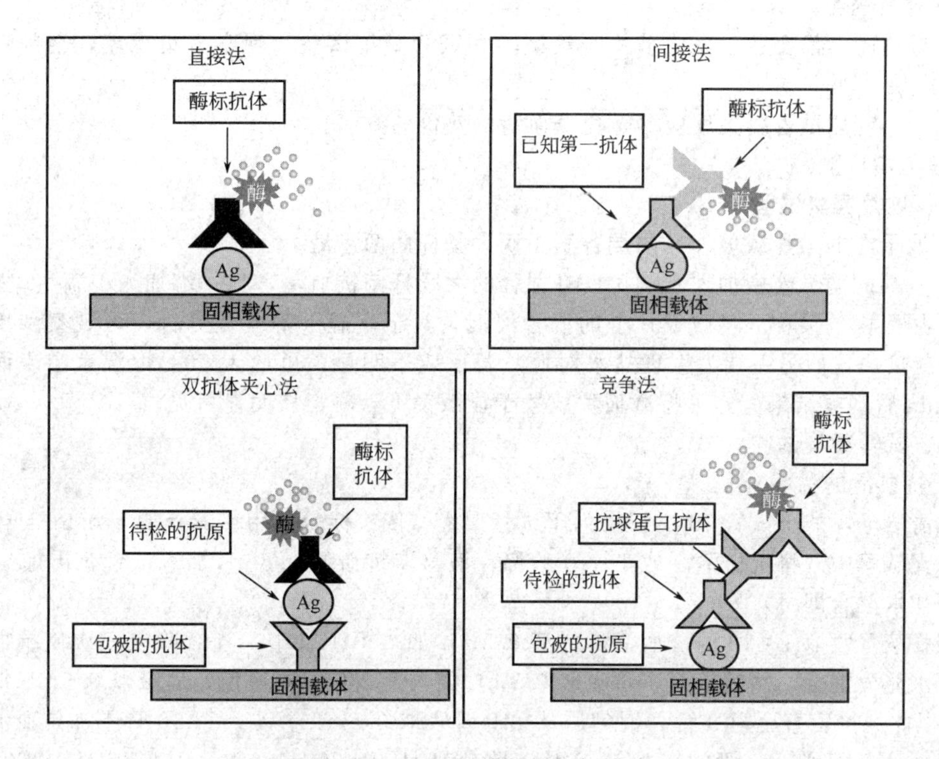

图 10-3　ELISA 的主要反应类型

免疫酶技术的具体方法很多，近年来发展最快的是酶联免疫吸附试验法（enzyme linked immunosorbent assay，ELISA），又称酶标法，已被广泛用于各种抗原和抗体的检测中。按照检测目的与操作方法的不同，ELISA 有许多类型，主要有：直接法、间接法、夹心法、竞争法等，见图 10-3。

（3）放射免疫标记技术　是以放射性同位素 ^{125}I、^{131}I、^{3}H、^{14}C、^{32}P、^{35}S 等为标记物的免疫标记分析法，用于定量测定待检标本中的抗原或抗体。该方法检测灵敏极高，可达到纳克（ng）甚至皮克（pg）水平，测定的准确性良好，特别适用于微量蛋白质、激素和多肽的定量测定。由于该测定法对试验条件要求较高，故在使用上不够普遍。

随着生物标记技术的不断进步，免疫标记技术也不断发展与更新。免疫标记技术的应用由放射免疫分析技术向非放射免疫分析技术转变，由常量分析向微量分析进步，由常规检测扩展到了快速检测。

任务 10-1 凝集反应

【任务验收标准】

1. 了解凝集反应的原理；

2. 掌握玻片凝集试验和试管凝集试验的操作方法；

3. 能利用试管凝集反应测定免疫血清的效价。

【任务完成条件】

1. 大肠杆菌菌悬液（含 10×10^{9} 个/mL 大肠杆菌生理盐水悬液），大肠杆菌抗血清，生理盐水；

2. 载玻片、小试管、试管架、移液管（1mL、5mL）、水浴锅等。

【工作任务】

1. 每位同学都要独立完成玻片凝集试验和试管凝集试验，观察凝集现象，会判断凝集反应的结果。

2. 学会利用试管凝集反应测定免疫血清的效价的方法。

【任务指导】

一、玻片凝集试验

1. 取干净的 1 片载玻片，两端各滴 1 滴大肠杆菌菌悬液。

2. 一端的菌悬液中加入 1 滴 1∶10 稀释的大肠杆菌抗血清，另一端加入 1 滴生理盐水。

3. 用灭菌的接种环将载玻片上的混合液混匀，于室温下静置数分钟，可观察到抗血清端产生凝集块，而另一端为生理盐水对照。若反应不明显，可放入 50℃恒温水浴表面保温 5～10min 后观察结果。亦可将载玻片放置于显微镜下，凝集块明显可见。

二、试管凝集试验

1. 抗血清的稀释

取清洁干燥的小试管 10 支，排列于试管架上，依次标号。用移液管加入 0.5mL 生理盐水于每支试管中。将抗血清制成 1∶10 的稀释液（取抗血清 0.5mL 加入试管，再加 4.5mL 的生理盐水混合即可）。

用移液管吸取 1∶10 的抗血清稀释液 0.5mL 加入第 1 管中，连续吹吸三次使抗血清与生理盐水充分混合，然后从第 1 管吸取 0.5mL 加入第 2 管，同样混匀后吸取 0.5mL 加入第 3 管，以此类推，直至第 9 管，混匀后从第 9 管吸取 0.5mL 弃去。第 10 管不加抗血清作为对照（从第 1 管到第 9 管的抗血清稀释倍数分别是 1∶20、1∶40、1∶80、1∶160、1∶320、1∶640、1∶1280、1∶2560、1∶5120）。

2. 加入抗原

从第 10 管开始从后向前每支试管依次加入 0.5mL 大肠杆菌菌悬液（此时从第 1 管到第 9 管的抗血清稀释倍数相应加大一倍，分别是 1∶40、1∶80、1∶160、1∶320、1∶640、1∶1280、1∶2560、1∶5120、1∶10240）。

3. 抗原抗体反应

把各管混合液振摇混匀，置 45℃水浴中 2h 后，初步观察结果，转至冰箱，次日再观察结果。

4. 结果记录

完全凝集，凝集块完全沉淀于管底，液体澄清，以“＋＋＋＋”记录。

凝集块沉淀于管底，液体稍混，以“＋＋＋”记录。

部分凝集，液体混浊，以“＋＋”记录。

极少凝集，液体混浊，以“+”记录。

无变化以“−”记录。

5. 效价判断

血清的效价就是呈现部分凝集的最高血清稀释倍数，例如从1∶20、1∶40、1∶80三个稀释度都有凝集反应，1∶160无凝集反应，则血清的效价为80。

三、注意事项

1. 所用载玻片、试管、移液管等用具均应洗净。

2. 抗血清稀释过程中，注意防止液体溢出管外，混匀时每个稀释度换一支干净的移液管，力求准确。

3. 试管水浴或静置后，观察结果时勿摇动试管。

【报告内容】

1. 记录玻片凝集试验结果（表10-1），比较血清端与生理盐水端结果的不同，试解释其原因。

表10-1　玻片凝集反应试验结果记录表

结果	生理盐水端(对照区)	抗血清端(试验区)
阳性 阴性		

2. 先观察管底是否有凝集现象，记录结果（表10-2）。

表10-2　试管凝集反应试验结果记录表

抗血清稀释度	1∶40	1∶80	1∶160	1∶320	1∶640	1∶1280	1∶2560	1∶5120	1∶10240	对照
结果										

3. 抗血清的效价测定结果。

【思考题】

1. 试管凝集反应与玻片凝集反应各有什么优点？
2. 生理盐水中的电解质在凝集反应中有什么作用？
3. 试管凝集反应中是否出现不正常现象？分析其原因。
4. 现有枯草芽孢杆菌斜面菌种及未知效价的相应抗血清，你能否测定出其血清效价？

任务10-2　沉淀反应

【任务验收标准】

1. 了解琼脂扩散法的原理；
2. 掌握环状沉淀反应及双向琼脂扩散沉淀反应的方法；
3. 能够进行环状沉淀反应操作。

【任务完成条件】

1. 人血清及抗人免疫血清（或白喉类毒素及白喉抗毒素），琼脂，生理盐水，0.05mol/L（pH8.6）巴比妥缓冲溶液；

2. 载玻片、小试管、试管架、移液管、毛细吸管等。

【工作任务】

1. 以组为单位用人血清及抗人免疫血清（或白喉类毒素及白喉抗毒素），进行环状沉淀反应。

2. 用以上抗原和抗体进行双向琼脂扩散沉淀反应操作。

3. 观察琼脂中形成的沉淀线及抗原抗体浓度对沉淀线位置的影响。

【任务指导】

一、环状沉淀反应

1. 取 1∶25 的人血清 1mL，用生理盐水稀释成 1∶50、1∶100、1∶200、1∶400、1∶800、1∶1600、1∶3200 各种浓度的抗原溶液。

2. 取 9 支洁净的小试管，每支加入 1∶2 的抗人免疫血清 0.5mL。

3. 用移液管吸取上面已稀释好的人血清，每个稀释度均取 0.5mL，从最大稀释度开始，沿管壁徐徐加入各小试管中，使与下层抗体之间形成交界面，切勿摇动混匀，第 8 管加入生理盐水，第 9 管加入抗人免疫血清作为对照。

4. 静置 15～30min，观察在两液面交界处有无白色环状沉淀物出现。

5. 抗原与抗体交界面之间出现白色环状沉淀的最大稀释度，则此管的抗原稀释倍数即为抗体的效价。

二、双向琼脂扩散沉淀反应

1. 配制 1%离子琼脂：称取洗净的琼脂或琼脂糖 1g 加至 50mL 蒸馏水中，于沸水浴中加热溶解，然后加入 50mL 0.05mol/L（pH8.6）巴比妥缓冲溶液，再滴 1 滴 1%硫柳汞溶液作为防腐剂，分装试管，放冰箱备用。

2. 将融化的 1%离子琼脂冷至 50℃左右，量取 2.0～2.5mL，倒在预先干燥、洁净、水平放置的载玻片上，自玻片中间缓缓注下，琼脂即自然向四周扩散，静置片刻，待凝成厚薄一致的胶层，表面平整且无气泡。用孔径为 3～4mm 的打孔器按图 10-4 所示在载玻片两端各打一组梅花形的孔。孔距为 4mm，再用接种环挑去孔内琼脂。

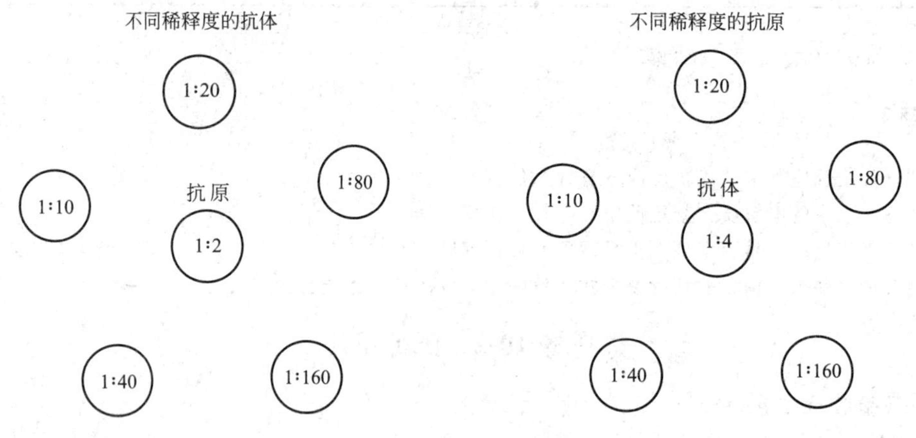

图 10-4 双向琼脂扩散试验

3. 在一端的梅花形孔的中心孔中滴加抗血清（抗体），四周孔中滴加不同稀释度（如 1∶10、1∶20、1∶40、1∶80 等）的血清（抗原）。另一端的梅花形孔的中心孔加入适当稀释的血清（抗原），四周孔中加入不同稀释度的抗血清（抗体）。

4. 将此琼脂平板放入带盖的下面垫上 3～4 层湿纱布的铝盒中，置于 37℃扩散 24～48h，取出观察结果。可看见抗原和抗体反应所呈现的沉淀线（或沉淀带）。

三、注意事项

1. 进行环状沉淀反应试验时，一定要沿着管壁缓慢加入抗原，切勿摇动，否则影响沉淀环的形成。

2. 双向琼脂扩散试验时，抗原或抗体的稀释度必须进行预测，否则会由于抗原、抗体比例不合适而造成假阴性。

【报告内容】

1. 记录环状沉淀反应的结果，并确定抗体的效价。凡有白色环状沉淀物者记为“+”，没有沉淀者记为“−”（表 10-3）。

表 10-3　环状沉淀反应试验结果记录表

人血清稀释度	1∶50	1∶100	1∶200	1∶400	1∶800	1∶1600	1∶3200	生理盐水	抗人免疫血清
结果									

2. 记录双向琼脂扩散结果，注意沉淀线的数目及偏向（表 10-4、表 10-5）。

表 10-4　双向琼脂扩散沉淀反应（A 端）结果

抗原稀释度	1∶10	1∶20	1∶40	1∶80	1∶160	1∶320
沉淀线数量						

表 10-5　双向琼脂扩散沉淀反应（B 端）结果

抗体稀释度	1∶10	1∶20	1∶40	1∶80	1∶160	1∶320
沉淀线数量						

【思考题】

1. 比较凝集反应与沉淀反应有何异同？

2. 双向琼脂扩散试验中，抗原（或抗体）浓度大于相应抗体（或抗原）时，沉淀线会出现何种现象？为什么会出现多条沉淀线？

阅读小知识：

单克隆抗体及生物导弹

我们知道，军事上利用导弹来定向导航，以击毁敌人，而“生物导弹”是因能引导药物定向和有选择地攻击癌细胞而得名的。现在，它已成为治疗、诊断癌症等多种疾病的重要武器，成为细胞工程中的一朵鲜花。

说起“生物导弹”先要从单克隆抗体技术谈起。1975 年，英国科学家米尔斯坦利用当时刚刚出现不久的细胞融合技术做了一个大胆的试验，米尔斯坦选择了两种细胞：一种是能产生抗体但不能长期人工培养繁殖的小鼠 B 型淋巴细胞，另一种是不能产生抗体但能在人工培养条件下无限繁殖的小鼠骨髓癌细胞，通过细胞融合形成了杂交瘤细胞，这种杂交瘤细胞既保持了癌细胞能大量繁殖的特点，又具有 B 型淋巴细胞产生抗体的能力，通过对杂交瘤细胞的进一步选择分离，就可以得到单克隆细胞系，即由一个细胞分裂而成的具有相同遗传背景的一大群细胞。而由杂交瘤细胞产生的抗体就叫做单克隆抗体。

一般动物体内有上百万种 B 型淋巴细胞，每一种 B 细胞可以识别一种外来的抗原表位，然后分泌出相应的抗体。这样血清中的抗体就是由多种不同的 B 型淋巴细胞克隆产生出来的多种抗体的混合物，叫多克隆抗体。因此从血清中直接提取抗体往往成分复杂，也不容易大量生产。与之相比，单克隆抗体的独特之处在于：①高均一性，由于单克隆抗体是由单个细胞株产生的，所以其所分泌的抗体是高度均一的；②高特异性，由于单克隆抗体只针对一个抗原表位，故具有高度的特异性，发生交叉反应的机会很少；③高产量，只要长期保持杂交瘤细胞的稳定性，不发生突变，就可以长期获得同质的单克隆抗体。单克隆抗体技术从诞生起，就给免疫学带来了革命性的变化。

用单克隆抗体来诊断疾病，不但非常准确，而且可以大大缩短诊断时间。例如，诊断淋球菌和疱疹病毒等引起的感染，普通的化验方法需要3～6天时间，而采用特异的单克隆抗体进行诊断只要15～20min。又比如脑膜炎的诊断，过去要抽病人的脊髓，然后培养观察，看看有没有病原菌，这不但要使病人遭受痛苦，而且要等好几天，而应用脑膜炎球菌的单克隆抗体测定病人的病原菌样品，只要10min就可以作出诊断。

“生物导弹”就是基于单克隆抗体技术而建立发展的一种新型技术。单克隆抗体具有高度专一性，能精确地瞄准和捕获体内的靶目标，并特异性地与靶目标发生反应。“生物导弹”是免疫导向药物的形象称呼，它由单克隆抗体与药物、酶或放射性同位素配合而成，因带有单克隆抗体而能自动导向，在生物体内与特定目标细胞或组织结合，并由其携带的药物产生治疗作用。

“生物导弹”在癌症的早期诊断及治疗上可以发挥很大的作用。早期诊断对于癌症的治疗是很关键的，如果能够用癌细胞作为抗原，制造出专门识别癌细胞的单克隆抗体，再跟同位素标记技术相结合，就可以跟踪探测人体有没有癌症，还能找出癌症病灶的位置和大小。癌症在治疗过程中，碰到的最大难题就是药物或者放射性物质在杀伤癌细胞的同时也杀死了人体大量的正常细胞，使人体受到严重的损害，病人往往出现头发脱落、恶心、消瘦、衰弱等现象，有的癌症患者甚至因受不了这些反应而放弃继续治疗。所以，寻找一种能够专门杀伤癌细胞而不损害正常细胞的治疗方法是人们迫切的愿望。“生物导弹”的出现解决了这个难题，给病人带来了福音。单克隆抗体进入人体以后，能够定向地识别某些癌细胞，并且与癌细胞结合。利用这个特点，在单克隆抗体上偶联上一些能够杀伤癌细胞的药物，如放射性同位素、毒素和化学药物等，这样，单克隆抗体就像导弹那样，能够准确地找到癌细胞并且把癌细胞杀死。

由于生物导弹能识别细胞表面抗原、各种受体、各种体液成分及细胞内和组织内的各种成分，它正越来越广泛地用于人体疾病的诊断及治疗中，发挥其他常规药物无法达到的独特和卓越效能。

第三模块　产品中的微生物检验综合实训

项目十一　微生物检验工作流程与质量控制

【知识目标】

1. 熟悉微生物检验的基本流程和要求；
2. 掌握样品的采集、样品预处理的方法、分析检验报告单的撰写；
3. 掌握微生物检验室的质量控制准则。

【能力目标】

能对某一检测结果进行正确的分析和撰写报告。

【背景知识】

微生物检验技术是将微生物学理论与实践紧密结合，从定性和定量进行分析的一门技术型学科，是对微生物的存在与否及种类和数量的验证。要学习好微生物检验技术，必须具有食品微生物学、医学微生物学、环境微生物学、传染病学、病理学等学科的专业基础，要了解各类微生物的生物学特性，掌握微生物的检验程序。

一、 微生物检验工作流程

微生物检验的一般程序包括：检验前的准备工作、样品的采集与送检、样品的预处理、样品的检验和结果报告等。在检验过程中要遵循保证无菌要求，做到代表性、均匀性、程序性和适时性。

（一）检验前的准备工作

（1）准备好检验所需的各种仪器，如冰箱、恒温水浴箱、灭菌锅、显微镜等。

（2）各种玻璃仪器，如吸管、平皿、广口瓶、试管等均需洗净和包扎后，采用湿法（121℃、20min）或干法（160～170℃、2h）灭菌，冷却后送无菌室备用。

（3）准备好试验所需的各种试剂、药品、培养基，根据需要分装、高压蒸汽灭菌后置于46℃的恒温水浴中或保存在4℃的冰箱中备用。

（4）对超净工作台、无菌室等检验环境进行灭菌；如用紫外线灯灭菌，时间不少于

30min，关灯半小时后方可进入工作；如用超净工作台，需提前半小时开机。必要时进行无菌室的空气检验。

(5) 检验人员的工作衣、帽、鞋、口罩等灭菌后备用。工作人员进入无菌室后，在试验没完成前不得随便出入无菌室。

（二）样品的采集与送检

1. 样品的采集

在微生物检验过程中，样品的采集是极为重要的一个步骤。所采集的样品必须具有代表性和均匀性，能反映全部被检样品的卫生状况，否则检验结果将毫无价值，甚至会出现错误的结论。这就要求检验人员不但要掌握正确的采样方法，而且要了解样品的批号、原料的情况、加工方法、保藏条件、运输、销售中的各环节及销售人员的责任心和卫生知识水平等。

样品可分为大样、中样、小样三种。大样指一整批样品，中样一般是以随机抽样的方式从大样各部分中取得的少量的混合样品，小样是指直接用于检验的样品，也称检样。一般根据检验的目的、样品种类、样品性质和分析方法确定科学的抽样方案和合适的采样数量。目前最为流行的抽样方案为随机抽样方案和ICMSF（国际食品微生物学法规委员会）推荐的抽样方案，有时也可参照同一产品的品质检验抽样数量抽样，或按单位包装件数 N 的开平方值抽样。最常用的采样方法是随机抽样，即均衡地、不加选择地从全部产品的各个部分取少量样品予以混合，从而保证所有物料各个部分被抽到的可能性均匀。

采样过程中必须在无菌操作条件下进行，以防止交叉污染或二次污染，保持样品原有的微生物状态。其中包括采样人员的个人卫生控制；采样地点的环境控制、空气洁净度要求；采样工具（采样器、剪刀、镊子、开罐器等）、器皿（试管、广口瓶等）要求彻底灭菌，避免直接与空气接触；采样操作要严格无菌操作、规范、迅速等。采样前后要及时贴上标签，标签应完整、清楚，注明样品名称、来源、数量、采样地点、采样人、采样时间等。

2. 样品的送检

采样后，样品应及时送到微生物检验室，越快越好，一般不超过3h，尽量减少样品存放的时间。在送检过程中，同样要尽可能保持检样原有的微生物性状，避免因送检过程不当造成微生物增加或减少。易变质的样品要冷藏，如果路途遥远，可将不需冷冻样品保持在1～5℃环境中（如冰桶）；如需保持冷冻状态，则需保存在泡沫塑料隔热箱内（箱内有干冰，可维持0℃以下）；应防止反复冷冻和溶解。送检样品不得加入防腐剂。送检时除以上注意事项外，还必须认真填写送检申请单，以供检验人员参考。其内容包括：样品的描述，采样人的姓名，生产企业、经营者或销售者的名称和地址，采样日期、时间、地点，采样时的环境温度和湿度等。

（三）样品的预处理

样品处理也是任何检验工作中最重要的组成部分，以检验结果的准确性来说，实验室收到的样品是否具代表性及其状态如何是关键问题。如果采样没有代表性或对样品的处理不当，得出的检验结果都可能毫无意义。如果根据一小份样品的检验结果去说明一大批样品的质量，那么采取正确的样品制备方法是必不可少的条件。样品种类繁多，一般以液态和固态状态存在。不同的样品有不同的处理方法。

1. 液体样品

先混合均匀，用无菌吸管吸取一定量样品，通过无菌操作装入瓶中装有无菌稀释液和适量玻璃珠的稀释瓶中，用力振荡混合均匀，或采用漩涡混匀器混匀。

2. 固体样品

(1) 捣碎均质法 将一定量的检样放入无菌稀释液的无菌均质杯中以8000～10000r/min均质1～2min，这是对大部分样品都适用的办法。

(2) 剪碎法 将一定量的样品剪碎，放入装有无菌稀释液和适量玻璃珠的稀释瓶中，盖紧瓶盖，用力快速振摇50次，振幅不小于40cm。

(3) 研磨法 将一定量的样品放入无菌乳钵中充分研磨后再放入带有无菌稀释液的稀释瓶中，盖紧盖后充分摇匀。

(4) 拍击式均质法 也称胃蠕动均质法。这是国外常用、国内近年来逐渐推广使用的一种新型的均质样品的方法。即将一定量的样品和稀释液放入无菌均质袋中，开机均质。均质器有一个长方形金属盒，其旁安有金属叶板，可拍击塑料袋，金属叶板由一恒速马达带动，作前后移动而撞碎样品，达到较好均质的效果。

(5) 棉拭采样法 可用板孔5cm^{2}的金属制规板，压在受检物上，将灭菌棉拭稍沾湿，在板孔5cm^{2}的范围内揩抹多次，然后将板孔规板移压另一点，用另一棉拭揩抹，如此共移压揩抹10次，总面积50cm^2，共用10只棉拭。每支棉拭在揩抹完毕后应立即剪断或烧断后投入盛有50mL灭菌水的三角烧瓶或大试管中，立即送检。检验时先充分振摇吸取瓶、管中的液体，作为原液，再按要求作10倍递增稀释。该法常用于检验肉禽及其制品受污染的程度。检验致病菌，则不必用规板，在可疑部位用棉拭揩抹即可。

(四) 样品的检验

检验样品送到实验室后，立即将样品置于普通冰箱或低温冰箱中，并进行登记、填写试验序号，按检验要求，积极准备条件进行检验。样品收集后应于36h内检验。

在微生物检验室必须备有专用冰箱存放样品。一般阳性样品，发出报告后3天（特殊情况可适当延长）方能处理样品。进口样品的阳性样品，需保存6个月，方能处理。阴性样品可及时处理。

(五) 结果报告

按样品项目完成各类检验后，检验人员应及时填写报告单，签名后送主管人员核实签字，加盖单位印章，以示生效，立即交相关卫生监督人员处理。

二、 微生物检测的质量控制

为了满足微生物检测质量要求，保证检验结果的准确性和可靠性，必须遵循诚信公正、求真务实的质量方针，首先应建立一套行之有效的质量控制体系。包括①样品的管理：样品应正确采样，并有充分的代表性，严格按照无菌操作要求采样，且送检样品的标识应是唯一性，同时要做好样品的交接登记保存及处置等工作。送检样品尽快检验，避免样品保存时污染、腐败变质，影响检验结果的准确性。②检验方法：微生物检验应按国家卫生检验标准方法或其他实验室认可的方法进行。③检验过程：检验过程中应严格执行无菌操作规程，每个样本要做空白对照和平行样，以保证微生物检验结果的准确性和可比性。④报告制度：每张报告应有检验者、审核者、签发者的签名，并附有检验原始记录，以尽量避免错误的检验报告，保证结果的可靠性和可溯源性。⑤完善实验室管理：建立实验室内审制度，及时更新程序文件，以不断提高卫生检验管理水平，完善实验室质量体系。在实施过程中，微生物检测的质量控制点主要有以下几点。

（一）实验室

实验室要具有适宜、足够宽敞、通风良好的照明。房屋内墙面及地面等应采用易于清洁的材料，以保持房间清洁。微生物洁净室等专用工作室要具有标准操作规程和定期的检测校准程序。如洁净室应采用封闭过滤除菌通风形式，吊顶、隔墙、围护全部采用彩钢板，地面作环氧树脂自流平处理，并设置非净化区、更衣区、净化区。洁净室应定期进行风速监测和及时更换过滤层罩，条件有限的实验室可使用超净工作台。

实验室的环境应满足检测要求，需具备相应环境设施的相关技术指标，不能影响检测结果的可靠性、有效性和准确性。样品保存室、培养室，其温度、湿度应每天进行监控并有记录。无菌室等特殊环境对微生物指标进行控制并记录；净化室、净化工作区域、洁净环境应按国家及部颁标准进行检测。定期进行紫外线强度和空气质量监测，每月要至少检测一次空气洁净度指标。与微生物检验室相邻区域如有互不相容的活动时，应进行有效的隔离，并采取措施防止交叉污染。

（二）人员

要保证试验结果的质量，首先应重视检验人员的科学技术素质，为技术人员及时了解当今的科技进步信息和掌握先进的试验技术创造条件。微生物检验人员应具有较强的专业知识和相应的技术技能，严谨的科学工作态度，在工作中严格按照相应的检验标准和质量要求来进行操作。还应经常参加培训交流，及时了解和掌握微生物检验领域新的进展和动态，以丰富、积累工作经验，提高检验水平。

（三）设备仪器

微生物检验室常用的仪器设备主要有冰箱、培养箱、干燥箱、高压灭菌锅、超净工作台、pH 计、温度计、紫外线灯、显微镜、离心机、天平、微生物测定仪器、微生物检定仪器、空气采样器、酶标仪等。

对于连续工作的仪器如冰箱、培养箱，每天都要对其进行温度监控和记录并定期维护。培养箱应以使用用途和温度分别设置，培养箱的温差要求一般显示值与实测值相差不大于1℃，箱体内各点温差以及温度波动同样不大于1℃，保证内部的温度均衡性。

高压灭菌锅使用时应按作业指导书严格操作，并做好每一次的作业记录。应对其压力表定期进行检定校准，一般半年一次，在进行物品灭菌时，应做高压灭菌效果监测，并且有监测记录。日常工作记录应包含以下信息：高压灭菌的材料、开始时间、压力/温度、取出时间等。

超净工作台等净化设施质量控制应符合有关要求：水平流净化工作台要求洁净度为100级、空气沉降30min、细菌数＜1个/皿；垂直流净化工作台工作区域要求细菌数＜0.49个/皿。净化工作台高效过滤膜一般为一年更换一次，并同时进行粒子与细菌沉降检测。应定期检测风速，要求至少每半年监测一次风速，若低于0.36～0.54m/s，则应更换工作台上方的高效过滤流罩。

干燥箱也需定期对温度进行校准（一般一年一次，用参考温度计进行温度测试）。日常工作记录中应包括以下信息：开始的时间、到达灭菌温度时的时间、取出的时间（或关闭时间）。

显微镜应置于无振动、避免灰尘、防潮等要求的环境。显微镜应制定作业指导书、日常维护记录及自校记录。

天平要求放置在无振动、无气流影响及水平台面上。天平要有使用及运行检查记录。天平作为计量仪器被列入国家强制检定的范围，一般1次/年进行检定。运行检查频率按运行计划或按产品（天平生产厂家）给出的标准重量单位进行对照。

对于需要溯源的器具如温度计，应定期（一般半年一次）进行自校准和检定，因为控制温度在整个微生物试验中很重要的。

其他微生物检测专用仪器如细菌鉴定仪、酶标仪等设备，工作中常用阳性对照检测其功能的正常性。仪器的检定则按有关的部门检定或按自校作业指导书进行。仪器的使用登记、校准计划、校准记录等文件要存档。仪器做到专人使用，操作者应取得相应的岗位培训合格证。

（四）培养基、试剂

培养基、试剂的购买，应要求供货商出具“三证”。培养基和试剂使用前通过外观（研细程度、溶解前后的颜色、透明度、杂质等）、批号、pH、选择性等进行初步评估，检查培养基和试剂是否合格，是否在保质期内。培养基和试剂的配制应有记录可查，培养基应按照要求选择合适的压力和时间进行灭菌，并且应有高压灭菌效果的监测记录。配制培养基原料的优劣直接影响到培养基的质量，也必将影响检验质量。配制培养基时，还应注意控制培养基的 pH。配制好的培养基和试剂还应进行无菌试验，一般置于 37℃培养过夜，看是否有菌生长，并有无菌试验记录。使用时应选择不同的阳性对照菌株做质控，以检验培养基的质量，如微生物生长、抑制、溶血特征、典型菌落形态、色素等质量情况。

根据检验微生物指标不同，应选择不同的培养基和试剂。如基础培养基不仅要求微生物能生长，还必须发育良好，并能使微生物充分表现出其典型特征；选择性培养基则按不同微生物的生长条件要求而选择不同的培养基。

培养基和试剂的储存应按照其说明的储存条件来保存，配制好的培养基保存环境为 4℃冰箱，如制成平板，则用塑料袋包装，置冰箱保存配制好的培养基（尤其是糖发酵管）不宜久放，因为培养基吸收空气中的二氧化碳，会使培养基变酸，从而影响微生物的生长。不同批号的培养基和试剂不能混合使用。

微生物实验室应配备微生物检验所需的所有试剂、诊断血清和标准菌株，试剂和诊断血清应注意其有效期，并定期用标准菌株监测其敏感性和特异性，而标准菌株应注意妥善保存，专人保管，并做好菌种领取使用和销毁的登记制度。各种细菌鉴定用生化培养基在有效期内，应用标准菌株进行质量检验。试剂如氧化酶、催化剂试剂，使用前必须以阳性菌株测试，革兰染色液可用金黄色葡萄球菌和大肠埃希菌作为质控菌。

任务 11-1　对某一检测结果的分析和报告的撰写

【任务验收标准】

1. 能对各种微生物检测数据进行正确的分析，得到准确的检测结果；
2. 能设计出合理的检验报告单，并填写规范。

【工作任务】

假定你是某检验部门的微生物检验人员，需要对一批酿造酱油进行抽样检验，其中一份菌落总数检测结果的原始数据见表 11-1。

表 11-1　菌落总数检测结果

稀释度	10^{-1}	10^{-2}	10^{-3}	空　白
皿 1 菌落数	400	250	80	0
皿 2 菌落数	412	260	86	

请对这份酱油检样中菌落总数的检测数据进行分析，并填写检验报告单。

【任务指导】

检验报告是微生物分析检验的最终结果，是卫生质量的凭证，也是卫生质量是否符合标准的技术依据，因此其反映的信息和数据，必须客观公正、准确可靠。填写时要清晰完整，特别是检验结果的分析。检验报告的内容一般包括样品名称、送检单位、生产日期、生产批号、取样时间、检验日期、检验项目、检验结果、报告日期、检验人签字、主管负责人签字、检验单位盖章等。

检验报告单可按照单位规定格式设计，也可根据检样特点进行单独设计。撰写检验报告单时需做到以下几点。

（1）检验报告必须由考核合格的检验技术人员填报，进修及代培人员不得独自填报检验结果，必须有技术负责人的同意和签字，否则检验结果无效。

（2）检验结果必须经第二人复核无误后，方可填写检验报告单。检验报告单上应有检验人员和复核人及技术负责人的签字。

（3）检验报告单一般一式两份，其中正本提供给服务对象，副本留存备查。检验报告单如经签字盖章后即可报出，但如遇到检验不合格或产品不符合要求等情况，报告单应交给技术人员审查签字后方可报出。

附　酱油卫生标准（GB 2717—2003）

细菌总数（适合于餐桌酱油）/(cfu/mL)：≤30000；

大肠菌群/(MPN/mL)：≤30；

致病菌：不得检出。

【报告内容】

1. 写出酱油中菌落总数的原始数据分析过程；
2. 设计一份检验报告单，并填写正确的检验结果；
3. 评价这份酱油检样的卫生状况。

【思考题】

如菌落总数检测的空白平板中有较多菌落数时，该如何进行分析？

项目十二　食品的微生物学检验

【知识目标】

1. 熟悉食品微生物检验的基本程序和要求；
2. 掌握食品微生物检验中常见检样的制备技术；
3. 熟悉食品微生物检验中菌落总数、大肠菌群、致病菌的含义、卫生学意义及检验程序；
4. 掌握食品微生物检验中细菌总数、大肠菌群、罐头食品商业无菌检测的操作技术；
5. 掌握乳酸菌饮料中乳酸菌检测的操作技术；
6. 了解微生物快速检验技术。

【能力目标】

1. 具备检测各类食品的细菌总数和大肠菌群的检测能力；

2. 具备检测食品检样中几种常见致病菌的检测能力；

3. 能进行酸乳中乳酸菌的检测；

4. 能进行罐头食品商业无菌的检验；

5. 会分析总结试验结果，并做出正确、规范的试验报告。

【背景知识】

一、概述

现代食品必须具备三个基本要求，即“安全性”、“营养性”和“感官要求”。“民以食为天，食以安为先”突出了食品安全性的重要性，因此对食品进行微生物学检验至关重要，成为食品监测必不可少的重要组成部分。首先，它是衡量食品卫生质量的重要指标之一，也是判定被检食品能否食用的科学依据之一。其次，通过食品微生物学检验，可以判断食品加工环境及食品卫生情况，从而能够对食品被细菌污染的程度作出正确的评价，为各项卫生管理工作提供科学依据。再次，食品微生物检验是以贯彻“预防为主”的卫生方针，可以有效地防止或者减少食物中毒和人畜共患病的发生，保障人民的身体健康；同时，它对提高产品质量、避免经济损失等方面具有重大意义。这就要求检验人员在求实的精神下，科学地进行被检对象的采样、样品送检、检样处理、检验以及报告。在整个过程中，不得掺杂检验人员的丝毫主观臆想和工作上的马虎，要有章可依地进行检验和报告。

（一）食品微生物检验的范围

食品从生产原料、加工、储运到销售等全过程，都可能遭受微生物的污染。根据食品被微生物污染的原因和途径，食品微生物检验的范围包括以下几点。

（1）生产环境的检验　包括车间用水、空气、地面、墙壁等。

（2）原辅料的检验　包括动植物、食品添加剂等一切原辅材料。

（3）食品加工、储藏、销售诸环节的检验　包括食品从业人员的卫生状况检验、加工工具、运输车辆、包装材料的检验等。

（4）食品的检验　特别是对出厂食品、可疑食品及食物中毒食品的检验。

（二）食品微生物检验的指标

我国卫生部颁布的食品微生物指标主要有菌落总数、大肠菌群和致病菌三项。

1. 菌落总数

菌落总数是指被检样品经过预处理后，在一定条件下培养后所得的单位重量（g）、容积（mL）或表面积（cm^2）样品内所形成的细菌菌落的总数。它可以反映食品的新鲜度、被细菌污染的程度及卫生质量，及时判定食品加工过程是否符合卫生要求，为被检食品卫生学评价提供依据。

2. 大肠菌群

大肠菌群指一群在37℃培养条件下能发酵乳糖，产酸产气，需氧或兼性厌氧的革兰阴性无芽孢杆菌。这类细菌是温血动物肠道中的正常菌群，主要包括大肠埃希菌属、肠杆菌属、克雷伯菌属和柠檬酸杆菌属等。大肠菌群不是细菌学上的分类命名，根据卫生学方面的要求，大肠菌群作为食品、水质等粪便污染指标菌来评价食品的卫生质量。

3. 致病菌

致病菌指能够引起人们发病的细菌，如大肠杆菌是引起胃肠道疾病和食物中毒的主要致病菌。对不同的食品和不同的场合，应该选择一定的参考菌群进行检验。例如：海产品以副溶血性弧菌作为参考菌群，蛋与蛋制品以沙门菌、金黄色葡萄球菌、变形杆菌等作为参考菌群，米、面类食品以蜡样芽孢杆菌、变形杆菌、霉菌等作为参考菌群，罐头食品以耐热性芽孢菌作为参考菌群等。

4. 霉菌及其毒素

我国还没有制定出霉菌的具体指标，但由于许多霉菌能够产生毒素，引发食源性疾病、癌症等，因此也应该对产毒霉菌进行检验。例如：曲霉属的黄曲霉、寄生曲霉等，青霉属的橘青霉、岛青霉等，镰刀霉属的串珠镰刀霉、禾谷镰刀霉等。

5. 其他指标

微生物指标还应包括病毒（如肝炎病毒、诺沃克病毒、口蹄疫病毒、狂犬病病毒等）和寄生虫（如旋毛虫、囊尾蚴、孢子虫、蛔虫、中华分支睾吸虫等）。除上述三项外，在某些食品卫生标准中，也规定其他微生物作为指标。例如，一些低酸食品，就采用大肠杆菌；再有，不少学者认为冷冻食品宜采用肠球菌。此外，酵母菌和/或霉菌也可作为某些食品的指标菌。

（三）食品微生物检验的一般程序

检验人员在进行食品微生物学检验过程中都必须持有科学、求实、认真的态度，从样品采集、样品送检和处理、检验直至结果的报告，都不得掺杂个人主观臆断，工作中不得有丝毫的马虎，要有章可循、有据可依。食品微生物检验的一般程序可按照图 12-1 进行。

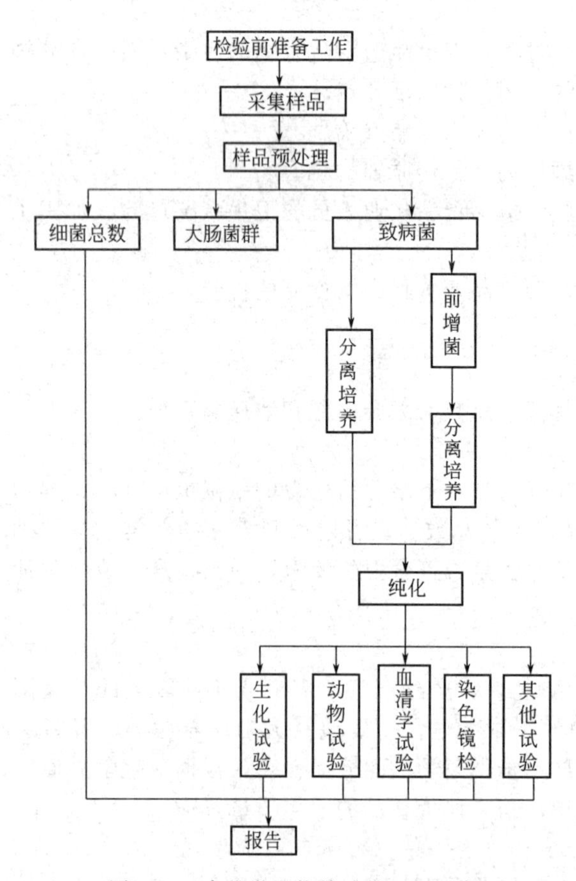

图 12-1　食品微生物检验的一般程序

二、食品检样的采集与制备

采样及样品处理也是食品微生物检验工作中最重要的组成部分。实验室收到的检样是否具有代表性、均匀性及其适时性决定了检验结果的准确性。通过设计一种科学的取样方案及采取正确的样品制备方法，从而做到以小见大，即根据一小份样品的检验结果去说明一大批食品的质量或一起食物中毒的性质。因此，用于分析的样品的代表性最为关键，也即样品的数量、大小和性质对结果判定产生重大影响。要保证样品的代表性，首先要有一套科学的抽样方案，检验目的不同，采样方案也不同。检验目的一般有判定一批食品合格与否；查找食物中毒病原微生物；鉴定畜禽产品中是否含有人畜共患病的病原体等。其次使用正确的抽样技术，最常用随机抽样的方式，即在生产过程中，在不同时间内随机抽取一定数量的少量样品予以混合，保证不同部位被抽取的可能性是均等的。

不同形态、种类的食品，其采样的数量是不一样的，应根据样品的性质进行合理选择。样品种类可分为大样、中样和小样。大样指一整批食品，中样是指由整批大样的各个部分采取的混合样品。一般，每批样品的抽样数量不得少于5件。对于需要检验沙门菌的食品，抽样数量应适当增加，最低不少于8件。小样指直接进行分析的检样，定型包装和散装食品采样量一般为250g。

在采样过程中，最好对整批产品的单位包装编号，对所抽样品进行及时、准确的标记，应注明样品名称、采样地点、采样日期、样品批号、采样方法、采样数量、检验项目及采样人。标记应牢固，具防水性，字迹不会被擦掉或脱色。并在样品的抽样、保存、运输过程中防止食品中原有微生物的数量和生长能力发生变化，要防止一切外来污染。因此采样和样品制备时也必须严格无菌操作。抽样工具如整套不锈钢勺子、镊子、剪刀等应当彻底灭菌，一件采样用具只能用于一个样品等，以防止交叉污染。

具体检验样品的采集与制备如下。

（一）生产工用具检样的采集与制备

设备、容器的卫生微生物检验属于食品微生物检验的范围。在食品的生产过程中，原辅材料经过清洗、紫外线照射、蒸煮、烘烤、超高温杀菌等加热杀菌工艺后，微生物含量急剧下降或达到商业无菌状态。但是，这些经过高温制作的食品在冷却、输送、灌装、封口、包装过程中，往往会被设备、容器等生产工用具中的微生物二次污染。因此，除保持空气的清洁度和生产人员的个人卫生外，与食品直接接触的各种生产工用具保持清洁卫生和无菌是防止和减少成品二次污染的关键。目前，各大食品厂一般以CIP（cleaning in place，就地清洗系统）作为防范措施。但为了确保食品生产设备的卫生安全，对生产设备和容器也需进行卫生微生物学检测，以便监督生产，防止或减少食品成品的污染、保障每批产品的卫生质量。生产工用具的抽样与制备方法一般有冲洗法和表面擦拭法。

1. 冲洗法

对一般容器和设备，可用一定量无菌生理盐水反复冲洗与食品接触的表面，然后用倾注法检查此冲洗液中的活菌总数，必要时进行大肠菌群或致病菌项目的检验。而大型设备，可以用循环水通过设备，采集定量的冲洗水，用滤膜法进行微生物检测。

2. 表面擦拭法

设备表面的微生物检验也常用表面擦拭法进行取样。

（1）刷子擦洗法　用无菌刷子在无菌溶液中沾湿，反复刷洗设备表面200～400cm^2的面积，然后把刷子放入盛有225mL无菌生理盐水的容器中充分洗涤，将此含菌液进行微生物检验。

（2）海绵擦拭法　用无菌镊子或带橡皮手套拿取体积为4cm×4cm×4cm的无菌海绵或无菌脱脂棉球，浸沾无菌生理盐水，反复擦洗设备表面100～200cm^2，然后将带菌棉球或海绵放入225mL无菌生理盐水中，进行充分洗涤，将此含菌液进行微生物检验。

（二）食品检样的采样方法

应根据不同的样品种类和检验目的，选择适宜的采样方法。

1. 不同类型的食品样品的采样方法

不同类型的样品应选择不同的采样工具和方法，能采取最小包装的食品如袋装、瓶装或罐装食品，应采用完整的未开封的样品；必须拆包装取样的，应按照无菌操作进行。如果样品量较大，还需用无菌采样器。

（1）液体样品的采样　应通过振摇将样品充分混匀，在无菌操作条件下开启包装，用

100mL 无菌注射器抽取，放入无菌容器。

(2) 半固体样品的采样　通过无菌操作开启包装，用灭菌勺从几个不同部位挖取样品，放入无菌容器。

(3) 固体样品的采样　大块整体食品应用无菌刀具和镊子从不同部位取样，应兼顾表面和深度，注意样品的代表性；小块大包装食品应从不同部位的小块上切取样品，放入无菌容器。样品是固体粉末，应边取样边混合。

(4) 冷冻食品的采样　大包装小块冷冻食品的采样按小块个体采取；大块冷冻食品可以用无菌刀从不同部位削取样品或用无菌小手锯从冷冻上锯取样品，也可以用无菌钻头钻取碎样品，放入无菌容器。

注：固体样品或冷冻食品取样还应注意检样目的，若需检验食品污染情况，可取表层样品；若需检验其品质情况，应再取深部样品。

2. 生产工序监测采样方法

(1) 车间用水　如果检验的是自来水样，则从车间各水龙头上采集冷却水；如果是汤料，则用 100mL 无菌注射器分别从车间生产容器的不同部位抽取。

(2) 车间台面、用具及加工人员手的卫生监测　用孔径为 5cm^2 的无菌采样板及无菌棉棒分别擦拭表面，共取 25cm^2 面积进行检验。

(3) 车间空气采样　将 5 个直径 90mm 的普通营养琼脂平板分别置于车间的四角和中部，打开平皿盖 5min，然后盖上平板送检。

3. 食物中毒微生物检验的采样方法

当怀疑发生食物中毒时，应及时收集可疑中毒源食品或餐具，同时收集病人的呕吐物、粪便或血液等。

4. 人畜共患病病原微生物检验的采样方法

当怀疑某一动物产品可能带有人畜共患病病原体时，应结合畜禽传染病学的基础知识，采取病原体最集中、最易检出的组织或体液送实验室检验。

(三) 食品检样的预处理

按照项目十一中所述，由于食品检样种类繁多、成分复杂，要根据食品种类的不同性状和特点，采取相应的预处理方法，制备成稀释液才能进行相关项目的检验。样品处理应在无菌室内进行，若是冷冻样品，必须事先在原容器中解冻，解冻温度为：2～5℃不超过 18h 或 45℃不超过 15min。接种量为 25g (mL)，采用十倍稀释法进行样品稀释。

预处理方法中以均质法效果最好。其优点表现在：使微生物从食品颗粒上脱离，在液体中分布均匀；食品中营养物质可以更多地释放到液体中，有利于微生物的生长。在选择制备方法时要合理地选择最佳的方式，如黏度不超过牛乳的非黏性食品、黏性液体食品和不易混合的检样最好放在均质器中加入稀释液进行均质，以保证均匀性；而能与水混合的检样则可采用手振荡或机器振荡。

(四) 具体食品样品的采集与制备

1. 肉与肉制品

(1) 生肉及脏器检样　如是屠宰场后的畜肉，用无菌刀采取开腔后两腿内侧肌肉各 50g (或劈半后采取两侧背最长肌肉各 50g)；如是冷藏或销售的生肉，可用无菌刀取腿肉或其他部位的肌肉 100g。检样采取后放入无菌容器内，立即送检；如条件不许可时，最好不超过 3h。送检时应注意冷藏，不得加入任何防腐剂。

生肉及脏器检样进行处理时，先将检样进行表面消毒，可在沸水内烫3～5s或采用火焰灼烧法，再用无菌剪子剪取检样深层肌肉25g，放入无菌乳钵内剪碎后，加灭菌海砂或玻璃砂研磨，磨碎后加入灭菌水225mL，混匀或用均质器以8000～10000r/min、均质1min后即为1∶10稀释液。

（2）禽类（包括家禽和野禽）　鲜、冻家禽采取整只，放置于无菌容器内。检验前先将检样进行表面消毒，用灭菌剪子或刀去皮后，一般可从胸部或腿部剪取肌肉25g，以下处理与生肉相同。带毛野禽处理时先去毛，其余与家禽检样处理相同。

（3）各类熟肉制品　包括酱卤肉、肴肉、方圆腿、熟灌肠、熏烤肉、肉松、肉脯、肉干等，一般采取200g，而熟禽采取整只，均放于无菌容器内，立即送检。检验时直接切取或称取25g，按照生肉处理要求进行。

（4）腊肠、香肚等生灌肠　采取整根、整只，小型的可采数根、数只，其总量不少于250g。处理时先对生灌肠表面进行消毒，用灭菌剪子取内容物25g，以下处理要求同上述生肉。

注：以上样品的采集和送检及检样的处理均以通过检验细菌含量来判断其肉类新鲜度为目的。如必须检验肉禽及其制品受外界环境污染的程度或检索其是否带有某种致病菌，应用棉拭采样法。

2. 乳与乳制品

（1）采样方法及采样数量　如果是散装或大型包装的乳品，用灭菌刀、勺取样，在移取另一件样品前，刀、勺要先清洗灭菌。采样时应注意样品的代表性，每件样品数量不少于200g，放入灭菌容器内及时送检。鲜乳一般不应超过3h，在气温较高或路途较远的情况下应进行冷藏，不得使用任何防腐剂等。如果是小型包装的乳品，采取整件包装，采样时应注意包装的完整。每件样品采样量一般是生奶1瓶或1包，消毒奶1瓶或1包，奶粉1瓶或1包（大包装者200g），奶油1块（113g），酸奶1瓶或1罐，炼乳1瓶或1罐，奶酪（干酪）1个。而对成批产品进行质量鉴定时，其每批采样量以千分之一计算，不足千件者抽取1件。

（2）样品预处理

① 鲜奶、酸奶　以无菌操作去掉瓶口的纸罩、纸盖，瓶口经火焰烧灼后以无菌操作吸取25mL检样，放入装有225mL灭菌生理盐水的三角烧瓶内，振摇均匀（酸乳如有水分析出于表层，应先去除）。

② 炼乳　先将瓶或罐用温水洗净表面，再用点燃酒精棉球消毒瓶或罐的上表面，然后用灭菌的开罐器打开罐（瓶），以无菌操作称取25g（mL）检样，放入装有225mL灭菌生理盐水的三角烧瓶内，振摇均匀。

③ 奶油样品　以无菌操作打开包装，取适量检样置于灭菌三角烧瓶内，先在45℃水浴或温箱中加温，溶解后立即将烧瓶取出，用灭菌吸管吸取25mL奶油放入另一含225mL灭菌生理盐水或灭菌的奶油稀释液的烧瓶内（所用稀释液应预置于45℃水浴中保温），振摇均匀，注意从检样熔化到接种完毕的时间不应超过30min。

④ 奶粉　罐装奶粉的开罐取样法同炼乳处理，袋装奶粉应用蘸有75%酒精的棉球涂擦消毒袋口，以无菌操作开封取样，称取检样25g，放入装有适量玻璃珠的灭菌三角烧瓶内，将225mL温热的灭菌生理盐水徐徐加入（先用少量生理盐水将奶粉调成糊状，再全部加入，以免奶粉结块），振摇使充分溶解和混匀。

⑤ 奶酪　先用灭菌刀削去部分表面封蜡，用点燃的酒精棉球消毒表面，然后用灭菌刀切开奶酪，以无菌操作切取表层和深层检样各少许，置于灭菌乳钵内切碎，加入少量生理盐水研成糊状。

备注：奶油稀释液为格林液（配法：氯化钠9g、氯化钾0.12g、氯化钙0.24g、碳酸氢钠 0.2g、蒸馏水 1000mL）250mL、蒸馏水 750mL、琼脂 1g 加热溶解，分装每瓶 225mL，121℃灭菌 15min。

3. **蛋与蛋制品**

（1）采样方法及采样数量

① 鲜蛋　用流动水冲洗外壳，再用 75%酒精棉球擦拭消毒后放入灭菌袋内，加封做好标记后送检。

② 罐装全蛋粉、巴氏消毒全蛋粉、蛋黄粉、蛋白片　用 75%酒精棉球消毒包装上开口处，然后将盖开启，用灭菌的金属制双套回旋取样管斜角插入箱底，旋转套管收取样品，再将采样器提出箱外，用灭菌小匙自上、中、下部收取检样，装入灭菌广口瓶中，每个检样重量不少于 100g，标明后送检。

③ 冰全蛋、巴氏消毒冰全蛋、冰蛋黄、冰蛋白　先用 75%酒精棉球消毒铁听开口处，然后将盖开启，用灭菌电钻由顶到底斜角钻入，徐徐钻取检样，然后抽出电钻，从中取出 200g 检样装入灭菌广口瓶中，标明后送检。

对成批产品进行质量鉴定时的采样数量：全蛋粉、巴氏消毒全蛋粉、蛋黄粉、蛋白片等产品以一日或一班生产量为一批，检验沙门菌时，按每批总量 5%抽样（即每 100 箱中抽检 5 箱，每箱一个检样），但每批不得少于三个检样；测定菌落总数和大肠菌群时，每批按装听过程前、中、后取样三次，每次取样 50g，每批合为一个检样。冰全蛋、巴氏消毒冰全蛋、冰蛋黄、冰蛋白等产品按每 500g 取样一件。菌落总数测定和大肠菌群测定时，在每批装听过程前、中、后取样三次，每次取样 50g 合为一个检样。

（2）样品预处理　首先进行样品的稀释，不同样品可按照以下方法进行。

① 鲜蛋外壳　用灭菌生理盐水浸泡的棉拭充分擦拭蛋壳，然后将棉拭直接放入培养基内增菌培养，也可将整只鲜蛋放入灭菌小烧杯或平皿中，按检样要求加入定量灭菌生理盐水或液体培养基，用灭菌棉拭将蛋壳表面充分擦洗后，以擦洗液作为检样检验。

② 鲜蛋液　持鲜蛋在流水下洗净，待干后再用 75%酒精棉球消毒蛋壳，然后根据检验要求，打开蛋壳取出蛋白、蛋黄或全蛋液，放入带有玻璃珠的灭菌瓶内，充分摇匀待检。

③ 全蛋粉、巴氏消毒全蛋粉、蛋白片、冰蛋黄　将检样放入带有玻璃珠的灭菌瓶内，按比率加入灭菌生理盐水充分摇匀待检。

④ 冰全蛋、巴氏消毒冰全蛋、冰蛋白、冰蛋黄　将装有冰蛋检样的瓶子浸泡于流动冷水中，待检样熔化后取出，放入带有玻璃珠的灭菌瓶中充分摇匀待检。

各种蛋制品沙门菌增菌培养：以无菌操作称取检样，接种于亚硒酸盐煌绿或煌绿肉汤等增菌培养基中（此培养基预先置于盛有适量玻璃珠的灭菌瓶内），盖紧瓶盖，充分摇匀，然后放入（36±1）℃温箱中培养（20±2）h。

凡用亚硒酸盐煌绿增菌培养时，各种蛋与蛋制品的检样接种量都为 30g，培养基为 150mL。凡用煌绿肉汤进行增菌培养时，各种蛋与蛋制品接种量及培养基使用量和浓度见表 12-1。

表 12-1　检样接种量及培养基使用量和浓度

检样种类	检样接种量/g	培养基使用量/mL	煌绿浓度/(g/mL)
全蛋粉	6(加 24mL 无菌水)	120	1/6000～1/4000
蛋黄粉	6(加 24mL 无菌水)	120	1/6000～1/4000
蛋白片	6(加 24mL 无菌水)	120	1/1000000
冰全蛋	30	150	1/6000～1/4000
冰蛋黄	30	150	1/6000～1/4000
冰蛋白	30	150	1/60000～1/50000

4. 水产品

赴现场采取水产样品时，应按检验目的和水产品的种类确定采样量。除个别大型鱼类和海兽只能割取其局部作为样品外，一般都采完整的个体，待检验时再按要求在一定部位采取检样。在以判断质量鲜度为目的时，鱼类和体型较大的贝甲类虽然应以个体为一件样品，单独采取，但当对一批水产品作质量判断时，仍必须采取多个个体做多份检样以反映全面质量。小型鱼类和对虾、小蟹因个体过小，在检验时只能混合采取检样，采样量应大些，一般为500～1000g。鱼糜制品（如灌肠、鱼丸等）和熟制品则采取250g，放灭菌容器内。水产品含水较多，体内酶的活力也较旺盛，易于变质。因此在采好样品后应在3h内送检，在送检过程中应加冰保藏。具体样品的预处理方法如下。

（1）鱼类　采取检样的部位为背肌。先用流水将鱼体体表冲净，去鳞，再用75%酒精的棉球擦净鱼背，待干后用灭菌刀在鱼背部沿脊椎切开5cm，再沿垂直于脊椎的方向切开两端，使两块背肌分别向两侧翻开，然后用无菌剪子剪取25g鱼肉，放入灭菌乳钵内，用灭菌剪刀剪碎，加灭菌海砂或玻璃砂研磨（有条件情况下可用均质器），检样磨碎后加入225mL灭菌生理盐水，混匀成稀释液。注意在剪取肉样时，勿触及或粘上鱼皮。鱼糜制品或熟制品应放乳钵内进一步捣碎后，再加生理盐水混匀成稀释液。

（2）虾类　采取检样的部位为腔节内的肌肉。将虾体在流水下冲净，摘去头胸节，用灭菌剪刀剪除腹节与头胸节连接处的肌肉，然后挤出腔节内的肌肉，称取25g放入灭菌乳钵内，以后处理操作同鱼类。

（3）蟹类　采取检样的部位为胸部肌肉。将蟹体在流水下冲净，剥去壳盖和腔脐，去除鳃条，再置流水下冲净。用75%酒精棉球擦拭前后外壁，置灭菌搪瓷盘上待干。然后用灭菌剪刀剪开，成左右两片，用双手将一片蟹体的胸部肌肉挤出（用手指从足根一端向剪开的一端挤压），称取25g，置灭菌乳钵内。以后处理操作同鱼类。

（4）贝壳类　采样部位为贝壳内容物。先用流水刷洗贝壳，刷净后放在铺有灭菌毛巾的清洁搪瓷盘或工作台上，采样者将双手洗净并用75%酒精棉球涂拭消毒后，用灭菌小钝刀从贝壳的张口处隙缝中徐徐切入，撬开壳盖，再用灭菌镊子取出整个内容物，称取25g置灭菌乳钵内。以后处理操作同鱼类。

注：水产食品兼受海洋细菌和陆上细菌的污染，检验时细菌培养温度为30℃。以上检样处理的方法和检验部位均以检验水产品肌肉内细菌含量从而判断其鲜度质量为目的。如必须检验水产品是否污染某种致病菌时，其检验部位应为胃肠消化道和鳃等呼吸器官：鱼类检取肠管和鳃；虾类检取头胸节内的内脏和腹节外沿处的肠管；蟹类检取胃和鳃条；贝类中的螺类检取腹足肌肉以下的部分，贝类中的双壳类检取覆盖在斧足肌肉外层的内脏和瓣鳃。

5. 饮料、冷冻饮品

（1）瓶装汽水、果蔬饮料、碳酸饮料、茶饮料等　应尽可能采取原瓶（罐）、袋和盒装样品，4杯为一件，大包装者以1桶或1瓶为一件；散装者应用无菌操作采取500mL（g），放入灭菌磨口瓶或灭菌袋中。用点燃的酒精棉球烧灼或擦拭瓶（袋）口，再用灭菌开瓶器将盖启开。含有二氧化碳的饮料可倒入另一灭菌容器内，口勿盖紧，覆盖一灭菌石炭酸纱布，轻轻摇荡，待气体全部逸出后，进行检验。

（2）冰激凌、冰棍　应采取原包装样品　冰激凌以4杯为一件，散装者采取200g，通过无菌操作放在灭菌容器内，待其熔化，立即进行检验。冰棍如班产量20万支以下者，以一班为一批；班产量20万支以上者，以工作台为一批，一批取3件，一件取3支。用灭菌镊子除去包装纸，将冰棍部分放入灭菌磨口瓶内，木棒留在瓶外，盖上瓶盖，用力抽出木棒，或用灭菌剪子剪掉木棒，置45℃水浴30min，熔化后立即进行检验。

（3）食用冰块　以500g为一件，取冷冻冰块放入灭菌容器内，待其熔化，立即进行检验。

6. **调味品**

（1）酱油和食醋　瓶装者采取原包装1瓶，用75%酒精棉球烧灼瓶口灭菌，用石炭酸纱布盖好，再用灭菌开瓶器启开后进行检验。散装样品可用灭菌吸管采取500mL，放入灭菌容器内进行检验。食醋检验前需先用20%～30%灭菌碳酸钠溶液调pH到中性。

（2）酱类　用无菌操作称取25g，放入灭菌容器内，加入灭菌蒸馏水225mL，制成混悬液。

7. **冷食菜和豆制品**

定型包装者用原包装，散装者采样200g。抽样时先用75%酒精棉球消毒包装袋口，用灭菌剪刀剪开后，分别采取接触盛器边缘、底部及上面不同部位的样品，再放入灭菌容器内，混匀。以无菌操作称取25g检样，放入225mL灭菌稀释液，用均质器打碎1min，制成混悬液。

8. **糖果、糕点、蜜饯**

定型包装者采取原包装，散装者糕点、果脯采取200g，糖果采取100g，采样后立即送检。

（1）蛋糕　如为原包装，用灭菌镊子夹下包装纸，采取外部及中心部位；如为带馅糕点，取外皮及内馅25g；奶花糕点，采取奶花及糕点部分各一半共25g。然后加入225mL灭菌生理盐水中，制成混悬液。

（2）果脯　采取不同部位25g检样，加入灭菌生理盐水225mL，制成混悬液。

（3）糖果　用灭菌镊子夹取包装纸，称取数块共25g，加入预温至45℃的灭菌生理盐水225mL，待熔化后检验。

9. **酒类**

瓶装酒类应采取原包装样品2瓶，散装者应采取500mL，放入灭菌容器内立即送检。

（1）瓶装酒类　用点燃的酒精棉球烧灼瓶口灭菌，用石炭酸纱布盖好，用灭菌开瓶器将盖启开：有二氧化碳的酒类可倒入另一灭菌容器内，口勿盖紧，覆盖灭菌纱布，轻轻摇荡，待气体全部逸出后，进行检验。

（2）散装酒类　可直接吸取，进行检验。

10. **罐头食品**

抽样方法可采用下述方法之一。

（1）按杀菌锅抽样　低酸性食品罐头在杀菌冷却完毕后每杀菌锅抽样两罐，3kg以上的大罐每锅抽一罐；酸性食品罐头每锅抽一罐，一般一个班的产品组成一个检验批，将各锅的样罐组成一个样批送检，每批每个品种取样基数不得少于三罐。产品如按锅划分堆放，在遇到由于杀菌操作不当引起问题时，也可以按锅处理。

（2）按生产班（批）次抽样

① 取样数为1/6000、尾数超过2000者增取一罐，每班（批）每个品种不得少于三罐。

② 某些产品班产量较大，则以30000罐为基数，其取样数按1/6000；超过30000罐以上的按1/20000计，尾数超过4000罐者增取一罐。

③ 个别产品产量过小，同品种同规格可合并班次为一批取样，但并班总数不超过5000罐，每个批次取样数不得少于三罐。

11. **方便面**（米粉）、**即食粥等方便食品**

袋（碗）装方便面（米粉）、即食粥等方便食品以3袋（碗）为一件（约250g），散装

(或简易)包装者抽取200g。

(1)无调味料的方便面(米粉)、即食粥　按无菌操作开封取样，称取25g，剪碎或放在玻璃研钵研碎，加入225mL灭菌生理盐水制成1∶10的均质液，备用。

(2)有调味料的方便面(米粉)、即食粥　按无菌操作开封取样，将面(粉)块剪碎或研碎后与各种调味料按它们在产品中的质量比例分别称样，共称取25g，并混合均匀，加入225mL灭菌生理盐水制成1∶10的均质液，备用

三、食品检样的保存及送检

为确保检验结果的适时性，样品采集后，应有抽样人写出完整的抽样报告，使样品尽可能保持在原有条件下迅速发送到实验室，一般不超过36h送检，且最好由专人立即送检。当样品需要托运或由非专职抽样人员运送时，必须将样品包装好，应能防破损、防冻结或防腐，防止冷冻样品升温或熔化；在包装上应注明“防碎”、“易腐”、“冷藏”等字样；同时作好样品运送记录，写明运送条件、日期、到达地点及其他需要说明的情况，并由运送人签字。如不能及时运送，冷冻样品应保持冷冻状态(可放在冰内、−20℃冰箱的冰盒内或低温冰箱保存)，应存放在冰箱或冷藏库内；冷却和易腐食品存放在0～5℃冰箱或冷却库内；其他食品可放在常温冷暗处。运送冷冻和易腐食品应在包装容器内加适量的冷却剂或冷冻剂。保证途中样品不升温或不熔化。必要时可于途中补加冷却剂或冷冻剂。盛样品的容器应消毒处理，但不得用消毒剂处理容器，不能在样品中加入任何防腐剂

四、食品卫生微生物学检验技术

(一)菌落总数

菌落总数指食品检样经处理，在一定条件下培养后，所得1g或1mL食品检样(对包装材料、设备和工用具表面用$1cm^2$面积)中所含细菌菌落的总数，单位应记为cfu/g(mL)。

食品在生产、储藏、运输和销售过程中有可能被多种类群的微生物所污染。其中每种细菌都有它一定的生理特性，培养时应用不同的营养条件及其生理条件(如温度、培养时间、pH、需氧性质等)去满足其要求，才能分别将各种细菌培养出来。但在实际工作中，一般都采用国家标准GB/T 4789.2—2008《食品卫生微生物学检验——菌落总数测定》中规定的平板菌落计数法，其检验程序如图12-2。所得结果只包括一群能在营养琼脂上发育的嗜中温性需氧菌的菌落数，所以计数总比实际存在的细菌数少。

检测食品中的菌落总数有以下两个方面的卫生学意义。首先，食品中菌落总数可作为判定食品被污染程度的指标。从食品卫生观点来看，食品中菌落总数的多少，直接反映着食品的卫生质量。菌落总数越多，说明食品质量越差，病原菌污染的可能性越大。如果食品中菌落总数多于10万个，就足以引起细菌性食物中毒；如果人的感官能察觉食品因细菌的繁殖而发生变质时，细菌数大约已达到10^6～10^7cfu/g(mL或cm^2)。当菌落总数仅少量存在时，则病原菌污染的可能性就会降低，或者几乎不存在。其次，菌落总数可用于观察细菌在食品中繁殖的动态，以便对被检样品进行卫生学评价时提供依据，用来预测食品的保存期。例如：细菌难以生长的一些干制食品和冰冻食品，它们含有细菌的多少，就可以表明这些食品在生产、运输、储藏等过程中卫生管理的状况。

但是，评定食品的新鲜度和卫生质量除了菌落总数外，还必须配合大肠菌群的检验和病原菌等项目的检验，才能作出比较全面准确的评定。因为有时虽然食品中细菌含量很高，即

使已达到相当于同种食品已变质时的细菌数时，但食品不一定出现腐败变质的现象。例如有时食品遭受污染的程度特别严重，食品中虽含有大量的细菌，由于时间短暂或细菌繁殖条件不具备，就见不到变质现象。因此就不能单凭菌落总数一项指标来评定食品卫生质量的优劣。

有人曾报道，从市售的一批冰蛋制品中，在所检出菌落总数在5000cfu/g以下的样品中和其中仅含菌落总数380cfu/g的样品中，均可分离出沙门菌，并且都有大肠菌群存在。再如，在一些菌落总数低的食品中（如罐头食品），曾有细菌繁殖并已产生了毒素，但是由于环境条件的限制使细菌不能延续生长繁殖，而毒素因性状稳定不受环境的影响而仍在食品中保留。

还有一些食品，如酸泡菜、发酵乳等发酵制品，在进行平板计数时应排除有关的微生物，也不能单凭测定菌落总数来确定卫生质量，因为发酵制品本身就是通过微生物的作用而制成的。

（二）大肠菌群

大肠菌群指一群在37℃、24h能发酵乳糖，产酸，产气，需氧和兼性厌氧的革兰阴性无芽孢杆菌。大肠菌群主要是由肠杆菌科中四个菌属内的一些细菌所组成，即埃希菌属（*Escherichia*）、枸橼酸杆菌属（*Citrobacter*）、克雷伯菌属（*Klebsiella*）及肠杆菌属（*Enterobacter*），其生化特性分类见表12-2。

表12-2 大肠菌群生化特性分类

项　目	靛基质	甲基红	V-P	柠檬酸	H_2S	明胶	动力	44.5℃乳糖
大肠埃希菌Ⅰ	＋	＋	－	－	－	－	＋/－	＋
大肠埃希菌Ⅱ		＋	－	－	－	－	＋/－	－
大肠埃希菌Ⅲ	＋	＋	－	－	－	－	＋/－	－
费劳地枸橼酸杆菌Ⅰ	－	＋	－	＋	＋/－	－	＋/－	－
费劳地枸橼酸杆菌Ⅱ	＋	＋	－	＋	＋/－	－	＋/－	－
产气克雷伯菌Ⅰ	－	－	＋	－	－	－	－	－
产气克雷伯菌Ⅱ	＋	－	＋	＋	－	－	－	－
阴沟肠杆菌	＋	－	＋	＋	－	－	＋/－	－

注：＋表示阳性；－表示阴性；＋/－表示多数阳性，少数阴性。

由表12-2可以看出，大肠菌群中大肠埃希菌Ⅰ型和Ⅲ型的特点是，对靛基质、甲基红、V-P和柠檬酸盐利用四个生化反应分别为“＋＋－－”，通常称为典型大肠杆菌；而其他类大肠杆菌则被称为非典型大肠杆菌。

大肠菌群适应性强，能在很多培养基和食品上生长繁殖，适应的生长温度和pH范围较广，在－2～50℃、pH4.4～9.0范围均能生长。大肠菌群能在仅有一种有机碳源如葡萄糖和一种氮源如硫酸铵以及一些无机盐组成的培养基上生长。当在营养琼脂培养基上，37℃培养18～24h，就会出现可见的菌落。大肠菌群最显著的一个特点是能分解乳糖而产酸、产气，利用这一特点能够将大肠菌群与其他细菌区分开。但多数大肠菌群不耐寒，特别在冷藏环境中易衰亡。

测定大肠菌群的卫生学意义有以下几个。

第一，可作为粪便污染的指标菌。大肠菌群都是直接或间接来自人与温血动物的粪便，以此作为粪便污染指标来评价食品的卫生质量。据研究发现，成人粪便中的大肠菌群的含量为10^8～10^9个/g。若水中或食品中检出大肠菌群，则说明该食品曾受到人与温血动物粪便的污染。如有典型大肠杆菌存在，说明该食品近期受到粪便污染，这主要是由于典型大肠杆菌常存在于排出不久的粪便中；如有非典型大肠杆菌存在，说明该食品受到陈旧粪便污染。食品中如果大肠菌群数越多，说明食品受粪便污染的程度越大。

许多研究者的调查证明，人、畜粪便对外界环境的污染是大肠菌群存在于自然界的主要原因。在腹泻患者所排粪便中，非典型大肠杆菌常有增多趋势，这可能与机体肠道发生紊乱、大肠菌群在型别组成的比例上发生改变所致；随粪便排至外环境中的典型大肠杆菌也可因条件的改变，使生化性状发生变异，从而转变为非典型大肠杆菌。由此看来，大肠菌群无论在粪便内还是在外环境中，都是作为一个整体而存在的，它的菌型组成往往是多种的，只是在比例上，因条件不同而有差异。因此，大肠菌群的检出，不仅反映检样被粪便污染总的情况，而且在一定程度上也反映了食品在生产、加工、运输、保存等过程中的卫生状况，所以具有广泛的卫生学意义。

第二，可作为肠道致病菌污染食品的指标。粪便污染的食品往往是肠道传染病发生的主要原因，因此检查食品中有无肠道菌，这对控制肠道传染病的发生和流行具有十分重要的意义。食品安全性的主要威胁是肠道致病菌，如沙门菌属、志贺菌属等。如要对食品逐批或经常检测肠道致病菌有一定困难，特别是当致病菌含量极少时，往往不能检出。由于粪便中数量最多的是大肠菌群（约占 2%），而且大肠菌群随粪便排出体外后，其生存条件与肠道主要致病菌大致相似，在检验方法上，也以大肠菌群的检验计数简便易行。因此，我国常用大肠菌群作为肠道致病菌污染指标菌。当食品中检出大肠菌群时，就有存在肠道致病菌的可能，因而也就有可能通过污染的食品引起肠道传染病的流行。大肠菌群数值越高，肠道致病菌存在的可能性就越大。大肠菌群数的高低表明了粪便污染的程度，也反映了对人体健康危害性的大小。所以，凡是大肠菌群数超过规定限量的食品，即可确定其卫生学上是不合格的，该食品食用是不安全的。当然，有粪便污染，也不一定就有肠道病原菌存在，但即使无病原菌，只要被粪便污染的水或食品，也是不卫生的，不受人喜欢的。

大肠菌群检验结果均采用每 100mL(g) 样品中大肠菌群最近似数（或最可能数）来表示：MPN/100mL(g)。它是按照一定的方案检验后的统计数值。我国国标 GB/T 4789.2—2008《食品卫生微生物学检验——大肠菌群测定》规定采用九管乳糖发酵的三步检验法，即乳糖发酵试验、分离培养和证实试验。根据各种可能检验结果，编制相应的 MPN 检索表，供实际查阅用。

严格意义上，大肠菌群按照来源可分粪便来源和非粪便来源，在 44.5℃仍能生长的大肠菌群，称为粪大肠菌群，粪大肠菌群又称耐热大肠菌群，在人和动物粪便中所占的比例较大，而且在自然界容易死亡。因此，粪大肠菌群对粪便污染的指示作用更为直接和贴切，主要就是大肠杆菌，但也包括克雷伯菌。

在实际工作中，大肠菌群、粪大肠菌群和大肠杆菌这三个指标都在应用，但用途有所不同，一般认为大肠菌群应用最广泛，是水源的卫生指标和食品加工卫生状况的通用指标，粪大肠菌群主要用于贝类和贝类养殖用水的卫生指标，而大肠杆菌用于指示食品受到近期粪便污染或加工环节的卫生状况欠佳

五、 食品中致病菌的检测技术

致病菌系指肠道致病菌、致病性球菌等。几乎所有食品标准都规定致病菌不得检出。因为食品中含有致病菌时，人们进食后有发生食物中毒的可能性。

致病菌的种类很多，但相对而言，在污染食品中的致病菌又不是太多，这就难以对所有的致病菌逐一进行检验。食品中致病菌的检验主要包括食品原料及食品中各种病原菌的检

验，如致病性大肠埃希菌、金黄色葡萄球菌、溶血性链球菌、沙门菌、志贺菌、副溶血性弧菌、肉毒梭菌及毒素等19种病原菌。另外，某些致病菌检测还存在局限性，加上检验方法本身的允许误差，也不易准确判断食品中有无致病菌存在。

因此，在实际检测中，一般根据不同食品的特点，选定较有代表性的致病菌作为检测的重点，并以此来判断食品中有无致病菌的存在。例如，蛋粉规定沙门菌作为致病菌检测的代表；酸奶规定致病性大肠杆菌和金黄色葡萄球菌是检测重点。如果把致病菌的检测结果与菌落总数、大肠菌群等其他有关指标一起进行综合分析，就能对某食品的卫生质量作出更为准确的结论。以下简要介绍其中最常见的致病性大肠埃希菌、金黄色葡萄球菌和沙门菌的检验技术。

（一）大肠埃希菌

大肠埃希菌（通常称大肠杆菌）归属于埃希菌属肠杆菌科。大肠杆菌指革兰阴性无芽孢杆菌、乳糖发酵产酸产气、IMViC试验（靛基质、MR、V-P、柠檬酸盐试验）为＋＋－－或－＋－－的细菌。正常情况下，大肠杆菌是肠道中的正常菌群，存在于人和动物的肠道中，并广泛分布于自然界中，无致病作用，而且还能合成维生素B和维生素K，产生大肠菌素，对机体有利。但当机体抵抗力下降或大肠埃希菌侵入肠外组织或器官时，可作为条件性致病菌而引起肠道外感染。大肠杆菌有些血清型可引起肠道感染，已知的引起致病性的大肠埃希菌主要有四类，即产肠毒素大肠埃希菌（ETEC）、出血性大肠埃希菌（EHEC）、肠道侵袭性大肠埃希菌（EIEC）和肠道致病性大肠埃希菌（EPEC），后者主要引起新生儿的腹泻。带菌的牛和猪是传播本菌引起食物中毒的重要原因，人的带菌亦可污染食品，引起食物中毒。临床症状表现如下。严重型：体温升高，38～40℃持续数天，每天腹泻10～20次，常为黄绿色水样便，混有少量黏液，可有腥臭味，亦见有牛奶色或米汤样便，与霍乱基本相似，多有恶心呕吐，婴幼儿常出现惊厥。轻型：一般不发热，以食欲减退、腹泻。中型：可有低热，除具有轻型症状外并有恶心呕吐，腹泻次数较频，多呈水样便，可有轻度脱水及酸中毒症状。

大肠埃希菌的检测一般采用EMB选择性分离鉴别方法。

1. 增菌

样品采集后应尽快检验。以无菌操作称取检样25g，加在225mL营养肉汤中，以均质器打碎1min或用乳钵加灭菌砂磨碎。取出适量，接种乳糖胆盐培养基，以测定大肠菌群MPN，其余的移入500mL广口瓶内，于(36±1)℃培养6h。挑取1环，接种于1管30mL肠道菌增菌肉汤内，于42℃培养18h。

2. 分离

将乳糖发酵阳性的乳糖胆盐发酵管和增菌液分别划线接种麦康凯或伊红美蓝琼脂平板；污染严重的检样，可将检样匀液直接划线接种麦康凯或伊红美蓝平板，于(36±1)℃培养18～24h，观察菌落。不但要注意乳糖发酵的菌落，同时也要注意乳糖不发酵和迟缓发酵的菌落。

3. 生化试验

(1) 自鉴别平板上直接挑取数个菌落分别接种三糖铁（TSI）或克氏双糖铁琼脂（KI）。同时将这些培养物分别接种蛋白胨水、半固体、pH7.2尿素、琼脂、KCN肉汤和赖氨酸脱羧酶试验培养基。以上培养物均在36℃培养过夜。

(2) TSI斜面产酸或不产酸，底层产酸，H_2S阴性，KCN阴性和尿素阴性的培养物为大肠埃希菌。TSI底层不产酸，或H_2S、KCN、尿素有任一项为阳性的培养物，均非大肠埃希菌。必要时做氧化酶试验或革兰染色镜检。

4. **血清学试验**

（1）假定试验　于鉴别平板上菌落生长稠密处挑取经生化试验证实为大肠埃希菌的培养物，用致病性大肠埃希菌、侵袭性大肠埃希菌、产肠毒素大肠埃希菌多价 O 血清和出血性大肠埃希菌 O157 血清分别做玻片凝集试验。当与某一种多价 O 血清凝集时，再与该多价血清所包含的单价 O 血清做试验。如与某一个单价 O 血清呈现强凝集反应，即为假定试验阳性。

（2）证实试验　刮取三糖铁琼脂上的培养物，用生理盐水制成菌悬液，稀释至与麦氏（MacFarland）3 号比浊管相当的浓度，制备成 O 抗原悬液。O 单价血清如果原效价在 1∶(160～320)，则可用 0.5%盐水稀释至 1∶40。在 10mm×75mm 试管内，将稀释的抗血清与菌悬液等量混合，做试管凝集试验。混匀后放于 50℃水浴箱内，经 16h 后观察结果。如出现凝集，可证实为该 O 抗原。

5. **肠毒素试验**

（1）酶联免疫吸附试验检测 LT（热敏肠毒素）和 ST（耐热肠毒素）

① 产毒培养　将试验菌株和阳性及阴性对照菌株分别接种于 0.6mL CAYE 培养基内，37℃振荡培养过夜。加入 20000IU/mL 的多黏菌素 B 0.05mL，于 37℃培养 1h，4000r/min 离心 15min，分离上清液，加入 0.1%硫柳汞 0.05mL，于 4℃保存待用。

② LT 检测方法（双抗体夹心法）

包被：先在产肠毒素大肠埃希菌 CT 和 ST 酶标诊断试剂盒中取出包被用 LT 抗体管，加入包被液 0.5mL，混匀后全部吸出于 3.6mL 包被液中混匀，以每孔 100μL 量加入到 40 孔聚苯乙烯硬反应板中，第一孔留空作对照，于 4℃冰箱放置过夜。

洗板：将板中溶液甩去，用洗涤液Ⅰ洗 3 次，甩尽液体，翻转反应板，在吸水纸上拍打，去尽孔中残留液体。

封闭：每孔加 100μL 封闭液，于 37℃水浴中 1h。

洗板：用洗涤液Ⅱ洗 3 次，操作同上。

加样本：每孔分别加多种试验菌株产毒培养液 100μL，37℃水浴中 1h。

洗板：用洗涤液Ⅱ洗 3 次，操作同上。

加酶标抗体：先在酶标 LT 抗体管中加 0.5mL 稀释液，混匀后全部吸出于 3.6mL 稀释液中混匀，每孔加 100μL，37℃水浴中 1h。

洗板：用洗涤液Ⅱ洗 3 次，操作同上。

酶底物反应：每孔（包括第一孔）各加基质液 100μL，室温下避光作用 5～10min，加入终液 50μL。

结果判定：以酶标仪在波长 492nm 下测定吸光度 A 值，待测标本 A 值大于阴性对照 3 倍以上为阳性，目测颜色为黄色或明显高于阴性对照为阳性。

③ ST 检测方法（抗原竞争法）

包被：先在包被用 ST 抗原管中加 0.5mL 包被液，混匀后全部吸出于 1.6mL 包被液中混匀，以每孔 50μL 加入于 40 孔聚苯乙烯软反应板中。加液后轻轻敲板，使液体布满孔底。第一孔留空作对照，置 4℃冰箱放置过夜。

洗板：用洗涤液Ⅰ洗 3 次，操作同上。

封闭：每孔加 100μL 封闭液，37℃水浴 1h。

洗板：用洗涤液Ⅱ洗 3 次，操作同上。

加样本及 ST 单克隆抗体：每孔分别加各试验菌株产毒培养液 50μL、稀释的 ST 单克隆抗体 50μL（先在 ST 单克隆抗体管中加 0.5mL 稀释液，混匀后全部吸出于 1.6mL 稀释液中，混合），37℃水浴 1h。

洗板：用洗涤液Ⅱ洗 3 次，操作同上。

加酶标记兔抗鼠 Ig 复合物：先在酶标记兔抗鼠 Ig 复合物管中加 0.5mL 稀释液，混匀后全部吸出于 3.6mL 稀释液中混匀，每孔加 100μL，37℃水浴 1h。

洗板：用洗涤液Ⅱ洗 3 次，操作同上。

酶底板反应：每孔（包括第一孔）各加基质液 100μL，室温下避光 5～10min，再加入终止液 50μL。

结果判定：以酶标仪在波长 492nm 下测定吸光度 *A* 值；目测无色或明显淡于阴性对照为阳性。

（2）双向琼脂扩散试验检测 LT　将被检菌株按五点环形接种于 Elek 培养基上。以同样操作，共做两份，于 36℃培养 48h。在每株菌苔上放多黏菌素 B 纸片，于 36℃经 5～6h，使肠毒素渗入琼脂中，在距五点环形菌苔各 5mm 处的中央挖一个直径 4mm 的圆孔，并用一滴琼脂垫底。在平板的中央孔内滴加 LT 抗毒素 30μL，用已知产 LT 和不产毒菌作对照，经 15～20h 观察结果。在菌斑和抗毒素孔之间出现白色沉淀带者为阳性，无沉淀带者为阴性。

（3）乳鼠灌胃试验检测 ST　将被检菌株接种于 Honda 产毒肉汤内，于 36℃培养 24h，以 3000r/min 离心 30min，取上清液经薄膜滤器过滤，加热 60℃30min，每毫升滤液内加入 2%伊文思蓝溶液 0.02mL。将此滤液用塑料小管注入 1～4 日龄的乳鼠胃内 0.1mL，同时接种 3～4 只，禁食 3～4h 后用三氯甲烷麻醉，取出全部肠管，称量肠管（包括积液）重量及剩余体重。肠管重量与剩余体重之比大于 0.09 为阳性，0.07～0.09 为可疑。

（二）金黄色葡萄球菌

葡萄球菌（*Staphylococcus*）是微球菌科的一个属，在自然界分布极广，空气、土壤、水、饲料、食品（剩饭、糕点、牛奶、肉品等）以及人和动物的体表黏膜等处均有存在，大部分是不致病的腐物寄生菌，也有一些致病的球菌。葡萄球菌分为金黄色葡萄球菌、表皮葡萄球菌、腐生葡萄球菌。其中金黄色葡萄球菌（*Staphy aureus*）为致病菌，表皮葡萄球菌（*Staphy epidermidis*）偶尔致病，腐生葡萄球菌（*Staphy saprophyticus*）一般为非致病菌。

金黄色葡萄球菌是葡萄球菌属一个种。革兰阳性球菌，呈葡萄串状排列，直径为 0.5～1μm，无芽孢、无鞭毛、无荚膜。在普通肉汤培养基上，形成圆形、凸起、边缘整齐、表面光滑的菌落，菌落色素不稳定，但多数为金黄色。需氧或兼性厌氧；最适生长温度为30～37℃；最适生长 pH 为 6～7。耐盐性强，能在含 7%～15%氯化钠的培养基中生长。对氯化汞、新霉素、多黏菌素具有很强的抗性，多数产肠毒素的菌株在血琼脂平板上能形成溶血圈，并能产生血浆凝固酶，这些是鉴定致病性金黄色葡萄球菌的重要指标。

金黄色葡萄球菌的是人类化脓性感染中最常见的病原菌。可引起局部化脓性感染，如疖、痈、皮下脓肿、外科切口及烧伤创面的感染；也可引起肺炎、伪膜性肠炎、肾盂肾炎、心包炎等多系统的化脓性感染；还可引起败血症、脓毒症等全身性感染。葡萄球菌的致病力强弱主要取决于其产生的毒素和侵袭性酶。

金黄色葡萄球菌的检测方法有定量方法和定性方法。其中定量方法包括 MPN 法（适用于检测带有大量竞争菌的食品及其原料和未经处理的含少量金黄色葡萄球菌的食品）和直接平板计数法［适用于检查金黄色葡萄球菌数不小于10/g（mL）的食品］。而定性方法一般采用增菌培养法，适用于检查含有受损伤的金黄色葡萄球菌的加工食品。国家标准方法是直接计数法和增菌培养法。

1. 增菌培养法

（1）检样处理　按无菌操作取检样25g（mL），加入225mL灭菌生理盐水，固体样品研磨或置均质器中制成混悬液。

（2）增菌及分离培养　吸取5mL上述混悬液，接种于装有50mL 7.5%氯化钠肉汤或胰酪胨大豆肉汤培养基内，36℃±1℃培养24h，转种血平板和Baird-Parker平板，36℃±1℃培养24h，挑取血平板上金黄色（有时为白色）菌落进行革兰染色镜检及血浆凝固酶试验。镜检时本菌应为革兰阳性球菌，排列呈葡萄球状，无芽孢，无荚膜，致病性葡萄球菌菌体较小，直径约为0.5～1μm。培养特征：在肉汤中呈混浊生长，在胰酪胨大豆肉汤内有时液体澄清，菌量多时呈混浊状态，血平板上菌落呈金黄色，有时也为白色，大而突起、圆形、不透明、表面光滑，周围有溶血圈。在Baird-Parker平板上为圆形、光滑凸起、湿润，直径为2～3mm，颜色呈灰色到黑色，边缘为淡色，周围为一混浊带，在其外层有一透明圈。用接种针接触菌落似有奶油树胶的硬度，偶然会遇到非脂肪溶解的类似菌落；但无混浊带及透明圈。长期保存的冷冻或干燥食品中所分离的菌落比典型菌落所产生的黑色较淡些，外观可能粗糙并干燥。

（3）凝固酶试验　吸取1∶4新鲜兔血浆0.5mL，放入小试管中，再加入24h的金黄色葡萄球菌肉浸液肉汤培养物0.5mL，振荡摇匀，置36℃±1℃温箱或水浴内，每半小时观察一次，观察6h，如呈现凝固，即将试管倾斜或倒置时，呈现凝块者，被认为阳性结果。同时以已知阳性和阴性葡萄球菌株及肉汤做对照。部分凝固的必须进行生化鉴定加以证实。

2. 直接计数法

（1）吸取上述1∶10混悬液，进行10倍系列稀释，根据样品污染情况，选择不同浓度的稀释液1mL，分别加入三块Baird-Parker平板，每个平板接种量分别为0.3mL、0.3mL、0.4mL，然后用灭菌棒涂布整个平板。如水分多不易吸收，可将平板放在36℃±1℃ 1h，等水分蒸发后反转平皿置36℃±1℃培养。

（2）在三个平板上点数周围有浑浊带的黑色菌落，并从中任选五个菌落，分别接种血平板，36℃±1℃培养24h后进行染色镜检、血浆凝固酶试验，步骤同增菌培养法。

（3）菌落计数　将三个平板中疑似金黄色葡萄球菌黑色菌落数相加，乘以血浆凝固酶阳性数，除以5，再乘以稀释倍数，即可求出每克样品中金黄色葡萄球菌数。

（三）沙门菌

沙门菌属是肠道杆菌科中最重要的病原菌属，是引起人类和动物发病、食物中毒的主要病原菌。沙门菌为革兰阴性短杆菌，无芽孢，一般无荚膜，周生鞭毛（鸡白痢和鸡伤寒沙门菌除外）。兼性厌氧，最适生长温度37℃。在普通显微镜下和在普通培养基中不能与大肠杆菌进行区分。但沙门菌不发酵乳糖及蔗糖，不液化靛基质，在肠道菌鉴别培养基上会形成无色透明菌落，而易与大肠杆菌区别。由于沙门菌属特殊的生化特征，可借助于三糖铁、靛基质、尿素、KCN、赖氨酸等试验与肠道其他菌属进行鉴别。沙门菌有着复杂的抗原构造，一般分为菌体（O）抗原、鞭毛（H）抗原和毒力（Vi）抗原三种。沙门菌属包括2000个以上血清型，但多数国家从人体、动物和食品中经常分离到有40～50种血清型。

检验沙门菌的方法很多，近年来还发展了许多沙门菌快速检验的新方法，如免疫荧光抗体法、酶联免疫吸附测定法（ELISA）和 PCR 技术等。但按照国家标准方法规定，沙门菌的检验一般分为五个步骤：前增菌、选择性增菌、平板分离、生化筛选鉴定和血清学分型鉴定。

1. 前增菌

使食物样品在含有营养的非选择性培养基中增菌，使在食品加工过程中受损伤的沙门菌细胞恢复到稳定的生理状态。即用不加任何抑菌剂的培养基缓冲蛋白胨水（BP）进行增菌。一般增菌时间为 4h，不宜过长，因为 BP 培养基中没有抑菌剂，时间太长了，杂菌也会相应增多。干蛋品特殊，因为蛋品中的主要病原菌为沙门菌，其在加工过程中受到的损失又较严重，因此应适当延长前增菌时间，一般为 18～24h。未经过加工的食品，检验沙门菌不需前增菌，直接进行选择性增菌即可。

2. 选择性增菌

前增菌后的食品检样或未经加工的食品检样需在含选择性抑制剂的促生长培养基中进行选择性增菌。此培养基使沙门菌得以持续增殖，而大多数其他细菌受到抑制。直接进行选择性增菌的食品应制成 1∶1 稀释液，而不是制成 1∶10 稀释液，因为食品中的沙门菌数量较少，1∶10 稀释液降低检出率，而 1∶1 稀释液可提高检出率。

沙门菌选择性增菌常用的增菌液有：亚硒酸盐胱氨酸增菌液（SC）、四硫磺酸钠煌绿增菌液（TTB）、氯化镁孔雀绿增菌液（MM）。这些选择性培养基中都加有抑制剂，SC 培养基中的亚硒酸盐与某些硫化物形成硒硫化合物可抑制其他细菌的生长，而胱氨酸可促进沙门菌生长；TTB 中的主要抑菌剂为四硫磺酸钠和煌绿；MM 中的主要抑菌剂为氯化镁和孔雀绿。亚硒酸盐胱氨酸增菌液（SC）更适合伤寒沙门菌和甲型副伤寒沙门菌增菌，最适增菌温度为 36℃；而氯化镁孔雀绿增菌液（MM）更适合沙门菌增菌，最适增菌温度为 42℃，时间皆为 18～24h。所以增菌时，必须用一个 SC，同时再用一个 TTB 或 MM，这样可提高检出率，以防漏检。因为沙门菌有 2000 多个菌型，一种增菌剂不可能适合所有的沙门菌增菌，因此沙门菌要同时用两种以上的培养基增菌。

3. 平板分离

这一步采用鉴别培养基，抑制非沙门菌的生长，提供肉眼可见的疑似沙门菌纯菌落的识别。经过选择性增菌后大部分杂菌已被抑制，但仍会存在少数抗逆性强的杂菌。因此，设计分离纯化沙门菌的培养基时，应根据沙门菌与其相伴随的杂菌的生化特性，在培养基中加入一定的指示剂，使沙门菌与杂菌的菌落特征能最大限度地区分开，从而分离出沙门菌。沙门菌的主要来源也是粪便，而粪便中大肠埃希菌属占绝对优势，所以，选择性增菌后，伴随沙门菌的杂菌主要是大肠埃希菌属。

由沙门菌属与埃希菌属的生化特性区别（表 12-3）可知，沙门菌属亚属Ⅰ、Ⅱ、Ⅳ、Ⅴ、Ⅵ乳糖试验阴性，绝大部分不分解乳糖，不产酸，培养基中的指示剂不会发生颜色变化，菌落特征没有变化；而埃希菌属乳糖试验阳性，会分解乳糖产酸，使培养基中的酸碱指示剂发生颜色变化，所以菌落会呈现不同的颜色。因此，可通过菌落颜色变化将埃希菌与沙门菌最大限度地区别开。但是，沙门菌亚属Ⅲ，即亚利桑那菌，大部分能分解乳糖，这样光靠乳糖指示系统不能将其与大肠埃希菌属区别开，必须再加硫化氢指示系统。因为沙门菌亚属Ⅲ绝大部分硫化氢试验阳性，而埃希菌属硫化氢试验阴性。硫化氢指示系统中有含硫氨基酸及二价铁盐，沙门菌亚属Ⅲ分解含硫氨基酸产生硫化氢，硫化氢再与铁盐反应生成硫化铁黑色化合物，因此菌落为黑色或中心黑色。因此，乳糖指示系统主要用于分离沙门菌亚属Ⅰ、Ⅱ、Ⅳ、Ⅴ、Ⅵ，硫化氢指示系统用于分离沙门菌亚属Ⅲ。

表 12-3　沙门菌与埃希菌属的生化特性区别

项　目	沙门菌亚属 Ⅰ、Ⅱ、Ⅳ、Ⅴ、Ⅵ		沙门菌亚属Ⅲ（亚利桑那菌）		大肠埃希菌属	
硫化氢	+	91.6%	+	98.7%	−	0
乳糖	−	0.8%	d	61.3%	+	90.8%
蔗糖	−	0.5%	−	4.7%	d	48.9%
水苷	−	0.8%	−	4.7%	d	40.0%

注：表中数字为阳性百分率；+表示阳性；−表示阴性；d 表示有不同的生化反应。

常用于分离沙门菌的选择性培养基有亚硫酸铋琼脂（BS）、DHL 琼脂、HE 琼脂、WS 琼脂和 SS 琼脂。BS 培养基中没有乳糖指示系统，只有葡萄糖，沙门菌利用葡萄糖将亚硫酸铋还原为硫化铋，产硫化氢的菌株形成黑色菌落，其色素渗入培养基内并扩散到菌落周围，对光观察有金属光泽；不产硫化氢的菌株则形成绿色的菌落。DHL 琼脂、HE 琼脂、WS 琼脂和 SS 琼脂中既有乳糖指示系统，又有硫化氢指示系统。如，SS 和 DHL 乳糖指示系统的酸碱指示剂为中性红，乳糖阳性的菌株分解乳糖产酸，使中性红变为粉红色，菌落也相应地变为粉红色；加上有硫化氢指示系统，所以菌落中心黑色或几乎全黑色，不产生硫化氢的菌株为无色半透明。HE 和 WS 的乳糖指示系统中的酸碱指示剂为溴麝香草酚蓝，分解乳糖的菌株由于产酸，使溴麝香草酚蓝变为黄色，菌落也呈现黄色；而不分解乳糖的菌株则分解牛肉膏蛋白胨产碱，使溴麝香草酚蓝变为蓝绿色或蓝色，因此菌落亦呈蓝绿色或蓝色。沙门菌属各亚属在各种选择性琼脂平板上的菌落特征见表 12-4。

表 12-4　沙门菌属各亚属在各种选择性琼脂平板上的菌落特征

选择性琼脂平板	沙门菌亚属 Ⅰ、Ⅱ、Ⅳ、Ⅴ、Ⅵ	沙门菌亚属Ⅲ（亚利桑那菌）
亚硫酸铋琼脂	产硫化氢菌落为黑色有金属光泽、棕褐色或灰色，菌落周围培养基可呈黑色或棕色；有些菌株不产生硫化氢，形成灰绿色的菌落，周围培养基不变	黑色有金属光泽
DHL 琼脂	无色半透明，产硫化氢菌落中心带黑色或几乎全黑色	乳糖迟缓阳性或阴性的菌株与沙门菌Ⅰ、Ⅱ、Ⅳ、Ⅴ、Ⅵ相同；乳糖阳性的菌株为粉红色，中心带黑色
HE 琼脂、WS 琼脂	蓝绿色或蓝色，多数菌株产硫化氢，菌落中心黑色或几乎全黑色	乳糖阳性的菌株为黄色，中心黑色或几乎全黑色；乳糖迟缓阳性或阴性的菌株为蓝绿色或蓝色，中心黑色或几乎全黑色
SS 琼脂	无色半透明，产硫化氢菌株有的菌落中心带黑色，但不如以上培养基明显	乳糖迟缓阳性或阴性的菌株与沙门菌Ⅰ、Ⅱ、Ⅳ、Ⅴ、Ⅵ相同；乳糖阳性的菌株为粉红色，中心黑色，但中心无黑色，形成时与大肠埃希菌不能区别

BS 选择性较强，而 DHL、HE、SS、WS 相对于 BS 来说选择性较弱，BS 更适于分离沙门菌。但 BS 抑菌作用也强，以至于沙门菌生长亦被减缓，所以要适当延长培养时间，培养(48±2)h。为通过沙门菌检出率，分离沙门菌要同时用两种以上的培养基，所以必须用一个 BS 培养基，同时再用一个 DHL、HE、SS 或 WS，这样可以互补，防止漏检。

4. 生化筛选鉴定

在沙门菌选择性琼脂培养基上符合沙门菌各属特征的菌落，只能称为沙门菌疑似菌落，因为肠杆菌科的某些菌属和沙门菌在选择性琼脂培养基上的菌落特征相似，且大肠埃希菌属的极少部分菌株也不发酵乳糖。因此，需再做生化试验排除大多数非沙门菌。也进一步提供沙门菌培养物菌属的初步鉴定。

初步生化试验做三糖铁（TSI）试验。三糖铁试验主要是测定细菌对葡萄糖乳糖和蔗糖的分解、产气和产硫化氢情况。三糖铁培养基颜色为砖红色，使用时先将待检菌株穿刺接种，然后再将待检菌株划线接种于高层斜面上，36℃培养 18～24h。在三糖铁琼脂内，肠杆菌科常见属种的反应结果见表 12-5。

表 12-5 肠杆菌科各属在三糖铁琼脂内的反应结果

斜面	底层	产气	硫化氢	可能的菌属和种
－	＋	＋/－	＋	沙门菌属、弗劳地柠檬酸杆菌、变形杆菌属、缓慢爱德华菌
＋	＋	＋/－	＋	沙门菌属、弗劳地柠檬酸杆菌、普通变形杆菌
－	＋	＋	－	沙门菌属、大肠埃希菌、蜂窝哈夫尼亚菌、摩根菌、普罗菲登斯菌属
－	＋	－	－	伤寒沙门菌、鸡沙门菌、志贺菌属、大肠埃希菌、蜂窝哈夫尼亚菌、摩根菌、普罗菲登斯菌属
＋	＋	＋/－	－	大肠埃希菌、肠杆菌属、克雷伯菌属、沙雷菌属、弗劳地柠檬酸杆菌

注：＋表示阳性；－表示阴性；＋/－表示多数阳性，少数阴性。

只有斜面产酸并同时硫化氢（H_2S）阴性的菌株可以排除，其他的反应结果均有沙门菌的可能，同时也均有不是沙门菌的可能。因此应进一步做几项最低限度的生化试验。目前国标采用靛基质、尿素、氰化钾和赖氨酸四项试验。若硫化氢＋、靛基质－、尿素－、氰化钾－、赖氨酸＋，可判定为沙门菌属，这是典型沙门菌的反应。

但沙门菌菌型很多，生化反应相当复杂，还有许多非典型反应，因此应再补做其他生化试验或血清学试验，以便判定结果。

5. 血清学分型鉴定试验

待检菌株被鉴定为沙门菌属后，应进行血清学分型鉴定，以确定菌型。血清学试验采用玻片凝集试验。血清有单因子血清、多因子血清及多价血清。含一种抗体的血清称为单因子血清，含两种抗体的血清称为多因子血清，含有两种抗体以上的血清称为多价血清。

在进行血清学分型鉴定时，遵循以下原则：先用多价血清鉴定，再用单因子血清鉴定；先用常见菌型的血清鉴定，后用不常见菌型的血清鉴定。95％以上的沙门菌属于A～F群，常见的菌型只有 20 多个，因此应先用 A～F 群的血清鉴定，后用 A～F 群以外的血清鉴定，以确定 O 群；确定 O 抗原后，再用 H 因子血清确定菌型。H 抗原的鉴定，也是先用常见菌型的 H 抗原的血清鉴定，再用不常见的菌型的 H 抗原的血清鉴定。最后根据 O 因子血清和 H 因子血清鉴定的结果确定 O 抗原和 H 抗原，然后查沙门菌抗原表，确定菌型

六、 食品中霉菌和酵母菌的检验技术

霉菌和酵母菌广泛存在于自然环境中，它们在食品中可作为正常菌群的一部分，也常作为食品腐败菌侵染各类食品和粮食，使之发生腐败变质。有些霉菌的有毒代谢产物会引起各种急性和慢性中毒，特别使有些霉菌毒素具有强烈的致癌性，一次大量或长期少量摄入，均能诱发癌症。因此，对食品中的霉菌和酵母菌进行检测，在食品卫生学上具有重要的意义，要作为判定食品被污染程度的标志，以便对被检样品进行卫生学评价时

提供依据。

霉菌和酵母菌的测定是指食品检样经过处理，在一定条件下培养后，所得 1g 或 1mL 检样中所含的霉菌和酵母菌落数（粮食样品是指 1g 粮食表面的霉菌总数）。霉菌和酵母菌检验方法程序与细菌菌落总数的测定相似，亦采用平板菌落计数法。具体操作要点如下。

1. 采样

如前所述。

2. 预处理

（1）以无菌操作称取检样 25g（mL），放入含 225mL 灭菌水的具玻塞锥形瓶中，振摇 30min，即为 1∶10 稀释液。

（2）用灭菌吸管吸取 1∶10 稀释液 10mL，注入灭菌试管中，另用 1mL 灭菌吸管反复吹吸 50 次，使霉菌孢子充分散开。

（3）取 1mL 稀释液注入含有 9mL 灭菌水的试管中，另换一支 1mL 灭菌吸管吹吸五次，此液为 1∶100 稀释液。

按上述操作顺序做 10 倍递增稀释液，每稀释一次，换用一支 1mL 灭菌吸管。

3. 接种培养

根据对样品污染情况的估计，选择三个合适的稀释度，分别在做 10 倍稀释的同时，吸取 1mL 稀释液于灭菌平皿中，每个稀释度做两个平皿，然后将晾至 45℃左右的培养基（常用孟加拉红培养基、高盐察氏培养基和附加抗生素的马铃薯葡萄糖培养基）注入平皿中，并转动平皿使之与样液混匀，待琼脂凝固后，倒置于 25～28℃温箱中，3d 后开始观察，共培养观察 5d。

4. 计数及报告方法

通常选择菌落数在 10～150 之间的平皿进行计数，同稀释度的两个平皿的菌落平均数乘以稀释倍数，即为每克（或毫升）检样中所含霉菌和酵母数。报告时以 cfu/g（mL）表示

七、微生物快速检测技术

食品中微生物的数量检测是一个至关重要的试验项目，是关系到生产工艺是否得当、产品是否合格、措施是否完善的关键所在。食品中的微生物数量在食品卫生学中是作为判定食品被微生物污染程度的标志，也可作为观察食品中微生物的性质以及微生物在食品中繁殖的动态情况，以便于对待检样品进行卫生学评价时提供科学依据。如前所述，食品常规检测中的“菌落总数”、“大肠菌群”和“霉菌和酵母菌数的测定”等项目都是以培养活细胞的生长为手段来达到检测目的的，这些方法往往需选择特定的培养基，将微生物培养成肉眼可见的菌落，再通过形态观察、细胞培养、生化试验、血清学分型、噬菌体分型、毒性试验及血清学凝聚试验等达到鉴定的目的。这些传统方法往往操作步骤较烦琐、检测时间较长。

随着科学技术的不断进步，人们对微生物生长代谢的认识不断加深。一大批新的、有效的、实用性较强的快速检测方法不断出现，例如滤膜法、纸片法、免疫分析技术、PCR 技术等。这些新技术应用起来快速、简便、准确，提高检出率，而且应用广泛，可应用于微生物计数、早期诊断、鉴定等方面。这些方法有些是对常规方法的改进，有些则是利用新知识和新技术来估测微生物数量的。

现代食品工业生产发展的一个总的宗旨就是快速、准确、简捷，而这也是发展微生物快速检测的重要目的。如何快速、简便、准确地检测出食品中的有毒有害物质，把好食

品安全关是食品生产企业、食品监督检验部门尤为重要的工作。因此加快食品中微生物的快速检测技术的应用推广，对防止食源性疾病的危害、开展主动监测和危险性评估都有重要意义。

以下简要介绍几种微生物快速检测技术。

（一）细菌总数快速检验方法

国标规定细菌总数检测方法采用平板菌落计数法，这种经典方法测定结果准确可靠，但存在操作烦琐、工作量大、耗时长等缺点。近几年发展起来的几种快速检测技术有以下几个。

1. 纸片快速测定法

该法采用一种预先制备好的一次性的标准营养培养基的测试片产品，运用在一双层膜系统内含有适合细菌生长的培养基和可溶于冷水的胶体物质，以系统 1mL 的加样量将检样直接加到基础膜中间，盖上含有胶凝剂和 TTC（氯化三苯四氮唑）的覆盖膜，培养后细菌在双层膜之间生长并显色后，即可直接计数。

纸片法可应用于各类食品及原料中菌落总数的测定，也可用于与食品接触的容器操作台和其他设备表面的卫生检测，还可用于大肠菌群、大肠埃希菌、霉菌与酵母菌、金黄色葡萄球菌的测定与计数。与传统检测方法相比，本法省去培养基的配制与灭菌、培养器皿的洗涤与灭菌等大量辅助性的工作，随时可开始进行抽样检测，且操作简便，通过显色剂的作用，使菌落清晰地显现出来，一般培养十几小时即可出现特征性的紫红色或粉红色菌落，这样可缩短计数时间和增强计数效果。若要对菌落进行进一步的分离与鉴定，只需揭开上层膜，用接种针挑取凝胶上的菌落即可。该法可适用于食品卫生检验部门和食品生产企业的使用。

2. 电阻抗法

电阻抗法是20世纪70年代初发展起来的一项新技术，是用电阻抗作为媒介，监测微生物代谢活动为基础的一种快速方法。原多用于临床微生物的鉴定、菌血症等标本的快速测定等方面。近年来已逐步应用于食品检测中，如法国生物梅里埃公司的 Bactometer 系统已用于乳制品、肉类、海产品、蔬菜、冷冻食品、糕点、糖果、饮料等食品中菌落总数、大肠菌群、霉菌和酵母菌、乳酸菌等的检测。这种方法简便、快速、准确，样品在 4～18h 内出结果，不需要一系列稀释，样品和培养基量少，且可以进行数据自动测试、自动分析存储，但它必须预先制定相应的标准曲线方可对样品进行测试。

其检测原理是：供细菌生长的液体培养基是电的良导体，在特制的测量管底部装入电极插头，即可对接种生长的培养基的阻抗变化进行检测。阻抗变化的产生是由于微生物生长过程中的新陈代谢使培养基中的大分子营养物质（糖、脂类、蛋白质等）被分解成小分子代谢物，即较小的带电离子（乳酸盐、醋酸盐、重碳酸或氨等），这些代谢产物的出现和聚集，增强了培养基的导电性能，从而降低了其阻抗值。

3. 旋转平板法

该法一般使用仪器，先将已经倒好的琼脂平板置于仪器中，并按一定速度旋转，然后将稀释后的检样混悬液通过螺旋平板注入器连续不断地注入旋转的琼脂平板的表面，移液头在仪器自动控制下从内圈往外移动并按固定量喷出稀释样品液至旋转中的平板上，从而在平板表面形成阿基米德螺旋形轨迹。当用于分液的空心针从平板中心移向边缘时，菌液量减少，注入的体积和琼脂半径间存在着指数的关系，培养时菌落沿注液线生长。培养后，通过一计数的方格来校准与琼脂表面不同区域的样品量，计数每个区域中的菌落总数，进而折算成样品中的菌落数，进而换算出细菌浓度。

本法的优点有，所需的培养基、稀释液及器皿等用量少，但单位时间内检测的样品多，且操作中不需调试。不足之处是样品中的颗粒可能会使注射器的针头堵塞，因此本法更适合于牛乳等液体样品的检测。

4. ATP 生物荧光法

ATP 为代谢提供能量来源，是微生物不可缺少的物质。如果样品中污染了微生物，用有机溶剂等专用试剂破坏菌细胞后，ATP 就被释放出，利用 ATP 生物荧光法即可测出 ATP 的含量。ATP 生物荧光检测技术是利用细菌的 ATP 作为荧光素酶催化发光的必需底物，且与发光强度呈线性关系这一原理，对微生物数量进行快速检测。该法是一种即时的检测方法，检测过程简便，无需培养；快速，在短时间内即可完成检测；操作简便，灵敏度高；检测仪器体积小、携带方便；测定范围广，可应用于食品原料、生产过程、设备、产品以及环境的检测等，还可做活性测定。但该法具有会受游离的 ATP 和体细胞的影响，受盐等成分的干扰，不能进行细菌鉴定等缺点。

（二）大肠菌群快速检验方法

国标规定大肠菌群检验方法采用三步发酵法（乳糖发酵试验、分离培养、证实试验），具有检测程序烦琐、检测周期冗长的缺点，检样分析时间至少需 3d。而现行的一些快速检测方法大大缩短了检测时间，简化了试验操作，准确度与符合率较高，在检验结果上与国标发酵法无显著差异。现将一些常见的大肠菌群快速检测法做简要介绍。

1. LTSE 快速检测法

卫生部于 1999 年颁布了 LTSE 快速检测法，该法与国标法符合率很高，达 99%以上。其测定原理：不同细菌以不同的途径分解糖类，在其代谢过程中产生了丙酮酸及转变为各种酸类，大肠菌群能分解乳糖，由于具有的甲酸解氢酶可作用于甲酸，产生 H_2 和 CO_2 气体，因此在产酸的同时进一步分解酸而产生气体。根据这个原理将样品接种到 LTSE 培养基肉汤内 15h，观察有无气体产生，然后加氧化酶试验和涂片革兰染色镜检的结果，综合判断是否有大肠菌群的存在。该法灵敏度高、快速、准确，37℃、15h 后直接加做证实试验，即可出结果。方法简单，无需特殊仪器设备。

2. 纸片快速测定法

简称纸片法。纸片法检测大肠菌群是用灭菌滤纸吸收选择性培养基，细菌通过滤纸纤维膨胀而被固定生长繁殖，大肠菌群在生长发育时伴随产生琥珀酸脱氢酶，将纸片上无色的 TTC（氯化三苯四氮唑）还原成不溶于水的红色三苯甲腙，在纸片上呈红色菌落，计数红色菌落的多少即为大肠菌群的菌落数。菌落周围会产生黄圈，是大肠菌群分解乳糖产酸使指示剂变色所致。

纸片法除了具有与发酵法相同的特异性及敏感性外，还以它经济、方便、快捷等优点给现场监测带来了极大便利，不但节省了大量人力、物力，而且还为扩大监测覆盖面提供了技术保障。但由于过量的 TTC 可抑制细菌生长，TTC 用量选择应以不抑制菌体生长、又能灵敏显示菌体数目为宜。使用时把 1mL 待测液加于纸片上，压平后置于 37℃ 培养箱中培养16～18h。

3. TTC（氯化三苯四氮唑）显色快速法

TTC 显色法使用的是含有 TTC（2,3,5-氯化三苯四氮唑）的乳糖发酵培养基，接种方法和 MPN 法相同，每个稀释度接种三管，接种后于 (36±1)℃培养 18～24h。观察 TTC 乳糖培养基呈色和产气情况判定大肠菌群。按表 12-6 标准进行判定。

表 12-6　显色法大肠菌群结果判定

显　色	产气	大肠菌群判定
紫红、深红、红色、浅红、局部红色	＋	阳性
紫红、深红、红色、浅红、局部红色	－	阴性
小红点或局部浅红色	＋	阳性
无色透明或有小红点、局部浅红色	－	阴性
不变红色	＋	阴性

4. DC（去氧胆酸钠）**半固体试管快速法**

该法将国标发酵法进行改良，采用去氧胆酸钠半固体培养基代替乳糖胆盐发酵液进行培养，根据培养基的变色反应判定阳性管数。

结果判定标准：①培养基变橘红色，有气泡产生或琼脂崩裂，记录为“＋＋”；②培养基为橘红色，或有橘红色菌落，无气泡和琼脂崩裂现象，记录为“＋”；③培养基为绿色，有黄色菌落，无气泡和琼脂崩裂现象，记录为“±”；④培养基为绿色，记录为“－”。

结果判定为①、④反应的，记录阳性管数，查 MPN 表并报告之。若为②、③反应结果，可挑大肠菌群可疑菌落接种乳糖复发酵管，根据阳性管数查 MPN 检索表，并报告之。

（三）致病菌的快速检测技术

沙门菌、金黄色葡萄球菌、大肠杆菌 O157 等致病菌对食品安全造成很大的危害，能否快速、准确地检测出这些致病菌，是确保食品安全的首要任务。常规致病菌检测方法包括增菌、菌落分离及多种生化试验和血清学鉴定试验，其检测结果虽然准确可靠，但检测过程较长，且步骤烦琐，难以适应现代食品生产与流通的要求，也不能满足 HACCP 等食品质量安全可知体系的需求。随着生物、化学、材料科学及计算机领域的发展，新的快速检测和识别方法层出不穷，这些方法包括 DNA 检测方法、酶联免疫分析（ELISA）、抗原-抗体检测以及常规检测的改进方法。这些病原菌快速检测方法的优点是能从大量食品检样中快速筛选出某种致病菌或毒素。

以下介绍几种致病菌的快速检测方法。

1. **沙门菌**

（1）免疫学方法　该法包括 AOAC993.08 方法《食品中沙门菌单克隆酶免疫比色检测方法》、AOAC989.14 方法《食品中沙门菌多克隆酶免疫色度分析筛选方法（TECRA 沙门菌色度免疫分析方法）》、AOAC992.11 方法《食品中沙门菌单克隆酶免疫分析和比色筛选法》和 AOAC996.08 方法《食品中沙门菌酶联免疫分析初筛方法分析》。

（2）分子生物学方法　该法包括 DNA 探针检测法和聚合酶链反应（PCR）技术。DNA 探针技术是最新发展起来的一项特异、灵敏、快速的检测方法，特别适合于直接检出致病性微生物，而不受非致病性微生物的影响；PCR 技术是由美国于 1985 年创建，该法已广泛应用于致病性微生物的诊断。目前，已有全自动化的 PCR 检测试剂盒及仪器，如美国杜邦快立康公司的 BAX 病原菌检测系统。

（3）自动化传导法　该法是通过仪器检测电导（或电阻抗）的改变来确定是否存在被检微生物。

2. **大肠杆菌 O157：H7**

（1）鉴别性培养基法及显色培养基法　根据大肠杆菌 O157：H7 某些生化特征设计的一些选择性培养基，在这些培养基上 *E. coli* O157：H7 显示出特殊的颜色以与其他的大肠杆菌或杂菌区分开。目前，*E. coli* O157：H7 培养基有法国梅里埃公司的“O157 ID”和法国科玛嘉的“*E. coli* O157：H7 显色培养基”。

（2）免疫学检测方法　该法是利用抗原-抗体反应建立起来的一系列检测方法。这类方法操作简便、灵敏度高，因此在对 *E. coli* O157：H7 的检测中得到最多的应用研究。

（3）分子生物学方法　该法包括 DNA 探针检测法和聚合酶链反应（PCR）技术。

3. 金黄色葡萄球菌

（1）鉴别培养基法　以法国生物梅里埃公司的“Baird-Parker 培养基”和科玛嘉的“金黄色葡萄球菌显色培养基”为典型代表。

（2）快速测试纸片法　简称纸片法。典型代表是美国 3M 公司研制生产的 Petrifilm 金黄色葡萄球菌测试片，这是一种薄膜型的计数平板，是一种无需耗时准备培养基的快速检验系统。测试薄膜由检测片和反应片两部分组成。检测片含有改良的 Baird-Parker 培养基成分及冷水可溶性凝胶，对于金黄色葡萄球菌的生长具有很强的选择性，并能将其鉴定出来。反应片含有 DNA、甲苯胺蓝及四唑显色剂，该显色剂有助于菌落的计数和确定葡萄球菌耐热核酸酶的存在。

金黄色葡萄球菌在测试片上显色为暗紫红色菌落，若检测片的菌落均呈暗紫红色，则无需再做进一步的确认。此即为确认的结果，测试即已完成。如果在测试片上有其他可疑的菌落出现，则可以使用金黄色葡萄球菌反应片来辨认是否为金黄色葡萄球菌。除了暗紫红色的菌落之外，若检测片出现其他颜色的菌落（黑色或蓝绿色）时，必须使用反应片。

金黄色葡萄球菌会产生脱氧核糖核酸酶（DNase），而此酶可与反应片上的显色剂反应形成粉红色环，故当确认反应片置入测试片中，金黄色葡萄球菌（少数情况下会是猪葡萄球菌及中间葡萄球菌）会形成粉红色环，其他种类的细菌则不会形成粉红色环。在葡萄球菌属中，呈凝集酶反应阳性的菌绝大多数是金黄色葡萄球菌、猪葡萄球菌与中间葡萄球菌。

（3）乳胶凝集试验法　金黄色葡萄球菌表面存在 A 蛋白，具有种属特异性，该 A 蛋白能与人及多种哺乳动物的免疫球蛋白 IgG 的 Fe 段结合，因此可采用 IgG 包埋的乳胶颗粒，结合血浆纤维蛋白原与凝集因子的凝集反应，来检测金黄色葡萄球菌。作为免疫学方法之一，乳胶凝集试验在金黄色葡萄球菌的检测分析中，既可作为初筛，同时也是确认金黄色葡萄球菌的方法之一。

（4）DNA 探针法　该方法的原理是将已知的 DNA 片段上加上可识别的标记（如 ^{32}P 同位素标记、荧光素标记）制作成 DNA 探针，这样就可以用来检测样品是否具有其互补的序列。该法的典型代表是法国生物梅里埃公司的 GEN-PROBE 系统。大多数检测葡萄球菌的探针是针对肠毒素的。它们能同编码肠毒素有关的基因序列杂交，这类探针能检测肠毒素 A、B、C 和 E。

（5）酶联免疫技术　该法利用 mini-Vidas 全自动免疫分析仪。它是应用酶联免疫技术，用荧光分析技术通过固相吸附器，用已知抗体来捕捉目标生物体，然后以带荧光的酶联抗体再次结合，经充分冲洗，通过激发光源检测，即能自动读出发光的阳性标本，其优点是检测灵敏度高、速度快，可在 48h 的时间内快速筛选鉴定出金黄色葡萄球菌及金黄色葡萄球菌肠毒素。

任务 12-1　食品中细菌总数和大肠菌群的检测

【任务验收标准】

1. 掌握细菌的分离和活菌计数的基本方法和原理；
2. 了解菌落总数、大肠菌群测定在对被检样品进行卫生学评价中的意义；

3. 能够掌握食品中菌落总数、大肠菌群检测程序和方法；

4. 掌握对食品中菌落总数、大肠菌群检测结果作出准确、规范的报告。

【任务完成条件】

1. 电热恒温培养箱、冰箱、恒温水浴锅、电炉、吸管、发酵管、广口瓶、三角瓶、玻璃珠、平皿、试管、酒精灯、均质器或乳钵、灭菌刀或剪刀、灭菌镊子、75%酒精棉球等；

2. 75%乙醇、生理盐水、15%氢氧化钠溶液、营养琼脂培养基、乳糖-胆盐发酵管、乳糖发酵管、伊红美蓝琼脂（EMB）、革兰染色液。

【工作任务】

1. 准备菌落总数、大肠菌群检测所需的培养基和试剂等；

2. 对各种食品检样中的菌落总数、大肠菌群进行检测；

3. 写出试验结果，作出正确的报告。

【任务指导】

一、菌落总数的测定

菌落总数是指食品检样经过处理，在一定条件下培养后（如培养基成分、培养温度和时间、pH、需氧性质等）所得1g（或mL）检样中所含细菌菌落的总数。食品微生物检验按照国标检验方法规定：菌落总数的培养条件为采用营养琼脂培养基，在（36±1）℃培养（48±2）h。其检验流程如图12-2所示。

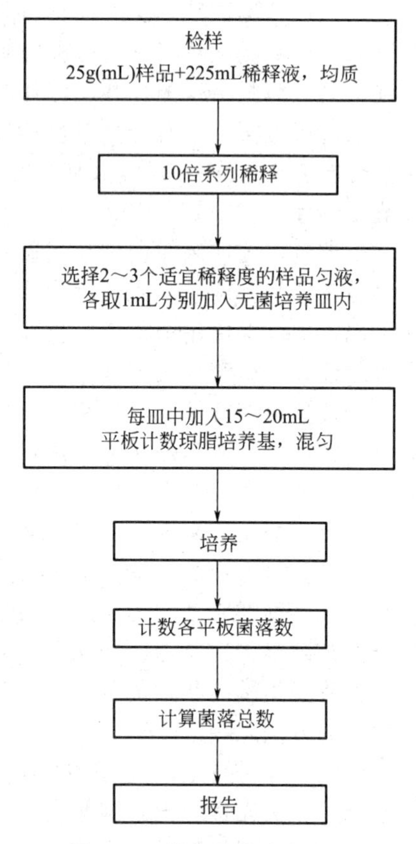

图12-2 菌落总数检验流程

1. 检样稀释及培养

（1）以无菌操作，将检样25g（或25mL）剪碎以后，放于含有225mL灭菌生理盐水或其他稀释液的灭菌玻璃瓶内（瓶内预先置适当数量的玻璃珠）或灭菌乳钵内，经充分振摇或研磨做成1∶10的均匀稀释液。

固体检样在加入稀释液后，最好置灭菌均质器中以8000～10000r/min的速度处理1min做成1∶10的均匀稀释液。

（2）用1mL灭菌吸管吸取1∶10稀释液1mL，沿管壁徐徐注入装有9mL灭菌生理盐水或其他稀释液的试管内（注意吸管尖端不要触及管内稀释液，下同），振摇试管混合均匀，做成1∶100的稀释液。

（3）另取1mL的灭菌吸管，按上项操作顺序作10倍递增稀释液，如此每递增稀释一次，即换用1支1mL灭菌吸管。

（4）根据食品卫生标准要求或对检样污染情况的估计，选择2～3个适宜稀释度，分别在作10倍递增稀释的同时，即以吸取该稀释度的吸管移1mL稀释液于灭菌平皿内，每个稀释度作两个平皿。

（5）稀释液移入平皿后，应及时将晾至46℃营养琼脂培养基［可放置在（45±1）℃水浴锅内保温］注入平皿15～20mL，并轻轻转动平皿混合均匀，同时将营养琼脂培养基倾入加有1mL稀释液（不含样品）的灭菌平皿内作空白对照。

（6）待琼脂凝固后，倒置平板，置（36±1）℃恒温箱内培养（48±2）h取出计算菌落数目，乘以稀释倍数，即得 1g(1mL) 样品所含菌落总数。

2. 菌落计算方法

（1）平板菌落数的选择　选取菌落数在 30～300 之间的平板作为菌落总数测定标准。一个稀释度使用两个平板，选取两个平板平均数。其中一个平板有较大片状菌落生长时，则不宜采用，而应以无片状菌落生长的平板计数作为该稀释度的菌落数。若片状菌落不到平板的一半，而其余一半中菌落分布均匀，可计算半个平板后乘 2 以代表整个平皿菌落数。

（2）稀释度的选择

① 应选择平均菌落数在 30～300 之间的稀释度，乘以稀释倍数，报告之（见表 12-7 例 1）。

② 若有两个稀释度，其生长的菌落数均在 30～300 之间，则视二者之比如何来决定。若其比值小，应报告其平均数；若比值大于 2，则报告其中较小的数字（见表 12-7 例 2、例 3）。

③ 若所有稀释度的平均菌落数均大于 300，则应按稀释度最高的平均菌落数乘以稀释倍数报告之（见表 12-7 例 4）。

④ 若所有稀释度的平均菌落数均小于 30，则应按稀释度最低的平均菌落数乘以稀释倍数报告之（见表 12-7 例 5）。

⑤ 若所有稀释度均无菌落生长，则以小于 1 乘以最低稀释倍数报告之（见表 12-7 例 6）。

⑥ 若所有稀释度的平均菌落数均不在 30～300 之间，其中一部分大于 300 或小于 30 时，近 30 或 300 的平均菌落数乘以稀释倍数报告之（见表 12-7 例 7）。

（3）菌落数的报告　菌落数在 100 以内按其实际数值报告；大于 100 时，用两位有效数字，在两位有效数字后面的数字，以四舍五入方法计算。为了缩短数字后面的 0 的个数，可用 10 的指数来表示，见表 12-7“报告方式”一栏。

表 12-7　稀释度的选择及菌落数据报告方式

例	稀释液及菌落数			两稀释液之比	菌落总数/(cfu/g)或(cfu/mL)	报告方式(菌落总数)/(cfu/g)或(cfu/mL)
	10^{-1}	10^{-2}	10^{-3}			
1	多不可计	164	20		16400	16000 或 1.6×10^4
2	多不可计	295	46	1.6	37750	38000 或 3.8×10^4
3	多不可计	271	60	2.2	27100	27000 或 2.7×10^4
4	多不可计	多不可计	313		31300	310000 或 3.1×10^5
5	27	11	5		270	270 或 2.7×10^2
6	0	0	0		<10	<10
7	多不可计	305	12		30500	31000 或 3.1×10^4

3. 菌落总数测定中的注意事项

（1）检验中所用玻璃器皿，如培养皿、吸管、试管等必须是完全灭菌的，并在灭菌前彻底洗涤干净，不得残留有抑菌物质。如果由于防腐剂未被完全中和掉，往往使平板计数结果受影响，如低稀释度菌落少，而高稀释度时菌落反而增多。遇此情况应重复再做检验，以确定是防腐剂影响还是技术操作误差，对此种结果要慎重考虑。

（2）稀释检样时要充分振荡混匀，尽量使菌细胞分散开，使每个菌细胞生成一个菌落，否则将会导致重大的技术误差。

（3）在作10倍递增稀释中，吸管插入检样稀释液内不能低于液面2.5cm；吸入液体时，应先高于吸管刻度，然后提起吸管尖端离开液面，将尖端贴于玻璃瓶或试管的内壁使吸；当用吸管从检样稀释液加到另一支装有9mL空白稀释液的试管内时，应小心沿管壁加入，不要触及管内稀释液，以防吸管尖端外侧黏附的检液混入其中。

（4）为防止细菌增殖及产生片状菌落，在检液加入平皿后，应在20min内向皿内倾入琼脂，并立即使其与琼脂混合均匀。

（5）为检查和控制灭菌效果，在每次检测时应做空白对照，以检验所使用的物品是否已完全灭菌及检验过程中是否遵守无菌操作程序。

（6）气体饮料应在无菌条件下进行排气；酸性样品用经过灭菌的20%～30%碳酸钠溶液调整pH值至中性；高盐样品应用灭菌蒸馏水进行稀释。

（7）平板菌落计数法测定的是在营养琼脂上生长发育的嗜中温性需氧或兼性厌氧的菌落总数。厌氧菌、嗜冷菌、嗜热菌在此条件下不生长，有特殊营养要求的一些细菌也受到了限制。

二、大肠菌群检测

大肠菌群系指一群能发酵乳糖，产酸产气，需氧和兼性厌氧的革兰阴性无芽孢杆菌。该菌主要来源于人畜粪便，故以此作为粪便污染指标来评价食品的卫生质量，具有广泛的卫生学意义。它反映了食品是否被粪便污染，同时间接地指出食品是否有肠道致病菌污染的可能性。食品中大肠菌群数系以每100g（或mL）检样内大肠菌群最近似数（the most probable number，简称MPN）表示。其大肠菌群检验程序如图12-3所示。

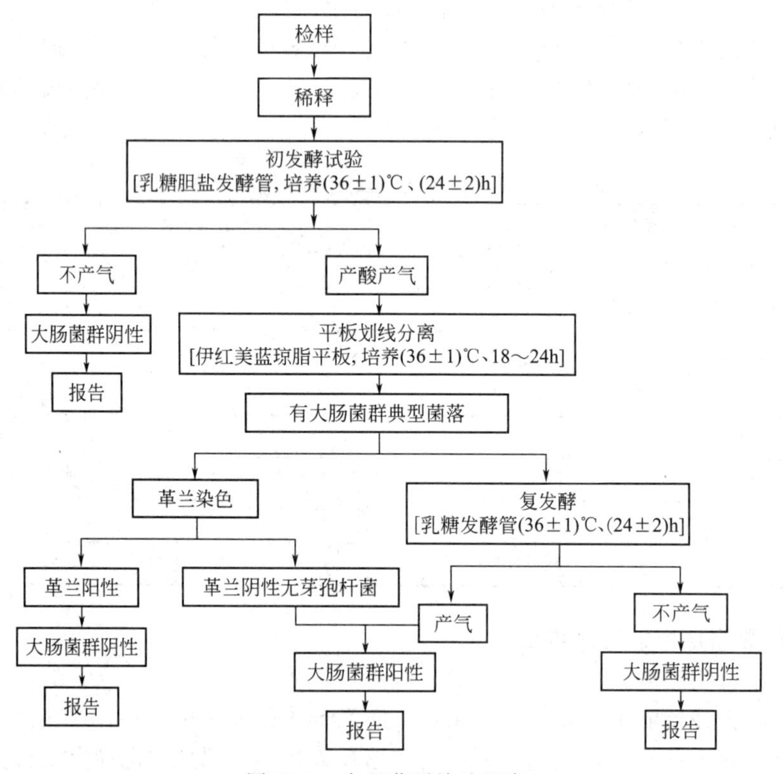

图12-3 大肠菌群检验程序

1. 采样及稀释

（1）以无菌操作将检样25g（或25mL）放于含有225mL灭菌生理盐水或其他稀释液的

灭菌玻璃瓶内（瓶内预置适当数量的玻璃珠）或灭菌乳钵内，经充分振摇或研磨做成1：10的均匀稀释液。固体检样最好用无菌均质器，以800～1000r/min的速度处理1min，做成1：10的稀释液。

（2）用1mL灭菌吸管吸取1：10稀释液1mL，注入含有9mL灭菌生理盐水或其他稀释液的试管内，振摇混匀，做成1：100的稀释液，换用1支1mL灭菌吸管，按上述操作依次作10倍递增稀释液。

（3）根据食品卫生要求或对检验样品污染情况的估计接种3管。也可直接用样品接种。

2. 乳糖初发酵试验

即通常所说的假定试验。其目的在于检查样品中有无发酵乳糖产生气体的细菌。

将待检样品接种于乳糖胆盐发酵管内，接种量在1mL以上者，用双料乳糖胆盐发酵管；1mL及1mL以下者，用单料乳糖发酵管。每一个稀释度接种3管，置（36±1)℃培养箱内，培养（24±2)h，如所有乳糖胆盐发酵管都不产气，则可报告为大肠菌群阴性，如有产气者，则按下列程序进行检测。

3. 分离培养

将产气的发酵管分别转种在伊红美蓝琼脂平板或麦康凯琼脂平板上，置（36±1)℃温箱内，培养18～24h，然后取出，观察菌落形态，判断是否为大肠菌群典型菌落。在伊红美蓝琼脂平板上大肠菌群菌落一般呈深紫黑色，带金属光泽；紫黑色，略有或无金属光泽；淡紫黑色，中心颜色较深。

4. 乳糖复发酵试验

即通常所说的证实试验，其目的在于证明从乳糖初发酵管试验呈阳性反应的试管内分离到的革兰阴性无芽孢杆菌，确能发酵乳糖产生气体。初发酵阳性管不能肯定就是大肠菌群细菌，经过证实试验后，有时可能成为阴性。有数据表明，食品中大肠菌群检验步骤的符合率，初发酵与证实试验相差较大。因此，在实际检测工作中，证实试验是必需的。

在上述的选择性培养基上，挑取可疑大肠菌群典型菌落1～2个进行革兰染色，同时接种乳糖发酵管，置（36±1)℃的温箱内培养（24±2)h，观察产气情况。

凡乳糖发酵管产气、革兰染色为阴性无芽孢杆菌，即报告为大肠杆菌阳性。乳糖发酵管不产气或革兰染色为阳性，则报告为大肠杆菌为阴性。

5. 报告

根据证实为大肠菌群阳性的管数，查MPN检索表（见表12-8)，报告每100mL（g）食品中大肠菌群的最可能数。在检测过程中应注意以下几点。

（1）初发酵阳性管只能经过平板分离和证实试验后，才有可能成为阳性。一般来说，如果平板上较多典型大肠菌群菌落，革兰染色为阳性杆菌，即可做出判定。如果平板上典型菌落甚少或不够典型，则应多挑菌落做证实试验，以免出现假阳性。只做一步初发酵，就作判定，会有相当部分的合格产品被作为不合格样品处理。在实际工作中，有时遇到初发酵时产酸，但倒管内无气泡产生，复发酵却证实为大肠菌群阳性。有时倒管内无气体，但在液面及管壁却可看到小气泡。倒管管口的完整情况与倒管外有无沉渣存在均可影响产气反应的观察，管口不完整性有利于气体进入倒管，管口周围有沉渣能阻碍或延缓气体进入。

（2）在乳糖发酵试验工作中，经常可以看到在发酵倒管内极微小的气泡（有时比小米粒还小)，有时可以遇到在初发酵时产酸或沿管壁有缓缓上浮的小气泡。试验表明，大肠菌群的产气量，多者可以使发酵倒管全部充满气体，少者可以产生比小米粒还小的气泡。如果对产酸但未产气的乳糖发酵有疑问时，可以用手轻轻打动试管，如有气泡沿管壁上浮，即应考虑可能有气体产生，而应作进一步试验。

表 12-8　MPN 检索表

阳性管数			MPN 100mL(g)	95%可信限	
1mL(g)×3	0.1mL(g)×3	0.01mL(g)×3		下限	上限
0	0	0	30		
0	0	1	30	<5	90
0	0	2	60		
0	0	3	90		
0	1	0	30		
0	1	1	60	<5	130
0	1	2	90		
0	1	3	120		
0	2	0	60		
0	2	1	90		
0	2	2	120		
0	2	3	160		
0	3	0	90		
0	3	1	130		
0	3	2	160		
0	3	3	190		
1	0	0	40	<5	200
1	0	1	70	10	210
1	0	2	110		
1	0	3	150		
1	1	0	70	10	230
1	1	1	110	30	360
1	1	2	150		
1	1	3	190		
1	2	0	110	30	360
1	2	1	150		
1	2	2	200		
1	2	3	240		
1	3	0	160		
1	3	1	200		
1	3	2	240		
1	3	3	290		
2	0	0	90	30	360
2	0	1	140	70	370
2	0	2	200		
2	0	3	260		
2	1	0	150	30	440
2	1	1	200	70	890
2	1	2	270		
2	1	3	340		
2	2	0	210	40	470
2	2	1	280	100	1500
2	2	2	350		
2	2	3	420		
2	3	0	290		
2	3	1	360		
2	3	2	440		
2	3	3	530		

续表

阳性管数			MPN 100mL(g)	95%可信限	
1mL(g)×3	0.1mL(g)×3	0.01mL(g)×3		下限	上限
3	0	0	230	40	1200
3	0	1	390	70	1300
3	0	2	640	150	3800
3	0	3	950		
3	1	0	480	70	2100
3	1	1	750	140	2300
3	1	2	1200	300	3800
3	1	3	1600		
3	2	0	930	150	3800
3	2	1	1500	300	4400
3	2	2	2100	350	4700
3	2	3	2900		
3	3	0	2400	360	13000
3	3	1	4600	710	24000
3	3	2	11000	1500	48000
3	3	3	24000		

注：1. 本表采用3个稀释度［1mL (g)、0.1mL (g)、0.01mL (g)］，每稀释度3管。

2. 表内所列检样量如改用［10mL (g)、1mL (g)、0.1mL (g)］，表内数字应相应降低10倍；如改用［0.1mL (g)、0.01mL (g)、0.001mL (g)］时，则表内数字应相应增10倍，其余类推。

【报告内容】

1. 菌落总数、大肠菌群的定义与检测意义是什么？
2. 简述革兰染色的关键点及程序。
3. 详细论述某一类食品大肠菌群的检验步骤。

【思考题】

1. 为什么营养琼脂培养基在使用前要冷却到45～50℃？
2. 活菌计数法测定食品中的菌落数有何优缺点？
3. 准备大肠菌群检测所用的发酵管时如何避免放小倒管时产生气泡？
4. 伊红美蓝是鉴别培养基，请问鉴别的原理是什么？

任务12-2　罐头食品商业无菌的检测

【任务验收标准】

1. 能熟悉商业无菌、胖听、低酸性食品、酸性食品等术语；
2. 能掌握罐头食品商业无菌的检测程序；
3. 能掌握对罐头食品进行感官检查；
4. 能掌握革兰染色、无菌接种的操作要点；
5. 能对检验结果进行正确的判定。

【任务完成条件】

1. 冰箱、恒温培养箱、恒温水浴锅、显微镜、天平、电位pH计；
2. 灭菌吸管、灭菌平皿、灭菌试管、开罐刀和罐头打孔器、白色搪瓷盘；
3. 革兰染色液、疱肉培养基、溴甲酚紫葡萄糖肉汤、酸性肉汤、麦芽浸膏汤、锰盐营养琼脂、血琼脂、卵黄琼脂。

【工作任务】

1. 检验某一罐头食品商业无菌，并对其结果进行判定；
2. 撰写规范正确的检验报告。

【任务指导】

罐头食品经过适度的热杀菌以后，不含有致病的微生物，也不含有在通常温度下能在其中繁殖的非致病性微生物，这种状态称作商业无菌（commercial sterilization of canned food）。

罐头食品几个基本术语：①食品容器经密闭后能阻止微生物进入的状态称为密封；②由于罐头内微生物活动或化学作用产生气体，形成正压，使一端或两端外凸的现象称为胖听；③罐头密封结构有缺陷，或由于撞击而破坏密封，或罐壁腐蚀而穿孔致使微生物侵入的现象称为泄漏；④除酒精饮料以外，凡杀菌后平衡pH大于4.6、水活性大于0.85的罐头食品称为低酸性罐头食品；原来是低酸性的水果、蔬菜或蔬菜制品，为加热杀菌的需要而加酸降低pH的，属于酸化的低酸性罐头食品；⑤杀菌后平衡pH等于或小于4.6的罐头食品，pH小于4.7的番茄、梨和菠萝以及由其制成的汁，以及pH小于4.9的无花果都称为酸性罐头食品。

一、抽样

按照前面所述罐头食品的抽样方法进行抽样。

二、称量

用电子秤或台式天平称量，1kg及以下的罐头精确到1g，1kg以上的罐头精确到2g。各罐头的质量减去空罐的平均质量即为该罐头的净重。称量前对样品进行记录编号。

三、保温培养

全部样罐按下述分类在规定温度下按规定时间进行保温培养（表12-9）。保温过程中应每天检查，如有胖听或泄漏等现象，立即剔出作开罐检查。

表12-9　样品保温时间与温度

罐头种类	温度/℃	时间/d
低酸性罐头	36±1	10
酸性罐头	30±1	10
预计输往热带地区(40℃以上)的低酸性罐头	55±1	5～7

四、开罐检验

取保温过的全部罐头，冷却到常温后，按无菌操作开罐检验。

1. 开罐

将样罐用温水和洗涤剂洗刷干净，用自来水冲洗后擦干，放入无菌室，以紫外线杀菌灯照射。将样罐移置于超净工作台上，用75%酒精棉球擦拭无代号端，并点燃灭菌（胖听罐不能烧）。用灭菌的卫生开罐刀或罐头打孔器开启（带汤汁的罐头开罐前适当振摇），开罐时不能伤及卷边结构。

2. 留样

开罐后，用灭菌吸管或其他适当工具以无菌操作取出内容物1～2mL（g），移入灭菌容器内，保存于冰箱中。待该批罐头检验得出结论后可弃去。

3. pH测定

取样测定pH，与同批中正常罐相比，看是否有显著的差异。

4. 感官检查

在光线充足、空气清洁、无异味的检验室中将罐头内容物倾入白色搪瓷盘内，由有经验的检验人员对产品的外观、色泽、状态和气味等进行观察和嗅闻，用餐具按压食品或戴薄指套以手指进行触感，鉴别食品有无腐败变质的迹象。

五、涂片染色镜检

1. 涂片

对感官或 pH 检查结果认为可疑的以及腐败时 pH 反应不灵敏的（如肉、禽、鱼类等）罐头样品，均应进行涂片染色镜检。带汤汁的罐头样品可用接种环挑取汤汁涂于载玻片上。固态食品可以直接涂片或用少量灭菌生理盐水稀释后涂片，待干后用火焰固定。油脂性食品涂片自然干燥并火焰固定后，用二甲苯流洗，自然干燥。

2. 染色镜检

用革兰染色法染色镜检，至少观察五个视野，记录细菌的染色反应、形态特征以及每个视野的菌数。与同批的正常样品进行对比，判断是否有明显的微生物增殖现象。

六、接种培养

保温期间出现的胖听、泄漏，或开罐检查发现 pH、感官质量异常，腐败变质，进一步镜检发现有异常数量细菌的样罐，均应及时进行微生物接种培养。

对需要接种培养的样罐（或留样），用灭菌的适当工具移出约 1mL（g）内容物，分别接种培养。接种量约为培养基的十分之一。要求用 55℃ 培养基管，在接种前应在 55℃ 水浴中预热至该温度，接种后立即放入 55℃ 温箱培养。

低酸性和酸性罐头食品（每罐）接种培养基、管数及培养条件见表 12-10 和表 12-11。分别放入规定温度的恒温箱进行培养，每天观察培养生长情况。

表 12-10　低酸性罐头食品（每罐）接种培养基、管数及培养条件

培养基	管数	培养条件/℃	培养时间/h
疱肉培养基	2	36±1(厌氧)	96～120
疱肉培养基	2	55±1(厌氧)	24～72
溴甲酚紫葡萄糖肉汤(带倒管)	2	36±1	96～120
溴甲酚紫葡萄糖肉汤(带倒管)	2	55±1	24～72

表 12-11　酸性罐头食品（每罐）接种培养基、管数及培养条件

培养基	管数	培养条件/℃	培养时间/h
酸性肉汤	2	55±1(需氧)	48
酸性肉汤	2	30±1(需氧)	96
麦芽浸膏汤	2	30±1	96

七、微生物检验程序及判定

对在 36℃ 培养有菌生长的溴甲酚紫肉汤管，观察产酸、产气情况，并涂片染色镜检。如果是含杆菌的混合培养物或球菌、酵母菌或霉菌的纯培养物，不再往下检验；如仅有芽孢杆菌，则判为嗜温性需氧芽孢杆菌；如仅有杆菌无芽孢，则为嗜温性需氧杆菌，如需进一步证实是否是芽孢杆菌，可转接于锰盐营养琼脂平板在 36℃ 培养后再作判定。

对在 55℃ 培养有菌生长的溴甲酚紫肉汤管，观察产酸、产气情况，并涂片染色镜检。

如有芽孢杆菌，则判为嗜热性需氧芽孢杆菌；如仅有杆菌而无芽孢，则判为嗜热性需氧杆菌。如需要进一步证实是否是芽孢杆菌，可转接于锰盐营养琼脂平板，在55℃培养后再作判定。

对在36℃培养有菌生长的疱肉培养基管，涂片染色镜检，如为不含杆菌的混合菌相，不再往下进行；如有杆菌，带或不带芽孢，都要转接于两个血琼脂平板（或卵黄琼脂平板），在36℃分别进行需氧和厌氧培养。在需氧平板上有芽孢生长，则为嗜温性兼性厌氧芽孢杆菌；在厌氧平板上生长为一般芽孢，则为嗜温性厌氧芽孢杆菌，如为梭状芽孢杆菌，应用疱肉培养基原培养液进行肉毒梭菌及肉毒毒素检验（按GB/T 4789.12）。

对在55℃培养有菌生长的疱肉培养基管，涂片染色镜检。如有芽孢，则为嗜热性厌氧芽孢杆菌或硫化腐败性芽孢杆菌；如无芽孢仅有杆菌，转接于锰盐营养琼脂平板，在55℃厌氧培养，如有芽孢，则为嗜热性厌氧芽孢杆菌，如无芽孢，则为嗜热性厌氧杆菌。

对有微生物生长的酸性肉汤和麦芽浸膏汤管进行观察，并涂片染色镜检。按所发现的微生物类型判定。

八、罐头密封性检验

对确定有微生物繁殖的样罐均应进行密封性检验以判定该罐是否泄漏。将已洗净的空罐，经35℃烘干，根据各单位的设备条件进行减压或加压试漏。

1. 减压试漏

将烘干的空罐内小心注入清水至八九成满，将一带橡胶圈的有机玻璃板妥当安放罐头开启端的卷边上，使能保持密封。启动真空泵，关闭放气阀，用手按住盖板，控制抽气，使真空表从0Pa升到6.8×10^4Pa（510mmHg）的时间在1min以上，并保持此真空度1min以上。倾侧空罐仔细观察罐内底盖卷边及焊缝处有无气泡产生，凡同一部位连续产生气泡，应判断为泄漏，记录漏气的时间和真空度，并在漏气部位做上记号。

2. 加压试漏

用橡皮塞将空罐的开孔塞紧，开动空气压缩机，慢慢开启阀门，使罐内压力逐渐加大，同时将空罐浸没在盛水玻璃缸中，仔细观察罐外底盖卷边及焊缝处有无气泡产生，直至压力升至$0.7kgf/cm^2$并保持2min，凡同一部位连续产生气泡，应判断为泄漏，记录漏气的时间和压力，并在漏气部位做上记号。

九、结果判定

（1）该批（锅）罐头食品经审查生产操作记录，属于正常；抽取样品经保温试验未胖听或泄漏；保温后开罐，经感官检查、pH测定或涂片镜检，或接种培养，确证无微生物增殖现象，则为商业无菌。

（2）该批（锅）罐头食品经审查生产操作记录，未发现问题；抽取样品经保温试验有一罐及一罐以上发生胖听或泄漏；或保温后开罐，经感官检查、pH测定或涂片镜检和接种培养，确证有微生物增殖现象，则为非商业无菌。

【报告内容】

1. 简述乳酸菌的检验程序；
2. 对检验结果进行判定，并写出正确的报告。

【思考题】

1. 罐头商业无菌是绝对无菌吗？
2. 引起罐头食品腐败变质的原因有哪些？
3. 检验前的保温培养的目的是什么？开罐前要先做好哪些准备工作？
4. 如何判定罐头的商业无菌？

任务 12-3　酸乳中乳酸菌的检测

【任务验收标准】

1. 能熟练掌握酸乳中的乳酸菌的检测方法；

2. 能对检测结果进行正确的分析和撰写报告。

【任务完成条件】

1. 冰箱、电子天平、恒温培养箱、恒温干燥箱、恒温水浴锅、混匀器、锥形瓶、灭菌吸管、灭菌剪刀等；

2. 改良 TJA 培养基或改良 MC 培养基；生理盐水及其他相应的试剂。

【工作任务】

1. 准备乳酸菌检测所需的培养基、试剂等；

2. 检测某一酸乳或乳酸菌饮料中的乳酸菌数，并对检测结果进行判定。

【任务指导】

乳酸菌（lactic acid bacteria）系一群能分解葡萄糖或乳糖产生乳酸，需氧和兼性厌氧，多数无动力，过氧化氢酶阴性，革兰阳性的无芽孢杆菌和球菌。乳酸菌菌落总数指检样在一定条件下培养后，所得 1mL（g）检样中所含乳酸菌菌落的总数。国家标准规定酸乳中乳酸菌应≥10^6 cfu/mL。

乳酸菌检验程序见图 12-4。

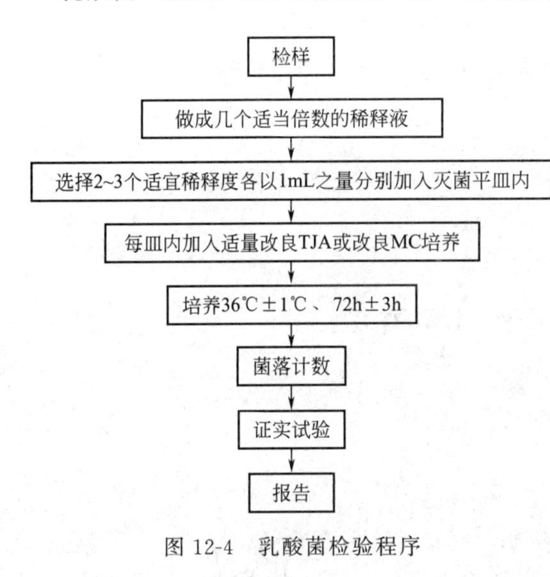

图 12-4　乳酸菌检验程序

一、样品稀释接种

（1）以无菌操作将经过充分摇匀的检样 25mL（g）放入含有 225mL 灭菌生理盐水的灭菌广口瓶内作成 1∶10 的均匀稀释液。

（2）用 1mL 灭菌吸管吸取 1∶10 稀释液 1mL，沿管壁徐徐注入含有灭菌生理盐水的试管内（注意吸管尖端不要触及管内稀释液），振摇试管，混合均匀。

（3）另取 1mL 灭菌吸管，按上述操作顺序，作 10 倍递增稀释液，如此每递增一次，即换用 1 支 1mL 灭菌吸管。

（4）选择 2～3 个合适的稀释度，在分别作 10 倍递增稀释的同时，即以吸取该稀释度的吸管移取 1mL，稀释液接种于灭菌平皿内，每个稀释度作两个平皿。

（5）当稀释液移入平皿后，应及时将冷至 50℃的乳酸菌计数培养基（改良 TJA 或改良 MC）注入平皿约 15～20mL，并转动平皿使混合均匀。同时将乳酸菌计数培养基倾入加有 1mL 稀释液检样用的灭菌生理盐水的灭菌平皿内作空白对照，以上整个操作自培养物加入培养皿开始至接种结束必须在 20min 内完成。

二、培养

待琼脂凝固后，倒置平板，置 36℃±1℃恒温箱内培养 72h±3h，观察乳酸菌菌落特征（见表 12-12）。

三、计数

选取菌落数在 30～300 之间的平板进行计数。计数原则同菌落总数。

表 12-12　乳酸菌在不同培养基上菌落特征

项目	改良 TJA	改良 MC
杆菌	平皿底为黄色，菌落中等大小，微白色，湿润，边缘不整齐，直径 3mm±1mm，如棉絮团状菌落	平皿底为粉红色，菌落较小，圆形，红色，边缘似星状，直径 2mm±1mm，可有淡淡的晕
球菌	平皿底为黄色，菌落光滑，湿润，微白色，边缘整齐	平皿底为粉红色，菌落较小，圆形，红色，边缘整齐，可有淡淡的晕

注：干酪乳杆菌在改良 TJA 培养基上为圆形光滑边缘整齐，侧面呈菱形状。

四、证实试验

随机挑取五个疑似乳酸菌菌落数进行革兰染色镜检查并做过氧化氢酶试验。革兰阳性、过氧化氢酶阴性、无芽孢的球菌或杆菌可定为乳酸菌。

五、报告

根据证实为乳酸菌菌落计算出该皿内的乳酸菌数，然后乘其稀释倍数即得每毫升样品中的乳酸菌数。

【报告内容】

1. 简述乳酸菌的检验程序；
2. 报告出每毫升酸乳中的乳酸菌数，并判定该检样是否符合国家标准。

【思考题】

1. 如何鉴定乳酸菌？试设计其鉴定试验？
2. 过氧化氢酶试验的原理是什么？
3. 通过本任务的完成，谈谈乳酸菌检测的操作要点是什么？

任务 12-4　食品中沙门菌的检测

【任务验收标准】

1. 掌握食品中沙门菌的检验原理和检验方法；
2. 能够进行食品中沙门菌的检验操作。

【任务完成条件】

1. 样品（如鲜猪肉、鲜牛肉；冻猪肉；鲜牛奶、鲜鱼；冻鱼；香肠、虾仁），缓冲蛋白胨水（BP），四硫磺酸钠煌绿（TTB）增菌液，亚硒酸盐胱氨酸（SC）增菌液，亚硫酸铋（BS）琼脂，木糖赖氨酸脱氧胆盐（XLD）琼脂或 HE 琼脂，三糖铁（TSI）琼脂，蛋白胨水（NA）、靛基质试剂，尿素琼脂（pH7.2），氰化钾（KCN）培养基，赖氨酸脱羧酶试验培养基，邻硝基酚 β-D 半乳糖苷（ONPG）培养基，半固体琼脂，丙二酸钠培养基，沙门菌因子血清；

2. 冰箱、恒温培养箱、显微镜、高压灭菌器、超净工作台、均质器、电子天平、培养皿、试管、三角瓶、烧杯、毛细管、广口瓶、移液管、量筒、玻璃棒、药匙、棉花、线绳、纱布。

【工作任务】

1. 对样品进行沙门菌的前增菌、增菌及分离操作；
2. 对选择性平板上的典型菌落和疑似菌落进行生化试验和血清学鉴定。

【任务指导】

沙门菌检验流程见图 12-5。

一、前增菌和增菌

冻肉、蛋品、乳品及其他加工食品均应经过前增菌。以无菌操作取 25g（mL），加在装

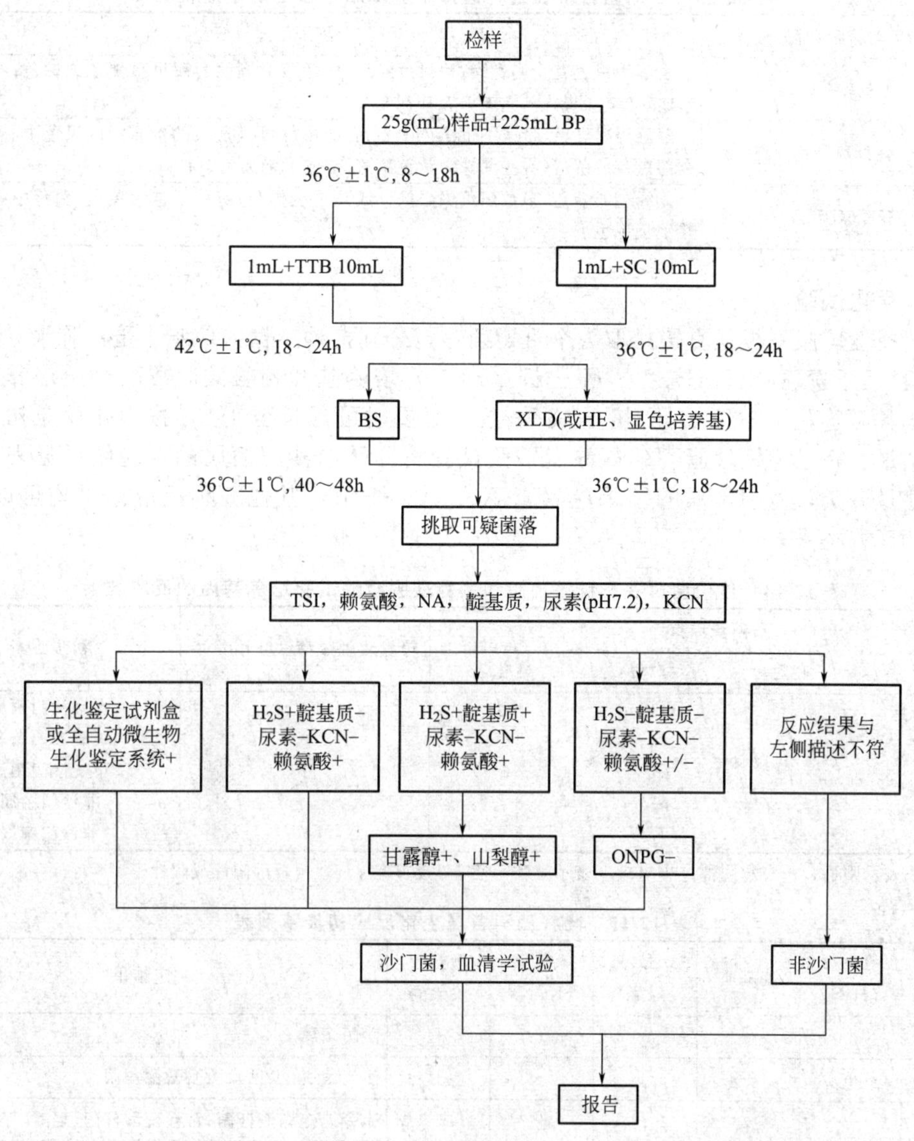

图 12-5　沙门菌检验流程

有 225mL 缓冲蛋白胨水的 500mL 广口瓶内。固体食品可先用均质器以 8000～10000r/min 打碎 1min，或用乳钵加灭菌砂磨碎，粉状食品用灭菌匙或玻棒研磨使乳化，于 36℃±1℃培养 4h（干蛋品培养 18～24h），移取 10mL，转种于 100mL TTB 内，于 42℃培养 18～24h。同时，另取 10mL，转种于 100mL SC 内，于 36℃±1℃培养 18～24h。

鲜肉、鲜蛋、鲜乳或其他未经加工的食品不必经过前增菌。各取 25g（mL）加入灭菌生理盐水 25mL，按前法做成检样匀液；取 25mL，接种于 100mL TTB 内，于 42℃培养 24h；另取 25mL 接种于 100mL SC 内，于 36℃±1℃培养 18～24h。

二、分离

取增菌液 1 环，划线接种于一个 BS 琼脂平板和一个 XLD 琼脂平板（或 HE 琼脂平板）。两种增菌液可同时划线接种在同一个平板上。于 36℃±1℃分别培养 18～24h（XLD）或 40～48h（BS），观察各个平板上生长的菌落。各个平板的菌落特征见表 12-13。

表 12-13　沙门菌各群在各种选择培养琼脂平板上的菌落特征

选择性琼脂平板	沙门菌
BS 琼脂	菌落为黑色有金属光泽、棕褐色或灰色，菌落周围培养基可呈黑色或棕色；有些菌株形成灰绿色的菌落，周围培养基不变
XLD 琼脂	菌落为粉红色，带或不带黑色中心，有些菌株可呈现大的带光泽的黑色中心，或呈现全部黑色的菌落；有些菌株为黄色菌落，带或不带黑色中心
HE 琼脂	蓝绿色或蓝色，多数菌落中心黑色或几乎全黑色；有些菌株为黄色，菌落中心黑色或几乎全黑色

三、生化试验

自选择性琼脂平板上直接挑取数个可疑菌落，分别接种三糖铁琼脂、蛋白胨水（供做靛基质试验）、尿素琼脂（pH7.2）、氰化钾（KCN）培养基和赖氨酸脱羧酶试验培养基及对照培养基各 1 管，于 36℃±1℃培养 18～24h，必要时可延长至 48h，按生化反应初步鉴定表判定结果。在三糖铁琼脂和赖氨酸脱羧酶试验培养基内沙门菌属的反应结果见表 12-14。按反应序号分类，沙门菌属的结果应属于 A1、A2 和 B1，其他 5 种反应结果均可以排除，见表 12-15。

表 12-14　沙门菌属在三糖铁琼脂和赖氨酸脱羧酶试验培养基内的反应结果

三糖铁琼脂				赖氨酸脱羧酶试验培养基	初步判断
斜面	底层	产气	硫化氢		
−	+	+(−)	+(−)	+	可疑沙门菌属
−	+	+(−)	+(−)	−	可疑沙门菌属
+	+	+(−)	+(−)	+	可疑沙门菌属
+	+	+/−	+/−	−	非沙门菌属
−	−	+/−	+/−	+/−	非沙门菌属

注：+表示阳性；−表示阴性；+（−）表示多数阳性，少数阴性；+/−表示阳性或阴性。

表 12-15　肠杆菌科各属生化反应初步鉴别表

反应序号	硫化氢（H_2S）	靛基质	pH7.2 尿素	氰化钾（KCN）	赖氨酸脱羧酶	判定结果
A1	+	−	−	−	+	沙门菌属
A2	+	+	−	−	+	沙门菌属（少见）、缓慢爱德华菌
A3	+	−	+	+	−	弗劳地柠檬酸杆菌、奇异变形杆菌
A4	+	+	+	+	−	普通变形杆菌
B1	− −	− −	− −	− −	+ −	沙门菌属、大肠埃希菌、甲型副伤寒沙门菌 大肠埃希菌、志贺菌属
B2	− −	+ +	−	− −	+ −	大肠埃希菌 大肠埃希菌、志贺菌属
B3	− −	− −	+/− +	+ +	+ −	克雷伯菌族各属阴沟肠杆菌 弗劳地柠檬酸杆菌
B4	−	+	+/−	+	−	摩根菌，普罗菲登斯菌属

注：1. KCN 和赖氨酸脱羧酶试验可选作其中一项，但不能判定结果时，仍需补做另一项。

2. +：阳性；−：阴性；+/−：多数阳性，少数阴性。

四、血清学鉴定

1. 抗原的准备

一般采用 1.2%～1.5%琼脂培养物作为玻片凝集试验用的抗原。

O血清不凝集时，将菌株接种在琼脂量较高（2%～3%）的培养基上再检查；如果是由于Vi抗原的存在而阻止了O抗原凝集反应时，可挑取菌苔于1mL生理盐水中做成浓菌液，于酒精灯火焰上煮沸后再检查。H抗原发育不良时，将菌株接种在0.55%～0.65%半固体琼脂平板的中央，菌落蔓延生长时，在其边缘部分取菌检查。

2. 多价菌体抗原（O）鉴定

在玻片上划出两个约1cm×2cm的区域，挑取1环待测菌，各放1/2环于玻片上的每一区域上部，在其中一个区域下部加1滴多价菌体（O）抗血清，在另一区域下部加入1滴生理盐水，作为对照。再用无菌的接种环或针分别将两个区域内的菌落研成乳状液。将玻片倾斜摇动混合1min，并对着黑暗背景进行观察，任何程度的凝集现象皆为阳性反应。

3. 多价鞭毛抗原（H）鉴定

同“多价菌体抗原（O）鉴定”操作。

五、注意事项

1. 冷冻样品解冻需在45℃以下，在有自动调温器自控的水浴锅内不断搅拌进行15min或在2～8℃、18h内软化。

2. 进行生化反应时，应以纯培养物进行试验，如出现血清学阳性，而生化反应特征不符合时，应对接种物进行纯化，用纯化后的培养物重新进行生化试验。

3. 在三糖铁琼脂内斜面产酸、底层产酸，同时赖氨酸脱羧酶试验阴性的菌株可以排除。其他的反应结果均有是沙门菌属的可能性，同时也均有不是沙门菌属的可能。

【报告内容】

1. 描述样品在选择性平板（BS琼脂平板和XLD琼脂平板）上长出的菌落特征。
2. 结合生化实验和血清学鉴定的结果，说明样品中是否检出沙门菌。

【思考题】

1. 在BS琼脂平板上长出的沙门菌菌落有何特征？
2. 在三糖铁琼脂斜面和赖氨酸脱羧酶试验结果中，哪种情况可以排除沙门菌的可能性？
3. 前增菌的目的是什么？
4. 经过选择性分离是否可以判断出沙门菌的存在？生化试验是为了什么目的？
5. 为何要做血清学鉴定？
6. 经沙门菌污染的食品对人有何危害？

任务12-5　纸片法快速检测食品中金黄色葡萄球菌

【任务验收标准】

1. 能正确使用3M快速检验金黄色葡萄球菌测试片；
2. 能学会对食品检样进行正确处理和接种；
3. 能正确判读3M测试片上的结果。

【任务完成条件】

1. 3M金黄色葡萄球菌快速检验测试片；
2. 无菌稀释液、灭菌吸管、均质器、培养箱。

【工作任务】

1. 熟悉3M金黄色葡萄球菌快速检验测试片的使用规程；
2. 利用纸片法检测某一食品中的金黄色葡萄球菌；
3. 能对检测结果做出准确的判读。

【任务指导】

一、样品处理

将样品通过无菌操作注入使用无菌的容器（稀释瓶或均质袋），加入适量的无菌稀释液（生理盐水或缓冲蛋白胨水等），做10倍或更大倍数的稀释。搅拌或均质样品，使之混合均匀。调整样品稀释液的pH至6.5～7.5。

二、接种

将测试片放置在平坦的操作台面上，揭起上层膜。使用无菌吸管将1mL样品垂直滴在测试片的中央处。小心卷回上层膜，注意避免气泡进入，不要让上层膜直接落下。使用压板放置在上层膜中央处，轻轻地压下，使样品液均匀覆盖于圆形的培养面积上。切勿扭转或滑动压板。拿起压板，静置1min以使培养基凝固。

三、培养

测试片的透明膜朝上可堆叠至10片，置于（35±1)℃或（37±1)℃下培养（24±2)h。培养之后生长的菌落可能在检测片上看不到，因为指示剂是含在金黄色葡萄球菌检测反应片上。此时将检测片再移至（35±1)℃培养箱，培养1～4h。注意：如果菌落需要进一步测试，检测片培养不要超过1h。

使用无菌镊子取出圆形的反应片，再掀开检测片上层膜小心置入反应片，再将上层膜放下。为了确定反应片与培养胶均匀接触及避免夹带任何气泡，可以使用一个弯曲的玻璃棒轻压检测片。将已置入反应片的金黄色葡萄球菌检测片培养于（35±1)℃或（37±1)℃、1～3h。所有具有粉红色环的菌落即为金黄色葡萄球菌菌落。

四、判读

可目视或使用菌落计数器并可参读判读卡计算菌落数。如需做进一步的鉴定，掀起上层膜，在培养胶上挑起菌落，进行鉴定。

注意事项如下。

测试片未拆封包请冷藏于≤8℃，并在保存期限内使用完。在高温度的环境中可能出现冷凝水，最好在拆封前将整包回温至室温。

已开封时，将封口用胶带封紧，存放于25℃、湿度50%以下，并于一个月内使用完。请勿将已开封包冷藏于冰。

【报告内容】

1. 简述纸片法快速测定金黄色葡萄球菌的原理；
2. 简述3M纸片法测定金黄色葡萄球菌的操作要点；
3. 对金黄色葡萄球菌检测结果判读并作出报告。

【思考题】

1. 纸片法在检测食品中金黄色葡萄球菌中具有什么优点？
2. 金黄色葡萄球菌快速检测方法还有哪些？

任务12-6 食品中霉菌和酵母菌的检测

【任务验收标准】

1. 掌握食品中霉菌和酵母菌的检测原理和方法；
2. 能够检测食品中的霉菌和酵母菌，并计算样品中的霉菌和酵母菌的数量。

【任务完成条件】

1. 马铃薯-葡萄糖琼脂培养基或孟加拉红培养基，灭菌蒸馏水，乙醇，1mol/L NaOH

溶液，1mol/L HCl；

2. 电热恒温培养箱，振荡器，电子天平，显微镜，三角瓶，试管，平皿，吸管，酒精灯，接种针，试管架，牛皮纸，棉绳等。

【工作任务】

1. 对样品进行系列稀释，配制培养基；

2. 经过接种、培养，对各稀释度样品进行菌落计数。

【任务指导】

一、样品的稀释

以无菌操作称取检样25g（mL），放入含有225mL灭菌水的三角瓶中，振摇30min，即为10^{-1}样品稀释液。用灭菌吸管吸取10^{-1}稀释液10mL，注入试管中，另用一支1mL灭菌吸管反复吹吸5次，使霉菌孢子充分散开。

取1mL 10^{-1}稀释液注入含有9mL灭菌水的试管中，另换一支1mL灭菌吸管吹吸5次，此为10^{-2}稀释液。按上述操作顺序做10倍递增系列梯度稀释，稀释度分别为10^{-3}、10^{-4}、10^{-5}、10^{-6}。

二、接种与培养

从上述系列稀释液中选择2～3个适合的稀释度样品，吸取1mL稀释液于灭菌平皿中，每个稀释度做2个平皿，然后将15～20mL马铃薯-葡萄糖琼脂培养基或孟加拉红培养基注入平皿内，转动平皿使其混合均匀。

待琼脂凝固后，将其倒置于25～28℃恒温箱中培养5d，观察并记录。

三、计数

记录各稀释度平板上长出的霉菌和酵母菌数，选取菌落数10～150cfu之间的平板进行计数。以菌落形成单位（colony forming units，cfu）表示。

四、注意事项

1. 通常选择菌落数在10～150cfu之间的平皿进行计数。

2. 同一稀释度的样品至少要做2个平皿。

【报告内容】

1. 计算每克或每毫升样品中所含的霉菌数和酵母菌数。

2. 描述霉菌菌落与酵母菌菌落有何区别？

【思考题】

1. 检验食品中的霉菌和酵母菌有何卫生学意义？

2. 每克（或毫升）检样中所含霉菌和酵母菌数如何计算？

3. 食品中的霉菌和酵母菌有何危害？

项目十三　化妆品的微生物学检验

【知识目标】

1. 熟悉化妆品的生境特性及微生物污染来源；

2. 了解化妆品卫生标准；

3. 掌握化妆品卫生微生物学检验流程。

【能力目标】

1. 能够进行化妆品微生物检测的一般样品采集；
2. 能够进行化妆品的微生物检测及卫生学评价。

【背景知识】

一、概述

化妆品系指以涂擦、喷洒或者其他类似的方法，散布于人体表面任何部位（皮肤、毛发、指甲、口唇等），以达到清洁、消除不良气味、护肤、美容和修饰目的的日化产品。

（一）化妆品微生物污染来源

1. 生产过程的污染（从原料到产品）

又称一次污染，化妆品的原料污染是一次污染的最大原因。极易受微生物污染的原料为天然的动植物成分及其提取物，如从动物内脏和组织提取的明胶、胎盘提取液，中草药中的当归、芦荟、人参及其提取液等。这些原料来源于自然且营养成分丰富，极易受外界微生物污染。被微生物污染可能性大的其他原料有：增稠剂、天然胶质、粉体、离子交换水、表面活性剂等。其中特别应注意的是水，化妆品生产中主要是采用离子交换水，由于除去了活性氯，易被细菌污染。

2. 设备、生产用具污染

如储存罐、搅拌器、研磨机、灌装设备等，都可能积聚微生物。

3. 生产环境中受到污染

空气中的微生物主要是由于地面的尘埃飞扬进入空气中；此外人的生产及日常活动，可使大量微生物进入空气中。①厂房空气：厂房空气中有相当数量的耐干燥的细菌、酵母菌及霉菌孢子，从空气中可分离到芽孢杆菌、梭状芽孢杆菌、葡萄球菌、链球菌、棒状杆菌等细菌种类；还可分离到青霉、曲霉、芽枝霉、茁霉、毛霉及酵母等。②生产人员：人体正常状态下带有无数的微生物，这些微生物可从生产人员身上带到制剂中。

（二）微生物在化妆品中的生长与繁殖

1. 化妆品营养成分与微生物的关系

化妆品的原料繁多，这些成分为微生物的生长和繁殖提供了必需的碳源、氮源和矿物质。

2. 化妆品中的水分与微生物的关系

水分是决定微生物能否生长和影响生长速度的决定因素。水又是化妆品生产的重要原料，是一种优良的溶剂，多种化妆品如膏霜、乳液和香波等都含有相当比例的水分，有利于微生物生长。

3. 化妆品的酸碱度、湿度等与微生物的关系

细菌适宜在中性及微碱性（pH 6～8）条件下生长，霉菌适宜在微酸性（pH 4～6）条件下生长，化妆品的 pH 约在 4～7 之间，适宜微生物生长。嗜温菌生长的最适温度为 20～40℃，37℃是大多数病原菌的最适生长温度。多数霉菌、酵母菌的最适生长温度为 20～30℃，和化妆品的生产、储藏和使用的温度基本一致。

（三）不同种类化妆品的染菌特点

1. 膏霜类（护肤类）

膏霜类（护肤类）化妆品含有一定量的水分，有可供微生物生长繁殖需要的碳源和氮源，大多数为中性、微碱或微酸性，这都为微生物的生长繁殖提供了良好的条件。据调查这类化妆品微生物的污染率最高，污染的微生物种类也最多。检出率较高的有粪大肠菌群、绿脓杆菌、金黄色葡萄球菌。此外尚检出有蜡样芽孢杆菌、产气克雷伯菌、沙门菌、肠杆菌属等。

2. 发用类

此类化妆品不但富含水分，而且也含有微生物生长所需的营养，如水解蛋白、多元醇、维生素等。香波的主要成分烷基硫酸盐等较易繁殖绿脓杆菌等细菌与霉菌。

3. 粉类

此类为干燥性化妆品，比上述两类化妆品微生物污染率低。其污染来源主要是原料。粉类化妆品中检出的抵抗力较强的需氧芽孢菌较多。

4. 美容类

这类化妆品在制造过程中大多经过高温熔融，因而染菌量不应高。但此类化妆品的微生物污染对人健康影响最大，特别是用于眼周围的眼部化妆品和唇膏等。一旦被致病菌污染，将会引起严重后果。

二、化妆品的卫生学检验标准

确保化妆品的卫生质量和使用安全，加强化妆品的卫生监督管理，保障人民身体健康，对化妆品的一般要求是：不得对施用部位产生明显刺激和损伤；必须使用安全且无感染性。化妆品卫生规范对其微生物学质量规定了对眼部、口唇等黏膜用以及婴儿和儿童用化妆品以及其他化妆品的细菌总数、霉菌和酵母菌总数限值，并不得检出粪大肠菌群、绿脓杆菌和金黄色葡萄球菌（表 13-1）。

表 13-1　化妆品的卫生学检验标准

检验项目	指　标
菌落总数/(cfu/g)	≤500 或 1000
霉菌和酵母菌总数/(cfu/g)	≤100
致病菌(粪大肠菌群、金黄色葡萄球菌、绿脓杆菌)	不得检出

三、化妆品的采集与预处理

（一）样品的采集

同样，化妆品所采样品也应有代表性和均匀性。对每批生产的样品应随机从任意两个以上的大样中随机抽取两个以上的包装单位（瓶、盒）作为中样。检验时从两个或两个以上的中样中抽取 10g 或 10mL 混合成一个检样进行检验。样品包装上的名称、标签等均应与市场销售样品相同。凡检出化妆品卫生规范中规定的控制菌和致病菌时，要严格按检验要求准确鉴定，待确定无误时，再出结果报告，报告发出后不再留样或重新送（取）样复检。

（二）样品的预处理

化妆品样品与其他样品的不同之处，一是化妆品中通常都加有防腐剂；二是化妆品的剂型较多且复杂。这就给化妆品样品的预处理造成了一定的难度。

1. 残留防腐剂的去除

由于化妆品中含有防腐剂，使被污染的微生物处于受抑制状态，如按常规的方法制备检样进行检验，往往检不出，甚至出现假阴性。因此必须去除化妆品中多余的防腐剂，使长期处于濒死状态或半损伤状态的微生物得到复苏而被检出，从而得出正确的检验结果。

去除防腐剂的原则有以下三个：①能有效去除化妆品中残留的防腐剂；②对微生物无害，不减少微生物的检出效果；③不破坏培养基的营养成分，不影响其理化性能。

去除防腐剂的方法有以下几种。

（1）化学中和法　该方法使用最普遍，也最适用于化妆品中残留防腐剂的去除。由于防腐剂种类不同，所用的中和剂也应不同，但目前化妆品中常用的防腐剂大多可用卵磷脂和吐温 80 中和，故在化妆品卫生规范中检验化妆品微生物时采用卵磷脂和吐温 80 中和化妆品中残留的防腐剂。随着化妆品工业的迅速发展，新的防腐剂不断出现，在化妆品中使用的防腐剂种类也越来越多，如何选用合格的中和剂，有待进一步探讨。

（2）稀释法　用稀释液将样品稀释到一定浓度，同时也降低了残留防腐剂的浓度，以消除对微生物的抑制作用。本法的优点是任何种类的防腐剂均可应用，其缺点是稀释液过多，微生物浓度也下降，可出现假阴性结果。

（3）离心沉淀法　将 1∶10 稀释的供试液先用低速（500r/min）离心沉淀 5min，使不溶物沉于管底，吸出上清液用高速（>3000r/min）离心沉淀 30min，使绝大部分的待检菌沉淀到管底，加少量（5mL）稀释液敲打振荡，使沉淀悬浮，再次如前离心，吸取最终悬浮液进行培养检测。此法可排除大量抑菌成分，但离心处理时，可失去一部分微生物；反复离心沉淀，手续烦琐，在操作过程中易造成污染；对某些剂型的化妆品，如难溶的油包水型不适用。

（4）薄膜过滤冲洗法　将制备好的供试液样本通过微孔滤膜，并加稀释液冲洗，去除残留的防腐剂。鉴于化妆品的剂型大多为乳状、膏状、固体状，且很多样品难溶或不溶于水，因此本方法的适用范围受到限制。

2. 供检样品的制备

检样制备时要遵循几个原则：应严守无菌操作要求，需在无菌室或超净工作台内进行操作。所用试液需无菌，所用器皿（如三角瓶、吸管、试管、称量勺、平皿等）也均需灭菌，以免污染样本，影响试验结果。要使样品充分混合均匀，样品加到稀释液中后，要振荡使之混匀，以免由于染菌的不均匀分布，而影响检出结果。尽量做到使样品完全溶解，在不影响微生物生长的条件下，可适当加温，加某些对微生物生长繁殖不产生影响的助溶剂，使样品溶解在稀释液中，其中的微生物分散到供试液中。

制备前先在无菌室的缓冲间内打开并去掉化妆品的外包装纸盒，将样品送入无菌操作室，在开盖前将瓶内样品振荡混匀，消毒瓶盖和操作人员的手后，再打开瓶盖称量。不同剂型样品的取样和制备方法如下。

（1）化妆水类、头油、香水类、冷烫液和部分洗发液等液体样品可用容量法量取。

（2）其他剂型的样品如乳剂、膏霜类、粉剂等，皆用称量法称取。

（3）不易溶解的化妆品均可用均质器处理

四、化妆品的卫生细菌检验

化妆品作为特殊的商品，微生物检验项目主要有菌落总数、粪大肠菌群、致病菌（绿脓杆菌、金黄色葡萄球菌）。

（一）菌落总数

菌落总数是指化妆品检样经过处理在一定条件下培养后，1g（1mL）检样中所含细菌菌落的总数。测定菌落总数主要是作为判定化妆品被细菌污染程度的标记，应用这一方法也可观察化妆品中细菌的性质和细菌在化妆品中的繁殖动态，以便对被检样品进行卫生学评价时提供科学依据。其检验方法、菌落计数方法及报告方式与食品检样的相似，不同点在于需往营养琼脂培养基添加卵磷脂、吐温80以中和化妆品中的防腐剂。

（二）粪大肠菌群

粪大肠菌群系一群需氧及兼性厌氧，在44.5℃培养24～48h能发酵乳糖，产酸产气的革兰阴性无芽孢杆菌。若从化妆品产品中检出粪大肠菌群，表明该产品受到粪便污染，可能存在肠道致病微生物并引起疾病，是评价化妆品卫生质量的重要指标之一。国际上广泛用此菌作为卫生指示菌。粪大肠菌群数目的高低代表粪便污染的程度，因此反映了对人体危害的大小。

化妆品中的粪大肠菌群的检测方法与食品检样的相似，可参考任务12-4。

（三）绿脓杆菌的检测

绿脓杆菌也称铜绿假单胞菌，可产生蓝绿色素和荧光色素。一般情况下该菌不致病，在特殊条件下可引起皮肤化脓感染、泌尿道感染、中耳炎等。外伤及烧伤患者感染后最易引起化脓，并可引起败血症。化妆品是以涂抹、喷洒或其他类似的方法施于人体表面任何部位以达到清洁、消除不良气味、护肤、美容和修饰的目的产品。为保证消费安全，化妆品中不应检出绿脓杆菌。

根据绿脓杆菌的生物学特征，如革兰阴性杆菌，氧化酶阳性，能产生绿脓菌素，可液化明胶，还原硝酸盐为亚硝酸盐，在42℃条件下能生长等，可进行鉴定检验。

分离绿脓杆菌常用以下几种培养基：十六烷三甲基溴化铵琼脂（CA）、明胶十六烷三甲基溴化铵琼脂（GCA）、乙酰胺琼脂培养基和NAC琼脂培养基。十六烷三甲基溴化铵琼脂（CA）和明胶十六烷三甲基溴化铵琼脂（GCA）这两种培养基具有较强的选择性和鉴别作用，除绿脓杆菌和极少数假单胞菌及革兰阴性杆菌可以生长外，绝大部分革兰阴性杆菌、假单胞菌及革兰阳性菌的生长完全受到抑制。因为绿脓杆菌具有可利用十六烷的溴化铵盐这一重要特性，故很多国家已普遍利用此特性分离该菌，证明效果很好。但往往出现无色素、菌落较小、无蔓延生长等现象，因此在选取菌落时需注意，以免漏检。乙酰胺琼脂培养基主要成分为乙酰胺。乙酰胺酶是绿脓杆菌特有的酶类。绿脓杆菌能分解乙酰胺，故在此培养基上能生长，而其他菌不生长。而在NAC培养基中，绿脓杆菌生长良好，有些荧光假单胞菌、恶臭假单胞菌和腐败假单胞菌可缓慢生长或不长，而大肠埃希菌、志贺菌、沙门菌、变形杆菌、克雷伯菌和肠道杆菌科的其他菌属、产碱杆菌属、气单胞菌属、弧菌属以及葡萄球菌和链球菌属等，完全受到抑制不能生长。因此NAC培养基是一种选择性很强的绿脓杆菌培养基。在我国化妆品标准检验方法中规定十六烷三甲基溴化铵和乙酰胺两种培养基均可使用。

（四）金黄色葡萄球菌的检测

金黄色葡萄球菌为革兰阳性球菌，呈葡萄状排列，无芽孢，无荚膜，能分解甘露醇，血浆凝固酶阳性。该菌是葡萄球菌中对人类致病力最强的一种，能引起人体局部化脓性病灶，严重时可导致败血症，所以化妆品中不得检出金黄色葡萄球菌。根据本菌特有的形态及培养特性，应用Baird-Parker平板进行分离，该平板中的氯化锂可抑制革兰阴性细菌生长，丙酮酸钠可刺激金黄色葡萄球菌生长，以提高检出率，并利用分解甘露醇和血浆凝固酶等特征，以兹鉴别。检测程序如下。

（1）增菌　取 1∶10 稀释的样品 10mL 接种到 90mL SCDLP 液体培养基中（也可用 7.5%氯化钠肉汤），置 37℃培养箱培养 24h。在检验含防腐剂的化妆品时，可在 1000mL 此培养基中加 1g 卵磷脂、7g 吐温 80。

（2）分离培养　自上述增菌培养液中取 1～2 接种环，划线接种在 Baird-Parker 培养基（或血琼脂平板），置 37℃培养 24～48h。培养后在血琼脂平板上菌落呈金黄色，大而突起，圆形，不透明，表面光滑，周围有溶血圈。在 Baird-Parker 培养基上为圆形，光滑，凸起，湿润，直径为 2～3mm，颜色呈灰色到黑色，边缘为淡色，周围为一混浊带，在其外层有一透明带。用接种针接触菌落似有奶油树胶的软度。偶然会遇到非脂肪溶解的类似菌落，但无混浊带及透明带。挑取单个菌落在血琼脂平板上进一步分离纯化，置 37℃培养 24h。

（3）染色镜检　挑取单菌落，涂片，进行革兰染色，镜检。金黄色葡萄球菌为革兰阳性菌，排列成葡萄状，无芽孢，无荚膜。致病性葡萄球菌菌体较小，直径约为 0.5～1μm。

（4）甘露醇发酵试验　取上述分离培养的纯菌落接种到甘露醇发酵培养基中，置 37℃培养 24h，金黄色葡萄球菌应能发酵甘露醇产酸。

（5）血浆凝固酶试验　可采用玻片法或试管法。玻片法检测的是结合血浆凝固酶。此法快速、简便，大多数中间型葡萄球菌和猪葡萄球菌呈阴性反应。但金黄色葡萄球菌中有 10%～15%可呈阴性反应，故在化妆品卫生规范中取消了玻片法。而试管法检测的是结合血浆凝固酶和游离血浆凝固酶。吸取 1∶4 新鲜血浆 0.5mL，放入灭菌小试管中，再加入待检菌 24h 肉汤培养物 0.5mL。混匀，放 37℃温箱或水浴中，每半小时观察一次，24h 之内如呈现凝块即为阳性。同时以已知血浆凝固酶阳性和阴性菌株肉汤培养物及肉汤培养基各 0.5mL，分别加入灭菌小试管内并与 0.5mL 1∶4 血浆混匀，作为对照。

（6）检验结果报告　凡在上述选择平板上有可疑菌落生长，经染色镜检，证明为革兰阳性葡萄球菌，并能发酵甘露醇产酸，血浆凝固酶试验阳性者，可报告被检样品检出金黄色葡萄球菌；如果分离出的可疑菌落不发酵甘露醇，但血浆凝固酶阳性，也可断定为检出金黄色葡萄球菌；如果分离出的可疑菌落不发酵甘露醇，血浆凝固酶阴性，判断未检出金黄色葡萄球菌。

任务 13-1　化妆品中绿脓杆菌的检测

【任务验收标准】

1. 掌握化妆品中绿脓杆菌的检测程序和操作要点；
2. 能够进行绿脓杆菌的增菌培养、分离培养和相关的生化试验；
3. 能够对检测结果进行正确的判定并作出规范的报告。

【任务完成条件】

1. SCDLP 液体培养基、十六烷三甲基溴化铵培养基、乙酰胺培养基、绿脓菌素测定用培养基、明胶培养基、硝酸盐蛋白胨水培养基、营养琼脂；
2. 培养箱、显微镜、灭菌锅、接种针、接种环、锥形瓶、试管、灭菌刻度吸管、灭菌平皿等。

【工作任务】

对某一类化妆品进行绿脓杆菌的检测，并作出卫生评价。

【任务指导】

（一）增菌培养

取 1∶10 样品稀释液 10mL 加到 90mL SCDLP 液体培养基中，置 37℃培养 18～24h。如有绿脓杆菌生长，培养液表面多有一层薄菌膜，培养液常呈黄绿色或蓝绿色。

注：如无 SCDLP 液体培养基时，可用普通肉汤培养基。检验含防腐剂的化妆品时，在每 1000mL 普通肉汤中加 1g 卵磷脂、7g 吐温 80。

（二）分离培养

从培养液的薄菌膜处挑取培养物，划线接种在十六烷三甲基溴化铵琼脂平板上，置 37℃培养 18～24h。凡绿脓杆菌在此培养基上，其菌落扁平无定形，向周边扩散或略有蔓延，表面湿润，菌落呈灰白色，菌落周围培养基常扩散有水溶性色素，此培养基选择性强，大肠埃希菌不能生长，革兰阳性菌生长较差。

在缺乏十六烷三甲基溴化铵琼脂时，也可用乙酰胺培养基进行分离，将菌液划线接种于平皿中，放 37℃培养 24h，绿脓杆菌在此培养基上生长良好，菌落扁平，边缘不整，菌落周围培养基略带红色，其他菌不生长。

绿脓杆菌可利用十六烷三甲基溴化铵盐是该菌重要的特性之一，因此可利用该培养基分离绿脓杆菌。除绿脓杆菌和极少数假单胞菌及革兰阴性杆菌可以生长外，绝大部分革兰阴性杆菌、假单胞菌及革兰阳性菌的生长均完全被抑制。乙酰胺琼脂培养基主要成分为乙酰胺。乙酰胺酶为绿脓杆菌特有的酶类，绿脓杆菌能分解利用乙酰胺，故在此培养基上能生长，而其他菌不生长。

（三）染色镜检

挑取可疑的菌落，涂片，革兰染色，镜检为革兰阴性者应进行氧化酶试验。

（四）氧化酶试验

取一小块洁净的白色滤纸片放在灭菌平皿内，用无菌玻璃棒挑取绿脓杆菌可疑菌落涂在滤纸片上，然后在其上滴加一滴新配制的 1%二甲基对苯二胺试液，在 15～30s 之内，出现粉红色或紫红色时，为氧化酶试验阳性，若培养物不变色，氧化酶试验阴性。

试验中挑取菌落时应用玻璃棒或木棒，避免与铁、镍等金属接触，以免出现假阳性结果。试验菌落应新鲜，试验应在有氧条件下进行。试验所用二甲基对苯二胺试液不应放置过久，若颜色发生变化时，应弃之并重新配制。

（五）绿脓菌素试验

取可疑菌落 2～3 个，分别接种在绿脓菌素测定用培养基上，置 37℃培养 24h，加入氯仿 3～5mL，充分振荡使培养物中的绿脓菌素溶解于氯仿液内，待氯仿提取液呈蓝色时，用吸管将氯仿移到另一试管中并加入 1mol/L 的盐酸 1mL 左右，振荡后，静置片刻。如上层盐酸液内出现粉红色到紫红色时为阳性，表示被检物中有绿脓菌素存在。

绿脓菌素为绿脓杆菌的特有产物，检测出绿脓菌素有助于鉴别该菌。近年来不产生绿脓菌素的菌株日益增多，对于在选择性培养基上能生长但无色素产生的可疑菌落，应进一步做其他试验进行鉴别。

（六）硝酸盐还原产气试验

挑取被检的纯培养物，接种在硝酸盐蛋白胨水培养基中，置 37℃培养 24h，观察结果。凡在硝酸盐蛋白胨水培养基内的小倒管中有气体者，即为阳性，表明该菌能还原硝酸盐，并将亚硝酸盐分解产生氮气。

（七）明胶液化试验

取绿脓杆菌可疑菌落的纯培养物，穿刺接种在明胶培养基内，置 37℃培养 24h，取出放冰箱 10～30min，如仍呈溶解状时即为明胶液化试验阳性，如凝固不溶者为阴性。

（八）42℃生长试验

挑取纯培养物，接种在普通琼脂斜面培养基上，放在 41～42℃培养箱中，培养 24～48h，绿脓杆菌能生长，为阳性，而近似的荧光假单胞菌则不能生长。

（九）结果报告

（1）被检样品增菌分离培养后，经证实为革兰阴性杆菌，氧化酶及绿脓菌素试验皆为阳性者，即可报告被检样品中检出有绿脓杆菌。

（2）如果分离的疑似菌株为革兰阴性无芽孢杆菌，氧化酶试验阳性，不产生绿脓菌色素，而能液化明胶，硝酸盐还原产气和42℃生长试验皆为阳性的，也应报告检出绿脓杆菌。

（3）凡符合以下情况之一者，应报告未检出绿脓杆菌：从增菌液中未分离出任何菌落；分离的革兰阴性无芽孢杆菌，氧化酶试验阴性；证明不产绿脓菌色素，氧化酶阳性的革兰阴性无芽孢杆菌，不液化明胶，硝酸盐还原产气和42℃生长试验均为阴性的细菌。

【报告内容】

1. 简述绿脓杆菌检测的操作程序；
2. 简述如何判定结果是否存在绿脓杆菌；
3. 你认为操作过程中要注意哪些问题？

【思考题】

1. 化妆品中若检出粪大肠菌群、金黄色葡萄球菌、绿脓杆菌分别会造成什么危害？
2. 绿脓杆菌检验为什么要做绿脓菌素试验？
3. 金黄色葡萄球菌在Baird-Parker平板上的菌落特征如何？为什么？
4. 鉴定致病性金黄色葡萄球菌的重要指标是什么？

任务13-2　化妆品中嗜温性细菌的检测

【任务验收标准】

1. 掌握化妆品中嗜温性细菌的检测方法和操作程序；
2. 能够对样品进行初悬液的制备和稀释；
3. 能够用增菌肉汤制备初悬液；
4. 能够用倾注平板法、涂布平板法和膜过滤法进行化妆品中嗜温性细菌的检测；
5. 能够对检测结果进行正确的判断并计数。

【任务完成条件】

1. 计数用培养基［大豆酪蛋白消化物琼脂培养基（SCDA）或胰胨大豆琼脂斜面（TSA）］，增菌肉汤（Eugon LT 100 肉汤）培养基，中和剂，稀释剂，琼脂，1mol/L NaOH溶液，1mol/L HCl；

2. 高压蒸汽灭菌锅、电热恒温培养箱、天平或台秤、三角瓶、烧杯、试管、培养皿、移液管、量筒、玻璃棒、药匙、称量纸、牛皮纸、棉花、线绳、纱布等。

【工作任务】

1. 对某一化妆品进行初悬液的制备并适当稀释；
2. 对样品进行嗜温性细菌的检测并计数。

【任务指导】

一、初悬液的制备

取1g或1mL的产品加入到9mL稀释剂（或中和稀释剂或增菌肉汤）来制备样品初悬液。初悬液通常是1∶10的样品稀释液，如果存在重度污染和（或）1∶10的稀释液仍存在抑菌性，就需要更大量的稀释液或增菌肉汤。

对于水溶性产品，是将化妆品样品加入到适当体积的稀释剂、中和稀释剂或增菌肉汤中。对于非水溶性产品，是将化妆品样品加入到装有适量促溶剂（如吐温80）中，再加入到适量的稀释剂、中和稀释剂或增菌肉汤中。

二、增菌

用增菌肉汤制备初悬液时，选择下列步骤进行确认。

用灭菌移液管取0.1～0.5mL培养后的初悬液移至装有大约15～20mL的计数培养基的表面，然后将平板倒置于32.5℃±2.5℃下培养48～72h。

三、样品的检测及计数

1. 倾注平板法

在直径为90mm的培养皿中，加入1mL初悬液和样品稀释液，倒入15～20mL计数培养基（保存在不超过48℃的水浴中）。小心旋转平板以使初悬液和（或）样品稀释液与培养基充分混合。在室温下，将培养皿放置于水平面上使平皿中的混合物凝固。

2. 涂布平板法

在直径为90mm的培养皿中，加入15～20mL琼脂培养基（保存在不超过48℃的水浴中）。将培养皿放入恒温培养箱中使其冷却凝固。然后，将0.2mL的初悬液和（或）样品稀释液，涂布在计数培养基表面。

3. 膜过滤法

使用表面孔径小于0.45μm的滤膜，将适量的初悬液和（或）样品稀释液（以不少于1g或1mL为宜）加到滤膜上，立即过滤和洗膜。将滤膜转移至计数培养基表面。

4. 培养

将平板倒置放入32.5℃±2.5℃的培养箱中，培养72h±6h后，立即计数平板上的菌落数。

四、注意事项

1. 培养后计算菌落数：培养皿上应有30～300cfu，滤膜上应有15～150cfu。

2. 依照产品污染的预期程度，如果必要的话，可使用相同的稀释剂将初悬液进行连续稀释，制成系列梯度的稀释液（如10^{-1}、10^{-2}、10^{-3}稀释度）。

3. 一般同一计数方法至少需要做2个平皿。

4. 培养后如果不能立即计数，可将平板保存在冰箱内，但保存时间不得超过24h。

5. 增菌肉汤用于分散样品并增加初始微生物的数量。若待测样品具有抑菌性时，在增菌肉汤中可添加中和剂。

【报告内容】

1. 比较三种方法的测定结果有何差别？

2. 增菌液移至计数培养平板进行培养后，检查培养基表面，记录有无细菌生长，并进行菌落计数。

【思考题】

1. 检测化妆品中嗜温性细菌有何意义？
2. 若待测样品具有抑菌性可应用何种稀释剂？
3. 培养后如果不能立即计数应如何处理？

项目十四　药品的微生物学检验

【知识目标】

1. 了解药品微生物学检验的意义；

2. 掌握无菌检验和微生物限度检验的基本原理和方法。

【能力目标】

1. 能够进行药品的无菌检验；
2. 能够进行药品微生物限度检验，掌握药典中规定的限制菌的检验方法；
3. 能够正确判断药品是否符合药典规定的标准。

【背景知识】

广泛分布于自然界中的微生物，以其在自然界的物质转换作用中，绝大多数对人类是有益的，但从药品生产的卫生学而论，微生物对药品原料、生产环境和成品的污染，却是造成生产失败、成品不合格、直接或间接对人类造成危害的重要因素。

一、 药品无菌检查法

无菌检查法是针对无菌或灭菌药品、敷料及器械等的无菌可靠性而建立的检查法，即药品、敷料及器械等无菌的可靠性可通过无菌检查来确认，而无菌检测的可信度与抽样量、检查用的培养基质量、材料、操作环境、无菌技术等有关。

（一） 无菌检查的概念及范围

1. 无菌检查的概念

无菌检查是指检查无菌或灭菌制品、敷料、缝合线、无菌器具及适用于药典要求无菌检查的其他品种是否无菌的一种方法。也就是说，凡直接进入人体血液循环系统、肌肉、皮下组织或接触创伤、溃疡等部位而发生作用的制品或要求无菌的材料、灭菌器具等都要进行无菌检查。

2. 无菌检查的范围

需要进行无菌检查的药品、敷料、灭菌器具的范围主要有以下几类：各种注射剂、眼用及外伤用制剂、植入剂、可吸收的止血剂、外科用敷料、器材。按无菌检查法规定，上述各类制剂均不得检出需氧菌、厌氧菌及真菌等任何类型的活菌。从微生物类型的角度看，即不得检出细菌、放线菌、酵母菌及霉菌等活菌。

无菌检查的结果为无菌时，在一定意义上讲，它要受抽验样本数量的限制，同时也要受灭菌工艺的限制，对最终灭菌品达到10^{-6}的微生物存活概率，就认为灭菌的注射制品合格。所以并非绝对无菌，这个结果也是相对意义的。

（二） 培养基及培养基灵敏度试验

1. 无菌检查用培养基

（1）需氧菌、厌氧菌培养基（硫乙醇酸盐液体培养基） 现在采用的硫乙醇酸盐液体培养基基本上适用于需氧菌与厌氧菌的生长要求。

（2）真菌培养基 《中国药典》规定的真菌培养基，其处方为改良马丁培养基，与《中国药品生物制品规程》收载的真菌培养基是一致的。

（3）选择性培养基

① 对氨基苯甲酸培养基（用于磺胺类药物的无菌检查）；

② 聚山梨酸培养基（用于油剂药品的无菌检查）。

2. 培养基灵敏度试验

（1）菌种　《中国药典》与英、美药典规定的菌种：需氧菌有藤黄微球菌、金黄色葡萄球菌、枯草杆菌、绿脓杆菌；厌氧菌有生孢梭菌和普通拟杆菌；真菌有白色念珠菌和黑曲霉。加菌量皆在10～100个之间。

（2）细菌计数方法　采用细菌标准浓度比浊法和原菌培养液直接稀释法。

（3）培养基临用前的检查　需氧菌、厌氧菌培养基在临用前必须做检查，培养基上部约1/15～1/10处呈现淡红色时可以使用，若淡红色部分超过1/3高度时，应将培养基用水浴或其他方法加热，直到无色后，冷却至45℃以下时再立即接种待检品。但用沸水加热法去除培养基内游离氧时，每批培养基只限加热一次，否则影响培养基的质量。全管呈现淡红色时，不得再用。

（三）阳性对照菌及抑细菌、抑真菌试验

1. 阳性对照菌

阳性对照菌是为供试品做阳性对照试验使用的。阳性对照试验的目的是检查阳性菌在加入供试品的培养基中能否生长，以验证供试品有无抑菌活性物质和试验条件是否符合要求。阳性菌生长表明使用的技术条件恰当，反之，试验无效。因此，无论有无抗菌活性的供试品都应做阳性对照试验，以此作为评定检查方法的可行性的重要依据。

2. 抑细菌和抑真菌试验

在用直接接种法无菌检查前，必须对供试品的抑菌性有所了解。为此，可用如下方法测定供试品是否具有抑细菌和抑真菌作用。用需氧菌、厌氧菌培养基4管及真菌培养基2管，分别接种金黄色葡萄球菌、生孢梭菌、白色念珠菌均10～100个菌各2管，其中1管加供试品规定量，所有培养基管置规定的温度，培养3～5天。如培养基各管24h内微生物生长良好，则供试品无抑菌作用。如加供试品的培养基管与未加供试品的培养基管对照比较，微生物生长微弱、缓慢或不生长，均判为供试品有抑菌作用。该供试品需用稀释法（相同量的供试品接种入较大量培养基中）或中和法、薄膜过滤法处理，消除供试品的抑菌性后，方可接种至培养基。

（四）无菌检查方法

各国药典的无菌检查法均包括：直接接种法和薄膜过滤法。前者适用于非抗菌作用的供试品；后者适用于有抗菌作用的或大容量的供试品。

1. 直接接种法

（1）供试品的制备　以无菌的方法取内容物。如在真空下包装的管状内容物，用适当的无菌装置进入无菌空气。例如一种需附加含无菌过滤材料的注射器。

① 液体　供试品如为注射液、供角膜创伤及手术用的滴眼剂或灭菌溶液，按规定量取供试品，混合。

② 固体　注射用灭菌粉末或无菌冻干品或供直接分装成供注射用的无菌粉末原料，加无菌水或0.9%无菌氯化钠溶液，或加该药品项下的溶剂用量制成一定浓度的供试品溶液。按规定量取供试品，混合。a. 软膏：从11个容器中，每个取100mg加至一个含100mL适当稀释剂如含无菌的十四烷酸异丙酯容器中，使均化，按薄膜过滤法检查。b. 油剂：其培养基加0.1%（质量/体积，4-叔氧基辛苯）聚乙氧基乙醇或1%聚山梨酸80或别的适当乳化剂，在无任何抗菌性的浓度下检查。

③ 供试品如为青霉素类药品　按规定量取供试品，分别加入足够使青霉素灭活的无菌

青霉素酶溶液适量，摇匀，混合后，按上述操作项下进行。亦可按薄膜过滤法检查。

④ 供试品如为放射性药品　取供试品1瓶（支），接种于装量为7.5mL的培养基中，每管接种量为0.2mL。

（2）操作　取上述备妥的供试品，以无菌操作将供试品分别接种于需氧菌、厌氧菌培养基6管，其中1管接种金黄色葡萄球菌对照用菌液1mL作阳性对照，另接种于真菌培养基5管，轻轻摇动，使供试品与培养基混合，需氧菌、厌氧菌培养基管置30～35℃，真菌培养基管置20～25℃培养7日，在培养期间应观察并记录是否有菌生长，阳性对照管在24h内应有菌生长，如在加入供试品后，培养基出现混浊，培养7天后，不能从外观上判断有无微生物生长，可取该培养液适量转种至同种新鲜培养基中或斜面培养基上继续培养，细菌培养2日，真菌培养3日，观察是否再出现混浊或斜面有无菌生长，或用接种环取培养液涂片，染色，用显微镜观察是否有菌。

有轻微抑菌性的供试品，可加入扩大量的每种培养基中，使供试品稀释至不具抑菌活性浓度即可。含磺胺类的供试品，接种至PABA培养基中。

直接接种法阴性对照试验可针对固体供试品所用的稀释剂和相应溶剂，取相应接种量加入1管需氧菌、厌氧菌培养基，1管真菌培养基中，作阴性对照。培养时间与检查供试品相同。

青霉素产品，如用青霉素酶法，每批也应有阴性对照。分别取1mL无菌青霉素酶加至100mL需氧菌、厌氧菌培养基，100mL真菌培养基培养。培养温度和时间与检查供试品相同。

2. 薄膜过滤法

如供试品有抗菌作用，按规定量取样，按该药品项下规定的方法处理后，全部加至含0.9%无菌氯化钠溶液或其他适宜的溶剂至少100mL的适当容积的容器中，混合后，通过装有孔径不大于0.45μm、直径约50mm的薄膜过滤器，然后用0.9%无菌氯化钠溶液或其他适宜的溶液冲洗滤膜至阳性对照菌正常生长。阳性对照管应根据供试品的特性（抗细菌药物，以金黄色葡萄球菌为对照菌；抗厌氧菌药物，以生孢梭菌为对照菌；抗真菌药物，以白色念珠菌为对照菌），加入相应的对照菌菌液1mL。阳性对照管的细菌应在24～48h、真菌应在24～72h有菌生长。

无菌检查均应取相应溶剂和稀释剂同法操作，作阴性对照。阴性对照的目的是检查取样用的吸管、针头、注射器、稀释剂、溶剂、冲洗液、过滤器等是否无菌，同时也是对无菌检查区域及无菌操作技术等条件的测试。

二、 微生物限度检查法

（一）药品微生物限度标准

微生物限度规定的作用是为药品生产提供一个标准或指导，以确保药品使用的安全。各国药典标准分为强制性的（要求无菌）和非强制性的（允许有一定数量的菌）可达到的限度标准，这些指标正确、有效地规范了药品生产、核定和监督的程序。

（二）供试品的制备

1. 供试品的检查量

（1）抽样　供试品应按批号随机抽样，抽样量为检验用量（2个以上最小包装单位）的3倍量。

（2）检验量　每批供试品的检验量，固体制剂为10g；液体制剂为10mL；外用的软膏、栓剂、眼膏剂等为5g；膜剂为$10cm^2$；贵重的或极微量包装的药品，口服固体制剂不得少于3g，液体制剂不得少于3mL，外用药不得少于5g。

（3）取样数　供试品均需取自2个以上的包装单位；膜剂还应取自4片以上样品；中药蜜丸至少应取4丸以上，共10g。

2. 一般供试品的制备

（1）固体供试品　称取10g，置研钵中，以100mL稀释剂分次加入，研磨细匀，使成1∶10供试液。对吸水膨胀或黏度大的供试品，可制成1∶20之供试液。

（2）液体供试品　量取10mL，加入90mL稀释剂中，使成1∶10供试液。合剂（含王浆、蜂蜜者）滴眼剂可以原液为供试液。

（3）软膏剂、乳膏剂等非水溶性制剂　称取供试品5g，置乳钵或烧杯中，加8mL灭菌吐温80，充分研匀，加入西黄蓍胶或羧甲基纤维素2.5g，充分研匀，加92mL 45℃的稀释剂，边加边研磨，使成均匀的乳剂，即成1∶20供试液。或称取供试品5g，加灭菌液体石蜡20mL，研匀，加吐温80 20mL，研匀，将60mL稀释剂少量多次加入，边加边研磨，使充分乳化，即得1∶20供试液。

（4）难溶的胶囊剂、胶丸剂、胶剂等　可将供试品加稀释剂在45℃水浴中保温、振摇、助溶，使成1∶10供试液。

（三）细菌总数的测定

1. 测定方法

采用平板菌落计数法，一般采用3个稀释级，分别作10倍递增稀释，每个稀释级用2～3个平皿，每皿中加1mL稀释液。加15mL已熔化并冷至45℃的0.001% TTC肉汤琼脂培养基，随即摇匀，待冷凝，倒置于（36±1）℃培养48h，点数平板上的菌落，求出各稀释级的平均菌落数，再乘以稀释倍数，即得每克或每毫升供试品所含菌落总数。

由于细菌体内含有多种脱氢酶，遇TTC指示剂菌落呈红色，在测定细菌总数时培养基中加入适量的TTC，既可限制细菌蔓延生长又容易点数菌落。

2. 菌落计数

接种的平板在适合温度下培养到规定的时间后，应作菌落计数，计数时应注意以下问题。

（1）应选择平板菌落数在30～300个之间的范围内。

（2）生长之菌落用肉眼直接标记计数。若平板上有片状或花斑状菌落，该平板无效。若平板上有2个或2个以上的菌落挤在一起，但可分辨开，仍按2个或2个以上菌落计。并用5～10倍放大镜检查，防止遗漏。记录每一平板之菌落数。

3. 菌数报告方法

正常情况的菌数报告参见任务8-2。

（四）霉菌和酵母菌数测定

是考察供试品中每克或每毫升内所污染的霉菌和酵母菌的活菌数量。

1. 测定方法

供试液按细菌总数测定项下的方法进行制备，合剂（含蜂蜜或王浆者）和滴眼剂可用原液作第一级供试液。每稀释级做2～3个平皿，每一平皿加15mL熔化并冷至45℃之孟加拉红琼脂培养基，随即摇匀，待凝后，倒置于25～28℃培养72h。

一般制剂用孟加拉红琼脂作霉菌测定（液体制剂包括酵母菌数）。但含蜂蜜或王浆的合剂用酵母膏胨葡萄糖琼脂培养基作酵母菌的测定，而霉菌数测定仍用孟加拉红琼脂培养基。

在霉菌培养基中加入孟加拉红或四氯四碘荧光素，常作为细胞质染色剂，是一种弱酸性荧光染料，对霉菌的生长有较好的选择性，对细菌生长有抑制作用。

2. 菌落计数方法

（1）霉菌和酵母菌种属繁多，采用一种培养基和培养条件，不可能适合所有霉菌和酵母菌生长繁殖。故本法的测定结果只能是在本法规定的条件下平板生长的霉菌和酵母菌菌落数。

（2）霉菌计数一般以 72h 报告之。但有些霉菌的生长速度较快，应在 24h、48h、72h 分别计数。如根霉、毛霉，其菌落特征为菌毛呈毛丝状，蔓延生长而影响其他菌落的计数，遇此情况应及时取出计数。

（3）霉菌生长过程中，很快形成孢子，成熟的孢子散落在培养基上，又可萌发形成新的菌落，因此在观察过程中，不要反复翻转平板，以免影响结果的准确性。

（4）以肉眼直接标记计数，必要时用放大镜检查，以防遗漏。

3. 菌数报告方法

（1）选择菌落数在 30～100 之间的稀释级平板计数，以该稀释级的平均菌落数乘以稀释倍数报告之。

（2）各级平均菌落数不足 30 时，以最低稀释级平均菌落数乘以稀释倍数报告之。

（3）报告的规则同细菌菌落报告方法。

（五）大肠杆菌的检验

详见项目十二中大肠菌群的检验。

（六）金黄色葡萄球菌的检验

详见项目十二中金黄色葡萄球菌的检验。

（七）绿脓杆菌的检验

详见任务 13-1。

绿脓杆菌属于假单胞菌属，菌体分布极广（空气、水、正常人的皮肤、肠道、上呼吸道等）。对人类有致病力，特别是在大面积烧伤、烫伤、眼疾等中，常因感染绿脓杆菌后病情加重，造成有伤处化脓，并引起败血症等，眼角膜溃疡，甚至失明。因此一般眼科制剂和外伤用药规定不得检出绿脓杆菌。

1. 绿脓杆菌的特征

绿脓杆菌为细长的革兰阴性小杆菌，菌体长短不一，无荚膜，无芽孢，菌体一端有细长单一鞭毛，运动极为活泼，有专性需氧菌，菌落扁平，表面湿润，呈灰白色。该菌的最大特点是产生水溶性蓝绿色色素。在一般培养基上生长良好，最适宜温度为 37℃，42℃仍然生长，5℃则停止生长，此点可作为与其他假单胞菌相区别。

2. 生化试验

检验绿脓杆菌的生化试验有：氧化酶试验、明胶液化试验、硝酸盐还原产气试验、绿脓菌素试验、41℃生长试验。

任务 14-1　0.9%氯化钠注射剂的无菌检验

【任务验收标准】

1. 无菌检查的程序和操作要点；

2. 能够进行注射剂的无菌检验；

3. 能够正确判断无菌检验的结果。

【任务完成条件】

1. 0.9%氯化钠注射液（0.9%NS），需氧菌、厌氧菌培养基（硫乙醇酸盐液体培养基），真菌培养基（改良马丁培养基）；

2. 金黄色葡萄球菌［*Staphylococcus Aureus*，CMCC（B）26003］、生孢梭菌［*Clostridium sporogenes*，CMCC（B）64941］、白色念珠菌［*Candida albicans*，CMCC（F）98001］；

3. 无菌生理盐水、无菌吸管、针头、注射器等，消毒小砂轮、酒精棉球、无菌镊子、酒精灯。

【工作任务】

1. 配制无菌检验培养基

以小组为单位配制需氧菌、厌氧菌、霉菌培养基（培养基配方见附录二），灭菌后，待用。

2. 0.9%氯化钠注射液的无菌检验

每位同学检测一只0.9%氯化钠注射液，判断结果。

【任务指导】

无菌检查的基本原则是采用严格的无菌操作方法，将被检查的药物取一定量，接种于适合各种不同微生物生长的培养基中，于合适的温度下，培养一定时间后，观察有无微生物生长，以判断被检药品是否合格。

注射液无菌检查的取样方法及程序必须按照《中华人民共和国药典》（以下简称《中国药典》）的规定进行。

一、试验方法

（1）抽取待检注射剂2支，用酒精棉球将安瓿外部消毒，再用消毒小砂轮轻挫安瓿颈部，用无菌镊子打断安瓿颈部。

（2）用无菌注射器吸取药液，分别加入需氧菌、厌氧菌及霉菌的培养基中，各接种两管。使药液与培养基混匀，待检注射剂取量与培养基的分装量应根据待检注射剂装量，按《中国药典》要求取用（见表14-1）。

表14-1　注射剂无菌检验的每管接种量与培养基分装量

供试品装量	每管接种量/mL	培养基分装量/mL
2mL或2mL以下	0.5	15
2～20mL	1.0	15
200mL以上	5.0	40

（3）用3支无菌吸管分别取上述3种阳性对照菌液各1mL，分别接种于需氧菌、厌氧菌、霉菌培养基中，作为阳性对照。

（4）将上述待检管和对照管按规定要求分别进行培养（表14-2）。

表14-2　无菌检验用培养基的种类、数量、培养温度及培养时间

培养基种类	培养温度/℃	培养时间/d	培养基数量/支	
			测试管	对照管
需氧培养基	30～37	5	2	2
厌氧培养基	30～37	5	2	2
霉菌培养基	20～28	7	2	2

二、结果判断

取出上述各管，先观察对照管，再观察待检管。

(1) 阳性对照管　各管培养基均显混浊，经涂片、染色、镜检后，检出相应阳性对照菌。

(2) 待检管　分别观察需氧菌、厌氧菌、霉菌试验管，如澄清或虽显混浊，但经涂片、染色、镜检后，证实无菌生长时，判为待检注射剂合格；如待检管混浊，经涂片、染色、镜检确认有菌生长，应进行复试。复试时，待检药物及培养基量均需加倍。若复试后仍有相同菌生长，可确认被检注射剂无菌检验不合格。若复试后有不同细菌生长，应再做一次试验，若仍有菌生长，即可判定被检注射剂无菌检验不合格。

【报告内容】

1. 简述无菌检验操作过程的要点；
2. 描述对照管和待检管中微生物的生长情况；
3. 根据试验结果判断注射剂是否无菌。

【思考题】

1. 试验中为什么要做阳性对照？
2. 试验中无菌操作要注意哪些事项？
3. 药品的无菌检验有什么意义？

任务 14-2　咳嗽糖浆中细菌总数、霉菌及酵母菌总数的测定

【任务验收标准】

1. 掌握药品细菌总数、霉菌及酵母菌总数的测定流程；
2. 能进行药品细菌总数的测定；
3. 能进行药品霉菌及酵母菌总数的测定。

【任务完成条件】

1. 待检咳嗽糖浆，需氧、厌氧培养基（硫乙醇酸盐液体培养基），玫瑰红钠琼脂培养基，无菌生理盐水；

2. 无菌吸管、无菌锥形瓶（250mL，或内装有玻璃珠若干）、无菌试管、无菌平皿、酒精棉球、酒精灯等。

【工作任务】

1. 检测用培养基的配制

以小组为单位配制需氧、厌氧培养基，玫瑰红钠琼脂培养基，灭菌后待用。

2. 咳嗽糖浆中细菌总数的测定

每位同学进行咳嗽糖浆中细菌总数的测定操作，根据培养结果计数，判断待检药品中细菌总数是否符合要求。

3. 咳嗽糖浆中霉菌及酵母菌总数的测定

每位同学进行咳嗽糖浆中霉菌及酵母菌总数的测定操作，根据培养结果计数，判断待检药品中细菌总数是否符合要求。

【任务指导】

霉菌和酵母菌总数的测定是考察供试药物中每毫升所含活霉菌和酵母菌的总数，以判断待检品被真菌污染的程度，从而检测口服液的药品质量。

一、细菌总数的测定

1. 试验方法

(1) 无菌操作　用吸管取待检口服液 10mL，加入到 90mL 无菌生理盐水中，混匀，制

成1∶10的均匀待检液。

（2）在试管中，用无菌生理盐水将待检液做连续的10倍递增稀释，制成1∶100、1∶1000的稀释液。

（3）用平皿菌落计数法，取1∶10、1∶100、1∶1000三个不同稀释倍数的待检液各1mL，分别注入无菌试管中，再分别注入约45℃的培养基约15mL，混匀，倾入到无菌平皿中。

（4）置36℃±1℃恒温箱中培养48h，每稀释级做2～3个平皿。分别于24h及48h计数，以48h菌落数为准。

2. 结果判断

计数平板上的菌落数，应选择菌落数在30～300之间的平板计算，求出各稀释级的平均菌落数，再乘以稀释倍数，可得每毫升供试品中所含菌落数。

细菌菌落形态特征：常为白色、灰白色或灰色，亦有淡褐色、淡黄色（如培养基中加入0.1%TTC试剂，菌落为红色）。菌落边缘整齐或不整齐，有放射状、树枝状、锯齿状、卷发状。菌落表面有光滑、粗糙、皱折、突起或扁平。菌落大小差别很大，同一平板上可出现针尖大小至大于10mm菌落。外观多样，小而突起或大而扁平，或云雾状，不规则。

3. 注意事项

（1）严格无菌操作。

（2）若平皿上有片状或花斑状菌落，该平皿无效，若有两个或两个以上菌落挤在一起，但可分辨开，按两个或两个以上计数。

（3）若应用原药液为供试液，当1∶10稀释级溶液与原药液的平均菌落数相等或大于时，应以培养基稀释法进行测定。

取供试液（原液或1∶10供试液3份，每份各1mL）分别注入5个培养皿内（每皿装0.2mL）。每个培养皿倾注营养琼脂培养基约15mL，混匀，凝固后，倒置培养，计数。1mL注入的5个平皿点计的菌落数之和即为1mL供试液的菌落数，共得3组数据。以3组数据的平均值乘以稀释倍数报告菌落数。

计数菌落数时，可用5～10倍放大镜检查以防漏数。

供试液进行稀释时，每稀释一次应更换一只吸管。

二、霉菌和酵母菌总数的测定

1. 试验方法

（1）按细菌总数测定方法中供试液的制备方法及稀释方法，制备1∶10、1∶100、1∶1000三个稀释倍数的供试液。

（2）取各稀释级的供试液1mL分别注入培养皿，每个供试液接种2～3个培养皿。

（3）随即将熔化并冷却至45～50℃玫瑰红钠琼脂培养基倾入培养皿，转动培养皿，使药品的稀释液与培养基充分混合均匀。

（4）待凝固后，将培养皿倒置于25～28℃的恒温箱中，培养72h。

2. 结果判断

固体制剂在玫瑰红钠琼脂平板上点计霉菌菌落数，液体制剂在玫瑰红钠琼脂平板上同时点计霉菌菌落数及酵母菌菌落数，选择菌落数在5～50个之间的培养皿计数，再乘以稀释倍数，可得每毫升待检样品中所含霉菌及酵母菌总数。

3. 注意事项

（1）注意无菌操作。

（2）霉菌、酵母菌培养时间为72h，分别在48h及72h点计菌落数，一般以72h菌落数为准。

(3) 菌落如蔓延生长成片，不宜计数，其他参考细菌总数检查法。

【报告内容】

1. 简述细菌总数测定的操作过程；
2. 简述霉菌及酵母菌总数测定的操作要点；
3. 进行细菌、霉菌及酵母菌的计数，换算待检药品中的微生物总数；
4. 根据药典要求判断该咳嗽糖浆是否符合微生物限度标准？

【思考题】

1. 细菌有何菌落特征？与霉菌及酵母菌有何区别？
2. 霉菌及酵母菌检测中所用的培养基为什么要加玫瑰红钠？
3. 咳嗽糖浆中各种微生物的限度标准是多少？

项目十五　环境的微生物学检测

【知识目标】

1. 了解微生物对环境的影响；
2. 掌握环境中微生物的检测方法和判断标准。

【能力目标】

1. 能够选用合适的方法检测空气中微生物的数量，并判断空气质量；
2. 能够检测水中的细菌总数和大肠菌群数，并判断水质优劣；
3. 能够通过活性污泥中的微生物判断污水处理运行的质量。

【背景知识】

微生物和其生存的环境存在着密切的关系，它们之间相互适应、相互影响，一定的环境中存在一定类群的微生物，微生物也能改变环境质量，因此，环境质量的高低也可以利用微生物来进行监测，它可以根据环境中存在的种类和数量来反映环境质量。

一、 空气洁净度的微生物检测

空气中有较强的紫外辐射，具有较干燥、温度变化大、缺乏营养等特点。所以，空气不是微生物生长繁殖的场所。虽然空气中微生物数量多，但只是暂时停留。微生物在空气中停留时间的长短由风力、气流和雨、雪等气象条件决定，但它最终要沉降到土壤、水中、建筑物和植物上。

(一) 空气微生物的种类、数量和分布

空气中微生物来源很多，尘土飞扬可将土壤微生物带至空中，小水滴飞溅将水中微生物带至空中，人和动物身体的干燥脱落物，呼吸道、口腔内含微生物的分泌物通过咳嗽、打喷嚏等方式飞溅到空气中。室外空气中微生物数量与环境卫生状况、环境绿化程度等有关。室内空气微生物数量与人员密度和活动情况、空气流通程度关系很大，也与室内卫生状况有关。

空气微生物没有固定类群，在空气中存活时间较长的主要有芽孢杆菌、霉菌和放线菌的孢子、野生酵母菌、原生动物及微型后生动物的胞囊。

（二）空气微生物的卫生标准

空气是人类与动植物赖以生存的极重要因素，也是传播疾病的媒介。为了防止疾病传播，提高人类的健康水平，要控制空气中微生物的数量。目前，空气还没有统一的卫生标准，一般以室内 $1m^3$ 空气中细菌总数为 500～1000 个以上作为空气污染的指标。

（三）空气微生物检测

我国检测空气微生物所用的培养皿直径为 90mm，有的用 100mm 的。

评价空气的洁净程度需要测定空气中的微生物数量和空气污染微生物。测定的细菌指标有细菌总数和绿色链球菌，在必要时则测病源微生物。

1. 空气微生物的测定方法

（1）固体法

① 平皿落菌法　将营养琼脂培养基熔化倒入 90mm 无菌平皿中制成平板。将它放在待测点（通常设 5 个测点），打开皿盖暴露于空气 5～10min，以待空气微生物降落在平板表面上，盖好皿盖，置于培养箱中培养 48h 后取出计菌落数，即为落菌数。

② 撞击法　以缝隙采样器为例，用吸风机或真空泵将含菌空气以一定流速穿过狭缝而被抽吸到营养琼脂培养基平板上。狭缝长度为平皿的半径，平板与缝的间隙有 2mm，平板以一定的转速旋转。通常平板转动一周，取出置于 37℃恒温培养箱中培养 48h，根据空气中微生物的密度可调节平板转动的速度。

（2）过滤法　过滤法用于测定空气中的浮游微生物，主要是浮游细菌。该法将一定体积的含菌空气通入无菌蒸馏水或无菌液体培养基中，依靠气流的洗涤和冲击使微生物均匀分布在介质中，然后取一定量的菌液涂布于营养琼脂平板上，或取一定量的菌液于无菌培养皿中，倒入 10mL 熔化（45℃）的营养琼脂培养基，混匀，待冷凝制成平板，置于 37℃恒温箱中培养 48h，取出计菌落数。再以菌液体积和通入空气量计算出单位体积空气中的细菌数。

2. 空气微生物的检测点数

空气微生物的检测点数越多越准确，为照顾工作的方便，又相对准确，以 20～30 个检测点数为宜，最少检测点数为 5～6 个。

3. 空气微生物的培养温度和时间

长期以来，培养空气细菌的温度和时间是 37℃、48h，根据试验认为培养一般细菌和细菌总数以 31～32℃、24h 或 48h；培养真菌以 25℃、96h 为好。

4. 浮游菌最小采样量和最小沉降面积

在测浮游菌时，为了避免出现“0”粒的概率，确保测定结果的可靠性，要考虑最小采样量。同样，在测定落菌时，要考虑最小沉降面积（见表 15-1 和表 15-2）。

表 15-1　浮游菌最小采样量

浮游菌上限浓度/[个/(cm^2·min)]	计算最小采样量/m^3	浮游菌上限浓度/[个/(cm^2·min)]	计算最小采样量/m^3
10	0.3	0.5	6
5	0.6	0.1	30
1	3	0.05	60

表 15-2 落菌法测细菌所需要的最少培养皿数（沉降 0.5h）

含尘浓度最大值/(pc/L)	需要 90mm 培养皿数/个	含尘浓度最大值/(pc/L)	需要 90mm 培养皿数/个
0.35	40	350	2
3.5	13	3500～35000	1
35	4		

二、 水质的微生物学检验

水体受人类生活污水或工业废水污染时，水中微生物大量增加。因此，由水体中细菌总数可以了解水体被污染的程度，但是不能说明是否有病原菌存在。由于致病菌在水体中存在的数量比较少，检测技术比较复杂，因此常常不是直接检测水中的致病菌，而是选用间接指标作为代表。测定水质的细菌学指标很多，但是最常用的是水中细菌总数、总大肠菌群和粪大肠菌群。

（一） 细菌总数

细菌总数是指将 1mL 水样（原水样或经稀释的水样）放在营养琼脂培养基上，于 37℃培养 24h 后，所生长的细菌菌落总数。细菌总数指标具有相对的卫生学意义。菌数越高，表示水体受有机物或粪便污染越重，被病原菌污染的可能性亦越大。水体中测得的细菌总数较高或增大，说明该水体受有机物或粪便污染，但不能说明污染物的来源，也不能判断病原微生物是否存在。

（二） 腐生细菌数

自然水体中腐生细菌的数量与有机物浓度成正比。因此，测得腐生细菌数或腐生细菌数与细菌总数的比值，即可推断水体的有机污染状况。研究证明，这种推断与实测结果十分吻合。

（三） 粪便污染的指标菌

直接检测致病菌的操作十分烦琐。此外，由于水体中的致病菌较少，直接检测也很困难，即使检测结果阴性，也不能保证水中不含致病菌。因此，在水质卫生学检查中，通常采用易检出的肠道细菌作为指标菌，取代对致病菌的直接检测。

1. 较适宜的指示菌

在卫生细菌学检验中，大肠菌群、粪链球菌、产气荚膜梭菌常作为粪污指示菌。其中大肠菌群在粪便中数量较多，随粪便排出体外，存活时间与肠道病原菌大致相同，检验方法简单易行，因此，是较为适宜的粪污指示菌。

2. 大肠菌群

（1）大肠菌群的特征　大肠菌群是指一群需氧性及兼性厌氧的革兰阴性无芽孢杆菌。在 37℃培养 24h，能使乳糖发酵产酸、产气。大肠菌群以埃希菌属为主，另有柠檬酸杆菌属、肠杆菌属、克雷伯菌属等。

在某些情况下，需对大肠菌群作进一步的分类鉴定。常用鉴定试验有：吲哚试验、甲基红试验、V-P 试验及柠檬酸钠利用试验。

若检出大肠埃希菌，则说明水体新近受到粪便污染。

（2）大肠菌群的检测　常用的大肠菌群的检测方法有发酵法与滤膜法。

① 发酵法　亦称多管发酵法或三管发酵法。以不同稀释度的样品分别接种乳糖胆盐发

酵培养基（或其他乳糖发酵培养基）数管。培养 24h 后，观察培养结果。若观察到乳糖发酵产酸、产气现象，称为阳性反应。记下阳性反应的试管数，查专用统计表求出大肠杆菌的最可能数（MPN）。

② 滤膜法　用孔径为 0.45～0.65μm 的微孔滤膜，抽取一定数量的水样，使水样中的细菌截留在滤膜上。然后，将滤膜贴在选择性培养基上，培养后直接计数滤膜上的大肠菌落，算出每 100mL 水样中含有的总大肠菌群数。

(3) 大肠菌群指标　在水质卫生学检验中，常用“大肠菌群指数”和“大肠菌群值”作指标。大肠菌群指数是指每 100mL 水中所含的大肠菌群细菌的个数。大肠菌群值是指检出一个大肠菌群细菌的最少水样量［体积（mL）］。两者间的关系表示为：

大肠菌群值＝100/大肠菌群指数

三、 活性污泥中微生物生物量的测定

活性污泥法是利用某些微生物生长繁殖过程中形成表面积较大的菌胶团来大量絮凝和吸附废水中的污染物，并在氧的作用下，将这些物质同化为菌体本身的组成，或将这些物质氧化为二氧化碳、水等物质，从而达到降低水体中有机污染物浓度的目的。这种具有活性的微生物菌胶团或絮状的微生物群体称为活性污泥。利用活性污泥处理废水的方法称为活性污泥法。

（一）活性污泥的生物组成

1. 细菌

活性污泥中含有大量的细菌，它们在去除水体中有机物的过程中发挥至关重要的作用。活性污泥的细菌中，好氧呼吸的化能异养细菌占的比例最大，是降解水体中各种有机物的生力军。

丝状细菌在正常的活性污泥中只占很少一部分，不会引起污泥膨胀和漂浮，主要为诺卡菌（*Nocardia*）等。丝状细菌在活性污泥中起到骨架的作用，同时也能降解一部分有机污染物。

2. 病毒

活性污泥中含有大量的病毒，包括人类病毒和噬菌体等，人类病毒可能对人类健康构成潜在的危害。很多噬菌体能在各种细菌中寄生，对控制细菌的数量发挥比较重要的作用。大肠杆菌噬菌体可作为指示生物来反映其他肠道病毒是否存在和它们在活性污泥处理系统中的归宿。

3. 原生动物

原生动物在活性污泥中的数量也是很多的，它们以悬浮的有机颗粒包括细菌为食，原生动物的研究比较彻底，大部分的种类已经被确定，它们包括纤毛类、鞭毛类、根足类和吸管虫类，如钟虫（*Vorticella*）、聚缩虫（*Zoothamnium*）、盖纤虫（*Opercularia*）等。原生动物的作用是通过摄食降低游离细菌的数量，提高出水的澄清度。同时，原生动物可以作为指示生物来反映出水质的优劣。

4. 真菌

活性污泥中有真菌，但是，在一般情况下由于真菌生长的速度比细菌慢，真菌不是微生态群落中重要的组成部分。在酸性条件下，真菌会大量繁殖，很有可能出现污泥膨胀。在活性污泥中出现的真菌有地霉属（*Geotrichum*）、青霉属（*Penicillium*）和头孢霉属（*Cephalosporium*）等。

5. **藻类**

在水-气的交界处有藻类生长，但是在活性污泥中其数量很少，一般不加考虑。

6. **后生动物**

在活性污泥中还有各种后生动物，如线虫、轮虫、寡毛类环节动物和熊虫等。它们在摄食细菌细胞方面可能起到一定的作用。轮虫在活性污泥中最常见，它一方面摄食悬浮的细菌，另一方面产生的黏液能促进菌胶团的形成。

（二）活性污泥中的生物相

生物相镜检可随时了解原生动物种类变化和相对数量消长情况。根据原生动物消长的规律性初步判断废水净化程度，或根据原生动物的个体形态、生长状况的变化预报进水水质和运行条件是否正常。一旦发现原生动物形态、生长状况异常，就可及时分析是哪方面的问题，及时予以解决。

（三）活性污泥法管理中使用的指标生物

一般认为用显微镜能够判别的生物（主要是比原生动物大的生物）已成为掌握活性污泥、处理设备的环境条件等是否良好的指标。

（1）活性污泥良好时出现的生物　活性污泥性生物有钟虫属、累枝虫属、盖虫属、聚缩虫属、独缩虫属、内管虫属、各种轮虫类以及吸管虫类的固着生生物或匍匐型生物。一般来说，如果在1mL混合液中，这类生物有1000个以上，而且占全部生物的80%以上时，就可以判定为净化效率很高的活性污泥。这种情况下，絮凝体多为500～1000μm左右。

（2）活性污泥状态不好时出现的生物　一般在活性污泥的状态不好的时候就会出现鞭毛虫类。非活性污泥型生物有波豆虫属、豆形虫属、草履虫属等快速游泳的种类。当这些生物出现时，絮凝体一般都很小（100μm左右）；当活性污泥状态很不好时，只有波豆虫属和屋滴虫属出现，而活性污泥状态极端恶化时，原生动物和后生动物都不出现。

（3）在活性污泥恢复时出现的生物　中间污泥性生物有漫游虫属、斜叶虫属、斜管虫属、尖毛虫属等缓慢游动或匍匐前进的生物。这类生物在一个月左右连续成为占优势的种属时也能够观察到。

（4）活性污泥分散、解体时出现的生物　这时出现的生物有蛞蝓简便虫、辐射变形虫等肉足类生物。如果有数万个以上这类生物出现时，絮凝体就会变小，并且出水变得混浊。

（5）污泥膨胀时出现的生物　浮游球衣菌、发硫菌属、各种霉菌的丝状微生物是造成污泥膨胀的诱因生物。污泥容积指数在200以上时，可看到丝状微生物呈碎棉线状存在。当出现丝状微生物增长的预兆后，一般经过4～7d时，就会看到污泥容积指数急剧上升。

（6）溶解氧不足时出现的生物　在溶解氧不足时就会出现白色贝日阿托氏菌、扭头虫属、新态虫属等适应在溶解氧低的条件下生活的生物。当这种生物出现时，活性污泥有时呈黑色并放出腐臭味。

（7）曝气过量时出现的生物　如果长时间地连续进行过量曝气，就会使各种变形虫和轮虫成为占优势的种属。

（8）废水浓度极低时出现的生物　此时会出现大量的游仆虫属、狭甲轮虫属、鞍甲轮虫属、异尾轮虫属等生物。

（9）冲击负荷和毒物流入时出现的生物　原生动物对外界环境变化影响的敏感性高于细菌，所以根据对原生动物的观察就可以判断活性污泥所受到的影响。盾纤虫是在活性污泥型生物中敏感性最高的生物，所以盾纤虫的急剧减少可作为出现冲击负荷或有很少量的毒性物质流入的征兆。当很多生物都濒临死亡的时候，就可认为活性污泥已被破坏，必须待其恢复。

任务 15-1　生活饮用水中细菌总数和总大肠菌群的检测

【任务验收标准】

1. 掌握生活饮用水菌落总数和总大肠菌群的检测方法；
2. 能够正确计算水样中细菌总数和总大肠菌群数；
3. 能够根据细菌总数和总大肠菌群数判断水质的质量。

【任务完成条件】

1. 牛肉膏蛋白胨琼脂培养基、乳糖蛋白胨培养基、三倍浓缩乳糖蛋白胨培养基、伊红美蓝琼脂培养基、硫代硫酸钠溶液、香柏油、二甲苯、革兰染色液；
2. 电炉、恒温水浴锅、恒温培养箱、放大镜、显微镜、无菌采样瓶、9mL 无菌水试管、无菌培养皿（*d*9cm）、无菌移液管、锥形瓶、载玻片、盖玻片。

【工作任务】

1. 生活饮用水细菌总数的测定

以小组为单位进行自来水细菌总数的测定。

2. 生活饮用水总大肠菌群的测定

以小组为单位进行自来水大肠菌群的测定。

【任务指导】

一、饮用水中细菌总数的测定

细菌总数是指将 1mL 水样放在牛肉膏蛋白胨琼脂培养基中，于 37℃ 培养 24h 后，所长出的细菌菌落总数。细菌总数越多，表示水体受到有机物或粪便污染越严重，携带病原菌的可能性也越大。我国生活饮用水卫生标准（GB 5749—2006）规定 1mL 水中的细菌总数不得超过 100 个。

1. 水样采取

为了反映真实水质，采样需无菌操作，检测前应防止杂菌污染。

饮用水（自来水）水样的采取：先用火焰灼烧自来水龙头 3min（灭菌），然后打开水龙头排水 5min（排除管道内积存的死水），再用无菌采样瓶接取水样。如果水样中含有余氯，则需在对采样瓶进行灭菌前，在瓶中添加一定量的硫代硫酸钠（$Na_2S_2O_3 \cdot 5H_2O$）溶液（每采 500mL 水样，添加 1mL 3%硫代硫酸钠溶液），以消除余氯的杀菌作用。

2. 细菌总数测定

（1）水样稀释　根据水样受有机物或粪便污染的程度，可用无菌移液管作 10 倍系列稀释，获得 1∶10、1∶100、1∶1000 等系列稀释液。

（2）混菌液接种法　按照无菌操作的要求，用无菌移液管吸取原水样 1mL 或选取适宜的稀释液 1mL，注入无菌培养皿中，倾注 15mL 熔化并冷却到 45℃ 左右的牛肉膏蛋白胨琼脂培养基，立即旋转培养皿使水样与培养基混匀，每个稀释度设置 2 个培养皿，另设 2 个培养皿作为对照。

（3）培养　待琼脂培养基凝固后，翻转培养皿，底面向上，置于 37℃ 恒温培养箱内培养 24h。

（4）计算每个稀释度的平均菌落数　由于每个稀释度设置 2 个培养皿，一般取这两个培养皿的菌落平均数作为代表值；若其中一个培养皿长有较大的片状菌落（菌落连在一起，成片难以区分），则剔除该培养皿的菌落数，以另一个培养皿的菌落数作为代表值；若片状菌落覆盖的面积不到培养皿的一半，并且其余一半的菌落分布均匀，则可计数半个培养皿的菌落数，乘以 2 后，再作为整个培养皿的代表值。

（5）计算方法　具体计算方法参阅任务 12-1 中菌落计算方法。

二、饮用水中总大肠菌群的检测

根据我国生活饮用水标准检验法（GB 5750—2006），总大肠菌群数可用多管发酵法、滤膜法或酶底物法检验，本任务采用多管发酵法（MPN 法）。

1. 水样的采取和保藏

采取水样的方法同上述细菌总数检测。如需检测好氧微生物，采样后应立即换成无菌棉塞。

水样必须及时检测，若因故不能及时检测，必须放在 4℃冰箱内保存。如果没有低温保藏条件，则应在报告中注明。对于较清洁的水样，采样与检测的时间间隔不得超过 12h；对于污水水样，采样与检测的时间间隔不得超过 6h。

2. 生活饮用水的检测

为准确检测出水中的大肠菌群，多管发酵法包括：初发酵试验、平板分离和复发酵试验三部分（详见任务 12-1 中大肠菌群检测）。

3. 大肠菌群数估算

根据初发酵试验的阳性管（瓶）数查表 12-8 MPN 检索表，可得出水样中总大肠菌群数。

【报告内容】

1. 根据试验结果报告所检测水样的细菌总数。

2. 根据试验结果报告 100mL 和 10mL 大肠菌群发酵阳性管数，并报告每升自来水中总大肠菌群数。

3. 谈谈操作中要注意的问题。

【思考题】

1. 从自来水水样细菌总数和总大肠菌群数检测结果判断是否符合饮用水的卫生标准？
2. 多管发酵法能否用于肠道致病菌的检查？为什么？
3. 试与其他同学的试验结果进行比较，从中判断你的试验结果误差如何？原因是什么？

任务 15-2　发酵车间空气中微生物的测定

【任务验收标准】

1. 掌握用沉降法检测空气中微生物的方法；
2. 掌握空气中微生物的过滤检测方法；
3. 能够计算每立方米空气中微生物的数量；
4. 能够根据试验结果分析空气质量。

【任务完成条件】

1. 牛肉膏蛋白胨培养基、马铃薯-蔗糖培养基、高氏一号培养基；

2. 高压蒸汽灭菌锅、干热灭菌箱、恒温培养箱、冰箱、培养皿、吸管、盛有 50mL 无菌水的三角瓶、5L 蒸馏水瓶、标签纸等。

【工作任务】

1. 试验用培养基的配制

以一大组为单位，配制试验用牛肉膏蛋白胨琼脂培养基、马铃薯-蔗糖培养基和高氏一号培养基各一份。

2. 用沉降法测定空气中的微生物数量

以组为单位，采用沉降法测定空气中的微生物数量，并计算每立方米空气中微生物的量。

3. 用过滤法测定空气中微生物的数量

以小组为单位，组装一套过滤装置，采用过滤法测定空气中微生物的数量，并计算每立方米空气中微生物的量。

【任务指导】

一、沉降法

1. 制作平板

熔化细菌（牛肉膏蛋白胨）琼脂培养基、真菌（马铃薯蔗糖）琼脂培养基和放线菌（高氏一号）琼脂培养基，每种培养基各倒 2 皿，将细菌培养基直接倒入培养皿中，制成平板。在制作后两种平板前，预先在培养皿内加入适量的链霉素液，再倾倒真菌培养基，混匀，制成平板；同样在培养皿内加入适量的重铬酸钾溶液，再倾倒放线菌培养基，混匀，制成平板。

2. 暴露取样

在指定的地点取三种平板培养基打开皿盖，按分配好的时间在空气中暴露 5min 或 10min。时间一到，立即合上皿盖。

3. 观察培养

将培养皿倒转，置 28～30℃恒温培养箱中培养。细菌培养 48h，真菌和放线菌培养 4～6d。计数平板上的菌落，观察各种菌落的形态、大小、颜色等特征。

4. 计算 $1m^3$ 空气中微生物数量

根据奥氏公式计算 $1m^3$ 空气中微生物的数量。

二、过滤法

使一定体积的空气通过一定体积的无菌吸附剂（通常为无菌水，也可用肉汤液体培养基），然后用平板法培养吸附剂中的微生物，以平板上出现的菌落数计算空气中的微生物数量。

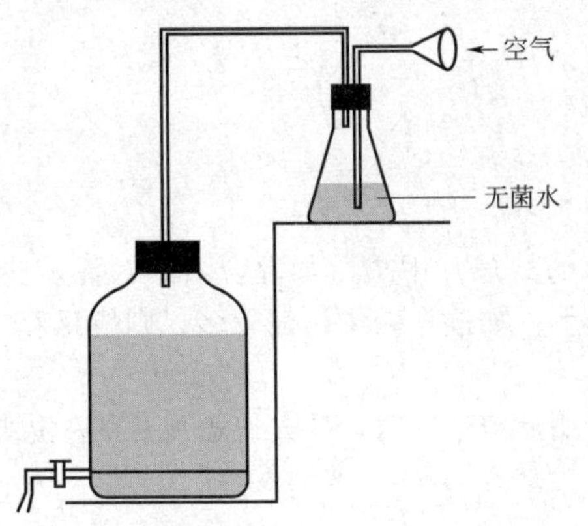

图 15-1　空气过滤装置

1. 组装过滤装置

在 5L 蒸馏水瓶中灌装 4L 自来水，按照图组装好过滤装置（见图 15-1）。

2. 抽滤取样

旋开蒸馏水瓶的水龙头，使水缓缓流出。外界空气经喇叭口进入三角瓶中，4L 水流完后，4L 空气中的微生物被滤在 50mL 无菌水（吸附剂）内。

3. 培养观察

从三角瓶中吸取 1mL 水样放入无菌培养皿中（重复 3 皿），每皿倾入 12～15mL 已熔化并冷却至 45℃左右的牛肉膏蛋白胨琼脂培养基，混凝后，置 28～30℃下培养 48h，计数培养皿中的菌落。

4. 计算结果

细菌数（个/L 空气）＝每皿菌落的平均数×50/4

5. 注意事项

(1) 仔细检查过滤装置，防止漏气。

（2）水龙头的水流不宜过快，否则会影响过滤效果。

【报告内容】

1. 简述沉降法和过滤法的主要过程；
2. 根据试验结果判断车间空气是否符合卫生标准；
3. 比较用沉降法和过滤法测定空气中微生物数量的结果，有何异同点？

【思考题】

1. 分析沉降法测定空气中微生物数量的优缺点？
2. 用沉降法测定空气中微生物数量时，如果空气污浊时，暴露时间是否应适当缩短？为什么？
3. 过滤法测定空气中微生物数量时，水龙头的水流为什么不宜过快？

任务 15-3　活性污泥生物相的观察

【任务验收标准】

1. 掌握活性污泥生物相观察的方法；
2. 能够熟练地制备压片标本，并用显微镜观察活性污泥；
3. 掌握微型动物的计数方法；
4. 能够掌握丝状微生物的鉴定方法。

【任务完成条件】

1. 活性污泥样品、革兰染液、纳氏染液、Na_2S 溶液、酒精溶液；
2. 显微镜、载玻片、盖玻片、微型动物计数板、目镜测微尺、台镜测微尺。

【工作任务】

1. 活性污泥的显微镜观察及微型动物计数

每位同学制备活性污泥压片标本，分别用低倍镜、高倍镜和油镜观察活性污泥中的微生物，并进行微型动物计数。

2. 活性污泥中丝状微生物的鉴别

每位同学观察丝状微生物的形态，并进行染色鉴别。

【任务指导】

一、活性污泥的显微镜观察及微型动物的计数

1. 压片标本的制备

（1）取活性污泥曝气池混合液一小滴，放在洁净的载玻片中央（如混合液中污泥较少，可待其沉淀后，取沉淀的活性污泥一小滴加到载玻片上，如混合液中污泥较多，则应稀释后进行观察）。

（2）盖上盖玻片，即制成活性污泥压片标本。在加上盖玻片时，要先使盖玻片的一边接触水滴，然后轻轻压下，否则易形成气泡，影响观察。

2. 显微镜观察

（1）低倍镜观察　观察生物相全貌，要注意污泥絮粒的大小、污泥结构的松紧程度、菌胶团和丝状菌的比例及其生长状况，并加以记录和作出必要的描述。观察微型动物的种类、活动情况，对主要种类进行计数。

（2）高倍镜观察　用高倍镜观察，可进一步看清微型动物的结构特征，观察时注意微型动物的外形和内部结构。观察菌胶团时，应注意胶质的厚薄和色泽，新生菌胶团出现的比例。观察丝状菌时，注意菌体内有无类脂物质和硫粒积累，以及丝状菌生长，菌体内细胞排列，形态和运动特征，以便判断丝状菌的种类，并进行记录。

（3）油镜观察　鉴别丝状菌的种类时，要使用油镜。

3. 微型动物的计数

（1）取活性污泥曝气池混合液盛于烧杯内，用玻棒轻轻搅匀，如混合液较浓，可稀释一倍后观察。

（2）取洁净滴管（滴管每滴水的体积应预先测定，一般可选用一滴水的体积为1/20mL的滴管），吸取搅匀的混合液，加一滴到计数板中央的方格内，然后加上一块洁净的大号盖玻片，使其四周正好搁在计数板四周凸起的边框上。

（3）用低倍镜进行计数　注意滴加的液体不一定要求布满整个100个小方格。计数时只要把充有污泥混合液的小方格挨着次序依次计数即可。观察时同时注意各种微型动物的活动能力、状态等。若是群体，则需要将群体上的个体分别逐个计数。

（4）计算　假定在被稀释一倍的一滴样品水样中测得钟虫50个，则每毫升活性污泥混合液中钟虫数应为：$50\times20\times2=2000$ 只。

二、活性污泥中丝状微生物的鉴别

1. 形态特征观察

借助显微镜，观察丝状微生物的长度、直径、分支的有无、横隔和运动状态等。

（1）长度、直径　用目微尺度量。

（2）分支　某些丝状微生物的丝体有时有分支，分支有真假之分，细胞是分支的，称真分支。有鞘细胞可产生假分支，它的游离细胞若附着在鞘上，可生长成新的丝体。有时稍有损伤，外侧形成开口，开口附近的细胞则进一步生长而形成分支，这即为假分支。

（3）运动性　只有少数滑行细菌能作蛇样的滑行运动，其游离于污泥絮粒之间。

（4）内含物　有些丝状细菌细胞内可含有储藏物质，因折光性与细胞中其他部分不同，很易观察，常见的有聚β-羟基丁酸（PHB）及硫粒。两者的区别在：滴加酒精后硫粒溶于酒精，而PHB依然完整。

（5）横隔　相邻两个细胞间的壁。

（6）丝体的形状　一般分下列三种：笔直丝体（在丝体较长时亦可略有弯曲）；弯曲丝体以及扭曲成卷曲的丝体。

（7）附着生长物　丝状菌表面通常很“光滑”，如在丝体表面附有细菌或小絮体，称为“附着生长物”。

（8）缢缩　某些具有连续外壁的丝状菌在横隔处因外壁收缩而形成的凹缢。

（9）细胞的形状　可区分成球状、杆状、圆盘状或椭圆状。有时丝状体外壁无缩缢，这类细胞也可称为长方形或方形细胞。

（10）鞘　为具鞘的丝状细胞体外圆柱形的管状结构，染色片中往往可明显地看到鞘。

2. 染色技术

不同丝状微生物对某些特定的染色反应各不相同，据此可很容易地将它们区分开来。

（1）革兰染色　鉴别细菌的重要方法。革兰阳性呈紫色，革兰阴性呈红色。

（2）纳氏染色　纳氏染色阴性的丝状菌菌体呈浅棕色至微黄色，阳性菌丝状体内含有深色颗粒或整个丝状体完全染成蓝灰色。

步骤：①制备涂片；②取两份纳氏染色A液、一份纳氏染液B液相混，染色10～15s，水冲，使干；③取纳氏染色C液染色15s；④水冲，干燥后镜检。

（3）积硫试验　某些丝状菌能将还原性硫化物转化成元素硫并在细胞中以硫粒形式储存。取少量活性污泥与等体积Na_2S溶液混合，放置15min，不是摇动，使污泥保持悬浮。制成压片标本，镜检细胞中是否有黑色的硫粒。

附　测微尺的使用

微生物的大小可使用测微尺测量。测微尺分为目镜测微尺和镜台测微尺两部分。目镜测微尺是一个可放入目镜内的特质圆玻片，玻片中央是一个细长带刻度的尺，等分成50小格或100小格。镜台测微尺为一载片，上面贴一圆形盖片，中央带有刻度，长度为1mm，等分为100小格，每格长0.01mm（10μm）。使用时，先将目镜测微尺插入目镜管，旋转前透镜将目镜内的刻度调清楚，再把镜台测微尺放在载物台上，调准焦距后，转动目镜测微尺，使两个测微尺的刻度线相平行，调节镜台测微尺，使目镜测微尺的一条刻度线与镜台测微尺的一条刻度线重合，再寻另一重合线，分别数出其间目镜测微尺及镜台测微尺的格数。计算目镜测微尺每小格所代表的实际长度。计算公式：目镜测微尺每小格所代表的实际长度＝镜台测微尺格数×10μm/目镜测微尺格数。测量时不再用镜台测微尺，如改变显微镜的放大倍数，则需对目镜测微尺重新进行标定。

【报告内容】

1. 记录活性污泥镜检情况，并计算样品中微型动物的数量；
2. 记录活性污泥样品中不同丝状微生物的特征；
3. 比较不同工业废水处理系统中微生物种类和数量的差别；
4. 根据你的检测结果，判断该废水处理系统是否运行正常。

【思考题】

1. 活性污泥的丝状细菌与污泥的沉降性能有什么关系？
2. 活性污泥中的哪些原生动物出现表明活性污泥已经老化？

附　　录

附录一　微生物实验室常用玻璃器皿及洗涤

一、 常用玻璃器皿的种类及应用

1. 试管

（1）大试管（约 18mm×180mm）可盛倒培养皿用的培养基；亦可作制备琼脂斜面用（需要大量菌体时用）。

（2）中试管［约(13～15)mm×(100～150)mm］ 盛液体培养基或制备琼脂斜面，亦可用于病毒等的稀释和血清学试验。

（3）小试管［(10～12)mm×100mm］ 一般用于糖发酵试验或血清学试验和其他需要节省材料的试验。

微生物学实验室所用玻璃试管，其管壁应比化学实验室用的试管壁厚，这样在塞棉塞时管口才不会破损。试管的形状要求没有翻口［附图 1(a)］，不然，微生物容易从棉塞与管口的缝隙间进入试管［附图 1(b)］而造成污染。此外，现在有不用棉塞塞口而用铝制或塑料制的试管帽［附图 1(c)］，若用翻口试管，也不便于加盖试管帽。有的试验要求尽量减少试管内水分的蒸发，需使用螺口试管［附图 1(d)］，盖以螺口胶木或塑料帽。

2. 杜汉氏管

进行细菌的糖发酵试验、观察培养基内产气情况时，一般在小试管内再放置一倒置的小套管（约 6mm×36mm）（附图 2），此小套管即为杜汉氏管，又称发酵小套管。

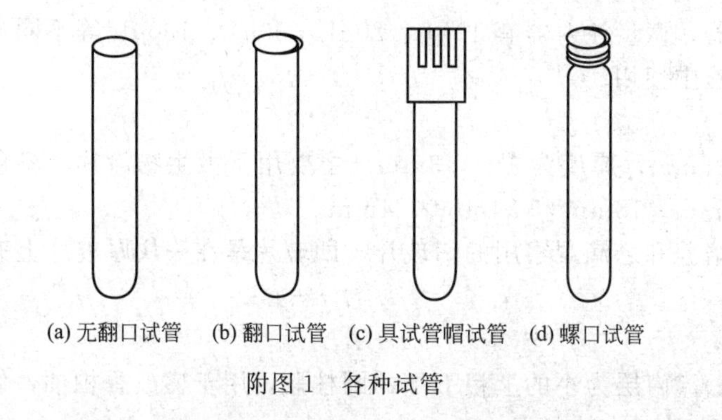

附图 1　各种试管

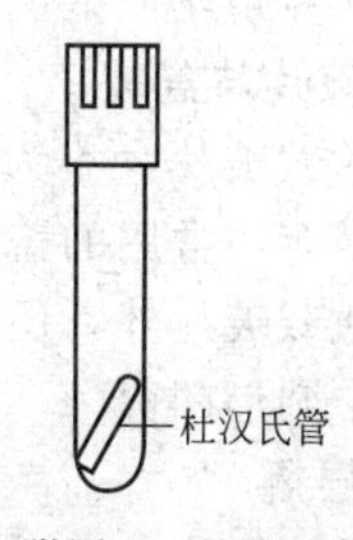

附图 2　杜汉氏管

3. 移液管

移液管又称吸管。

(1) 玻璃吸管　微生物学检验室一般要准备1mL、2mL、5mL、10mL刻度的玻璃吸管。与化学实验室所用的不同，其刻度指示的容量往往包括管尖的液体体积，故有时称为“吹出”吸管，使用时要将所吸液体全部吹尽，吸取的容量才算准确。

除有刻度的吸管外，有时用不计量的毛细吸管，又称滴管，用来吸取动物体液和离心上清液以及滴加少量抗原-抗体等。

(2) 微量加样器　主要用来吸取微量液体。其外形和结构如附图3，除塑料外壳外，主要部件有按钮、弹簧、活塞和可装卸的吸嘴。按动按钮，通过弹簧使活塞上下活动，从而吸进和排出液体。其特点是容量固定、准确，使用时不用观察刻度，操作方便迅速。国内生产的微量加样器分普通型和精致型。普通型每个微量加样器固定一种容量，分别有5μL、10μL、20μL、25μL、50μL、100μL、200μL、500μL、1000μL等不同容量；而精致型每个微量加样器在一定范围内可调节几个容量，例如在5～25μL范围内可调节5μL、10μL、15μL、20μL、25μL五个不同的量，使用时按需要调节，但当调节固定后，每吸一次，容量仍是固定的。用毕只需调换吸嘴或将吸嘴洗净、消毒后再用。

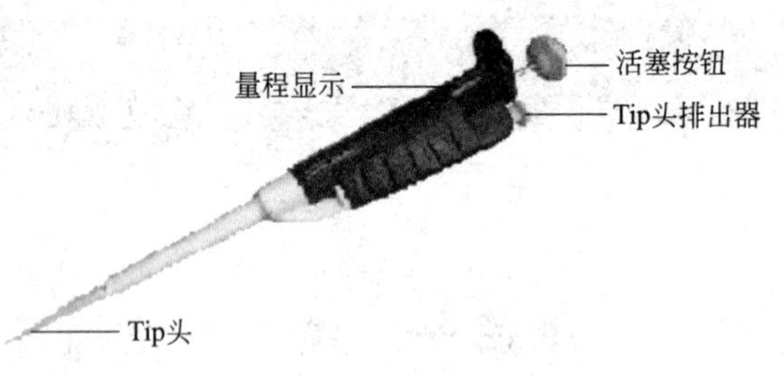

附图3　微量加样器

4. 培养皿

常用的培养皿皿底直径90mm，高15mm。另外还有60mm×10mm和120mm×20mm等规格。培养皿一般均为玻璃皿盖，但有特殊需要，例如测定抗生素生物效价时，培养皿不能倒置培养，则用陶质皿盖，陶质皿盖能吸收水分，使培养基表面干燥。

在培养皿内倒入适量固体培养基制成平板，用于分离、纯化、鉴定菌种，微生物计数以及测定抗生素、噬菌体的效价等。

5. 三角烧瓶与烧杯

常用的三角烧瓶有100mL、250mL、300mL、500mL、1000mL、2000mL等不同规格，常用来盛无菌水、培养基和摇瓶发酵液等。常用的烧杯有20mL、50mL、100mL、250mL、500mL、1000mL等不同规格，主要用于称量药品和配制培养基。

6. 注射器

注射器一般有1mL、2mL、5mL、10mL、20mL、50mL等不同规格。向动物体内注射抗原可根据需要选用1mL、2mL和5mL注射器；抽取动物心脏血或采取绵羊静脉血可选用10mL、20mL、50mL注射器。

滴加微量样品时常用微量注射器，微量注射器有10μL、20μL、50μL、100μL等不同规格。一般在免疫学或纸色谱法等试验中使用。

7. 载玻片与盖玻片

常用的载玻片大小为75mm×25mm，厚度为1～1.3mm。主要用于微生物涂片、染色和形态观察等。常用的盖玻片为18mm×18mm和24mm×24mm。

除普通载玻片外，还有作微室培养和悬滴观察用的凹玻片，凹玻片是在一块厚玻片上有一个或两个圆形凹窝。

8. 双层瓶

由内外两个玻璃瓶组成（附图4），内层为小的上粗下细的圆柱瓶，用于盛放香柏油，供油镜头观察微生物时使用，外层为锥形瓶，用于盛放二甲苯，供擦净油镜头时使用。

9. 滴瓶

滴瓶的规格大小不等，分为棕色和无色两种。用来盛各种染色剂、试剂和生理盐水等（附图 5）。

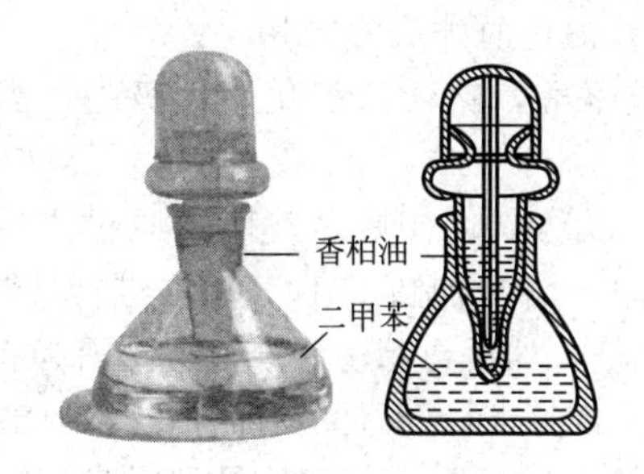

附图 4　双层瓶

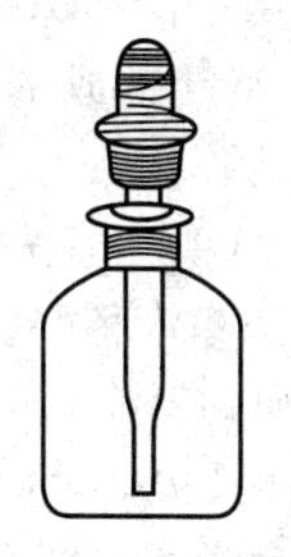

附图 5　滴瓶

二、 常用玻璃器皿的洗涤

清洁的玻璃器皿是得到正确试验结果的先决条件。进行微生物学试验，必须清除器皿上的灰尘、油垢和无机盐等物质，保证不妨碍试验的正确结果。玻璃器皿的洗涤是试验前的一项重要准备工作。其洗涤方法应根据试验目的、器皿的种类、所盛放的物品、洗涤剂的类别和洁净程度等不同而有所不同。

1. 洗涤剂的种类与使用

（1）水　水是最主要的洗涤剂，但只能洗去可溶解在水中的污物，不溶于水的污物如油、蜡等，必须用其他方法处理以后再用水洗。要求比较洁净的器皿，清水洗过之后再用蒸馏水洗。

（2）肥皂　肥皂是很好的去污剂，一般肥皂的碱性并不十分强，不会损伤器皿和皮肤，所以洗涤时常用肥皂。使用方法多用湿刷子沾肥皂刷洗容器，再用水冲洗。热的肥皂水去污能力更强，洗器皿上的油脂效果较好。油脂较重的器皿，应先用纸将油层擦去，然后用肥皂水洗，洗时还可以加热煮沸。

（3）去污粉　去污粉内含有碳酸钠、碳酸镁等，有起泡沫和去油污的作用，有时也加一些食盐、硼砂等，以增加摩擦作用。用时将器皿润湿，将去污粉涂在污点上，用布或刷子擦拭，再用水洗去去污粉。一般玻璃器皿、搪瓷器皿等都可以使用去污粉。

（4）洗衣粉　目前我国生产的洗衣粉主要成分是烷基苯磺酸钠，为阴离子表面活性剂。在水中能解离成带有憎水基的阴离子。其去污能力主要是由于在水溶液中能降低水的表面张力，并发生润湿、乳化、分散和起泡等作用。洗衣粉去污能力强，特别能有效地去除油污。用洗衣粉擦拭过的玻璃器皿要充分用自来水漂洗，以除净残存的微粒。

（5）洗涤液

① 洗涤液的配制　常用的洗涤液是重铬酸钾（或重铬酸钠）的硫酸溶液，是一种强氧化剂，去污能力很强，实验室常用它来洗去玻璃和瓷质器皿上的有机物质。切不可用于金属和塑料器皿。

洗涤液一般分浓溶液与稀溶液两种，配方如下：

浓溶液　重铬酸钠或重铬酸钾（工业用）　50g

　　　　自来水　150mL

　　　　浓硫酸（工业用）　800mL

稀溶液　重铬酸钠或重铬酸钾（工业用）　50g

自来水 850mL

浓硫酸（工业用） 100mL

配法都是将重铬酸钠或重铬酸钾先溶解于自来水中（可加热），使溶解，冷却后慢慢加入浓硫酸，边加边搅动。配好后的洗涤液应是棕红色或橘红色。储存于有盖容器内。此液可用很多次，每次用后倒回原瓶中储存，直至溶液变成青褐色时才失去效用。

② 原理 重铬酸钠或重铬酸钾与硫酸作用后形成铬酸，铬酸的氧化能力极强，因而此液具有极强的去污作用。

③ 使用注意事项 盛洗涤液的容器应始终加盖，以防氧化变质。玻璃器皿投入前，应尽量干燥，避免洗涤液稀释。如需加快作用速度，可将洗涤液加热至40～50℃进行洗涤。

有大量有机质的器皿不可直接加洗涤液，应先行擦洗，然后再用洗涤液，这是因为有机质过多，会加快洗涤液失效，此外，洗涤液虽为很强的去污剂，但也不是所有的污迹都可清除。

洗涤液有强腐蚀性，玻璃器皿浸泡时间太长，会使玻璃变质，因此切忌到时忘记将器皿取出冲洗。若溅在桌椅上，应立即用水洗去或用湿布擦去；若沾污衣服和皮肤上，应立即用水洗，然后再用苏打（碳酸钠）水或氨液洗。

用洗涤液洗过的器皿，应立即用水冲至无色为止。

2. 新玻璃器皿的洗涤

新购置的玻璃器皿含游离碱较多，应先在2%的盐酸溶液或洗涤液［见“1（5）①洗涤液的配制”］内浸泡数小时，然后再用水冲洗干净。

3. 使用过的玻璃器皿的洗涤

试管、培养皿、三角烧瓶、烧杯等可用试管刷、瓶刷或海绵沾上肥皂、洗衣粉或去污粉等洗涤剂刷洗，然后用自来水充分冲洗干净。热的肥皂水去污能力更强，可有效地洗去器皿上的油垢。洗衣粉和去污粉刷洗之后较难冲洗干净附在器壁上的微小粒子，故要用水多次充分冲洗，或用稀盐酸溶液摇洗一次，再用水冲洗，然后倒置于铁丝框内或洗涤架上，在室内晾干。急用时可盛于框内或搪瓷盘上，放烘箱烘干。

装有固体培养基的器皿应先刮去培养基，然后洗涤。如果固体培养基已经干涸，可将器皿放在水中蒸煮，使琼脂熔化后趁热倒出，然后用清水洗涤，并用刷子刷其内壁，以除去壁上的灰尘和污垢。带菌的器皿在洗涤前应先在2%来苏尔溶液或0.25%新洁尔灭消毒液内浸泡24h或煮沸半小时，再用清水洗涤。带菌的培养物应先行高压蒸汽灭菌，然后将培养物倒去，再进行洗涤。盛有液体或固体培养物的器皿，应先将培养物倒在废液缸中，然后洗涤。不要将培养物直接倒入洗涤槽，否则会阻塞下水道。

玻璃器皿是否洗涤干净，洗涤后若水能在内壁上均匀分布成一薄层而不出现水珠，表示油垢完全洗净，若挂有水珠，应用洗涤液浸泡数小时，然后再用自来水充分冲洗。

盛放一般培养基用的器皿经上法洗涤后，即可使用，若需盛放精确配制的化学药品或试剂，在用自来水冲洗干净后，还需用蒸馏水淋洗三次，晾干或烘干后备用。

4. 玻璃吸管的洗涤

吸过血液、血清、糖溶液或染料溶液等的玻璃吸管（包括毛细吸管），使用后应立即投入盛有自来水的量筒或标本瓶内，免得干燥后难以冲洗干净。量筒或标本瓶底部应垫以脱脂棉花，否则吸管投入时容易破损。待试验完毕，再集中冲洗。若吸管顶部塞有棉花，则冲洗前先将吸管尖端与装在水龙头上的橡皮管连接，用水将棉花冲出，然后再装入吸管自动洗涤器内冲洗，没有吸管自动洗涤器的实验室可用冲出棉花的方法多冲洗片刻。必要时再用蒸馏水淋洗。洗净后，放搪瓷盘中晾干，若要加速干燥，可放烘箱内烘干。

吸过含有微生物培养物的吸管亦应立即投入盛有2%来苏尔溶液或0.25%新洁尔灭消毒

液的量筒或标本瓶内，24h 后方可取出冲洗。

吸管的内壁如果有油垢，同样应先在洗涤液内浸泡数小时，然后再行冲洗。

5. 载玻片与盖玻片的洗涤

新载玻片和盖玻片应先在2%的盐酸溶液中浸泡1h，然后再用自来水冲洗2～3次，用蒸馏水换洗2～3次，洗后烘干冷却或浸于95%酒精中保存备用。用过的载玻片与盖玻片如滴有香柏油，要先用皱纹纸擦去或浸在二甲苯内摇晃几次，使油垢溶解，再在肥皂水中煮沸5～10min，用软布或脱脂棉花擦拭，立即用自来水冲洗，然后在稀洗涤液中浸泡0.5～2h，自来水冲去洗涤液，最后用蒸馏水换洗数次，待干后浸于95%酒精中保存备用。使用时在火焰上烧去酒精。用此法洗涤和保存的载玻片和盖玻片清洁透亮，没有水珠。

检查过活菌的载玻片或盖玻片应先在2%来苏尔溶液或0.25%新洁尔灭溶液中浸泡24h，然后按上法洗涤与保存。

6. 洗涤工作注意事项

（1）任何洗涤方法，都不应对玻璃器皿有所损伤，所以不能使用对玻璃有腐蚀作用的化学药剂，也不能使用比玻璃硬度大的物品来擦拭玻璃器皿。

（2）用过的器皿应立即洗涤，有时放置太久会增加洗涤的困难，随时洗涤还可以提高器皿的使用率。

（3）含有对人有传染性的或者是属于植物检疫范围内的微生物的试管、培养皿及其他容器，应先浸在消毒液中或蒸煮灭菌后再行洗涤。

（4）盛过有毒物品的器皿，不要与其他器皿放在一起。

（5）难洗涤的器皿不要与易洗涤的器皿放在一起，以免增加洗涤的麻烦。有油的器皿不要与无油的器皿放在一起，以免使本来无油的器皿沾上油污。

（6）强酸、强碱及其他氧化物和有挥发性的有毒物品，都不能倒在洗涤槽中，必须倒在废液缸内。

附录二 实验室常用培养基的配制

1. 0.05mol/L 巴比妥缓冲溶液（pH8.6） 称取1.84g 巴比妥酸，置于56～60℃水中溶化，然后加入10.3g 巴比妥钠，加蒸馏水定容至1000mL 即可。

2. 缓冲蛋白胨水（BP，食品中沙门菌的检测用） 10.0g 蛋白胨、5.0g 氯化钠、9.0g 磷酸氢二钠、1.5g 磷酸二氢钾、蒸馏水1000mL，pH7.2±0.2。121℃灭菌15min。

3. 四硫磺酸钠煌绿（TTB）增菌液（食品中沙门菌的检测用）

（1）基础液：10.0g 蛋白胨、5.0g 牛肉膏、3.0g 氯化钠、45.0g 碳酸钙、蒸馏水1000mL，pH7.0±0.2。

（2）硫代硫酸钠溶液：50.0g 硫代硫酸钠、蒸馏水1000mL，121℃灭菌20min。

（3）碘溶液：20.0g 碘片、25.0g 碘化钾、加蒸馏水至100mL。

（4）0.5%煌绿水溶液：0.5g 煌绿、蒸馏水100mL，存放暗处，不少于1d。

（5）牛胆盐溶液：10.0g 牛胆盐、蒸馏水100mL，121℃灭菌20min。

（6）制法：900mL 基础液中依次加入100mL 硫代硫酸钠溶液、20.0mL 碘溶液、2.0mL 0.5%煌绿水溶液和50.0mL 牛胆盐溶液。

4. 亚硒酸盐胱氨酸（SC）增菌液（食品中沙门菌的检测用） 5.0g 蛋白胨、4.0g 乳糖、10.0g 磷酸氢二钠、4.0g 亚硒酸氢钠、0.01g 胱氨酸、蒸馏水1000mL，pH7.0±0.2。

制法：将各成分（除亚硒酸氢钠和胱氨酸外）加入蒸馏水中煮沸溶解，冷至55℃以下，以无菌操作加入亚硒酸氢钠和1g/L L-胱氨酸溶液10mL（取0.1g L-胱氨酸，加入1mol/L氢氧化钠溶液15mL，再加无菌蒸馏水100mL即可），调节pH。

5. 亚硫酸铋（BS）琼脂（食品中沙门菌的检测用） 10.0g蛋白胨、5.0g牛肉膏、5.0g葡萄糖、0.3g硫酸亚铁、4.0g磷酸氢二钠、0.025g煌绿、2.0g柠檬酸铋铵、6.0g亚硫酸钠、琼脂15～20g、蒸馏水1000mL，pH7.5±0.2。

制法：前三种成分加入300mL蒸馏水（基础液），硫酸亚铁和磷酸氢二钠分别加入20mL和30mL蒸馏水中，柠檬酸铋铵和亚硫酸钠分别加入另一20mL和30mL蒸馏水中，琼脂加入600mL蒸馏水中。然后分别搅拌均匀，煮沸溶解。冷至80℃左右时，先将硫酸亚铁和磷酸氢二钠混匀，倒入基础液中混匀。将柠檬酸铋铵和亚硫酸钠混匀倒入基础液中，再混匀。调节pH，随即倾入琼脂液中，混合均匀，冷至50～55℃。加入煌绿溶液，充分混匀后立即倾注平皿。

注意：该培养基不需要高压灭菌，当天配，第二天使用。

6. HE琼脂（食品中沙门菌的检测用） 12.0g蛋白胨、3.0g牛肉膏、12.0g乳糖、12.0g蔗糖、2.0g水杨素、20.0g胆盐、5.0g氯化钠、16.0mL 0.4%溴麝香草酚蓝溶液、20.0mL Andrade指示剂、20.0mL甲液、20.0mL乙液、琼脂15～20g、蒸馏水1000mL，pH7.5±0.2。

（1）甲液：34.0g硫代硫酸钠、4.0g柠檬酸铁铵、100mL蒸馏水。

（2）乙液：10.0g去氧胆酸钠、100mL蒸馏水。

（3）Andrade指示剂：0.5g酸性复红、16.0mL 1mol/L氢氧化钠溶液、100mL蒸馏水。

7. 木糖赖氨酸脱氧胆盐（XLD）琼脂（食品中沙门菌的检测用） 3.0g酵母膏、5.0g L-赖氨酸、3.75g木糖、7.5g乳糖、7.5g蔗糖、2.5g去氧胆酸钠、0.8g柠檬酸铁铵、6.8g硫代硫酸钠、5.0g氯化钠、15.0g琼脂、0.08g酚红、蒸馏水1000mL，pH7.4±0.2。

制法：酚红和琼脂加入600mL蒸馏水中煮沸溶解，其他成分加入400mL蒸馏水中煮沸溶解；将上述两溶液混合均匀后加入指示剂，冷至50～55℃倾注平皿。

注意：该培养基不需要高压灭菌，当天配，第二天使用。

8. 三糖铁（TSI）琼脂（食品中沙门菌的检测用） 20.0g蛋白胨、5.0g牛肉膏、10.0g乳糖、10.0g蔗糖、1.0g葡萄糖、0.2g硫酸亚铁铵、酚红0.025g、5.0g氯化钠、0.2g硫代硫酸钠、琼脂12g、蒸馏水1000mL，pH7.4±0.2。

制法：酚红和琼脂加入600mL蒸馏水中煮沸溶解，其他成分加入400mL蒸馏水中煮沸溶解；将上述两溶液混合均匀后加入指示剂，混匀，分装试管。121℃灭菌10min或115℃灭菌15min，灭菌后置成高层斜面，呈橘红色。

9. 蛋白胨水、靛基质试剂（食品中沙门菌的检测用）

（1）蛋白胨水：20.0g蛋白胨、5.0g氯化钠、蒸馏水1000mL，pH7.4±0.2。121℃灭菌15min。

（2）靛基质试剂

① 柯凡克试剂：5g对二甲氨基甲醛溶解于75mL戊醇中，缓慢加入浓盐酸25mL。

② 欧-波试剂：1g对二甲氨基甲醛溶解于95mL 95%乙醇中，缓慢加入浓盐酸20mL。

10. 尿素琼脂（pH7.2）（食品中沙门菌的检测用） 1.0g蛋白胨、5.0g氯化钠、1.0g葡萄糖、2.0g磷酸二氢钾、3.0mL 0.4%酚红、100mL 20%尿素溶液、20.0g琼脂、蒸馏水1000mL，pH7.2±0.2。121℃灭菌15min。制法同三糖铁培养基。经过滤除菌的尿素溶液高温灭菌后加入。

11. 氰化钾（KCN）培养基（食品中沙门菌的检测用） 10.0g蛋白胨、5.0g氯化钠、

0.225g磷酸二氢钾、5.64g磷酸氢二钠、20.0mL 0.5%氰化钾、蒸馏水1000mL。

制法：除氰化钾外的其他成分加入蒸馏水煮沸溶解，121℃灭菌15min。放入冰箱冷却，每100mL培养基加入2.0mL 0.5%氰化钾，分装试管，冰箱保存。

12. 赖氨酸脱羧酶试验培养基（食品中沙门菌的检测用） 5.0g蛋白胨、3.0g酵母膏、1.0g葡萄糖、1.0mL 1.6%溴甲酚紫乙醇溶液、0.5g/100mL L-赖氨酸、蒸馏水1000mL，pH6.8±0.2。

制法：除赖氨酸外其他成分加热溶解，然后按照5%加入赖氨酸，调pH，分装小试管，每管0.5mL，上面第一层液体石蜡，115℃灭菌10min。

13. ONPG培养基（食品中沙门菌的检测用） 60.0mg邻硝基酚β-D-半乳糖苷（ONPG）、10.0mL 0.01mol/L磷酸缓冲溶液（pH7.5）、30.0mL 1%蛋白胨水（pH7.5）。

制法：ONPG溶于缓冲溶液，加入蛋白胨水，过滤除菌，分装小试管，每管0.5mL。

14. 半固体琼脂（食品中沙门菌的检测用） 0.3g牛肉膏、1.0g蛋白胨、0.5g氯化钠、0.35～0.40g琼脂、蒸馏水100mL，pH7.4±0.2。121℃灭菌15min。

15. 丙二酸培养基（食品中沙门菌的检测用） 1.0g酵母膏、2.0g硫酸铵、0.6g磷酸氢二钾、0.4g磷酸二氢钾、2.0g氯化钠、3.0g丙二酸钠、12.0mL 0.2%溴麝香草酚蓝溶液、蒸馏水100mL，pH6.8±0.2。121℃灭菌15min。

16. 孟加拉红培养基（培养真菌用） 5.0g蛋白胨、10.0g葡萄糖、1.0g磷酸二氢钾、0.5g无水硫酸镁、0.033g孟加拉红、0.1g氯霉素、15.0～20.0g琼脂、1000mL蒸馏水。

17. 中和剂（酪蛋白消化物-大豆卵磷脂-吐温20培养基，化妆品中嗜温细菌检测用） 20.0g胰酶消化的酪蛋白、5.0g大豆卵磷脂、40.0mL吐温20、960.0mL水。

制法：将吐温20溶于水中，在49℃±2℃水浴中加热混匀，然后加入胰酶消化的酪蛋白和大豆卵磷脂，持续加热30min溶解，混匀后分装至容器中，121℃灭菌15min后，室温下调整pH7.3±0.2。

18. 稀释剂（化妆品中嗜温细菌检测用） 将1.0g蛋白胨溶于1000mL水中，加热并持续，搅拌溶解，混匀后分装至容器中，121℃灭菌15min后，室温下调整至pH7.1±0.2。

19. 计数用培养基（大豆酪蛋白消化物琼脂培养基，SCDA，化妆品中嗜温细菌检测用） 15.0g胰酶消化的酪蛋白、5.0g大豆粉木瓜蛋白酶消化物、5.0g氯化钠、15.0g琼脂、水1000mL，121℃灭菌15min后，室温下调整至pH7.3±0.2。

20. 增菌肉汤（Eugon LT 100肉汤）培养基（化妆品中嗜温细菌检测用） 15.0g胰酶消化的酪蛋白、5.0g大豆粉木瓜蛋白酶消化物、0.7g L-胱氨酸、4.0g氯化钠、0.2g亚硫酸钠、5.5g葡萄糖、1.0g卵磷脂、5.0g吐温80、1.0g辛基酚聚醚、1000mL水。

制法：将吐温80、辛基酚聚醚和卵磷脂先后溶解在沸腾的水中，直至完全溶解；再边加热搅拌边加入其他成分进行溶解；混匀后分装至容器中，121℃灭菌15min后，室温下调整至pH7.0±0.2。

附录三 实验室常用染色液的配制

一、 革兰染色液

1. 草酸铵结晶紫染液

A液：结晶紫（crystal violet）2g、95%乙醇20mL。

B液：草酸铵（ammonium oxalate）0.8g、蒸馏水80mL。

混合A液及B液，静置48h后使用。此液不易保存，如有沉淀出现，需重新配制。

2. 卢戈（Lugol）碘液

碘1g、碘化钾2g，蒸馏水300mL。

配制方法：先将碘化钾溶于少量蒸馏水中，然后加入碘使之完全溶解，再加蒸馏水至300mL即成。配成后储于棕色瓶内备用，如变为浅黄色即不能使用。

3. 95%乙醇

用于脱色，脱色后可选用以下4或5的其中一项复染即可。

4. 稀释石炭酸复红溶液

碱性复红乙醇饱和液（碱性复红1g、95%乙醇10mL、5%石炭酸90mL混合溶解即成碱性复红乙醇饱和液）。

配制方法：取石炭酸复红饱和液10mL加蒸馏水90mL即成。

5. 番红染液

番红O（safranine，又称沙黄O）2.5g、95%乙醇100mL。

配制方法：溶解后可储存于密闭的棕色瓶中，用时取20mL与80mL蒸馏水混匀即可。

以上染液配合使用，可区分出革兰染色阳性（G^+）或阴性（G^-）细菌，G^-被染成蓝紫色，G^+被染成淡红色。

二、吕氏碱性美蓝染色液

A液：美蓝0.3g、95%乙醇30mL。B液：0.01%氢氧化钾溶液100mL。

临用时混合A液、B液即成。

三、齐氏石炭酸复红染液

A液：碱性复红0.3g、95%乙醇10mL。用玛瑙研钵研末配制。

B液：石炭酸5g、蒸馏水95 mL。

临用时混合A液、B液即成。

四、0.5%番红水溶液

将0.5g番红染料溶解于100mL蒸馏水中。

五、复红染色液

将0.5g碱性复红染料溶解于20mL 95%乙醇中，然后用蒸馏水稀释至100mL。

六、黑素染液

水溶性黑素10g、蒸馏水100mL、甲醛（福尔马林）0.5mL。

七、墨汁染色液

国产绘图墨汁40mL、甘油2mL、液体石炭酸2mL。先将墨汁用多层纱布过滤，加甘油混匀后，水浴加热，再加石炭酸搅匀，冷却后备用。用作荚膜的背景染色。

八、乳酸石炭酸棉蓝染色液（用于真菌固定和染色）

石炭酸（结晶酚）20g、乳酸20mL、甘油40mL、棉蓝0.05g、蒸馏水20mL。将棉蓝溶于蒸馏水中，再加入其他成分，微加热使其溶解，冷却后用。

九、 乳酸苯酚固定液

乳酸 10g、结晶苯酚 10g、甘油 20g、蒸馏水 10mL。

十、 芽孢染色液

（1）孔雀绿染液：孔雀绿（malachite green）5g、蒸馏水 100mL。

（2）番红水溶液：番红 0.5g、蒸馏水 100mL。

（3）苯酚品红溶液：碱性品红 11g、无水乙醇 100mL。取上述溶液 10mL 与 100mL 5%的苯酚溶液混合，过滤备用。

（4）黑色素（nigrosin）溶液：水溶性黑色素 10g、蒸馏水 100mL。称取 10g 黑色素溶于 100mL 蒸馏水中，置沸水浴中 30min 后，滤纸过滤两次，补充水到 100mL，加 0.5g 甲醛，备用。

十一、 荚膜染色液

（1）黑色素水溶液：黑色素 5g、蒸馏水 100mL、福尔马林（40%甲醛）0.5mL。将黑色素在蒸馏水中煮沸 5min，然后加入福尔马林作防腐剂。

（2）番红染液：与革兰染液中番红复染液相同。

十二、 鞭毛染色液

1. 硝酸银鞭毛染色液

A 液：单宁酸 5g 、$FeCl_3$ 1.5g、蒸馏水 100mL、福尔马林（15%）2mL。注：冰箱内可以保存 3～7 天，延长保存期会产生沉淀，但用滤纸除去沉淀后，仍能使用。

B 液：$AgNO_3$ 2g、蒸馏水 100mL。待 $AgNO_3$ 溶解后，取出 10mL 备用，向其余的 90mL $AgNO_3$ 中滴入 $NH_3 \cdot H_2O$，使之成为很浓厚的悬浮液，再继续滴加 $NH_3 \cdot H_2O$，直到新形成的沉淀又重新刚刚溶解为止。再将备用的 10mL $AgNO_3$ 慢慢地滴入，则出现薄雾，但轻轻摇动后，薄雾状沉淀又消失，再滴入 $AgNO_3$，直到摇动后仍呈现轻微而稳定的薄雾状沉淀为止。冰箱内保存通常 10 天内仍可使用。如雾重，则银盐沉淀出，不宜使用。

2. Leifson 鞭毛染色液

A 液：碱性复红 1.2g、95%乙醇 100mL。

B 液：单宁酸 3g、蒸馏水 100mL。

C 液：NaCl 1.5g、蒸馏水 100mL。

临用前将 A、B、C 液等量混合均匀后使用。三种溶液分别于室温保存可保存几周，若分别置冰箱保存，可保存数月。混合液装密封瓶内置冰箱几周仍可使用

十三、 纳氏染色液

A 液：亚甲基蓝 0.1g、冰醋酸 5mL、95%乙醇 5mL、蒸馏水 1000mL。

B 液：结晶紫（0.33g 结晶紫溶于 3.3mL 96%的乙醇）3.3g、96%乙醇 5mL、蒸馏水 100mL。

C 液：1%碱性菊橙水溶液 33.3mL、蒸馏水 66.7mL。

临用前将 A、B、C 液等量混合均匀后使用。

附录四　食品生产及相关产品的国家卫生标准

一、 肉及肉制品卫生标准

熟肉制品（GB 2726—2005）

项　　目	指　　标
菌落总数/(cfu/g)	
烧烤肉、肴肉、肉灌肠	≤50000
盐卤肉	≤80000
熏煮火腿、其他熟肉制品	≤30000
肉松、油酥肉松、肉粉松	≤30000
肉干、肉脯、肉糜脯、其他熟肉制品	≤10000
大肠菌群/(MPN/100g)	
肉灌肠	≤30
肴肉、盐卤肉	≤150
烧烤肉、熏煮火腿、其他熟肉制品	≤100
肉松、油酥肉松、肉粉松	≤40
肉干、肉脯、肉糜脯、其他熟肉制品	≤30
致病菌(沙门菌、金黄色葡萄球菌、志贺菌等)	不得检出

二、 乳及乳制品卫生标准

1. 乳粉（GB 19644—2010）

项　　目	采样方案①及微生物限量/(cfu/g)				检验方法
	n	c	m	M	
菌落总数②	5	2	50000	200000	GB 4789.2
大肠菌群	5	1	10	100	GB 4789.3 平板计数法
金黄色葡萄球菌	5	2	10	100	GB 4789.10 平板计数法
沙门菌	5	0	0/25g	—	GB 4789.4

① 样品的分析及处理按 GB 4789.1 和 GB 4789.18 执行。

② 不适用于添加活性菌种（好氧和兼性厌氧益生菌）的产品。

注：n 表示同一批次产品应采集的样品件数；c 表示最大可允许超出 m 值的样品数；m 表示微生物指标可接受水平的限量值；M 表示微生物指标的最高安全限量值。表中符号含义下同。

2. 巴氏杀菌乳（GB 19645—2010）

项　　目	采样方案①及微生物限量/[cfu/g(mL)]				检验方法
	n	c	m	M	
菌落总数	5	2	50000	100000	GB 4789.2
大肠菌群	5	2	1	5	GB 4789.3 平板计数法
金黄色葡萄球菌	5	0	0/25g(mL)	—	GB 4789.10 平板计数法
沙门菌	5	0	0/25g(mL)	—	GB 4789.4

① 样品的分析及处理按 GB 4789.1 和 GB 4789.18 执行。

3. 生乳（GB 19301—2010）

项目	微生物限量/[cfu/g(mL)]	检验方法
菌落总数	≤2×10^6	GB 4789.2

4. 发酵乳（GB 19302—2010）

项目	采样方案①及微生物限量/[cfu/g(mL)]				检验方法
	n	c	m	M	
大肠菌群	5	2	1	5	GB 4789.3 平板计数法
金黄色葡萄球菌	5	0	0/25g(mL)	—	GB 4789.10 平板计数法
沙门菌	5	0	0/25g(mL)	—	GB 4789.4
酵母≤			100		GB 4789.15
霉菌≤			30		

① 样品的分析及处理按 GB 4789.1 和 GB 4789.18 执行。

三、 豆及豆制品卫生标准

豆制品（GB 2712—2014）

项目	采样方案①及微生物限量				检验方法
	n	c	m	M	
大肠菌群/(cfu/g 或 mL)	5	2	10^2	10^3	GB 4789.3 平板计数法

① 样品的分析及处理按 GB 4789.1 执行。

四、 淀粉制品卫生标准（GB 2713—2015）

项目	采样方案①及微生物限量				检验方法
	n	c	m	M	
菌落总数/(cfu/g)	5	2	10^5	10^6	GB 4789.2
大肠菌群/(cfu/g)	5	2	20	10^2	GB 4789.3 平板计数法

① 样品的分析及处理按 GB 4789.1 执行。

五、 蛋及蛋制品卫生标准（GB 2749—2003）

项目	菌落总数/(cfu/g)	大肠菌群/(MPN/100mL)	致病菌(沙门菌、志贺菌等)
巴氏杀菌冰全蛋	≤5000	≤1000	不得检出
冰蛋黄、冰蛋白	≤1000000	≤1000000	不得检出
巴氏杀菌全蛋粉	≤10000	≤90	不得检出
蛋黄粉	≤50000	≤40	不得检出
糟蛋	≤100	≤30	不得检出
皮蛋	≤500	≤30	不得检出

六、 调味品

1. 酱腌菜（GB 2714—2015）

项目	采样方案①及微生物限量				检验方法
	n	c	m	M	
大肠菌群②/(cfu/g)	5	2	10	10^3	GB 4789.3 平板计数法

① 样品的分析及处理按 GB 4789.1 执行。

② 不适用于非灭菌发酵型产品。

2. 酱油（GB 2717—2003）

项　　目	指　　标
菌落总数[①]/(cfu/mL)	≤30000
大肠菌群/(MPN/100mL)	≤30
致病菌(沙门菌、金黄色葡萄球菌、志贺菌等)	不得检出

① 仅适用于餐桌酱油。

3. 食醋（GB 2719—2003）

项　　目	指　　标
菌落总数/(cfu/mL)	≤10000
大肠菌群/(MPN/100mL)	≤3
致病菌(沙门菌、金黄色葡萄球菌、志贺菌等)	不得检出

4. 酿造酱（GB 2718—2014）

项　　目	采样方案[①]及微生物限量				检验方法
	n	c	m	M	
大肠菌群/(cfu/g)	5	2	10	10^2	GB 4789.3 平板计数法

① 样品的分析及处理按 GB 4789.1 和 GB/T 4789.22 执行。

七、 饮料卫生标准

1. 碳酸饮料（GB 2759.2—2003，GB 10792—2008）

项　　目	指　　标
菌落总数/(cfu/mL)	≤100
大肠菌群/(MPN/100mL)	≤6
霉菌/(cfu/mL)	≤10
酵母菌/(cfu/mL)	≤10
致病菌(沙门菌、金黄色葡萄球菌、志贺菌等)	不得检出

2. 含乳饮料（GB 11673—2003，GB 21732—2008）

项　　目	指　　标
菌落总数/(cfu/mL)	≤10000
大肠菌群/(MPN/100mL)	≤40
霉菌/(cfu/mL)	≤10
酵母菌/(cfu/mL)	≤10
致病菌(沙门菌、金黄色葡萄球菌、志贺菌等)	不得检出

3. 乳酸菌饮料、发酵型含乳饮料（GB 16321—2003，GB 21732—2008）

项　　目	未杀菌	杀菌
乳酸菌/(cfu/mL)	$\geqslant 1\times10^6$	—
菌落总数/(cfu/mL)	—	≤100
大肠菌群/(MPN/100mL)	≤3	≤3
霉菌/(cfu/mL)	≤30	≤30
酵母菌/(cfu/mL)	≤50	≤50
致病菌(沙门菌、金黄色葡萄球菌、志贺菌等)	不得检出	不得检出

4. **植物蛋白饮料**（GB 16322—2003，GB 30885—2014，GB 31324—2014，GB 31325—2014）

项　目	指　标
菌落总数/(cfu/mL)	≤100
大肠菌群/(MPN/100mL)	≤3
霉菌和酵母菌/(cfu/mL)	≤20
致病菌(沙门菌、金黄色葡萄球菌、志贺菌等)	不得检出

5. **固体饮料**（GB 7101—2003，GB 29602—2013）

项　目	蛋白型	非蛋白型
菌落总数/(cfu/g)	≤30000	≤1000
大肠菌群/(MPN/100g)	≤90	≤40
霉菌总数/(cfu/g)	≤50	≤50
致病菌(沙门菌、金黄色葡萄球菌、志贺菌等)	不得检出	不得检出

6. **茶饮料**（GB 19296—2003，GB 21733—2008）

项　目	指　标
菌落总数/(cfu/mL)	≤100
大肠菌群/(MPN/100mL)	≤6
霉菌/(cfu/mL)	≤10
酵母菌/(cfu/mL)	≤10
致病菌(沙门菌、金黄色葡萄球菌、志贺菌等)	不得检出

7. **果蔬汁饮料**（GB 19297—2003，GB 31121—2014）

项　目	低温复原果汁	其他
菌落总数/(cfu/mL)	≤500	≤100
大肠菌群/(MPN/100mL)	≤30	≤3
霉菌/(cfu/mL)	≤20	≤20
酵母菌/(cfu/mL)	≤20	≤20
致病菌(沙门菌、金黄色葡萄球菌、志贺菌等)	不得检出	不得检出

八、 发酵酒及其配制酒卫生标准

发酵酒（GB 2758—2012）

项　目	采样方案①及微生物限量			检验方法
	n	c	m	
沙门菌	5	0	0/25mL	GB/T 4789.25
金黄色葡萄球菌	5	0	0/25mL	

① 样品的分析及处理按 GB 4789.1 执行。

九、 糕点、 糖果制品卫生标准

1. **糕点、面包**（GB 7099—2015）

项　目	采样方案①及微生物限量				检验方法
	n	c	m	M	
菌落总数②(cfu/g)	5	2	10^4	10^5	GB 4789.2
大肠菌群②(cfu/g)	5	2	10	10^2	GB 4789.3 平板计数法
霉菌③(cfu/g)	≤150				GB 4789.15

① 样品的分析及处理按 GB 4789.1 执行。

② 不适用于现制现售的产品，以及含有未熟制的发酵配料和新鲜水果蔬菜的产品。

③ 不适用于添加了霉菌成熟干酪的产品。

2. 饼干（GB 7100—2015）

项　目	采样方案①及微生物限量				检验方法
	n	c	m	M	
菌落总数/(cfu/g)	5	2	10^4	10^5	GB 4789.2
大肠菌群/(cfu/g)	5	2	10	10^2	GB 4789.3 平板计数法
霉菌/(cfu/g)	≤50				GB 4789.15

① 样品的分析及处理按 GB 4789.1 执行。

3. 糖果（GB 9678.1—2003）

项目	菌落总数/(cfu/mL)	大肠菌群/(MPN/100mL)	致病菌(沙门菌、金黄色葡萄球菌、志贺菌等)
硬质糖果、抛光糖果	≤750	30	不得检出
焦香糖果、充气糖果	≤20000	440	不得检出
夹心糖果	≤2500	90	不得检出
凝胶糖果	≤1000	90	不得检出

4. 蜜饯（GB 14884—2003）

项　目	指　标
菌落总数/(cfu/g)	≤1000
大肠菌群/(MPN/100g)	≤30
霉菌/(cfu/mL)	≤50
致病菌(沙门菌、金黄色葡萄球菌、志贺菌等)	不得检出

5. 蜂蜜（GB 14963—2011）

项　目	指　标	检验方法
菌落总数/(cfu/g)	≤1000	GB 4789.2
大肠菌群/(MPN/g)	≤0.3	GB 4789.3
霉菌技数/(cfu/g)	≤200	GB 4789.15
嗜渗酵母计数/(cfu/g)	≤200	
沙门菌	0/25g	GB 4789.4
志贺菌	0/25g	GB 4789.5
金黄色葡萄球菌	0/25g	GB 4789.10

6. 果冻（GB 19299—2003）

项　目	指标
菌落总数/(cfu/mL)	≤100
大肠菌群/(MPN/100mL)	≤30
霉菌/(cfu/mL)	≤20
酵母菌/(cfu/mL)	≤20
致病菌(沙门菌、金黄色葡萄球菌、志贺菌等)	不得检出

十、方便食品卫生标准

1. 方便面（GB 17400—2015）

项　目	采样方案①及微生物限量				检验方法
	n	c	m	M	
菌落总数/(cfu/g)	5	2	10^4	10^5	GB 4789.2
大肠菌群/(cfu/g)	5	2	10	10^2	GB 4789.3 平板计数法

① 样品的分析及处理按 GB 4789.1 执行。

2. **膨化食品**（GB 17401—2014）

项　目	采样方案①及微生物限量				检验方法
	n	c	m	M	
菌落总数/(cfu/g)	5	2	10^4	10^5	GB 4789.2
大肠菌群/(cfu/g)	5	2	10	10^2	GB 4789.3 平板计数法

① 样品的分析及处理按 GB 4789.1 执行。

3. **油炸小食品**（GB 16565—2003）

项　目	指　标
菌落总数/(cfu/g)	≤100
大肠菌群/(MPN/100g)	≤30
致病菌(沙门菌、金黄色葡萄球菌、志贺菌等)	不得检出

十一、饮用水卫生标准

包装饮用水（GB 19298—2014）

项　目	采样方案①及微生物限量			检验方法
	n	c	m	
大肠菌群/(cfu/mL)	5	0	0	GB 4789.3 平板计数法
绿脓杆菌/(cfu/250mL)	5	0	0	GB/T 8538

① 样品的分析及处理按 GB 4789.1 执行。

十二、罐头食品卫生标准：均应符合罐头食品商业无菌的要求

1. 肉类罐头（GB 13100—2005）；
2. 食用菌罐头（GB 7098—2003）；
3. 果、蔬罐头（GB 11671—2003）。

附录五　《中华人民共和国药典》（2015 年版）（三部）非无菌药品微生物限度标准

1107　非无菌药品微生物限度标准

非无菌药品的微生物限度标准是基于药品的给药途径和对患者健康潜在的危害以及药品的特殊性而制定的。药品生产、贮存、销售过程中的检验，药用原料、辅料及中药提取物的检验，新药标准制定，进口药品标准复核，考察药品质量及仲裁等，除另有规定外，其微生物限度均以本标准为依据。

1. 制剂通则、品种项下要求无菌的及标示无菌的制剂和原辅料

应符合无菌检查法规定。

2. 用于手术、严重烧伤、严重创伤的局部给药制剂

应符合无菌检查法规定。

3. 非无菌化学药品制剂、生物制品制剂及不含药材原粉的中药制剂的微生物限度标准见附表 1。

附表1　非无菌化学药品制剂、生物制品制剂及不含药材原粉的中药制剂的微生物限度标准

给药途径	需氧菌总数/(cfu/g、cfu/mL或cfu/10cm²)	霉菌和酵母菌总数/(cfu/g、cfu/mL或cfu/10cm²)	控制菌
口服给药① 固体制剂 液体制剂	 10^3 10^2	 10^2 10^1	不得检出大肠埃希菌(1g或1mL)；含脏器提取物的制剂还不得检出沙门菌(10g或10mL)
口腔黏膜给药制剂 齿龈给药制剂 鼻用制剂	10^2	10^1	不得检出大肠埃希菌、金黄色葡萄球菌、绿脓杆菌(1g、1mL或10cm²)
耳用制剂 皮肤给药制剂	10^2	10^1	不得检出金黄色葡萄球菌、绿脓杆菌(1g、1mL或10cm²)
呼吸道吸入给药制剂	10^2	10^1	不得检出大肠埃希菌、金黄色葡萄球菌、绿脓杆菌、耐胆盐革兰阴性菌(1g或1mL)
阴道、尿道给药制剂	10^2	10^1	不得检出金黄色葡萄球菌、绿脓杆菌、白色念珠菌(1g、1mL或10cm²)；中药制剂还不得检出梭菌(1g、1mL或10cm²)
直肠给药 固体制剂 液体制剂	 10^3 10^2	 10^2 10^2	不得检出金黄色葡萄球菌、绿脓杆菌(1g或1mL)
其他局部给药制剂	10^2	10^2	不得检出金黄色葡萄球菌、绿脓杆菌(1g、1mL或10cm²)

① 化学药品制剂和生物制品制剂若含有未经提取的动植物来源的成分及矿物质还不得检出沙门菌（10g或10mL)。

4. 非无菌含药材原粉的中药制剂的微生物限度标准见附表2。

附表2　非无菌含药材原粉的中药制剂的微生物限度标准

给药途径	需氧菌总数/(cfu/g、cfu/mL或cfu/10cm²)	霉菌和酵母菌总数/(cfu/g、cfu/mL或cfu/10cm²)	控制菌
固体口服给药制剂 不含豆豉、神曲等发酵原粉 含豆豉、神曲等发酵原粉	 10^4(丸剂3×10^4) 10^5	 10^2 5×10^2	不得检出大肠埃希菌(1g)；不得检出沙门菌(10g)；耐胆盐革兰阴性菌应小于10^2cfu(1g)
液体口服给药制剂 不含豆豉、神曲等发酵原粉 含豆豉、神曲等发酵原粉	 5×10^2 10^3	 10^2 10^2	不得检出大肠埃希菌(1mL)；不得检出沙门菌(10mL)；耐胆盐革兰阴性菌应小于10^1cfu(1mL)
固体局部给药制剂 用于表皮或黏膜不完整 用于表皮或黏膜完整	 10^3 10^4	 10^2 10^2	不得检出金黄色葡萄球菌、绿脓杆菌(1g或10cm²)；阴道、尿道给药制剂还不得检出白色念珠菌、梭菌(1g或10cm²)
液体局部给药制剂 用于表皮或黏膜不完整 用于表皮或黏膜完整	 10^2 10^2	 10^2 10^2	不得检出金黄色葡萄球菌、绿脓杆菌(1mL)；阴道、尿道给药制剂还不得检出白色念珠菌、梭菌(1mL)

5. 非无菌药用原料及辅料的微生物限度标准见附表3。

附表 3　非无菌药用原料及辅料的微生物限度标准

项　目	需氧菌总数 /(cfu/g 或 cfu/mL)	霉菌和酵母菌总数 /(cfu/g 或 cfu/mL)	控制菌
药用原料及辅料	10^3	10^2	*

注：* 表示未做统一规定。

6. 中药提取物及中药饮片的微生物限度标准见附表 4。

附表 4　中药提取物及中药饮片的微生物限度标准

项　目	需氧菌总数 /(cfu/g 或 cfu/mL)	霉菌和酵母菌总数 /(cfu/g 或 cfu/mL)	控制菌
中药提取物	10^3	10^2	*
研粉口服用贵细饮片、直接口服及泡服饮片	*	*	不得检出沙门菌(10g)；耐胆盐革兰阴性菌应小于 10^4 cfu(1g)

注：* 表示未做统一规定。

7. 有兼用途径的制剂

应符合各给药途径的标准。

非无菌药品的需氧菌总数、霉菌和酵母菌总数按照“非无菌产品微生物限度检查：微生物计数法（通则 1105）”检查；非无菌药品的控制菌照“非无菌产品微生物限度检查：控制菌检查法（通则 1106）”检查。各品种项下规定的需氧菌总数、霉菌和酵母菌总数标准解释如下：

10^1 cfu：可接受的最大菌数为 20；

10^2 cfu：可接受的最大菌数为 200；

10^3 cfu：可接受的最大菌数为 2000；依此类推。

本限度标准所列的控制菌对于控制某些药品的微生物质量可能并不全面，因此，对于原料、辅料及某些特定的制剂，根据原辅料及其制剂的特性和用途、制剂的生产工艺等因素，可能还需检查其他具有潜在危害的微生物。

除了本限度标准所列的控制菌外，药品中若检出其他可能具有潜在危害性的微生物，应从以下方面进行评估。

药品的给药途径：给药途径不同，其危害不同；

药品的特性：药品是否促进微生物生长，或者药品是否有足够的抑制微生物生长能力；

药品的使用方法；

用药人群：用药人群不同，如新生儿、婴幼儿及体弱者，风险可能不同；

患者使用免疫抑制剂和甾体类固醇激素等药品的情况；

存在疾病、伤残和器官损伤；等等。

当进行上述相关因素的风险评估时，评估人员应经过微生物学和微生物数据分析等方面的专业知识培训。评估原辅料微生物质量时，应考虑相应制剂的生产工艺、现有的检测技术及原辅料符合该标准的必要性。

附录六　化妆品卫生标准（GB 7916—87）

项　目	菌落总数/(cfu/g)	致病菌(粪大肠菌群、金黄色葡萄球菌、绿脓杆菌)
眼部、口唇、口腔黏膜用化妆品	≤500	不得检出
婴儿及儿童用化妆品	≤500	不得检出
其他化妆品	≤1000	不得检出

参 考 文 献

[1] 范秀容，李广武等. 微生物学实验. 第3版. 北京：高等教育出版社，1999.
[2] 黄秀梨. 微生物学实验指导. 北京：高等教育出版社，1999.
[3] 胡开辉. 微生物学实验. 北京：中国林业出版社，2004.
[4] 李松涛. 食品微生物学检验. 北京：中国计量出版社，2005.
[5] 周德庆. 微生物学实验教程. 第2版. 北京：高等教育出版社，2006.
[6] 贾英民. 食品微生物学. 北京：中国轻工业出版社，2003.
[7] 蔡静平. 粮油食品微生物学. 北京：中国轻工业出版社，2003.
[8] 郑晓冬. 食品微生物学. 杭州：浙江大学出版社，2004.
[9] 牛天贵，张宝芹. 食品微生物检验. 北京：中国计量出版社，2008.
[10] 于淑萍. 微生物基础. 北京：化学工业出版社，2006.
[11] 张意静. 食品分析技术. 北京：中国轻工业出版社，2001.
[12] 程云燕，李双石. 食品分析与检验. 北京：化学工业出版社，2007.
[13] 孙平. 食品分析. 北京：化学工业出版社，2005.
[14] 中国科学院微生物研究所细菌分类组. 一般细菌常用鉴定方法. 北京：科学出版社，1978.
[15] 祖若夫，胡宝龙，周德庆. 微生物学实验教程. 上海：复旦大学出版社，1993.
[16] 杜连祥等. 工业微生物学实验技术. 天津：天津科学技术出版社，1992.
[17] 周宗旭. 观察酵母菌假菌丝及出芽繁殖的好材料. 生物学通报，1998，33（2）：37.
[18] 贝里D R. 酵母菌生物学. 楼纯菊，徐士菊译. 上海：复旦大学出版社，1986.
[19] 吴友吕. 普通光学显微镜的使用与维修. 杭州：浙江科学技术出版社，1984.
[20] 国家药典委员会编. 中华人民共和国药典. 2015年版. 北京：中国医药科技出版社，2015.
[21] 马绪荣，苏德模. 药品微生物学检验手册. 第2版. 北京：科学出版社，2000.
[22] 李榆梅. 药品微生物基础技术. 北京：化学工业出版社，2004.
[23] 马剑文，韩永平等. 现代药品检验学. 北京：人民军医出版社，1994.
[24] 张俊松. 药品检验. 北京：中国轻工业出版社，2003.
[25] 沈萍. 微生物学. 北京：高等教育出版社，2000.
[26] 杨文博. 微生物学实验. 北京：化学工业出版社，2004.
[27] 郑平. 环境微生物学实验指导. 杭州：浙江大学出版社，2005.
[28] 钱存柔，黄仪秀. 微生物学实验教程. 第2版. 北京：北京大学出版社，2008.
[29] 翁连海. 微生物基础与应用. 北京：高等教育出版社，2005 .
[30] 吴柏春，熊元林. 微生物学. 武汉：华中师范大学出版社，2006.
[31] 徐亚同，史家樑等. 污染控制微生物工程. 北京：化学工业出版社，2001.
[32] 李军，杨秀山等. 微生物与水处理工程. 北京：化学工业出版社，2002.
[33] 周群英，高延耀. 环境工程微生物学. 第2版. 北京：高等教育出版社，2002.
[34] 郑平 . 环境微生物学实验指导 . 浙江：浙江大学出版社，2005.
[35] 周红丽，张滨，刘素纯 . 食品微生物检验实验技术 . 北京：中国质检出版社，2012.
[36] 何国庆，张伟 . 食品微生物检验技术 . 北京：中国质检出版社，2013.